完善水治理体制机制法治体系
深入推进新阶段水利高质量发展

2024

论文集

田野 主编

长江出版社
CHANGJIANG PRESS

图书在版编目（CIP）数据

完善水治理体制机制法治体系 深入推进新阶段水利高质量发展论文集 / 田野主编. -- 武汉：长江出版社, -- 2025.4. -- ISBN 978-7-5804-0103-8

Ⅰ．TV213.4-53

中国国家版本馆 CIP 数据核字第 2025UC5561 号

完善水治理体制机制法治体系 深入推进新阶段水利高质量发展论文集
WANSHANSHUIZHILITIZHIJIZHIFAZHITIXI
SHENRUTUIJINXINJIEDUANSHUILIGAOZHILIANGFAZHANLUNWENJI

田野 主编

责任编辑：	闫彬
装帧设计：	肖乙冰
出版发行：	长江出版社
地　　址：	武汉市江岸区解放大道 1863 号
邮　　编：	430010
网　　址：	https://www.cjpress.cn
电　　话：	027-82926557（总编室）
	027-82926806（市场营销部）
经　　销：	各地新华书店
印　　刷：	武汉市首壹印务有限公司
规　　格：	787mm×1092mm
开　　本：	16
印　　张：	23
字　　数：	450 千字
版　　次：	2025 年 4 月第 1 版
印　　次：	2025 年 4 月第 1 次
书　　号：	ISBN 978-7-5804-0103-8
定　　价：	138.00 元

（版权所有　翻版必究　印装有误　负责调换）

编委会
EDITORIAL BOARD

主　任　　田　野

副主任　　陈茂山　王冠军

委　员　　乔根平　吴永强　张瑞美　王贵作　郭利君

主　编　　田　野

副主编　　陈茂山　王冠军　乔根平

编务人员　吴永强　张瑞美　王贵作　郭利君　王亚杰　赵　屾

前 言
PREFACE

为全面贯彻党的二十大和二十届二中、三中全会精神，深入践行习近平总书记治水思路和关于治水重要论述精神，落实全国水利工作会议部署，充分发挥学会的交流平台作用，激发广大会员和水利经济研究工作者围绕完善水治理体制机制法治体系开展研究，汇集水利经济创新研究成果，为加快发展水利新质生产力、服务新阶段水利高质量发展建言献策，2024年4—8月，中国水利经济研究会、水利部发展研究中心、河海大学联合组织开展了"完善水治理体制机制法治体系 深入推进新阶段水利高质量发展"主题征文活动。

征文活动中共征集了214篇论文，经过初审、专家评审等环节，遴选出录用论文，其中14篇被评为优秀论文。由于篇幅所限，论文集共收录了具有代表性的45篇论文，主要涉及国家水网建设、复苏河湖生态环境、数字孪生水利建设、水资源管理、水利投融资、水权水价水资源税改革、水治理体制机制法治、水利科技创新、水文化建设等领域的相关内容。

经过三家单位的通力协作，在水利部有关司局、论文作者和审稿专家的关心支持及帮助下，论文集得以顺利出版。在此，我们谨向为论文集出版给予指导、支持和帮助的单位、专家以及论文作者一并表示感谢！

编　者

2025年4月

目 录
CONTENTS

WOD 模式下的水利建设项目投融资探讨　　　　杨义忠　何欣怡　双美林（001）

水利存量资产盘活模式与路径研究　　　　　　　李 森　张慧萌　姜晗琳（009）

水投公司参与水利基础设施建设的项目模式、挑战与建议

　　　　　　　　　　　　　　　　　　　　　崔晨甲　张慧萌　杨 波（017）

浙江省安吉浒溪幸福河湖建设经验与示范案例　王亚杰　陈雨菲　李 涛（024）

黄河水利遗产的保护与综合利用研究　　　　　　　　　　刘 娜　王 珊（030）

《水法》与《防洪法》修改的经济问题研究　　　　　　　张梦瑶　张 甲（039）

黄河流域法规制度与地方经济协调发展冲突研究

　　——以东阿县黄河大堤摆摊设点现象为例　　　　　　王飞宇　张心蕊（047）

天水水土保持科学试验站在新时期下水土保持文化建设的探索与实践

　　　　　　　　　　　　　　　　　　　　　李梦逸　张 慧　丁彤彤（054）

水利基础设施 REITs 发展现状、挑战与对策研究　　　　　　　　　赵汶轩（062）

黄河流域地表水资源超载治理对策研究

　　——以中卫市为例　　李 舒　荆羿　齐青松　李宁波　王艺璇（072）

深化国有资产管理体制改革　赋能水利新质生产力快速发展　王佩佩　王白春（080）

新发展阶段下水利投融资体制机制创新策略　　　　　　　　　　　　邢 薇（087）

水利统计数据质量管理的成效与建议　　　　　　　杨 波　郭 悦　张 岚（094）

潘家口水库河湖保护治理成效与思考

——以拆除"水下长城"周边违建为例 曹春阳（101）

浅论新发展阶段推动水文化建设的意义及实践途径 王鲜鲜 刘治华（109）

加快发展水利新质生产力 引领推动黄河治理高质量 朱俊杰（116）

水土流失治理与区域经济发展内在联系与建议

裴向阳 张超 杨璐 邓刚 陈凯（124）

东平湖蓄滞洪区生态保护和高质量发展探究 刘静（133）

东平湖综合治理助推经济改革创新专项调研报告 谌业敏 刘娜（138）

黄河水文化的保护与传承研究 徐贝贝 刘勇（146）

经济新常态下黄河东平湖水文化建设探究 刘静 李萌（154）

数字孪生水利建设在山东黄河区域的实践探索与理论研究 毛语红 李俊（161）

新质生产力助力黄河中下游经济发展课题研究 谌业敏 吕振锋（169）

建设工程项目中水利资源管理的经济效益评估专项调研 吕振锋 谌业敏（176）

浅谈数字孪生技术在水利建设中的投资、效益与风险 杨静 毕肖波（184）

对黄河水文化与水工程深度融合发展的思考与研究 朱俊杰（190）

浅析新规划下黄河重大水利工程建设与运行管理中存在的问题与对策

苏帅 边婷（195）

新阶段数字孪生山东黄河建设探究 朱晶晶 刘瑾（204）

黄河水文化的数字化传播与现代媒体应用策略研究 安亚菲 张晓静（212）

数字孪生技术赋能水利工程建设管理路径 张彦甫 许腾飞（223）

新乡黄河水文化保护传承弘扬的研究 于帆 赵真 李留刚（231）

基于风险因子的水利基础设施 REITs 的定价方法研究 杜捷 李京阳（239）

完善水资源刚性约束体系的思考 卞雨霏 胡文才 李智（247）

融合前沿科技数字孪生的可持续水利与基础设施管理 刘鑫 陈彬（254）

浅析黄河文化在大型水闸工程中的融合与发展
　　——以渠村分洪闸为例　　　　　　　　曹亚闯　常笑寒　赵明港（265）

黄河水利遗产保护发展的价值研究和实现路径浅析
　　——以郑州黄河为例　　　　　　　　　　　　高璐瑶　李雅迪（272）

国内外河流生态修复研究对黄河流域生态保护及修复的启发　　盛子耀（282）

数字孪生水利建设的探索与实践　　　　　　　　　　王　丽　张莹滢（293）

数字经济背景下的数字孪生水利建设实践探究
　　——以黄河流域为例　　　　　　　　　　　　陈姿先　赵晓娜（302）

水利基础设施建设的创新之路
　　——建管模式与筹融资方式的探讨　　　　　　　　　　贾麟涛（309）

河套灌区农业水价合理负担机制建立分析
　　　　　　　　　　　王爱滨　吕　望　王艳华　贾　倩（318）

水利工程水费收缴存在的问题及对策探讨
　　——以三门峡水库为例　　　　　　　　　　　　　　　　魏　瑜（326）

遥感技术在数字孪生黄河建设中的应用与展望　　　　　　　　陈　亮（331）

黄河智慧防凌系统构建技术及经济问题研究　　　　杜　文　张梦初（337）

黄河流域全覆盖水监控体系架构研究与探索　　李亮亮　杨玉舟　刘　欣（350）

WOD 模式下的水利建设项目投融资探讨

杨义忠 何欣怡 双美林

中水珠江规划勘测设计有限公司

摘 要：近年来，"X+OD"（X-Oriented Development）模式逐渐走进大众视野，成为区域开发建设中一种较为创新和流行的模式，而随着水利建设的重要性日益提高，以水为核心开发要素的 WOD（Water-Oriented Development）模式应运而生。对国内当前水利投融资现状和难点进行梳理，研究 WOD 模式内涵、关键因素和实施路径，同时对 WOD 模式的运行难点进行分析，为基于 WOD 模式下的水利投融资研究提供参考。

关键词：WOD 模式；X+OD 模式；水利投融资

1 研究概况

1.1 水利投融资现状

改革开放以来，我国水利建设取得了重大进展，建设投资稳步增长。2023 年完成水利建设投资 11996 亿元，是继 2022 年首次迈上万亿元大台阶后，再次创历史最高纪录（图 1）。根据统计资料，2023 年全年落实地方人民政府专项债券、金融信贷和社会资本 5451 亿元，有力地保障了大规模水利建设资金需求[1]。

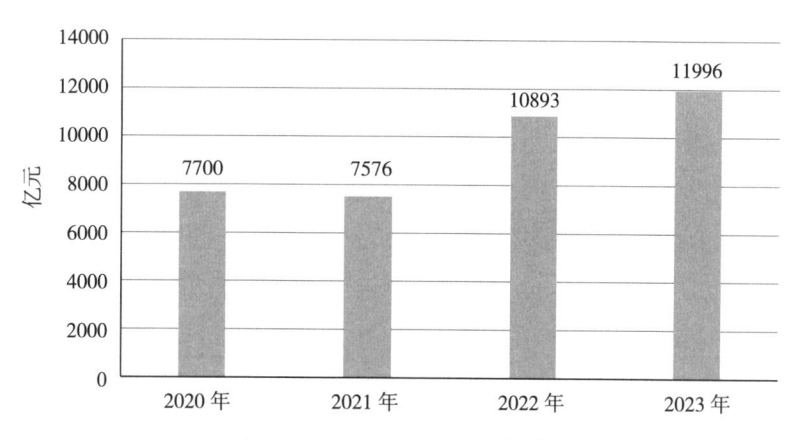

图 1 2020—2023 年水利建设投资情况

1.2 水利投融资难点分析

由于水利工程具有公益性较强、投资规模较大、建设周期相对较长、盈利水平较低等特点，目前我国水利项目存在投资回报机制不健全、社会资本参与积极性不高、项目盈利能力普遍较弱的状况。水利工程建设和运营仍主要依赖各级财政投入，普遍存在资金来源受限、投入不足、渠道单一等问题。目前政府与社会资本合作的投融资模式由于受到各类政策限制，在水利建设领域的投资及管理效率相对欠佳。

（1）政府财政承受能力有限

水利项目具有投资规模大、投资周期长、公益属性较强等特点，过去在项目建设投资资金中更多地依赖于政府财政资金，在一定程度上压缩了未来财政支出空间。此外，近年地方财政投资占水利投资的比例呈上升趋势[2]，市县一级还普遍存在因财政紧张导致水利项目"重建不重管"、配套资金不到位的情况，地方人民政府面临的水利建设投资资金筹措压力加大，进一步制约了地方财政可持续发展。

（2）水的资源效益发掘不足

过去我国水利建设中对项目收益和回报机制考虑较少，因此对水的资源效益发掘不够，未能充分挖掘水面、水景、水源等水元素的价值潜力，对河砂、淤泥等资源利用方面未制定完善的开采利用、收益回收等方面的政策支持。此外，水资源利用项目与其他水利建设项目在过往项目建设中往往分别单独实施，未较好地进行融合推进，无法充分实现对水的综合利用效益。

（3）存量水利资产发挥作用不明显

一方面，已建成运行的水库、水电站等可以产生稳定现金流的水利资产，由不同的企业、事业单位、政府部门等分别管理，协调成本高，难以发挥规模效应；另一方面，存量水利资产因预期净现金流分配率低、投资收益率不具吸引力、资产估值体系不完善等原因，较难满足基础设施领域不动产投资信托基金（REITs）等再融资渠道对强主体、成熟资产、高资产收益率和高资产估值的要求，通过该类再融资模式进行融资在水利领域尚未取得正式突破。

1.3 "X+OD"模式发展

近年来，"X+OD"（X-Oriented Development）模式在区域开发建设中成为一种较为创新和流行的模式。该模式针对区域的资源禀赋特征，以城市交通、生态环境、水生态等某一公共基础设施要素为依据，将其作为优先导向，与城市空间开发有机结合[3]，进一步提升城市发展格局，解决项目建设中的资金平衡问题，推动城市可持续、健康发展。其中，以公共交通为导向的TOD（Transit Oriented Development）模式和以生态环保为导向的EOD（Ecology Oriented Development）

模式的研究相对成熟、制度比较完善、应用较为广泛。

（1）TOD 模式

TOD 模式是指以公共交通为导向的城市空间开发模式，强调以公共交通站点为核心，在一定合理半径范围内使其与周边各类功能用地协同发展，最终形成集商办、文教、居住等为一体的高密度、多功能的综合型功能区。2015 年 11 月，为促进轨道交通建设与城市发展相协调，住建部发布《城市轨道沿线地区规划设计导则》，从城市发展的角度系统地对 TOD 提出了相关要求。2018 年 7 月，《国务院办公厅关于进一步加强城市轨道交通规划建设管理的意见》发布后，各地开始陆续出台支持 TOD 综合开发的地方性政策和指导意见，积极开展 TOD 项目开发与建设，如深圳市"轨道+物业"综合开发模式、广州市白云站"交通轨道衔接+全业态商业综合体"打造超级总部经济体模式、重庆市沙坪坝站改建工程"站场盖上地产+盖下交通枢纽"高密度开发模式等。

（2）EOD 模式

EOD 模式是指通过产业链衍射、组合开发、联合经营等方式，推动公益性较强的生态环境治理与收益较好的关联产业有效融合、增值反哺、统筹推进、市场化运作、一体化实施、可持续经营，以生态环境治理提升管理产业经营收益，以产业增值收益反哺生态环境治理投入，实现生态环境治理外部经济性内部化的组织实施模式[4]。2018 年 8 月，生态环境部在《关于生态环境领域进一步深化"放管服"改革，推动经济高质量发展的指导意见》中明确提出"探索开展生态环境导向的城市开发（EOD）模式"。2020—2022 年，生态环境部、国家发展改革委、国家开发银行先后批复了两批 EOD 模式试点项目，包含大气污染防治、水生态环境保护、重点海域综合治理、农业农村污染治理、生态保护修复等八大类共 94 个项目。截至 2023 年 10 月，生态环境部已指导 205 个 EOD 项目进入生态环保金融支持项目储备库并向金融机构推送，其中已有 77 个项目获得金融机构支持。

（3）其他"X+OD"模式

除了公共交通、生态等因素之外，公共服务、文化、水利等各类基础设施要素往往也能成为助推城市发展的动力，"X+OD"模式也逐渐引起广泛关注。

目前公共服务导向的开发模式（Service Oriented Development，简称 SOD）、产业导向的开发模式（Industry Oriented Development，简称 IOD）、规划理性预期导向的开发模式（Anticipation Oriented Development，简称 AOD）等多种其他领域的开发模式得到了不断的延伸发展和实践。例如，SOD 模式为通过社会服务设施建设引导新区域开发，通过将行政和其他城市社会服务功能进行迁移，使新开发地区的市政设施和社会设施同步形成，从而对期望集聚的城市发展要素产生巨大吸引力，形成"生地"和"熟地"的价差，同时获得空间要素功能调整、项目收益带来的资金保障等。较为典型的SOD模式案例为杭州钱江新城建设项目，该项目以位于核心区的杭州大剧院为公共服务设施代表，引入了市民中心、杭州图书馆新馆、国际会议中心等，同时开发周边住宅区、商业区，引入行政区，给社会带来巨大的示范效应。

但区别于TOD模式和EOD模式，SOD模式、IOD模式等其他"X+OD"模式目前仍未有相对较为成熟的研究成果，国家或地方人民政府也暂未牵头制定相关政策、指南导则及开展项目库管理。

2 WOD模式内涵及特点

2.1 WOD模式定义与内涵

随着水利建设的重要性日益凸显，以水为核心开发要素的WOD（Water-Oriented Development）模式应运而生。在学界，WOD模式的提出时间较晚，概念与内涵存在争议，王小娜等（2022年）认为，WOD模式是以水资源开发利用保护为导向的区域综合开发模式，旨在强调水资源开发在城市治理和区域开发中的引领作用，推动水资源开发利用和关联产业一体化实施，统筹推进区域综合开发，进而以经济社会发展红利反哺水利建设和水资源环境保护[5]。张建红等（2023年）认为，WOD模式是以提升水安全保障能力为目标、以特色产业经营或特殊功能发挥为支撑、以全要素资源统筹一体化为手段，在水资源经济学理论和系统工程思想指引下构建的创新型开发模式[6]。王亚杰等（2024年）再次提出，WOD是以水为关键要素、以经济为导向的区域开发模式，通过产业链扩展、合作经营及组团开发等多种手段，促进水利项目与周边收益较高的相关行业有机结合，协同推进区域综合开发一体化建设[7]。

综合来看，WOD模式基于以水为要素的基础设施具有较强的正外部性，统筹水资源、水环境和水生态治理，通过关联产业链延伸、存量资产盘活和全域全要素开发等方式，推动公益性强、收益性差的水利建设项目与收益率较高、具备社会资本吸引力的关联产业"肥瘦搭配"，有机融合，将相关水资源正外部性价值内部化，实现水资源经济价值的提高与转化，建立良性的、造血式的、可持续的运营长效机制，推动生态建设、经济发展、社会生活三者协调发展。

以WOD模式开展水利项目建设，通过"肥瘦搭配"构建"增肥补瘦"机制，可有效解决水利建设项目的资金平衡问题，从而改善融资条件和信用结构，拓宽投融资渠道，缓解政府隐性债务压力，将有效破解水利建设项目公益性较强、资金投入不足、水资源效益发掘不足、存量水利资产发挥作用不明显的难题，成为促进水利投融资改革的关键举措。在目前财政收支矛盾突出的背景下，应用WOD模式对于"两山"理论转化、促进区域经济产业发展、缓解财政资金压力具有积极意义。

2.2 WOD模式关键因素

（1）一体化开发模式

一体化开发模式，是指将以往单独开展的非经营性、准经营性水利建设项目，通过捆绑具有较好经营收入的关联产业，使其融合并转变为整体上具有合理收益的项目。传统模式下水利项目单独建设和开发，导致项目投资方无法取得通过改善水生态环境、水资源质量带来的周边土地增值和产业开发收益等外部资源的价值，这也是传统水利建设项目内部收益率低、无法吸引社会资本投资的最主要原因。WOD模式的一体化开发，通过将非（准）经营性的水利建设项目与经营性的关联产业项目整体打包，形成整体项目包进行统一规划、设计、投资、建设和运营，集合相关力量形成合力，更加科学、合理地打造溢价回收机制，有助于更好、更快地实现外部效益内部化。

（2）收益自平衡模式构建

WOD模式采用"肥瘦搭配"的方式，将公益性较强、现金流不足的水利建设项目和可产生较为可观和理想净现金流的水环境敏感型、水资源综合开发利用型、可再生能源等关联产业开发项目有效融合、组合开发，确保整体项目收益情况实现整体收益与成本平衡，甚至高于基准收益率，是使水利建设项目吸引社会资本投入、进一步降低水利建设项目对政府投入依赖的关键。因此，在WOD模式建设中，一方面，需要深入挖掘项目收益来源，充分利用区域水资源禀赋，从经营性收益、土地增值收益、政策性奖补资金收益等各类收益中最大程度地实现关联产业对水利建设项目的收益反哺；另一方面，也需要积极完善生态产品价值转化机制，科学建立项目收益平衡测算模型，科学、准确地建设项目收益自平衡模式。

2.3 WOD模式实施路径

通过水利建设项目的开展，可带动水生态环境改善、水资源利用效率提升、洪涝灾害防御能力提升等，通过WOD模式将多种产业打包进项目整体，形成"1+N"或多领域互补的产业布局，从而更好地实现"两山"理论转化和水生态产品价值。现阶段，WOD模式下水利建设项目价值实现主要有以下三种典型路径。

（1）水资源综合开发、利用与水环境敏感型产业捆绑融合项目

依托项目对水资源保护、区域水生态环境质量提升的生态效益，以优质的水质量、水生态更有力地吸引涉水企业入驻，从水体本身入手，进行饮用水、渔业、农业和特色果林业等相关产品延伸开发。如河北省某水库综合治理项目，针对该流域支流、

水库周边的环境现状，通过开展该项目，解决了原本存在的水资源供需矛盾突出、水质状况不能持续保持稳定、河道淤积严重、水生态涵养功能退化等问题，并借助改良后的优质土地积极发挥中草药种植的优势，发展高价值生态农业等关联产业，积极探索生态产品价值实现机制。

（2）水生态修复与关联特色产业捆绑融合项目

利用水库、岸线、滨水区域的水生态环境修复治理、水土保持与修复、污水处理等项目内容，盘活闲置水利资产，对生态休闲康养、高端水上运动、游船、水文化旅游等特色产业进行打造和开发，使相关资源资产流动起来，提升文化旅游开发价值，并进一步带动周边土地增值。如云南省某城区综合治理项目将某河流城区段水生态修复与相关旅游产业开发两部分进行整合打包，包括区域内水生态修复工程、污水提质增效工程以及水景观、水文化旅游观光工程，以水生态环境治理为基础，以"景城一体、景城融合"的建设理念展开实施，将建成"江河水生态廊道、沿岸水休闲廊道、城市水景观廊道"三大功能合一的城市内河廊道，在完成相关水利建设项目的同时也进一步促进了区域内生态建设和经济发展。

（3）流域治理与区域相关产业捆绑融合项目

流域综合治理虽然具有投资体量大、建设运营周期长、盈利能力普遍较弱、正外部性较强，以及综合性强、跨行业和区域广泛、治理要素众多等特点，但同时也可以使用WOD模式更好地挖掘和带动相关外部价值，延伸相关产业链，是最适合作为WOD模式开展的水利建设项目之一。流域综合治理项目通过水污染控制、水环境修复、水景观建设、水文化打造，全方位改善生态环境，同时通过深入挖掘流域内可综合开发资源潜在价值，全面融合流域综合治理项目与适合的航运、电力、砂石开采、流域周边土地开发、绿色可再生能源等具有较高潜在价值的产业，充分统筹与协调流域水生态环境治理、区域开发与产业发展，全方位助力流域高质量发展。

3 WOD模式运行难点及相关建议

3.1 WOD模式运行难点

（1）产业培育周期长，投资回报不确定性高

在WOD模式下，项目投资大、建设周期长，水生态效益需要沉淀较长一段时间才能显现出来，所导入和培育的产业如农业、文旅、可再生能源等产业均需要一定的时间才能产生经济效益。加上水利建设项目本身的非经营性特点，虽然WOD项目能通过产业反哺分成的方式实现整体收益，但这种大量资金投入在前，而经济收益显现较为滞后的模式，因投资回收期拉长，存在较大的不确定性。

（2）模式本身不具备融资属性，社会资本缺乏积极性

WOD 模式作为一种以水为核心元素的新型区域开发模式和项目实施方式，通过构建"增肥补瘦"机制，可有效解决开发建设的资金平衡问题，但需要注意的是，WOD 模式本身并不具备融资属性，不能为项目提供融资渠道，只能作为一种为开展市场化融资奠定基础、丰富现有水利建设项目的投融资工具[2]。除此之外，现阶段水利建设项目仍处于项目内部收益率较低的水平，甚至部分项目不能产生任何经济收益，即使捆绑融合部分经营性项目，也会对开发主体实施 WOD 项目的积极性有一定不利影响。

（3）缺少配套的标准化体系建设，现有项目示范效应较弱

相较于 TOD、EOD 模式，WOD 模式目前理论研究基础还较为薄弱，缺乏较完善的政策体系和指导文件，对于如何科学、系统地开展 WOD 模式建设没有标准化制度体系，配套的前期评估、后期评价体系建设相对匮乏，在一定程度上限制了 WOD 模式的开发。近年来，各地在水利建设投融资模式中开展了大量研究和实践，探索建立了一定数量的典型案例和示范项目。但是，一方面，这些典型做法虽然本质上符合 WOD 的特点和实现路径，但由于没有相关政策文件支持，并未明确为采用 WOD 开发模式；另一方面，由于各地水资源禀赋条件、经济发展和财政状况存在差异，部分项目示范性不足，缺乏一定的借鉴参考意义。

3.2 相关建议

（1）深入探索 WOD 模式获取收益的途径，强化风险管控

在项目开发初期充分调研项目所在地经济发展情况、资源禀赋特征、关联产业建设需求等，科学、合理规划项目建设内容，提高与产业需求、社会经济发展需求的匹配性；同时，积极开展跨部门合作，确保 WOD 项目开展关联产业开发的合规性，形成协同推广 WOD 模式的整体合力，有力推动 WOD 项目落地和发展。

（2）积极推动 WOD 投融资改革配套措施

加大配套资金政策支持力度，研究落实对 WOD 试点项目予以一定财政资金支持的相关政策，以及政策性金融信贷优惠措施等，充分发挥政府投资的撬动和保障作用，积极鼓励社会资本开展相关投资。

（3）加强研究谋划，开展试点建设

加强 WOD 模式的研究与主动谋划，完善相关政策和有关配套制度，同时鼓励各地区根据水资源禀赋特点和条件，研究制定对应的政策文件和指导指南。此外，应选择条件成熟的项目优先探索开展 WOD 模式试点，探索更好地将水利建设项目与资源利用、产业开发项目有机结合，科学合理地进行项目资产估值，有效提高整体收

益率的典型路径，通过实践总结并推广WOD经典模式及相关做法，进一步助力水利建设项目投融资改革。

4 结论

WOD开发理念不仅为水利建设项目提供了可持续化发展的路径，也为滨水、滨海区域同时提升生态格局、产业格局和经济格局提供了新思路。当前WOD模式仍处于探索阶段，仍需进一步探索如何高效促进生态产品价值转化、创新投融资模式、促进生态产品产业项目价值转化途径等，确保WOD项目顺利实现社会效益、生态效益和经济效益共赢的预期目标，保障水利建设项目投融资改革顺利。

参考文献

[1] 中华人民共和国中央人民政府网.2023年我国完成水利建设投资创新高［EB/OL］.［2024-01-11］.https://www.gov.cn/lianbo/bumen/202401/content_6925475.htm.

[2] 吴有红，张建红，王蕾.探索应用WOD模式提升水利项目市场化融资能力［J］.投融资研究与实务，2023（7）：84-85.

[3] 张建红，翟广永，裴晓桃.XOD模式价值实现机制及隐性债务风险防范探讨—以水安全保障导向的开发（WOD）模式为例［J］.水利发展研究，2024，24（1）：20-27.

[4] 生态环境部办公厅，国家发展改革委办公厅，中国人民银行办公厅，国家金融监督管理总局办公厅.生态环境导向的开发（EOD）项目实施导则（试行）［EB/OL］.［2023-12-22］.https://www.mee.gov.cn/xxgk2018/xxgk/xxgk05/202401/t20240102_1060425.html.

[5] 王小娜，乔根平，王亚杰.基于WOD模式的区域发展路径探讨［J］.水利经济，2022，41（4）：9-16.

[6] 张建红，王蕾，吴有红.水安全保障导向的开发（WOD）模式探讨［J］.中国水利，2023（9）：36-39.

[7] 王亚杰，董森，乔根平.WOD的理论、实践与应用前景分析［J］.水利发展研究，2024，24（3）：38-42.

水利存量资产盘活模式与路径研究

李　森　张慧萌　姜晗琳

水利部发展研究中心

摘　要：水利建设是当前扩大有效投资、构建现代化基础设施体系的重点领域之一。近年来，我国实施了大规模水利基础设施建设，水利工程存量资产丰富，种类较多，规模巨大。盘活水利存量资产有利于形成水利投资—水利资产—新增水利投资的良性循环，拓宽投资渠道，降低政府债务风险，提升运营管理水平。对水利存量资产盘活的路径进行了梳理总结，对适用于水利存量资产盘活的模式进行了分析，提出了下一步推动水利存量资产盘活的建议。

关键词：水利存量资产；盘活；投融资

1　全国水利存量资产现状

2022年5月，国务院办公厅印发《关于进一步盘活存量资产扩大有效投资的意见》（国办发〔2022〕19号，以下简称《意见》），要求加快推进交通、水利、清洁能源等基础设施项目存量资产盘活，积极扩大有效投资。同年12月，水利部和中国人民银行联合印发《关于加强水利基础设施建设投融资服务工作的意见》（水财务〔2022〕452号），提出"鼓励规范发展政府和社会资本合作模式、资产证券化等水利项目融资方式，支持符合条件的水利基础设施项目盘活存量资产，拓宽有效融资渠道"。水利是国民经济发展的重要基础设施，也是扩大有效投资的重点领域。1960—2023年全国水利完成建设投资9.97万亿元，建成各类水库近10万座，农村供水工程超千万处，设计灌溉面积2000亩及以上灌区2万余处，水利基础设施领域形成了规模巨大的存量资产[1]。罗琳[2]等对目前水利存量资产账面价值进行了估算，"截至2020年，采用账面法估算，考虑到价格因素，水利存量资产规模可达4.39万亿元，其中有供水、发电用途等有收益的资产账面价值可超万亿元"。考虑到2020年以来水利建设投资快速增长，一大批可盘活的水利枢纽、输配水工程相继建成并发挥效益，水利存量资产相应大幅度增加，水利存量资产盘活空间较大。

2 水利存量资产盘活的重要意义

近年来,水利工程建设不断提速,2022年全口径水利建设投资完成首次超过万亿元;2023年在2022年的基础上又增长了10.1%,大量的水利工程开始投运发挥效益。从存量资产的规模和结构分析,可盘活的水利资产将持续大幅增加,做好盘活水利资产对形成稳定的水利投资渠道,促进以投资国家水网为标志的水利基础设施建设具有重大意义。

2.1 有利于提高水利资金的循环使用效率

新发展阶段要求我国形成以国内大循环为主体的新发展格局,其中,畅通资金循环是畅通国内大循环的重要内容。存量资产意味着沉淀资金。受水利工程特性、管理模式等影响,多数水利工程等资产处于闲置状态。通过适当方式盘活存量资产能够加快回收沉淀资金并用于建设新的项目,变资产为资金、变存量为增量。新资产成熟后再通过存量资产盘活获得新的投资发展机会,能够有效形成基础设施存量资产和新增投资有机和良性循环发展局面,并最终推动形成水利投资增长的内生长效机制,有效提高水利资金的循环使用效率。

2.2 有利于进一步扩大水利有效投资

《意见》提出,重点盘活存量规模较大、当前收益较好或增长潜力较大的基础设施项目资产。盘活水利资产是扩大有效投资的重点领域之一。盘活水利基础设施存量资产,能够使优质存量资产投入资本市场,将一些长期资产转化为流动性较强的金融或经营资产。畅通政府资本的退出渠道,吸引更多社会资本参与基础设施投资、建设和运营,推动实现股权的多元化发展,借助社会资本的投入提升资产可持续发展能力,为基础设施投资与建设创造良好环境。

2.3 有利于防范化解潜在债务风险

近年来,水利基础设施建设投资提速的迫切性不断上升,政策对投资的支持力度也持续加大。这包括基建项目审批速度的加快,更主要的是拓宽资金来源。然而,当前我国地方人民政府和企业债务负担整体呈上升趋势,存在财政收支平衡压力较大等问题,基础设施投资扩张是带来潜在债务风险的主要原因之一。因此,借助基础设施REITs等权益型融资工具盘活存量资产,有利于提高直接融资比重,充分挖掘存量资产的市场价值,降低宏观杠杆率,通过资金回收的方式来化解地方人民政府的债务风险,有效缓解地方人民政府、国有企业(或平台公司)隐性债务压力。

2.4 有利于提升存量资产运营和服务水平

在盘活存量资产的过程中，通常会拓宽社会投资渠道，相关主体能够通过市场化方式引入专业化运营管理团队，有助于建立更为专业化、高效化的运营管理机制。特别是对于提升水利工程运营管理水平至关重要。例如，通过将盘活存量水库资产和供水设施改造提升有机结合进行综合开发，能够有效提升水质，切实满足城乡供水保证率的需求。同时创新模式，融合水库周边产业发展、乡村振兴、水美乡村建设，切实提升水库利用率，提高资产运营和服务水平。

3 存量资产盘活路径与模式

3.1 资产盘活的可行路径

从资产这一概念出发，其盘活路径大致可分为资本运作、资产改造和优化、资产重组和出售、资产市场化盘活等。

（1）资本运作

资本运作有效盘活资产主要是指通过投资、股权、资产证券化等方式将存量资产的资金进行回收，再将回收后的资金用于新的项目建设，促进投融资的良性循环及资产增值。常用方式有资产证券化、资产上市等。基础设施资产证券化包括ABS、公募REITs等。

（2）资产改造和优化

资产改造和优化指对资产进行改扩建、规划调整与定位转型，通过存量资产使用功能提升及运营效率提升，充分挖掘资产潜在价值，实现存量基础设施资产的盘活。

（3）资产重组和出售

资产重组与出售指通过对基础设施资产进行重组和优化，实现资产的优化配置，提高运营效率。具体方式包括承包、租赁、拍卖等，从而挖掘低效资产的价值。资产出售盘活主要是通过产权交易盘活存量资产。资产重组盘活指在符合反垄断等法律法规前提下，企业通过兼并重组、产权转让等方式推进存量资产优化整合，提升资产质量和规模效益。

（4）资产市场化盘活

资产市场化盘活指通过引入战略投资方和专业运营管理机构等，将闲置资产进行市场化运作，让市场的力量发挥更大作用，提升存量资产项目的运营管理能力与盈利能力。例如特许经营、股权合作等方式。

3.2 适合水利资产盘活的几种模式

从目前国内实践来看，适用于水利存量资产盘活的路径并不多，正在推动实践的主要有资本运作、资产市场化盘活等方式，具体包括REITs、政府与社会资本合作、特许经营、股权合作等。

（1）不动产投资信托基金（REITs）模式

基础设施REITs通过资产"所有权"和"经营权"的分离，可以有效地盘活存量，降低负债，提升管理效率，成为基础设施资产盘活的重要工具。目前，水利部正在大力推动首单水利领域不动产投资信托基金（REITs）试点破冰，积极推进浙江汤浦水库（原水资产）、湖南湘水集团发展项目（发电资产）、宁夏中国中铁水务项目（供水资产）的REITs试点申报和发行工作。

（2）政府与社会资本合作/特许经营模式

政府与社会资本合作采用特许经营形式引入社会资本参与改造和运营，以使用者付费作为项目收益来源，政府方给予合法合规合理的运营补贴。该模式对于资产质量和合规性要求较高，适用范围较窄。2022年，湖南长沙县采用转让—运营—移交（TOT）模式，引入社会资本负责辖区内4座水库设施的运营和维护。社会资本通过直接向使用者收取原水和灌溉等供水服务收入回收投资资金。

特许经营作为一种独立的模式也可用于资产盘活，政府以市场竞争机制选择基础设施或公用事业投资者或者经营者，明确其在一定期限和范围内经营某项基础设施或公用事业产品或者提供某项服务以盘活存量资产。2022年，江西赣州市赣县区将境内13条县管河道砂石资源20年特许经营权通过公共资源交易平台交易，由社会资本方负责项目的经营管理、运行维护及用户服务，盘活河道砂石资源，回收资金11.57亿元。

（3）产权交易模式

水利存量资产的产权交易，是指政府将水利资产的使用权或特许经营权转让至社会资本，受让方一般以国有企业单位为主，从而获得相应资金并投入新的水利工程建设的过程。2023年，浙江松阳县水利局将县属六都源、东坞、梧桐源、庄门源和黄南等5座中小型水库资产，以15.54亿元出让至县水务发展投资集团有限公司，回收资金用于后续县级水利基础设施建设。2021年4月，河南省水利厅将下属出山店水库和前坪水库的供水经营权转让至河南水投集团，合计6.23亿元，项目回收资金用于其他水利基础设施建设。河南水投取得供水经营权后，负责水库供水的经营管理事项，水费收入归属河南水投。

（4）兼并重组模式

通过多家涉水企业合并重组（如水利规划设计、水利投融资、水利工程施工、水务航运等）等方式，企业资产规模在短时间内得以进一步扩大，协调、管理等综合能力进一步增强。2023年8月，湖南整合省属港航资产，市县所属码头资产，湘江、沅水、澧水干流船闸，省属国有港航相关设计、施工企业，加上原湘水集团水利水务板块，成立湖南省港航水利集团，注册资本200亿元，负责全省港航、水利基础设施的投资、建设和运营，承担省人民政府交办的重大港航、水利基础设施的建设和运营管理。集团成立后，主体信用进一步加强，投融资能力不断增强，成为湖南港航水利重要投资主体。

通过优质资产注入和并入等方式，达到资产规模扩大、区域业务增加、产业链条完善等目的。浙江缙云县潜明水库项目整合龙宫洞水电等优质资产，降低水库开发公司资产负债率，提高还款来源保障；上虞区将全区河砂资源作为资产注入该区水利建设集团，结合景观工程建设推出水利管理用房有偿使用，同时扩展集团资质范围，承接房屋整体装修等工作；宁海县将五大水库资产评估（70亿元）注入县水投公司，探索新型股权并购项目贷款，县水投公司在收购西溪水库发展公司股权时按净资产的60%申请贷款。

（5）资产改造升级

对于已建成且有提质升级任务的水利存量资产，可以通过"收购—提质升级（新建+改扩建）—整体运营"模式，优化资产，提供更好的公共服务。安徽界首在推动农村供水工程建设过程中，为解决多头管理、地点分散、服务质量偏低等问题，将低效农村供水工程相关资产交由市城乡水务公司统一进行收购、改建，实现全市"同水源、同管网、同水质、同服务"，不断提高供水效益，节约成本，让老百姓获得更多幸福感、满足感。

4 水利存量资产盘活存在的难点和问题

4.1 手续不全的低效资产处置难度较大

底层资产质量水平是影响资产盘活的关键因素。部分水利项目在依法合规使用土地、规范获得经营权等方面存在困难，存在权属或资产范围不明确等问题。由于历史原因，部分水利工程存在前期工作手续不齐全等情况，手续补办较为困难，资产整合难度较大；部分水利工程因没有及时竣工验收等原因，产权存在瑕疵，难以正常进行流转交易。这些低质资产处置难度较大，一定程度上制约了水利存量资产的盘活工作。

4.2 部分水利存量资产管理较分散

虽然REITs、政府与社会资本合作等盘活存量资产方式在拓宽投融资来源、提高资产流动性、降低实体经济杠杆等方面具有重要意义，但这些盘活方式往往需要符合较高标准，要求项目权属清晰、市场化运营能力成熟等。目前部分地区存在水利资产由企业、事业单位和政府分散管理等现象；部分地区的水利企业资产规模较小，且分布较为分散，难以符合资产盘活条件。以REITs为例，部分水利工程受管理体制等因素影响，由政府和事业单位管理，不符合REITs对原始权益人单位性质的要求[3]。

4.3 资产收益不理想成为最大障碍

水利工程公益性强，受供水价格水平总体偏低、公益性支出缺乏补偿渠道等因素影响，多数水利资产存在着收益较低、现金流回收周期相对较长、流动性较差等问题。有些水利工程还需要额外的政府补贴，市场机制和价格杠杆难以有效发挥作用。部分水利工程的运营水平较低，商业价值没有得到充分挖掘，潜在收益没有发挥，在市场化、产业化方面仍有较大发展空间。如防洪排涝、农村供水、灌区等类型的水利工程，自身无收益或收益性较差，市场融资能力弱，盘活水利存量资产时存在一定的困难；水资源配置、农村及城乡供水等工程虽然有一定水费收入，但目前供水价格普遍较低，缺乏合理定价调整机制，仅靠项目自身收益难以达到盘活条件。

4.4 容易形成新的地方人民政府债务

近年来，地方人民政府财政支出与财政收入之间存在缺口，导致我国地方人民政府债务显著增多，还本付息压力巨大。目前相当一大部分地区的水利融资以债务性融资为主，负债率已经较高。以贵州为例，"十三五"期间在水利领域投资1837亿元，其中财政投入700多亿元，其余以债务性融资为主，占约60%，包括银行贷款、政府专项债券、企业债等，地方人民政府负债率较高。在盘活水利存量资产的过程中需要投入大量资金，用于工程原有债务化解、人员安置、新的项目开发等。在融资过程中若模式设计、实施方式等不合理，或者政府提供隐性担保等，都会增加新的地方政府债务风险。

5 水利存量资产盘活的相关建议

盘活水利存量资产既有迫切的现实需要，又具备相当的转化条件，需综合施策，大力推进。

5.1 加大盘活水利存量资产相关政策支持力度

强化顶层制度设计，出台推进水利领域盘活存量资产的政策文件，明确水利存量资产盘活的目标、范围、流程等，对项目筛选、资产确权整合、土地使用手续办理等加以指导，提供良好的盘活环境。进一步加强水利部门与发改、财政、金融、证监等部门的沟通协作，构建水利基础设施存量资产和新增水利基础设施投资的良性循环机制，协调有关方面对盘活水利存量资产工作予以支持，积极推动项目申报、审核、发行等工作，统筹推进盘活存量资产相关的重大事宜，提高存量资产盘活效率。地方水利部门应全力做好协调保障工作，从手续办理、政策法规制定实施等方面保障水利基础设施资产盘活的顺利进行。

5.2 摸清水利存量资产家底

水利基础设施资产涉及水库、供水、水利枢纽等工程类型，体量大、种类多、分布广。要做好水利基础设施存量资产盘活工作，首先需要摸清水利领域项目底数。地方水利部门应结合实际情况，全面开展水利基础设施存量资产盘点清查工作，根据相关法规、准则和规范等，从水利工程的类型、规模、功能、建设时间、使用年限等角度，对存量资产进行评估，建立科学可行的资产评估机制，摸清水利存量资产家底，形成待盘活资产清单，为进一步推进盘活水利存量资产奠定扎实基础。

5.3 提升水利存量资产质量和效益

积极落实盘活条件，根据相关法律法规文件要求，梳理目前存量水利项目资产产权，推动完善产权界定、产权登记等工作，对部分手续不齐全的项目，督促补齐相关手续，提升水利存量资产质量。着力提升项目收益，加快推进水价改革，建立健全水价形成机制和动态调整机制，完善水费收缴保障机制，助推水利工程投资建设运营形成良性循环；健全水利工程管理体制和良性运行机制，挖掘存量资产的潜在价值，通过将准公益性的水利项目与发电、旅游等经营性项目进行打包，推进涉水产业开发，提高水利资产吸引力，提升项目盈利水平。

5.4 加快推进盘活水利存量资产试点建设

坚持试点先行，加快推动盘活水利存量资产试点项目落地，探索总结试点工作经验、做法，及时推广宣传，为推动水利存量资产盘活工作有序开展提供经验借鉴。尽早引入专业咨询机构，充分发挥其支撑作用，及时提供资产梳理、项目包装、方案编制等方面的咨询服务，提高项目申报效率。定期梳理印发水利存量资产盘活项目的典型案例，鼓励地方水利部门在学习先进经验的基础上，结合自身实际，研究制定盘活当地水利存量资产的有力措施。

5.5 强化盘活水利存量资产的金融支持

用好金融信贷资金，采取股权置换、资产证券化（ABS）等方式盘活水利资产。鼓励引导水投公司等社会资本通过企业债券等方式筹措资金。建立健全政金企合作机制，搭建政金企交流平台，推动银行、信托、保险等金融机构积极参与盘活水利存量资产，提升水利项目包装水平，充分发挥水利投融资企业作用，加大金融优惠政策落实力度。地方水利部门要加强与金融机构的对接，通过组织水利项目融资对接会等方式，积极梳理推介水利盘活存量资产项目，增强存量资产流动性，拓宽融资渠道，合理扩大有效投资，降低地方隐性政府债务风险，缓解债务压力，争取更多信贷资金支持水利建设。

参考文献

［1］ 中华人民共和国水利部.中国水利统计年鉴2024［M］.北京：中国水利水电出版社，2024.

［2］ 罗琳，严婷婷，吴宇涵.水利存量资产账面价值及资产盘活潜力浅析［C］//中国水利学会.2023中国水利学术大会论文集（第七分册）.水利部发展研究中心，中国人民大学财政金融学院，2023，5.

［3］ 严婷婷，罗琳，庞靖鹏.水利基础设施投资信托基金（REITs）试点进展与推进思路［J］.中国水利，2023（13）：69-72.

水投公司参与水利基础设施建设的项目模式、挑战与建议

崔晨甲　张慧萌　杨　波

水利部发展研究中心

北京中水润泽咨询有限公司

摘　要：近年来，水投公司作为特殊的市场化经营主体，积极参与水利基础设施建设，在拓宽水利投融资渠道、完善工程建设体制机制、加强工程运行管理等方面发挥了重要作用，成为水利建设管理的重要力量。通过跟踪水投公司，特别是省级水投公司参与水利工程建设运营进展，梳理水投公司参与水利建设项目的主要模式，分析新形势新要求所带来的挑战，提出对策建议，为水投公司积极参与水利基础设施建设运营，推动新阶段水利高质量发展提供支撑。

关键词：水投公司；项目模式；水利基础设施

2023年9月，水利部办公厅印发《关于在水利基础设施建设中更好发挥水利投融资企业作用的意见》（办规计〔2023〕226号），要求水投公司聚焦主业，更好发挥水投公司募投建管一体化运行的市场主体作用，积极参与水利基础设施建设。本文将系统地归纳总结水投公司在水利基础设施建设项目中的参与模式，探讨在当前环境下面临的机遇与挑战，助力水投公司有效应对新时代发展需求，促进水利基础设施的高效建设和运营。

1　水投公司参与水利建设项目的主要模式

水利基础设施项目根据其性质和阶段，可采用多样化的项目模式（表1），以优化资源配置、风险管理和经济效益。

表 1　　水投公司参与水利建设项目的主要模式

适用项目类型	模式	模式内容		
新建水利项目	直接投资模式	水投公司作为主要投资者，承担项目从规划、设计、建设到运营的全过程。公司直接持有项目资产，享有全部收益，同时也承担相应的风险和责任		
新建水利项目	政府与社会资本合作（Public-Private Partnership）模式	政府与水投公司或其他社会实体合作，共同承担水利项目的风险和收益，是一个广泛的公私合作概念，涵盖了多种不同的合作方式，包括但不限于BOT（建设-运营-转让）、BOO（建设-拥有-运营）、DBFO（设计-建设-融资-运营）等。政府与社会资本合作模式强调政府与私营部门之间的长期合作，共同承担风险和分享利益，以提供公共产品或服务	BOT（Build-Operate-Transfer）模式	水投公司与政府签订协议，在特许期内负责水利项目的建设、运营和维护，其间通过服务费、使用者付费等方式回收投资并获得利润。特许期结束后，项目设施无偿移交给政府
新建水利项目	政府与社会资本合作（Public-Private Partnership）模式		BOO（Build-Own-Operate）模式	类似于BOT，但水投公司永久拥有项目设施的所有权，可以在特许期结束后继续运营，或在市场条件下出售项目
新建水利项目	政府与社会资本合作（Public-Private Partnership）模式		DBFO（Design-Build-Finance-Operate）模式	水投公司除了负责设计和施工外，还参与项目的融资和后期运营，承担更全面的责任
新建水利项目	EPC（Engineering, Procurement, and Construction）模式	水投公司作为总承包商，负责项目的工程设计、设备采购和施工建设，完成后将设施交付给业主运营		
新建水利项目	EOD模式（Eco-environment-oriented Development）	EOD模式全称为生态环境导向的开发模式，是一种创新性的项目组织实施方式。它强调在开发过程中以生态保护和环境治理为基础，结合特色产业运营，并通过区域综合开发来实现环境与经济的双重效益		
已建水利项目	TOT（Transfer-Operate-Transfer）模式	政府将现有的水利设施暂时转让给水投公司，后者在约定的期限内运营设施并进行必要的维护和改造，期满后设施重新归还政府		
已建水利项目	ROT（Rehabilitate-Operate-Transfer）模式	适用于老化或损坏的水利设施，水投公司负责修复和升级设施，然后在特许期内运营，最后将设施移交给政府		
已建水利项目	OM（Operation and Maintenance）模式	水投公司仅负责水利设施的运营和维护，不参与建设阶段，通常适用于设施已建成并需要专业管理的情况		

1.1　新建水利项目

（1）直接投资模式

如表1所示，对于新建水利项目，直接投资模式让水投公司全面介入从规划至运营的全过程，承担项目生命周期的全部责任和收益。

2018年1月延安市水投公司与黄陵县人民政府签订黄陵县店头镇双龙镇供水合

作协议，先后投资1.4亿元建成投运黄陵县店头镇西沟供水和南川河供水两项工程，2022年两项工程年供水量突破500万t，营业收入超2000万元。公司从原来单一的政府项目代建投融资平台，逐步转型发展为集政府项目代建、供水经营一体化发展的涉水企业，解决了因政府代建项目减少造成企业难以为继的问题。

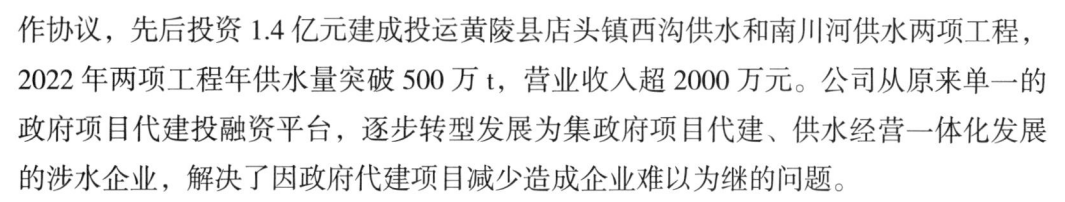

（2）政府与社会资本合作模式

政府与社会资本合作模式（表2）则体现了政府与私营部门的合作精神，通过BOT、BOO、DBFO等子模式，共同分担风险与收益，其中BOT模式允许水投公司在特许期内建设、运营项目，之后将设施转交政府，BOO模式下水投公司可永久保留项目所有权。DBFO模式中水投公司除了负责设计和施工外，还参与项目的融资和后期运营，承担更全面的责任。

表2　　　　　　　　　政府与社会资本合作模式的水利相关项目案例

政府与社会资本合作模式	案例
BOT（Build-Operate-Transfer）模式	浙江省开化水库工程特许经营项目。开化水库是《钱塘江流域综合规划》推荐实施的防洪控制性工程，也是浙江省唯一列入国家重点推进的150项重大水利工程建设项目之一，总投资45.54亿元、总库容1.84亿 m^3。在国家发展改革委和省委、省政府的指导下，开化县人民政府积极探索水利工程的投融资模式创新，采用特许经营BOT（建设－运营－移交）模式实施开化水库工程项目，为破解单一由政府投资、筹措资金的难题，将水库项目划分为"3年建设期+27年运营期"，将运营期的水力发电和出售原水作为经济产出标的物，吸引社会资本参与。同时社会资本方与政府按照"51%和49%"同股同权的股权分配原则累计出资3.3亿元，成立项目公司并由项目公司作为工程项目法人负责融资，每年由项目公司按照协议向水务公司、供电公司收取出售原水、售电费用，实现收益覆盖成本，达到使用者付费的目的
BOO（Build-Own-Operate）模式	内蒙古宝森油气田开采废水处理BOO项目。在这个项目中，龙净环保负责莱芜钢铁烧结、球团的烟气治理BOO项目。公司不仅建设了相关的环保设施，而且拥有并运营这些设施，为莱钢提供长期的烟气治理服务。这一模式有效降低了钢铁厂的运营成本，同时确保了排放数据的稳定性和合规性
政府与社会资本合作（Public-Private Partnership）模式	珠江三角洲水资源配置工程。是国务院确定的172项节水供水重大水利工程项目之一。该工程以市场化形式建设运营，引入省属水务管理类大型国企广东粤海控股集团有限公司，会同广州、深圳、东莞市人民政府，按照现代企业制度的要求，共同组建广东粤海珠三角供水有限公司，负责工程的融资、建设、运营及维护。根据广东省人民政府对珠三角工程项目公司股权划分，粤海控股占股34%，广州市占股20.52%，深圳市占股32.73%，东莞市占股12.75%，省级以上资金不占股。广州、深圳和东莞市政府出资占股不分红，并同步建立了水费返还机制。工程建成后按项目设计供水量计价收费，每年预计可分配利润弥补粤海控股累计投资成本后若仍有剩余，剩余部分的10%归粤海控股享有，剩余部分的90%折算为水费，分别按3市设计供水量占工程年设计供水总量的比例向3市返还，冲减3市当年水费，从而降低平均水价，进一步体现了珠三角工程的生态功能和公益属性

（3）EPC模式

EPC模式下，水投公司作为总承包商，负责项目的工程设计、设备采购和施工。

重庆市观景口水利枢纽工程是国务院确定的172项节水供水重大水利工程之一，是重庆市主城重点水源工程之一。在管理上创新采用EPC总承包建设管理模式，工程质量、安全、概算、工期等各项指标控制良好，工程建设部分节约投资2亿元。

（4）其他创新模式

如EOD模式倡导生态与经济并重的发展理念，结合生态环境保护与特色产业运营。东莞市东引运河流域樟村断面综合治理工程水环境整治工程采用EOD模式推进，东莞水务集团成立东莞市东引水环境投资有限公司（以下简称"东引项目公司"）负责流域治理工程及配套设施的建设。水利部分项目投资概算为13.69亿元，由东引项目公司通过自筹资本金及银行贷款的方式解决。在项目建成后，市、镇两级将与工程建设成本相应对价的匹配物业（原则上为共有产权房）交付给东引项目公司，东引项目公司通过出售的方式获得收益用于平衡项目成本支出。

1.2 已建水利项目

对于已建水利项目，TOT模式使水投公司能在一定期限内接管运营现有设施，之后将设施归还政府；ROT模式针对老化设施，水投公司负责修复、运营后再移交；OM模式则聚焦于运营和维护，适用于已有设施的专业化管理。

于桥水库是天津市重要的水源地之一，承担着城市供水、农业灌溉和生态补水等功能，由于历史原因，水库面临水质下降、生态退化等问题，TOT项目旨在通过引进专业运营商，改善水库的运营管理，提升水质，确保供水稳定。2020年，天津市水务局对该项目进行了公开招标，通过资格预审和竞标，最终确定了社会资本方，由天津市渔阳水利管理有限公司作为项目实施主体。项目主要涉及于桥水库的存量资产经营权转让，包括水库的运营、维护和管理。目的是通过私营部门的参与，提高水库的运营效率，优化资源配置，同时改善水库的生态环境。转让期结束后，水库的经营权将再次转移回政府。

这些模式的灵活应用，既促进了水利建设的现代化进程，又确保了水资源的可持续利用和生态环境的保护，为社会经济的稳定与发展奠定了坚实基础。

2 面临的挑战

当前，我国水利进入高质量发展新阶段。国家水网、江河战略的实施为水利提供了难得的发展机遇，水投公司作为水利基础设施建设的生力军，面临着一场深刻的变革与严峻考验，这对水投公司的灵活性、创新力及合规性提出了更高层次的要求。

2.1 水利建设市场化融资需求激增，多元化渠道筹资迫在眉睫

2023年5月，中共中央、国务院印发《国家水网建设规划纲要》，提出到2035

年，基本形成国家水网总体格局，国家水网主骨架和大动脉逐步建成，省市县水网基本完善，构建与基本实现社会主义现代化相适应的国家水安全保障体系。水利工程建设迎来前所未有的历史机遇，也为水投公司带来了业务范围和规模的扩张机会。大规模水利项目的实施对资金的需求急剧上升，水投公司需创新融资模式，拓展资金来源，确保项目资金充足，同时优化资金使用，提高成本效益。

水投公司必须调整原有的项目模式，转向更多样化的融资渠道，如地方人民政府专项债券、资产证券化、绿色债券等，以吸引包括民营企业在内的多元化资本参与。2023年11月发布的《关于规范实施政府和社会资本合作新机制的指导意见》（国办函〔2023〕115号），以及2024年5月1日开始施行的《基础设施和公用事业特许经营管理办法》(国家发展改革委、财政部、住房和城乡建设部、交通运输部、水利部、中国人民银行令第17号令)，为社会资本参与水利建设提供了明确框架（表3）。新政策强调聚焦使用者付费项目，优先考虑民营企业参与，重视项目运营，以及充分挖掘特许经营项目的收入潜力，这些都要求水投公司在项目设计、融资、建设和运营等方面采取创新举措。

表3 2022年、2023年关于水利建设多元化融资渠道的相关政策

序号	文件名称	文号
1	《水利部关于进一步用好地方政府专项债券扩大水利有效投资的通知》	水规计〔2022〕128号
2	《水利部关于推进水利基础设施投资信托基金（REITs）试点工作的指导意见》	水规计〔2022〕230号
3	《水利部关于推进水利基础设施政府和社会资本合作（政府与社会资本合作）模式发展的指导意见》	水规计〔2022〕239号
4	《水利部办公厅关于在水利基础设施建设中更好发挥水利投融资企业作用的意见》	办规计〔2023〕226号
5	《关于规范实施政府和社会资本合作新机制的指导意见》	国办函〔2023〕115号文件
6	《基础设施和公用事业特许经营管理办法》	国家发展改革委、财政部、住房城乡建设部、交通运输部、水利部、中国人民银行令第17号令

2.2 顺应债务风险等政策严管态势，合规性与灵活性并重

一方面，水投公司必须严格遵守中央和地方人民政府关于债务管理的规定，强化内部风控体系，确保所有融资活动都在政策红线之内，同时提高财务透明度，接受社会监督，维护良好的信用记录。另一方面，为了应对财政纪律收紧带来的资金链压力，水投公司需积极探索新的融资模式，如深化政府与社会资本合作模式应用，

吸引社会资本参与；利用资产证券化、绿色债券等金融工具，拓宽融资渠道；并与金融机构紧密合作，寻找政策允许范围内的金融创新，确保水利建设项目资金的稳定供给。

在此背景下，水投公司还应加快转型升级步伐，聚焦项目盈利性和可持续性，优化项目选择，优先考虑经济效益显著、市场需求强烈的项目；通过智慧水务、智能运维等手段，提升项目运营管理效率，降低成本，延长项目生命周期，从而在确保合规性的前提下，实现资金链的稳定和项目的可持续发展，为地方经济社会发展和生态文明建设贡献力量。

2.3 坚持党的二十届三中全会系统观念，推进募投建管一体化模式创新

《中共中央关于进一步全面深化改革 推进中国式现代化的决定》（2024年7月18日中国共产党第二十届中央委员会第三次全体会议通过）在进一步全面深化改革的原则中强调，"坚持系统观念，处理好经济和社会、政府和市场、效率和公平、活力和秩序、发展和安全等重大关系，增强改革系统性、整体性、协同性。"这意味着，水投公司在开展水利工程的高质量建设与运营时，必须以系统性的视角，确保各环节的紧密衔接与协同，实现改革的整体性和协同性。

募投建管一体化模式通过全过程管理和专业化分工协作，实现水利工程从规划、建设到运营的无缝对接，确保项目的高效实施和稳健运营。在此模式下，水投公司承担起工程全生命周期的管理责任，从前期项目规划、资金募集，到中期的建设实施，直至后期的运营维护，每个环节都受到严格的管控，确保项目质量和进度。在一体化模式下，水投公司与政府、金融机构、承包商等各方建立紧密合作关系，共享信息、协调资源，形成合力，与政府沟通顺畅，确保政策支持到位；与金融机构紧密合作，保障资金链稳定；与承包商协同作业，提高施工效率，共同促进项目目标的实现。

3 建议

水投公司能够灵活运用各种融资工具，拓展融资渠道、稳定建设规模，承担各类工程项目建设任务，统筹各类经营收入和政府补贴，已逐渐成为水利工程建设运营的生力军。为打造具有一流竞争力、影响力、带动力的水投公司，提出如下建议。

3.1 加强国资监管部门和水行政主管部门合作

加强水投公司与政府部门的沟通协作，积极探索国资监管部门和水行政主管部门的协同管理机制，推动两部门签署战略合作协议，建立两部门分工配合机制，从业务指导、技术服务等方面更好地发挥两部门的指导作用，加大优质资产注入力度，争取更多对水投公司的政策支持。对于公益性强的水利项目，推动采取分类考核机制，

加强对生态效益、社会效益等非盈利指标的考核。通过交叉任职、挂职锻炼等方式，加强各级水行政主管部门与水投公司的人才交流，促进工作沟通和业务交流合作，推动政府部门和水投公司的协同发展。

3.2 拓展水投公司参与水利工程建设的模式及领域

深入学习贯彻党的二十届三中全会精神，积极把握加快构建国家水网的重大机遇，把政策红利变成发展红利。认真学习领会《关于规范实施政府和社会资本合作新机制的指导意见》（国办函〔2023〕115号）等文件精神，积极推进水利领域政府和社会资本合作（PPP）新机制发展，在国家水网建设、防洪体系建设、农村供水工程、灌区新建及改造、河湖生态保护治理、数字孪生水利建设等重点方向，探索ROT、BOOT等灵活多样的政府与社会资本合作模式，明确界定各参与方的权利与义务，进一步盘活存量资产，营造水投公司积极参与水利工程建设的良好氛围。

3.3 加大金融扶持力度

充分发挥好水投公司作为投融资平台为水利工程建设融资的作用和优势，加大信贷、税收等相关金融政策扶持力度。协调金融机构对水投公司加大信贷规模支持，拓宽融资渠道，给予贷款优惠利率，通过发行债券、引入保险资金、设立产业基金、盘活存量资产等多种方式降低水利工程建设成本，提升企业主体信用评级，强化风险防控机制，对融资、建设、运营等全过程潜在风险进行有效管理。同时，对水投公司承担的符合国家优惠政策的水利工程项目，按照税收优惠政策内容，对相关项目的各类税费，落实税收优惠。

3.4 创新涉水多元经营模式

水投公司在积极参与水利工程建设的过程中，应当首先精准定位符合市场需求和自身优势的水利项目类型，如水源工程、节水灌溉等，并深化项目前期工作，确保可行性研究的科学性和风险评估的全面性。同时，拓宽延长相关水利业务产业链，公益性水利项目可通过与经营性较强项目组合开发等方式，将可增强融资能力的资源开发项目同水利项目打包实施，提高项目综合盈利能力，吸引社会资本参与工程建设与管护。鼓励有条件的水投公司以多形态、多业态组合项目，在投资、建设、运营等多个方面开展涉水多元经营。在投资方面，考虑设立下属投资子公司，用于其他行业涉水项目投资与参与；在项目建设方面，考虑开展以水为核心要素，农业、环境、林业、国土等多部门资金参与的流域综合治理、水美乡村建设等涉水项目建设实施；在运营管理方面，考虑围绕水库等工程，开展物业化管理，同时涉足文化旅游、农业渔业、林下经济等多种涉水经营。

浙江省安吉浒溪幸福河湖建设经验与示范案例

王亚杰 陈雨菲 李 涛

水利部发展研究中心

中国水利经济研究会

摘 要：近年来，浙江省河湖建设不断迭代升级、实现蝶变，从"万里清水河道"到"美丽河湖"，从"五水共治"到河湖长制，从幸福河湖建设试点探索到"全域建设幸福河湖"，通过持续强化河湖治理满足人民群众在新阶段对河湖的新需求，基本形成"一村一溪一风景、一镇一河一风情、一城一江一风光"的水美格局，初步形成了全域幸福河湖建设的"浙江模式"，塑造了新时代"千万工程"的新样板，为全国幸福河湖建设先行探索了一批可借鉴、可推广的典型经验。安吉浒溪作为水利部第二批幸福河湖建设项目，围绕人水和谐、共建共享理念，深化河湖长制，实施全流域系统治理，推动城乡共富协同发展，打造河湖治理管理示范性成果，为全国幸福河湖建设提供了新的浙江经验。

关键词：幸福河；水生态价值转化；水经济；浒溪；安吉；浙江

1 浒溪幸福河湖建设的思路与特色

1.1 建设思路

安吉是"两山"理念诞生地，"美丽乡村"发源地，绿色发展先行地。浒溪位于安吉县东南部，流域面积314.6km²，干流总长度36.9km。浒溪流域是新时代浙江（安吉）县域践行"两山"理念综合改革创新试验区水利建设核心，截至2023年，已实现行政村（农村社区）美丽乡村全覆盖，更是幸福河湖建设先行地。浒溪幸福河湖建设依托"两山"理念诞生地优越的人文禀赋和自然条件，聚焦流域建设管理实现新突破、生态价值转化尝试新探索、两山转化再添新成果，让流域"每一滴水都产生价值，每一个村庄发生改变"，成功构建形成了"1525"浒溪流域幸福河湖新格局。

（1）1幅幸福画卷

将堤防嵌入风景，河道绿廊与山林交织成网，公共服务设施沿河布局，构建城市河道之间的安全生态缓冲带，营造鱼鸟和乐的自然生境，描绘全龄友好的未来生活图景，打造一幅令人向往的浒溪幸福河湖画卷。

（2）5大总体目标

以"共护、共美、共享、共创、共富"为建设目标。共护——创新多跨协同的流域生态共护机制，探索社会力量参与水环境保护与生物多样性协同发展机制，深化公众护水，完善"党政统领、部门协同、社会共治"的河湖保护治理格局。共美——水利牵头抓总，相关部门协同联动治水，形成综合力量，从而有效推进河湖系统治理现代化，实现河湖生态美、岸线美和全域共美的城乡格局。共享——以水利风险不增加、功能不影响、水域面积不减少、污染不落水为原则，科学界定河湖保护与利用边界，让河湖成为连接悠悠乡愁与现代生活的纽带，建设亲水圈，实现生态红利全民共享。共创——在河湖生态治理方式、管护方式、生态价值转换方式等方面树立创新标杆。共富——充分挖掘流域生态、人文价值，拓展水资源、水空间向水产品、水产业转换路径，畅通健全转换通道和实现机制，实现精神物质双重富裕。

（3）2类示范成果

建设型成果有创新引领，打造"十五分钟亲水圈"；机制型成果：有先行先试，拓展水生态产品转化共富通道，改革创新，打造区域生态共护机制。

（4）5大幸福场景

唱响"两山"理论，述说"5共"幸福场景故事。

1.2 特色亮点

（1）构筑生态价值转化新高地

一是统筹推进，以治理成效夯实环境基础。浒溪幸福河湖建设为流域水生态环境提升奠定了坚实的基础。同时，安吉县积极开展流域治理、生态修复等多领域的研究和探索，围绕幸福河湖生态产品形成、价值形成、价值实现三方面，系统阐述了幸福河湖生态价值实现机制。二是探索模式，以研究成果支撑转化路径。综合分析浒溪幸福河湖生态系统服务功能，以市场需求为导向，构建了幸福河湖生态产品分类体系，建立了幸福河湖生态产品功能核算模型，确立了幸福河湖生态产品价值货币量化方法。经核算，浒溪流域范围内天荒坪、碧门、灵峰等8个小流域幸福河湖生态价值约4.8677亿元。三是找准典型，以优质资源招引共富项目。综合考虑市场主体投资意向、产品本体成熟度等多重因素，选取典型产品，目前祥溪小流域石马港区块生态产品中拍价2216万元，碧门小流域生态产品中拍价2.02亿元。

（2）成为青年入乡发展首选地

一是推动青创平台提能升级。依托"15分钟亲水圈""大自然工位计划"，打造余村"青来集"、大竹园"乡旅梦工厂"等大型青年人才社区，把工位搬进绿水青山，实现乡村"旅居式"创业办公新模式。二是推动青年创客回流返乡。聚焦乡村人才振兴，创新开展"余村全球合伙人计划""千亩方田畈里项目"，动态集聚青年创客超1500名，吸引各类博士、教授20余人。三是推动青创政策落地见效。先后出台《安吉县青年入乡发展行动实施方案（2024—2027年）》《安吉县支持青年入乡发展就业创业相关政策》，从就业支持政策、创业扶持政策、安居保障政策、服务保障政策等多维度全力支持青年入乡发展，持续激发创业活力，加速推动实现高质量充分就业。

（3）打造滨水旅游休闲向往地

一是营造滨水亲水优美环境。浒溪幸福河湖建设以来，流域水生态环境持续向好，15分钟亲水圈实现全覆盖，全线绿道基本贯通，基础设施配套完善到位，真正呈现出"河畅、水清、岸绿、景美"的亲水画面。二是大力推动旅游休闲产业转型升级。漂流、溯溪、露营、水上休闲运动等新业态组成的滨水旅游产业集群不断壮大。据统计，一年来流域滨水旅游人数超2000万人次，滨水旅游总收入超130亿元，在此基础上安吉连续六年位居全国县域旅游综合实力百强县榜首，成为长三角地区最热门的滨水旅游目的地。

2 幸福河湖建设的经验做法

2.1 以"两山"理念为引领，拓宽水生态价值转化通道

积极探索水生态产品定义、分类、核算、交易的全链条转化体系，提供水土保持、用水权等各类生态价值技术依据，初步核算全县水生态产品价值约207亿元，已完成签约交易近3亿元。首推农村集体库塘用水权转化，通过用水权流转交易，村集体可一次性获得流转交易收益及后续分红收益。首创水土保持生态产品价值转化，率先厘清水土保持生态产品概念及分类，建立水土保持生态产品价值核算体系及转化路径。制定出台《安吉县深化流域生态保护补偿机制提升良好水生态环境普惠度实施方案》，实行流域水质变化奖惩机制，完善县、镇、村三级流域生态补偿办法，2023年度补偿金额超4200万元。

2.2 以"开放共享"为思路，让人民群众共享滨水空间和绿色发展成果

在"爱安吉"APP上线"幸福浒溪"服务模块，实现高品质亲水节点、精品水旅路线等幸福河湖标志性成果全民一图可视、一表可查、一键可搜，建立浒溪智慧便民服务体系。打造精品水旅路线、开放水文化场馆、设置生态垂钓露营点等，举办运动休闲旅游节、长三角体育节等滨水文旅活动。丰富水岸共富实现路径，沿河村集体以水资产、水资源入股，实现了村民拿租金、挣薪金、分股金的"两入股三

收益"利益联结模式，构建起政府、村集体、企业三方共赢局面。大力推进水旅融合发展，招引深蓝计划 2.0、石马港漂流、竹仙湖君澜庄园等咖啡、漂流、露营新业态项目签约落地，构建起"到安吉玩水去"特色水旅风光带。2023 年浒溪流域滨水旅游收入同比增长 18.67%，村集体经营收入 80 万元以上村社全覆盖。

2.3 以"数字赋能"为依托，打造智慧河湖监管新样板

高质量推进浒溪流域数字化建设，在浒溪流域全面构建高精度智能无人机、无人船、无人车"水－陆－空"立体感知监测网。成立浙江省首个河湖长学院分院，建设"河长客厅"平台，形成河湖管护部门联动、河长履职能力得以提升、社会公众参与监督的工作格局。推动全县重要水域实现数字化转型，建成集在线互联、数据共享、业务协同、决策支持等功能于一体的河湖管理平台，浒溪主要干支流河湖监测感知设施覆盖率达到 100%，河长履职效率大幅提升，可及时监测预警违规钓鱼、游泳、垃圾倾倒等河湖异常事件，智能化监管大大节约人力成本。

2.4 以"保护传承"为原则，弘扬水文化讲好水故事

安吉县充分挖掘古遗址周边的历史文化及民俗风情，因地制宜地进行布局打造，不断挖掘特色水文化，讲好水故事。以幸福河湖项目建设为依托，通过流域治理挖掘文化资源，打造以浒溪水文化为主干，串联余村溪源文化、横路溪古村文化、银坑溪茶竹文化、马吉溪品竹文化的"1+4"五大文化轴带，做深"水利＋文化"特色。依托独特的地理优势和优质水资源，深度推进水旅融合发展，实现了水利工程与旅游产业的双赢。连续举办了多届中国·安吉玩水节、亲水节、龙舟赛，打出了"到安吉玩水去"金名片，将滨水两岸的山水风光、文化遗产、精品景区、重点玩水项目以及水利展馆等串珠成联，形成了具有安吉特色的水文化研学线路。

3 典型示范案例

浒溪幸福河湖建设完工后，在"两山"理念的指引下，水生态环境优势转化带来的生态农业、生态工业、生态旅游等生态经济已然成为金名片。浙江安吉在探索"怎样把幸福装进浒溪"这一课题中，积累了很多好的经验，形成多个示范案例，对其他省、市建设幸福河湖具有借鉴意义。

3.1 高品质水环境助力余村共同富裕

通过浒溪幸福河湖建设项目，综合实施生态补水、堰坝生态改造、水生态节点建设等工程，有效解决了余村水资源时空分配不均问题，以高品质水环境助力余村共同富裕发展，拓宽"两山"转化路径。围绕优质的山水资源，转变水经济发展思路，

大力发展乡村旅游，助力高品质漂流、露营、咖啡、夜市等滨水新业态的发展，引进品质商家 20 余家，举办全国山地户外运动多项赛、长三角体育节、音乐演奏会等文旅体活动 300 余场，引入优质农业、文创和民宿主体，带动村集体经济实现大幅增收。充分利用 15 分钟亲水圈、大自然工位计划，把工位搬进绿水青山，实现乡村"旅居式"创业办公新模式。助力余村品牌推广，吸引青年入乡创业，促使流域内人均 GDP 逐年上升，2023 年余村村集体经营性收入 1011 万元，人均纯收入 7.1 万元。

3.2 探索生态联勤河湖管护协作新模式

在浒溪流域建立"1+5+X"生态联勤警务工作模式，即由河长办牵头，公安、水利、综合执法、生态环境、农业农村等 5 个主要职能部门常态化入驻，根据具体工作需要增补驻点单位，形成信息流转、合力处置、反馈跟踪的联勤联动、线上线下闭环机制，由点及面建立全域辐射的生态联勤网。依托河长制生态联勤工作机制，全面梳理基层河长巡河发现、媒体曝光、群众举报、上级督办、明察暗访发现的问题线索，结合河长制联席会议制度，定期会商研判，形成一般问题现场整改，复杂问题集中攻坚，重大问题统筹推进的常态化治理工作模式，有力破解河湖治理与保护工作中存在的多头管、三不管、推诿扯皮等问题，有效推动部门间统筹协调、联合执法、信息共享，凝聚工作合力，快速实现河湖问题治理动态清零。在全县重要水域实现数字化转型，构建多部门联动、智能监管场景应用、AI 预警处置闭环化的河道生态联勤管理平台，实现河道巡查去盲区、无死角。

3.3 建立山塘水库用水权价值实现机制、助推乡村致富

以浙江省"用水权和激励性水价"改革试点县为重要契机，通过向村集体颁发取水许可证的形式，对取水权属、取水用途、取水水量、取水期限等进行逐一明确，为水资源高效转化提供政府背书，全县已完成 360 座山塘水库的确权，为下一步用水权的交易、抵押创造了前提条件。综合考虑供水价值、发电价值和文旅价值等多方面因素，探索形成了一套农村山塘水库水资源价值核算体系，建立了"确权发证—价值核算—流转开发—收益分配"的工作模式，为水资源交易、抵押等提供基准价值参考。经初步核算，全县 389 座农村集体山塘水库 30 年的用水权总价值高达 173.6 亿元。安吉县累计完成 22 座农村山塘水库流转交易，实现生态价值转换约 2 亿元。积极引导金融机构开展"用水权抵押 + 项目贷"等绿色金融服务，经初步评估全县农村集体山塘水库 30 年的可授信额度超过 100 亿元。

3.4 大竹园村做足水文章、盘活水经济

村庄建设充分尊重现状地势地貌，兼顾生态、生活、生产需求，柔性布局穿村

水系、道路及安置区，实施引水入村水系连通、千亩方永农集中连片、五彩共富路、观音堂安置区提升改造等项目，惠及全村 200 余户农户，有效解决水生态系统不健全、基础设施不完善、最后一公里不通畅等难题，营造"看得见水景、听得见水声、记得住乡愁"的农村人居环境。通过实施大竹园村智慧排水、引水入村等项目，依托良好的生态环境和完善的基础配套，打造 49 家高品质民宿、7 家餐饮楼，引入 9 家咖啡、露营等新业态商家，增加就业岗位 200 余个，吸引青年返村创业 87 人，为村民拓宽了增收途径。招引白云齐总部经济，2023 年实现营收 5.51 亿元，带动村集体年经营收入从过去 3 万元增至 362 万元。村集体先后获得国家级美丽宜居示范村、省级美丽乡村特色精品村、省 3A 级景区村庄、省级卫生村、省级森林村庄等荣誉称号。

黄河水利遗产的保护与综合利用研究

刘 娜 王 珊

山东润泰水利工程有限公司

摘 要：黄河作为中华民族的母亲河，孕育了灿烂的中华文明，同时也留下了丰富的水利遗产，如古运河、堤防、水闸、灌溉系统等，这些遗产不仅是古代技术智慧的结晶，更是文化传承的重要载体，它们承载着丰富的文化内涵和生态资源。随着社会的进步和经济的发展，黄河水利遗产的保护与利用面临着重大挑战。阐述了黄河水利遗产保护与利用的意义，系统梳理了黄河水利遗产的类型、分布与价值，探讨了黄河水利遗产的保护现状与问题，提出了相应的保护与综合利用策略，以期为黄河水利遗产的可持续发展提供理论和实践支持。

关键词：黄河水利遗产保护；综合利用；文化传承；旅游开发

1 黄河水利遗产保护与利用的意义

黄河流域地跨青海、四川、甘肃、宁夏、内蒙古、山西、陕西、河南、山东9省区，全长5400多千米，流域面积广阔，其内蕴含着丰富的水利遗产，包括河道遗产、防洪工程遗产、灌溉工程遗产、运河工程遗产、城乡供排水工程遗产、水土保持工程遗产及景观水利工程遗产等多个方面。它们不仅是工程技术成就的体现，更蕴含着深厚的文化底蕴和社会价值，对于研究古代水利技术、传承历史文化、促进区域经济社会发展具有重要意义。

近年来，党中央对黄河文化给予了高度重视。习近平总书记明确指出，黄河文化是中华文明的重要组成部分，是中华民族的根和魂。他强调要推进黄河文化遗产的系统保护，深入挖掘黄河文化蕴含的时代价值，讲好"黄河故事"，延续历史文脉，坚定文化自信。这些重要论述为黄河文化的研究和保护指明了方向。因此，探索科学有效的保护与利用策略，对于保护黄河水利遗产、传承中华文化、推动黄河流域高质量发展具有重要意义。

2 黄河水利遗产种类

黄河水利遗产的种类繁多，涵盖了物质形态与非物质形态两大方面。既有物质形态的水利工程设施和建筑，也有非物质形态的水利技术与知识、信仰与仪式、民俗活动等，这些遗产共同构成了黄河水利文化的丰富内涵和独特魅力。

2.1 物质形态的水利遗产

（1）水利工程设施

堤防与坝体，包括历代修建的黄河堤防，如河南、山东等地的古黄河堤，这些堤防对于防洪减灾具有关键作用；灌溉系统，如宁夏引黄灌区、河套灌区等，这些灌溉系统不仅解决了农业用水问题，还促进了农业文明的发展；水库与水电站，如小浪底水利枢纽工程等，是现代水利工程技术的杰出代表，集防洪、发电、灌溉等功能于一体；运河与航道，如隋唐大运河、京杭大运河等，这些运河不仅促进了物资交流，还见证了黄河流域的繁荣与变迁。

（2）水利相关建筑

管理机构与办公建筑，历史上各朝代设立的水利管理机构所在地，以及相关的办公建筑，如古代治河衙署等；纪念碑与纪念馆，为纪念水利事业中的重大事件或人物而建的纪念碑、纪念馆等。

（3）农业聚落与景观

因水利灌溉而形成的农田、村落、农业景观等，这些景观不仅具有观赏价值，还反映了古代人们的生产生活方式。

2.2 非物质形态的水利遗产

（1）水利技术与知识

包括历代治河理念、治水技术、灌溉技术等，这些技术和知识代代相传，是人们在长期水利实践中总结出来的经验和智慧，是黄河水利文化的重要组成部分，对现代水利事业仍有启示作用。

（2）民间故事、谚语、歌谣和民歌

这些遗产不仅传承了人们对黄河的记忆和认识，还反映了当地社会文化与精神风貌，其文化形式中往往蕴含着丰富的黄河水利知识和治水经验。许多民间故事和歌谣中也传唱着黄河治水英雄的事迹，如大禹治水的传说，这一传说不仅在中国古代历史和文化中占有重要地位，也是中华民族不屈不挠、勇于战胜自然灾害精神的象征，激励了一代又一代人勇于治水、造福百姓。

（3）民俗活动与祭祀仪式

黄河流域的人们在长期的水利实践中形成了一系列与水有关的社会风俗，如尊水节、祭水仪式等。这些传统习俗和风俗不仅体现了人们对黄河的崇敬和感激，还通过仪式化的方式强化了对水资源管理和保护的意识。例如，河曲河灯会就是一种盛大的民间节庆活动，它最早记载于明万历年间，原本围绕祭祀大禹展开，如今已演变成祈福祝愿的旅游项目，但仍具有鲜明的黄河民俗文化色彩。

3 黄河水利遗产的价值

黄河水利遗产在历史文化、工程技术、生态环境、社会经济、教育科研、旅游观赏等方面都具有重要的价值。这些价值不仅体现了黄河水利遗产的独特魅力和深远影响，也为我们更好地保护和利用这些遗产提供了有力的支撑和保障。

3.1 历史文化价值

黄河水利遗产记录了古人治水抗洪的智慧与勇气，反映了古代社会的生产力水平、组织能力和文化特征。它见证了中华民族与黄河洪水长期斗争的历史，承载着丰富的历史文化信息，是区域文化的重要标识。黄河水利遗产不仅代表了古代人民的智慧和勤劳，也反映了黄河流域独特的地理环境和社会经济特征。黄河水利遗产在促进民族融合方面发挥了重要作用，在黄河流域，不同民族在共同治水的过程中相互学习、相互影响，形成了多元一体的文化格局。从大禹治水的传说到历代治河方略的实施，再到现代水利工程的建设，黄河水利遗产无不彰显着中华民族自强不息、勇于探索的精神风貌。这些遗产不仅是历史的记忆，更是文化的传承，对于弘扬民族文化、增强民族凝聚力具有重要意义。

3.2 工程技术价值

黄河水利遗产在工程技术方面展现了高超的水平和独特的创造力。例如，宁夏引黄灌区、河套灌区等古代水利工程，其规划、设计、水工技术、设施配套等方面都代表了当时国内水利灌溉的先进水平。从古代堤防建设到现代复杂的水利枢纽工程，黄河水利遗产体现了人类在水利技术上的不断进步和创新。这些工程技术成果不仅解决了当时的实际问题，也为后世提供了宝贵的技术借鉴和经验积累。

3.3 生态环境价值

黄河水利遗产在维护生态环境方面发挥着重要作用。通过合理的水利工程建设和管理，黄河水利遗产有效地调控了水资源，改善了流域内的生态环境条件。例如，灌溉系统的建设促进了农业生产的发展，同时也为湿地、湖泊等自然生态系统提供了稳定的水源；防洪工程的建设则减少了洪水灾害对生态环境的破坏。此外，一些水利工程还融入了生态设计理念，注重保护生物多样性和恢复生态系统平衡。

3.4 社会经济价值

黄河水利遗产对社会经济发展产生了深远的影响。一方面，水利工程建设为农业生产提供了有力的保障，促进了农业生产的稳定增长和农民收入的提高；另一方面，水利工程还带动了相关产业的发展，如水利设备制造、水利旅游等。此外，水利工程还促进了区域间的物资交流和人员往来，推动了区域经济的协同发展。这些社会经济价值不仅体现在直接的经济效益上，更体现在对社会稳定和可持续发展的贡献上。

3.5 教育科研价值

黄河水利遗产具有重要的教育科研价值。首先，这些遗产为水利史、水利工程学等学科提供了丰富的研究对象和实证材料；其次，通过对黄河水利遗产的研究和分析，可以深入了解古代社会的生产生活方式、科技水平以及人与自然的关系等重大问题；最后，这些研究成果还可以为现代水利工程的建设和管理提供有益的借鉴和启示。因此，黄河水利遗产是教育科研领域不可或缺的重要资源。

3.6 旅游观赏价值

水利遗产还具有较高的旅游观赏价值。许多古代水利工程如都江堰、京杭运河等不仅是重要的文化遗产，也是著名的旅游景点。这些工程以其独特的景观风貌和深厚的文化底蕴吸引着众多游客前来观光游览。通过旅游活动，人们不仅可以欣赏到这些水利工程的壮丽景象，还可以了解到其背后的历史文化和科学价值。这对于传承和弘扬中华民族优秀文化传统、推动文化旅游产业的发展具有重要意义。

4 黄河水利遗产保护现状及存在问题

4.1 黄河水利遗产保护现状

近年来，国家和地方人民政府对黄河水利遗产的保护工作给予了高度重视，出台了一系列政策措施，从制定保护规划、建设文化名城、利用活化遗产、环境整治生态、保护传承非遗、法治保障等方面开展黄河水利遗产的保护工作，取得了显著进展。

（1）制定保护规划

为系统性地保护和利用黄河水利遗产，沿黄省区深入贯彻落实中央部署，制定了一系列保护规划和政策，如《黄河流域生态保护和高质量发展规划纲要》，为黄河水利遗产保护提供了有力保障。这些规划旨在明确保护目标、划定保护范围、提出保护措施，确保黄河水利遗产得到科学、合理的保护。通过规划引领，实现了对黄河水利遗产的整体性、系统性保护，为后续的保护工作提供了有力指导。

（2）建设文化名城

黄河流域拥有众多历史文化名城，这些城市不仅是黄河文明的发源地，也是黄河水利遗产的重要载体。在文化名城建设中，注重将水利遗产保护与城市发展相结合，通过提升城市文化品位、打造特色文化旅游品牌等方式，促进文化遗产与城市建设的和谐共生。例如，三门峡市通过仰韶国家考古遗址公园的建立，展示了仰韶村遗址的考古成果，体现了黄河文化的深厚底蕴；济南市则通过构建"一干三段，多支多点"的空间格局，展现了黄河文化的魅力；武陟，作为河南唯一的"中国黄河文化之乡"，凭借其独特的地理位置和丰富的黄河文化资源被誉为黄河文化名城。

（3）历史建筑保护

黄河水利遗产中包含了大量的历史建筑，如古渠首、古码头、水闸等。这些建筑不仅是水利工程的重要组成部分，也是历史的见证和文化的载体。当前，对于这些历史建筑的保护工作得到了高度重视。通过科学的修复技术和严格的保护管理措施，确保这些建筑能够保持其历史原貌和建筑特色，传承和展示其历史价值和文化意义。

（4）生态环境整治

黄河水利遗产的保护离不开生态环境的整治。近年来，黄河流域各地加大了生态环境治理力度，通过植树造林、水土保持、污染治理等措施，有效改善了黄河流域的生态环境质量。这为黄河水利遗产的保护提供了良好的外部条件，确保了遗产的可持续发展。

（5）非遗保护传承

黄河水利遗产中蕴含着丰富的非物质文化遗产，如治水技术、民间故事、传统习俗等。为保护这些非物质文化遗产，各地采取了多种措施，包括建立传承人制度、开展非遗培训、组织非遗展演等。这些措施有效地促进了非遗的保护与传承，让黄河水利遗产的文化内涵得以丰富和传承。

（6）法治保障

为加强黄河水利遗产的法治保护，国家及地方人民政府不断完善相关法律法规体系。通过立法明确黄河水利遗产的法律地位和保护要求，加大对违法行为的惩处力度，为遗产保护工作提供了坚实的法律支撑。同时，加强执法力度和司法保障，确保法律法规得到有效实施。

4.2 黄河水利遗产保护工作存在的问题

黄河水利遗产的保护工作已取得一定成效，但由于遗产数量众多、分布广泛、保护难度大，整体保护工作仍形势严峻，存在诸多问题。一是自然侵蚀。洪水、风沙、盐碱化等自然因素对遗产造成了严重破坏。二是保护认识不足。部分地区对黄河水利遗产的保护认识不足，缺乏足够的重视和投入，这导致一些珍贵的遗产未能得到及时、有效的保护，甚至出现人为破坏的情况。不合理的开发利用、建设活动使水利遗产面临着被破坏或消失的风险。三是管理机制不健全。黄河水利遗产资源丰富但分散，缺乏统一的标准和全面的整理，难以形成系统的保护体系，且保护责任主体不明确，管理体制不完善，导致保护工作难以有效推进。四是产业化发展相对滞后。未能充分发挥其经济价值和社会效益，这既影响了遗产的保护和利用，也限制了相关产业的发展。五是法治保障有待加强。尽管已有相关法律法规为黄河水利遗产的保护提供了法律支撑，但在实际执行过程中仍存在一些问题。如执法力度不足、违法成本低等，导致一些违法行为得不到有效遏制。

5 黄河水利遗产保护与利用建议

有效保护与合理利用黄河水利遗产，构建一套全面、科学的保护与利用体系，对于传承和弘扬黄河文化，促进地区经济社会可持续发展具有重要意义。

5.1 加强政策法规建设，完善保护体系

加强黄河水利遗产保护的法律法规建设，完善相关法律法规体系。明确遗产保护的法律地位，划定保护范围，规定保护责任主体、保护内容和保护措施。加大对违法行为的惩处力度，形成有效的法律震慑。

制定和实施一系列支持黄河水利遗产保护与利用的政策措施。如设立专项保护资金，用于遗产保护、修复和展示等工作；出台税收优惠政策，鼓励企业和社会资本投入遗产保护领域；加强人才培养和引进，提高遗产保护与管理水平；加强跨部门协作与信息共享，形成保护合力。

5.2 建立科学、全面的遗产价值评估体系

建立科学、全面的黄河水利遗产价值评估体系是保护与利用工作的基础。该体系应涵盖历史价值、科学价值、文化价值、社会价值及经济价值等多个维度，采用定性与定量相结合的方法进行评估。通过文献研究、实地考察、专家咨询等方式，收集和分析遗产相关信息，形成科学评估报告。

由于遗产价值处于动态变化中，随着研究深入和社会认知提高，其价值评估结

果应适时调整。建立遗产价值评估动态调整机制，定期复评已评估遗产的价值，确保评估结果的准确性和时效性。

5.3　充分利用现代科技手段提升保护水平

加强遥感监测、无人机巡检、三维扫描等技术在遗产保护中的应用，实现遗产的实时监测与预警。利用3D扫描、无人机航拍等现代科技手段，对黄河水利遗产进行全面、细致的数字化记录与保存。建立遗产数字档案库，实现遗产信息的数字化存储和管理，减少实体遗产的直接接触和损坏风险，便于遗产信息的长期保存和共享。

运用虚拟现实（VR）和增强现实（AR）技术，对黄河水利遗产进行生动、直观的展示。通过VR技术，让公众身临其境地感受遗产的历史风貌和工程奇迹；将遗产信息与现实场景相结合，为公众提供更加丰富的文化体验。既能增强公众对遗产的认知和兴趣，又能促进遗产文化的传播与弘扬。

研发适用于黄河水利遗产保护的新材料、新技术和新方法，提高保护效果与效率。

5.4　实施生态修复与环境保护

针对黄河水利遗产周边的生态环境问题，实施有针对性的生态修复工程。如修复受损的湿地、草原和森林生态系统，改善水质和土壤环境；加强水土流失治理和防洪工程建设，确保遗产周边的生态安全。

建立健全环境保护机制，加强遗产周边的环境监测和预警。严格控制污染物排放和生态环境破坏行为，保护遗产及其周边环境的自然生态。

5.5　强化公众教育，提升公众意识

通过宣传教育、文化活动等形式提高公众对黄河水利遗产价值的认识与认同，鼓励和支持居民参与黄河水利遗产的保护与利用工作。建立社区参与机制，让居民成为遗产保护的重要力量。通过举办遗产保护宣传活动、开展志愿者服务等方式，提高社区居民对遗产保护的认识和参与度。建立志愿者服务体系和社会监督机制，形成全社会共同参与的保护氛围。

构建遗产保护与利用的利益共享机制，确保遗产保护成果惠及社区居民和周边地区群众。通过发展文化旅游产业、推广特色农产品等方式，实现遗产保护与地区经济社会发展的良性互动。

5.6　深化文化传承与活化利用

依托黄河水利遗产资源，深入挖掘黄河水利遗产的文化内涵与价值，设计具有地方特色和文化内涵的旅游产品。通过整理出版相关文献资料、建立遗产数据库等方式传承和弘扬黄河水利文化，同时结合现代文化需求与市场需求，创新文化遗产

活化利用方式。如开发水利遗产观光游、文化体验游等旅游线路，举办水利文化节、遗产保护论坛等活动，推出遗产文创产品和特色纪念品等。这些产品既能满足游客的文化需求，又能促进遗产文化的传播与弘扬，实现遗产保护与利用的良性循环。

5.7 推动旅游开发与可持续发展

合理开发黄河水利遗产的旅游价值。依托遗产资源打造特色旅游线路和产品；加强旅游基础设施建设和服务质量提升；注重生态环境保护与旅游开发的协调发展，实现社会效益、生态效益和经济效益的共赢。同时，建立旅游收益反哺机制，将部分旅游收入用于遗产的保护与修缮，形成可持续发展的良性循环。

5.8 建立监测评估与动态管理机制

建立健全黄河水利遗产监测体系，实现对遗产保护状况的全面、实时监测。利用卫星遥感、无人机巡航、地面监测站等多种手段，收集和分析遗产保护相关数据，及时发现和解决保护工作中存在的问题。

实施黄河水利遗产动态管理机制，根据监测结果和评估报告，及时调整保护策略和措施。对保护成效显著的遗产点进行表彰和奖励；对保护不力的遗产点进行整改和问责。同时，加强对保护工作的监督和指导，确保各项保护措施得到有效执行。

定期对黄河水利遗产保护与利用工作进行评估，评估内容包括保护效果、利用效益、社会影响等方面。通过问卷调查、专家评审、社会反馈等多种方式收集评估信息，形成评估报告。根据评估结果，总结经验教训，提出改进意见和建议，为今后的保护与利用工作提供参考。

6 结语

黄河水利遗产的保护与利用工作任重而道远，它涉及自然、历史、文化、经济等多个方面，需要政府、社会、诸多行业和公众等多方面的共同努力。通过加强政策法规建设，完善保护体系，建立科学、全面的遗产价值评估体系，利用现代科技手段提升保护水平，实施生态修复与环境保护，强化公众教育，提升公众意识、深化文化传承与活化利用等一系列措施，进一步保护和利用黄河水利遗产，传承和弘扬黄河文化，为地区经济社会的可持续发展贡献力量。

参考文献

[1] 程彦民.黄河流域水利遗产及其保护利用研究[J].黄河黄土黄种人，2023（18）：66-68.

［2］万金红.黄河文化保护、传承、利用实施途径［J］.黄河黄土黄种人，2020（25）：6.

［3］王磊，解华顶，张裕童.水文化遗产生存状态及解决办法初探［J］.中国水利，2019（12）：59-61.

［4］周波.浅论水利风景区水文化遗产的分类保护利用方法［J］.中国水利，2013（19）：62-64.

［5］薛华.黄河水文化遗产的主要类型及其价值［J］.黄河黄土黄种人，2020（14）：33-38.

《水法》与《防洪法》修改的经济问题研究

张梦瑶　张　甲

聊城黄河河务局莘县黄河河务局

摘　要：主要探讨了我国水治理体制机制法治领域内，《中华人民共和国水法》（以下简称《水法》）与《中华人民共和国防洪法》（以下简称《防洪法》）修改所涉及的关键经济问题。通过对现行法律体系的分析，识别出制约水治理效率和经济效益提升的主要因素，并在此基础上提出了一系列改革思路和对策建议。分析认为，通过完善相关法律法规，可以有效解决水资源管理和防洪减灾工作中的经济障碍，进而推动我国水治理体系的现代化进程。

关键词：水治理；体制机制；法治建设；《水法》；《防洪法》；经济问题

1　概述

水作为生命之源、生产之要、生态之基，在国家经济建设和生态环境保护中占据举足轻重的地位，然而我国水资源分布极不均衡。我国水资源总量虽居全球前列，但由于人口众多，人均水资源量相对较低，且分布不均[1]。近年来，随着经济社会快速发展，河流水体污染、河道断流、湖泊萎缩、生态退化等问题日益凸显，已成为制约经济社会可持续发展的瓶颈[2]。同时，极端天气事件频发，洪涝灾害等自然灾害的威胁不断增加，对人民群众的生命财产安全和经济社会稳定构成严重威胁，给水资源管理带来了更大的压力。

在水治理方面，尽管我国已经建立起较为完备的法律法规体系，但仍然存在一些问题亟待解决。例如，《防洪法》虽然自1998年起实施，并经过多次修订，但在实践中仍面临着诸如防洪标准不高、防洪设施老化、防洪资金投入不足等问题。同时，《水法》也存在一些不足之处，例如节水机制不健全、水资源配置不合理等。

随着经济社会的发展以及自然环境的改变，原来的法律法规已经不能充分满足当前的需要。修改《水法》与《防洪法》是为更好地应对新的挑战，以实现水资源的安全保障与合理使用，增强防汛力量，减少灾害损失。此外，随着国家对生态文明建设和高质量发展的重视程度不断提高，通过修订相关法律法规，可以进一步完善水治理体制机制，实现水资源的可持续利用。

2 《水法》和《防洪法》的基本内容及其历史沿革

2.1 《水法》的基本内容及其历史沿革

《水法》是我国关于水资源管理的基本法律，旨在合理开发、利用、节约和保护水资源，防治水害，确保水资源的可持续利用，以满足国民经济和社会发展的需要。《水法》明确规定了水资源的国家所有权，它强调了国家对水资源的全面规划、统筹兼顾和综合利用。此外，该法还推行了取水许可制度和有偿使用制度，鼓励单位和个人节约用水，发展节水型工业、农业和服务业，并建立了节水型社会。同时，该法还规定了水资源的保护措施，包括防治水污染、水土流失等，确保水资源的可持续利用。

《水法》于1988年颁布，标志着我国水利事业开始走上法治轨道。2002年，该法进行了全面修订，并于同年10月1日起施行。此后，为了适应经济社会发展的需要和水资源管理的新形势，该法又分别于2009年和2016年进行了两次修正[3]。这些修订和修正进一步完善了水资源管理制度，提高了水资源管理的科学性和有效性。

总的来说，《水法》是我国水资源管理的重要法律保障，通过明确水资源的权属、规划、开发、利用、节约和保护等方面的规定，为水资源的可持续利用提供了有力的法律支持。

2.2 《防洪法》的基本内容及其历史沿革

《防洪法》是一部旨在保护人们免受洪水侵害的重要法律。简单来说，它的目的是通过各种措施来预防和减少洪水带来的损失，确保人民群众的生命财产安全，并支持国家的现代化建设不受影响。《防洪法》规定了各级政府在防洪工作中的职责，如修建堤坝、水库等基础设施，以控制水流；还要求完善洪水预警系统，一旦有洪水迹象就能及时通知大家撤离，减少人员伤亡。此外，该法还强调了对自然环境的保护，因为健康的河流生态系统有助于自然地调节水流。

《防洪法》的历史可以追溯到1997年，当时它由全国人大常委会审议通过，这标志着我国拥有了专门针对防洪工作的法律规定。随着时间的推移，法律也在不断完善。到了2016年，全国人大常委会再次对其进行了修订，主要是为了适应社会经济的变化和发展需要，确保法律的有效性和适用性。

总之，《防洪法》是国家为了让大家远离洪水威胁而制定的一套规则，它不仅告诉政府应该如何做，也提醒我们每个人都要关注洪水风险，共同维护我们的安全家园。

3 现行《水法》与《防洪法》中的经济问题

3.1 水价机制不合理

（1）水价形成机制不合理

现行水价体系往往未能全面反映水资源的稀缺性、生态环境损害成本以及供水成本，导致水资源的使用价值被低估，进而引发水资源的过度开发和浪费。此外，水资源的开发、利用、节约和保护需要投入大量资金，包括水利设施的建设、维护、更新以及水资源管理的人力成本等。然而，当前的水价机制可能未能充分反映这些成本，导致水资源管理成本难以得到全面覆盖。

（2）经济激励机制缺失

合理的水价机制应该能够激励用户节约用水，但现有水价可能未能形成有效的经济激励，使得节水措施难以推广，进一步加剧了水资源的浪费。此外，对于超量用水或浪费水资源的行为，缺乏有效的经济惩罚措施，难以形成有效的节水约束机制。

3.2 水权交易市场不成熟

当前，我国水权交易市场尚处于起步阶段，市场规则和交易机制尚不健全，导致水资源的配置效率难以达到最优。水权交易的不成熟也限制了社会资本在水资源领域的投入和参与。

由于水权交易市场的不成熟，水资源的配置往往依赖于行政手段而非市场机制，这可能限制了水资源的高效配置和合理利用。同时，缺乏有效的市场信号引导，也使得水资源的使用者难以根据市场变化灵活调整用水策略。

3.3 防洪减灾投入不足

防洪减灾工作关乎国家公共安全，但当前防洪投入与效益之间存在不匹配的问题。一方面，防洪减灾投入不足。防洪基础设施的建设和升级需要巨额的资金投入，包括堤防加固、水库建设、河道治理等。然而，由于资金来源有限，可能无法满足所有防洪基础设施建设的资金需求。

另一方面，防洪工程的经济效益与社会效益不平衡。防洪工程的投入需要综合考虑经济效益和社会效益。然而，在实际操作中，往往难以准确评估防洪工程的经济效益，导致在资金分配时可能出现偏差。因此，需要建立科学的评估机制和方法，确保防洪投入与经济效益之间的平衡。

3.4 防洪经济补偿机制不健全

（1）补偿标准不明确

防洪经济补偿的标准往往缺乏明确的规定，导致在实际操作中难以确定合理的补偿金额。这可能导致补偿过低，无法覆盖受灾地区或个人的实际损失，从而影响其恢复和重建的能力。

（2）监督机制不完善

防洪经济补偿机制的实施过程中可能存在监督机制不完善的问题。具体体现在补偿资金的分配、使用和管理等方面可能缺乏透明度和公开性，导致资金被滥用或挪用。同时，也缺乏有效的监督和评估机制来确保补偿资金能够真正用于受灾地区和个人的恢复和重建工作。

（3）受益者付费原则未充分体现

防洪工作具有全局性和公益性，但其受益者往往较为明确。然而，在防洪经济补偿中，受益者付费的原则可能未得到充分体现。这意味着防洪工作的经济负担主要由政府承担，而未能充分调动受益者的积极性和参与度。这种情况可能导致防洪工作的可持续性和效率受到影响。

综上所述，现行《水法》与《防洪法》中的经济问题主要包括水价机制不合理、水权交易市场不成熟、防洪减灾投入不足以及防洪经济补偿机制不健全等方面。

4 《水法》与《防洪法》修订的对策建议

4.1 完善水价机制

完善水价机制是《水法》修改的重点内容，同时也是确保水资源可持续利用的重要一环，它涉及如何公平、合理且有效地定价，以及如何通过经济手段激励节水和水资源保护。

（1）建立合理的水价形成机制

第一，分门别类定水价，更贴近实际。想象一下，我们买水果时，不同种类、品质的水果价格也不一样。同样地，水也应该根据其用途和稀缺程度来定价。比如，生活用水可以设定一个基础价格，但用得越多，价格就逐渐上升，这样大家就会更加珍惜每一滴水。而工业和商业用水，因为它们用量大且对水质要求不同，可以设定更高的价格，并鼓励他们采用节水技术和设备。农业用水则可以考虑季节性变化和灌溉效率来定价，鼓励农民采用节水灌溉方式。

第二，成本核算要全面，成本透明。要制定合理的水价，就得先知道供水的成本是多少。这包括从水源地取水、净化处理、输送到千家万户的整个过程中的所有费用。同时，还要考虑到保护水源地、防止水污染、生态环境损害成本等环保成本。把这些成本都算清楚，然后透明地告诉大家，让大家知道水价是怎么来的，这样大家才会觉得公平合理。

第三，引入市场机制，让水价更灵活。除了政府定价外，还可以引入市场机制来调节水价。比如，通过拍卖或竞价的方式分配水资源使用权，让市场供求关系来决定水资源的价格。这样既能反映水资源的稀缺程度，又能激励大家更加高效地利用水资源。

（2）建立成熟的经济激励机制

第一，节水有奖，鼓励大家行动起来。为了鼓励大家节水，可以设立节水奖励制度。比如，对于用水量低于平均水平的家庭或企业，可以给予一定的现金奖励或税收减免。这样既能直接激励大家节水，又能形成一种良好的节水氛围。

第二，超量加价，让浪费者付出代价。对于那些用水量超过规定标准的家庭或企业，可以实行超量加价制度。也就是说，用得越多，价格就越高。这样既能增加浪费者的经济负担，又能让他们意识到节水的重要性。同时，超量加价所得的收入还可以用于支持节水设施建设和节水技术推广等工作。

第三，税收优惠，支持节水产业发展。为了促进节水产业的发展，可以给予节水型企业和产品税收优惠政策。比如，对生产节水器具的企业减免部分税收；对购买和使用节水器具的消费者给予一定的税收返还或补贴。这样既能降低节水产品的成本，提高其市场竞争力；又能鼓励更多的人使用节水产品，推动节水型社会的建设。

综上所述，完善水价机制需要从建立合理的水价形成机制和建立成熟的经济激励机制两个方面入手。通过分门别类定价、全面成本核算、引入市场机制以及节水奖励、超量加价和税收优惠等措施的有机结合，形成一套科学合理、公平有效、激励相容的水价机制体系，为水资源的可持续利用和经济社会的可持续发展提供有力保障。

4.2 建立成熟的水权交易市场

建立成熟的水权交易市场是提升水资源配置效率、促进水资源可持续利用的重要途径。

首先，加强水权交易制度的立法工作。明确水权交易的范围、程序和规则，为水权交易提供坚实的法律基础。同时，修改和完善《水法》《防洪法》等相关法律法规，以适应水权交易市场的需要，确保交易活动的合法性和规范性。

其次，建立完善的水权交易市场体系。这包括建立统一的水权交易平台，提供交易信息、促成交易达成，并加强市场监管，确保交易的公平、公正和透明。同时，推动水权交易市场的规范化和市场化,鼓励更多的市场主体参与水权交易,形成活跃的市场氛围。

再次,提升水权交易市场的信息化建设水平。利用现代信息技术手段,建立水权交易信息平台,实现交易信息的快速传递和共享。通过大数据分析等手段,提高水权交易的精准度和效率,降低交易成本。

最后,加强水权交易市场的监管和评估。建立健全的监管机制,加强对水权交易市场的日常监管和风险评估,及时发现和解决问题。同时,定期对水权交易市场的运行情况进行评估和总结,为进一步完善市场建设提供经验借鉴。

4.3 优化防洪减灾投入机制

防洪减灾是一项重要的公共事业,它关系到人民生命财产安全和社会稳定。然而,在实际操作中,防洪减灾投入不足的问题时有发生。要解决这个问题,需要从多个角度出发,平衡好防洪工程的社会效益与经济效益。

(1)解决防洪减灾投入不足

首先,加大政府防洪减灾财政投入。政府应充分认识到防洪减灾对于国家安全和经济社会稳定的重要性,将防洪减灾纳入国家发展战略,加大财政资金的投入力度,确保防洪工程的建设和维护得到充足的资金支持。

其次,拓宽防洪减灾融资渠道。除了政府财政投入外,还应积极探索多元化的融资方式,如引入社会资本参与防洪工程建设,通过PPP(政府和社会资本合作)模式、发行专项债券等方式,吸引更多资金投入防洪减灾领域。同时,可以设立专项基金,接受社会捐赠和国际援助,拓宽资金来源。

最后,提高防洪减灾资金使用效率。在资金投入有限的情况下,更要注重资金使用的科学性和合理性。通过加强项目管理,优化设计方案,采用先进的施工技术和管理手段,加强防洪资金使用的管理和监督,确保每一分钱都用在刀刃上,提高防洪工程的建设质量和效益。

(2)平衡防洪工程的经济效益与社会效益

第一,科学规划与设计防洪工程。在防洪工程的规划与设计阶段,应充分考虑经济效益与社会效益的平衡。既要确保防洪工程能够有效抵御洪水侵袭,减少灾害损失,保障人民生命财产安全,又要注重工程的经济可行性,避免盲目建设和过度投资。

第二,注重生态保护,实现可持续发展。在防洪工程建设过程中,应注重生态保护和环境建设。通过采用生态友好的设计理念和施工方法,例如生态护坡、植被恢复等措施,减少工程对生态环境的影响,既满足防洪需求,又保护生态环境。同时,要考虑到防洪工程的长期效益，确保防洪工程能够持续发挥作用，为子孙后代造福。

第三，加强后期管理与维护。防洪工程建成后，应加强后期管理与维护，确保其正常运行和发挥作用。这包括定期检查维护、及时修复损坏部分、加强监测预警等。同时，要建立健全的管理机制，明确责任主体和职责分工，确保管理到位、责任到人。

4.4 健全防洪经济补偿机制

（1）明确补偿范围

首先，要清晰界定防洪经济补偿的覆盖范围。这不仅仅包括直接受灾区域因洪水造成的财产损失和恢复重建费用，还应涵盖间接损失，如农业生产中断、商业活动受阻、生态环境破坏等长期影响。通过科学评估，制定详细的补偿标准，确保每一分补偿都能精准到位，既不过度也不遗漏。

其次，还应考虑预防性投入，比如对防洪设施的建设和维护给予合理补偿，鼓励地方人民政府和社区积极参与防洪体系建设，形成良性循环。

（2）完善监督机制

监督机制是确保防洪经济补偿公正、透明、高效运行的关键。应建立多层次的监督体系，包括政府内部监督、第三方独立审计以及社会公众监督。政府应设立专门机构负责补偿资金的分配、管理和使用，并定期公开相关信息，接受社会监督。同时，引入第三方专业机构进行审计，确保资金使用的合规性和效益性。此外，鼓励公众参与，通过设立举报渠道、开展满意度调查等方式，让公众成为监督的重要力量，共同维护防洪经济补偿的公正性。

（3）体现受益者付费原则

受益者付费原则是实现防洪经济补偿可持续性的重要途径。这一原则意味着那些从防洪工程中直接或间接受益的个人、企业和地区应承担相应的费用。具体而言，可以通过税收、水资源费、防洪保险等多种形式筹集资金。例如，对水资源使用量大、排放污染物多的企业征收更高的水资源费和环保税；推广防洪保险制度，鼓励居民和企业投保，以减轻灾后经济负担；同时，对于防洪效益显著的工程项目，如堤防加固、河道疏浚等，可按照受益程度向受益地区或企业分摊部分建设成本。这样既能体现公平原则，又能激发社会各界参与防洪工作的积极性。

5 结论与展望

《水法》与《防洪法》的修改是完善水治理体制机制法治的重要举措之一。通过实施完善水价形成机制、健全水权交易市场、优化防洪减灾投入机制等措施，可以有效解决当前水治理中存在的经济问题，促进水资源的高效利用和可持续发展。

未来，还需要进一步加强法律法规的宣传普及和执法力度，提高全社会的法治意识和节水意识；同时加强国际合作与交流，借鉴国际先进经验和技术手段推动我国水治理水平的不断提升。

参考文献

［1］ 王庆飞.风雨护航四十载水政执法谱新篇［J］.治淮，2023（5）：31-32.

［2］ 袁懂平，贺林文.志溪河流域综合治理研究［J］.水利技术监督，2023（1）：207-210.

［3］ 中共水利部党组.党领导新中国水利事业的历史经验与启示［J］.水资源开发与管理，2021（9）：1-5.

黄河流域法规制度与地方经济协调发展冲突研究

——以东阿县黄河大堤摆摊设点现象为例

王飞宇　张心蕊

聊城黄河河务局东阿黄河河务局

摘　要：以东阿县黄河大堤摆摊设点现象为切入点，探讨地方经济发展与黄河河道管理协调问题。随着"网红经济"的兴起，东阿县人民政府利用其独特的地理优势，大力发展黄河"岸边经济"，吸引了大量游客前来观光消费。然而，在这一过程中出现了大量在黄河大堤道路两旁摆摊设点的现象，这与新修改的《山东省黄河河道管理条例》（以下简称《条例》）第二十条"禁止在堤防和护堤地上摆摊设点"相悖。通过阐明目前东阿县依托黄河发展旅游经济现状及问题和法规解读，阐述旅游经济对黄河流域的必要性和法治保障的重要性，继而为地方经济发展与黄河保护之间的平衡提供策略。

关键词：黄河流域；旅游经济；地方治理；大堤道路；摆摊设点

黄河，作为中华民族的母亲河，承载着丰富的历史文化与自然生态资源。近年来，黄河流域高质量发展成为我国经济社会发展中的重要议题。随着乡村振兴战略的实施和"网红经济"的兴起，东阿县人民政府积极探索新的发展路径，通过打造"黄河"梨园、"沿黄网红村"等特色旅游项目，有效促进了地方经济的增长和村民收入的提升。这一系列举措不仅丰富了乡村旅游的内涵，也为黄河流域的生态保护与经济发展找到了新的平衡点。

然而，在经济发展的同时，一个不容忽视的问题逐渐显现——大量商贩在黄河堤防上摆摊设点，甚至侵占大堤道路，这一行为虽然在一定程度上活跃了地方经济，但也对黄河的生态环境、堤防安全以及交通秩序构成了潜在威胁。特别是随着新修改的《条例》第二十条的正式实施，明确禁止在堤防和护堤地上摆摊设点，如何平衡地方旅游经济发展与法规执行，成为当前亟待解决的问题。

本文旨在聚焦东阿县黄河流域摆摊设点问题，通过分析其现状、影响及新法规的实施意义，探讨如何在保护黄河生态环境、维护堤防安全的前提下，实现经济的可持续发展。通过深入研究，本文期望能够提出一套切实可行的策略建议，为黄河沿岸经济发展提供有益的参考和借鉴，推动实现黄河流域生态保护与经济发展的双赢局面。

1 东阿县黄河河道管理范围内摆摊设点现状与问题

1.1 摆摊设点出现原因及分析

在东阿县黄河岸边，随着"黄河"梨园、"网红"村（如艾山村）等旅游项目的兴起，出现了东阿乃至整个聊城黄河流域旅游业转型升级的关键一步——"沿黄九品"品牌的打造。这一品牌打造涵盖了文化体验、生态观光、休闲度假等多个方面，旨在通过挖掘和整合黄河沿线丰富的自然与文化资源，打造一系列具有鲜明地域特色和文化内涵的旅游产品。这一趋势直接带动了周边地区商业活动的繁荣，吸引了大量游客前来观光游览。其中在堤防道路及两侧摆摊设点成为一种普遍现象。商贩们在大堤道路两侧、景区入口及周边空地等区域设立摊位，销售各类商品，包括手工艺品，旅游纪念品，"黄河梨""黄河鱼"等特色食物。这些摊位不仅满足了游客的购物需求，也为当地居民提供了一定的经济来源。

1.2 经济发展与摆摊设点的关联性分析

摆摊设点现象的兴起，与东阿县经济发展的需求密切相关。一方面，随着旅游业的快速发展，游客对购物体验的需求不断增加，摆摊设点成为一种便捷、灵活的商业模式，能够快速响应市场需求。另一方面，对于当地商贩而言，摆摊设点门槛相对较低，成本较小，能够迅速实现经济收益。因此，在经济发展和旅游市场的推动下，摆摊设点现象逐渐增多。

然而，需要注意的是，摆摊设点虽然在一定程度上促进了地方经济的发展，但其无序性和不规范性也给黄河流域的生态环境、交通安全及经济秩序带来了诸多挑战。

1.3 摆摊设点带来的负面影响

堤防不仅是防洪的重要建筑，也是紧急情况下人员和物资运输的生命线。保持这些区域不受阻碍对于应对突发性灾害至关重要。商贩们在大堤道路两侧摆摊设点，往往会侵占黄河大堤道路以及护堤地，不仅容易导致植被破坏、水土流失等问题，更会成为防汛期间抢险队员通行的严重阻碍。同时，经营过程中产生的垃圾和污水如果处理不当，也会对周边环境造成污染。其次，摆摊设点容易占用道路资源，影响交通畅通和行车安全。特别是在旅游旺季或节假日期间，大量游客和商贩涌入景区周边道路，极易引发交通事故。同时，摆摊设点往往缺乏统一的管理和规范，导致市场无序竞争、价格混乱等问题。一些商贩为了争夺客源，采取低价倾销、假冒伪劣等手段，不仅损害了消费者的利益，也扰乱了市场秩序。

可见，东阿县黄河大堤摆摊设点现象在促进地方经济发展的同时，也产生了诸多负面影响。因此，如何协调处理黄河大堤摆摊设点行为，实现经济发展与生态保护的平衡，是当前亟待解决的问题。

2 新修改的《山东省黄河河道管理条例》第二十条解读与影响分析

《条例》作为地方性法规，对黄河河道的保护、管理和利用具有重要意义。该条例的修订内容体现了国家对黄河流域生态保护的高度重视和严格要求。特别是第二十条关于禁止在堤防和护堤地上摆摊设点的规定，更是直接针对当前存在的摆摊设点问题提出了明确的法律要求。

从法律解读的角度来看，该条款的出台旨在保护黄河河道的生态环境和堤防安全，防止因人为活动导致的生态环境破坏和安全事故。同时，该条款也为相关执法部门提供了明确的执法依据和处罚标准。

从适用性的角度来看，该条款的实施需要充分考虑地方经济发展的实际情况和商贩的生计问题。如何在保护生态环境和堤防安全的同时，兼顾地方经济发展和商贩的合法权益，是当前需要重点研究和解决的问题。因此，在实际执行过程中，需要加强与商贩的沟通和引导，鼓励他们转型升级或迁移到规定的经营区域进行经营活动。

2.1 《条例》第二十条内容解读

新修改的《条例》第二十条明确规定在黄河河道管理范围内禁止从事下列活动：（一）修建围堤……（四）在堤防和护堤地上建房、开渠、打井、挖窖、建坟、晒粮、存放物料以及开展集市贸易、摆摊设点等。这一条款的出台，旨在加强对黄河河道管理范围内堤防和护堤地的保护，防止因人为活动导致的生态环境破坏和堤防安全隐患。

该条款为相关执法部门提供了明确的执法依据和处罚标准，有助于加大对违法摆摊设点行为的打击力度。同时，它也向广大商贩和公众传递了一个清晰的信号：黄河河道管理范围内是黄河生态保护的重点区域，任何损害生态环境和堤防安全的行为都将受到法律的制裁。

2.2 《条例》第二十条实施意义分析

堤防和护堤地是确保黄河防洪安全的关键区域。堤防不仅是防洪的重要结构，也是紧急情况下人员和物资运输的生命线。保持这些区域不受阻碍对于应对突发性灾害至关重要。对堤防和护堤地使用进行严格限制，可以减少不必要的纠纷和冲突，维护良好的河道管理秩序和社会公共利益。条例修改后，对其管辖内容进行了进一步细化，提供更清晰的法律依据，便于执法部门执行相关规定，减少违法行为。不仅有利于进一步保护生态环境，而且也有利于进一步保障堤防安全。

1）禁止在堤防和护堤地上摆摊设点，有助于减少人类活动对黄河生态环境的干扰和破坏，保护河道的自然生态系统和生物多样性。这对于维护黄河流域的生态平衡和可持续发展具有重要意义。

2）堤防是黄河防洪工程的重要组成部分，其安全性和稳定性直接关系到沿河地区人民群众的生命财产安全。禁止在堤防上摆摊设点，可以减少对堤防的占用和破坏，降低因人为因素导致的堤防安全隐患。

2.3 面临的挑战与应对策略

尽管新修改的条例第二十条具有重要的意义，但在实际执行过程中仍面临一些挑战。例如，如何平衡经济发展与生态保护的关系，如何保障商贩的合法权益，如何加强执法力度和监管效果等。针对这些挑战，可以采取以下应对策略：

1）加强宣传教育。通过媒体宣传、线下宣讲等形式，提高公众对黄河生态保护重要性的认识，增强商贩的环保意识和法律意识。

2）引导转型升级。积极鼓励商贩转型升级，发展特色农产品加工、乡村旅游纪念品销售等多元化经营模式，减少对堤防和护堤地的依赖。

3）建立替代经营区域。在保障生态安全和防洪要求的前提下，合理规划并建设一批替代经营区域，为商贩提供合法的经营场所。

4）加强执法监管。加大执法力度，对违法摆摊设点行为进行严厉打击；同时，加强日常巡查和监管，确保条例得到有效执行。

5）完善补偿机制。对于因条例实施而受到影响的商贩，可以给予一定的经济补偿或政策扶持，以减轻其经济负担和抵触情绪。

3 国内关于黄河流域生态保护与经济发展的研究现状

黄河流域的生态保护与经济协调发展一直是一个备受关注的领域。国内学者或从流域综合管理、生态补偿机制等角度出发，对如何在保障生态环境的前提下促进流域经济的可持续发展进行了探讨；或更多地结合中国国情，对黄河流域的生态保护政策、水资源管理、产业结构调整等问题进行了研究，以及这些因素对区域经济发展的影响。近年来，随着"绿水青山就是金山银山"理念的深入人心，黄河流域的生态保护与经济发展研究更加注重平衡与协调。学者们开始关注如何在保护生态环境的同时，挖掘黄河流域的经济潜力，实现生态保护与经济发展的双赢。

3.1 发展旅游经济对实现黄河流域生态保护和高质量发展的必要性

2019年9月，在河南郑州召开的黄河流域生态保护和高质量发展座谈会上，习近平总书记提出了黄河流域生态保护和高质量发展的重大国家战略，并强调了黄河流域作为我国生态屏障和重要经济区的地位，这表明，黄河流域的高质量绿色发展将是未来中国经济发展面临的重大挑战之一，如何实现经济发展和环境保护对黄河流域至关重要。旅游业既是国民经济的支柱性产业，也是环境友好型经济部门。发展旅游业对于实现黄河流域经济发展与环境保护的双赢，推动黄河流域高质量发展具有重要意义。一方面，自然环境是旅游业发展赖以生存的基础，旅游业的发展不应超出自然环境的承载能力，避免污染，还可以鼓励加大环保投入（包括资源、人才、管理和意识的提升），这对区域生态保护非常重要；另一方面，旅游业的发展在一定程度上依赖于游客接待量的增加，导致环境压力增大。因此，必须深入研究旅游经济的发展及其与环境的协调关系，对于明确黄河流域作为重要生态屏障和重要经济区的地位，促进黄河流域生态保护和高质量发展具有重要意义。

3.2 法治保障对黄河流域生态保护和高质量发展的重要性

在当前经济社会迅猛发展的新时代，黄河流域的生态维护与高质量发展迎来了前所未有的契机与考验。张震教授等的研究深刻揭示，将生态治理纳入法治轨道是推进黄河综合治理的核心理念之一[3]。随着时代变迁，黄河流域的发展正经历着深刻的转型，其生态保护与治理工作亦被赋予了新的历史使命。薛澜教授等立足于黄河流域生态保护和高质量发展的战略高度，倡导将法治原则融入这一宏伟目标之中，以法治力量引领流域的可持续发展[4]。

为有效推进黄河流域的生态维护与高质量发展进程，我们需深刻认识其作为国家重大发展战略的关键地位，强化相关法律法规体系的建设与完善，确保流域发展既有速度亦有质量，在法治的坚实保障下实现高质量跃升。这一过程不仅是对传统治理模式的超越，更是对生态文明与经济社会协调发展新路径的积极探索。

4 进一步健全法规制度与经济协调发展的策略建议

在旅游经济调控优化与保障黄河河道安全的实践中，必须恪守系统性与整体性的原则，确保策略的制定不偏离这一核心。这既要求审慎考虑黄河管理的必要性，避免以牺牲当地民众经济发展需求与民生改善为代价的单一保护路径；同时，也需警惕盲目追求旅游经济而忽视必要河道管理的倾向。

鉴于此，黄河流域的生态保护与高质量发展战略应精准把握全局与局部的平衡，着重于处理好广域保护策略与关键区域优先发展的关系。根本而言，需集中力量解决那些制约整体发展的瓶颈问题，包括关键区域的阶段性挑战，具体而言，则需要构建一套全面的保障机制，并根据不同区域的实际情况实施差异化的政策措施。这样的策略旨在促进流域内各区域间的协调并进，实现经济、社会与环境的和谐共生[5]。

针对东阿县黄河流域摆摊设点问题，结合新修改的《条例》第二十条的要求，提出以下综合解决方案。

（1）规划引导，合理布局

科学规划黄河流域的旅游和商业发展区域，明确摆摊设点的合法区域和禁止区域。通过合理布局，引导商贩到规定的经营场所进行经营活动，减少在堤防和护堤地上的无序摆摊现象。

（2）加强执法，严格监管

建立健全执法监管机制，加大对违法摆摊设点行为的查处力度。通过加强日常巡查，提高执法效率和覆盖面，确保条例得到有效执行。黄河水政监察大队作为法规执行的先锋队，必须深知法规的权威性和重要性。组织开展系列集体学习研讨会，深入剖析新法规的内涵与外延，探讨"摆摊设点"问题的复杂性与解决方案。从法学、水利学、社会学等多个角度出发，就如何平衡执法力度与民生需求进行交流。不断加深队员对法规的理解，为后续的执法行动奠定坚实的基础。

（3）多方联动，协同治理

加强政府、河务部门和公众之间的沟通与协作，形成多方联动的治理格局。通过政府主导、河务配合、公众参与的方式，共同推动黄河流域的生态保护与经济发展。此外，水政监察大队与黄河派出所紧密合作，共同进行巡查，确保法规的宣传与执行同步进行。

（4）"谁执法谁普法"

必须将普法教育置于重要位置。开展一系列形式多样、内容丰富的宣传教育活动，包括举办讲座、发放传单、制作宣传视频等，旨在提高沿岸居民的法规意识。通过一系列举措，增强法规的普及度，改善水政监察大队与当地居民的关系，为后续的执法行动创造有利条件。

如此，在保护生态环境的前提下，黄河流域不同地区的经济发展将有望实现新的突破和增长。通过创新发展模式和业态，实现经济发展与生态保护的良性循环和相互促进。随着宣传教育力度的加大和公众环保意识的提升，越来越多的人将积极参与到黄河流域的河道管理工作中，共同推动黄河流域的可持续发展。

5 结语

本文通过对东阿县黄河流域摆摊设点问题的深入分析，结合对新修改的《条例》第二十条的解读，揭示了当前存在的问题及其背后的原因。同时阐述旅游经济对黄河流域的必要性和法治保障的重要性，继而提出一系列综合解决方案，为如何平衡经济发展与生态保护提供了有价值的参考。

摆摊设点现象在黄河流域的兴起，虽然在一定程度上促进了地方经济的发展，但其无序性和不规范性也给生态环境、交通安全及经济秩序带来了诸多负面影响。新修改的《条例》第二十条为解决这一问题提供了法律依据，通过加强执法监管、规划引导、转型升级等措施，可以有效减少违法摆摊设点行为，保护黄河生态环境和堤防安全。

参考文献

[1] 习近平.在黄河流域生态保护和高质量发展座谈会上的讲话[J].实践（思想理论版），2019（11）：5-9.

[2] 王兆峰，刘庆芳.长江经济带旅游生态效率时空演变及其与旅游经济互动响应[J].自然资源学报，2019，34（9）：1945-1961.

[3] 张震，石逸群.新时代黄河流域生态保护和高质量发展之生态法治保障三论[J].重庆大学学报（社会科学版）2020，26（5）：167-176.

[4] 薛澜，杨越，陈玲，等.黄河流域生态保护和高质量发展战略立法的策略[J].中国人口·资源与环境，2020，30（12）：1-7.

[5] 金凤君.黄河流域生态保护与高质量发展的协调推进策略[J].改革，2019（11）：33-39.

天水水土保持科学试验站在新时期下水土保持文化建设的探索与实践

李梦逸　张　慧　丁彤彤

黄河水土保持天水治理监督局

摘　要：水土保持文化是水文化的重要组成部分。在社会经济的快速发展和全球气候变化的影响下，水土保持已成为保障国家生态安全、促进可持续发展的重要战略任务。新时期下，水土保持不仅是技术层面的防治措施，更是涵盖科技、教育、文化等多维度的系统工程。探讨了天水水土保持科学试验站（以下简称"天水站"）在新时期下水土保持文化建设的主要内容、发扬水土保持文化的必要性、天水站水土保持文化建设的路径等问题，强调文化在推动水土保持工作中的作用及水土保持文化在水文化中的重要地位。

关键词：新时期；水土保持；文化建设；生态文明；可持续发展；水文化；天水市

进入21世纪以来，我国在经济发展方面取得巨大成就的同时，也面临着严峻的生态环境问题，尤其是水土流失导致的土地退化、生态失衡等问题日益严重。随着中共中央办公厅、国务院办公厅《关于加强新时代水土保持工作的意见》印发，水土保持工作的紧迫性、重要性提升到前所未有的高度。水土保持文化建设作为水土保持工作的重要组成部分，将从文化宣传角度提升社会引导力和凝聚力，实现水土保持工作的大众化、普及化，引导全社会共同参与到水土保持工作中来，从而实现水土资源的可持续利用，为生态文明建设添砖加瓦。天水站作为我国建立最早的水土保持科研机构，在新时期下积极探索与实践了水土保持文化建设的种种路径。

1　水土保持文化内容及现状

水土保持文化是以水土保持工作为核心构建的文化体系。水土保持文化是一个综合概念，它涵盖了水土保持历史文化、知识与教育、价值观念、艺术表现等多项内容，旨在通过文化的影响力促进水土保持知识普及和社会各界的广泛参与。

1.1 水土保持历史文化

挖掘水土保持历史文化，是了解历代水土保持工作内容、吸纳历史经验并应用于现代水土保持工作、传递水土保持精神的重要方式。

1940年，黄河水利委员会林垦设计委员会与金陵大学农学院，在成都召开了一次防止土壤冲刷的科学讨论会，第一次提出"水土保持"一词。其实水土保持自古有之。《尚书》有"帝（舜）曰，俞咨禹，汝平水土"的记载；《吕刑》有"禹平水土，主名山川"的记载；《诗经》中有"原隰既平，泉流既清"的诗句。1940年前后，我国开始在甘肃天水、四川内江、福建长汀、广西柳州西江等地设立水土保持试验站，并进行水土保持技术措施研究。

1.2 天水水土保持科学试验站水土保持历史文化

天水站是我国建立最早的水土保持科研机构，可以追溯到1941年，拥有深厚的历史文化积淀。在治理措施、科学研究、水土保持领域著名专家学者等方面拥有大量可挖掘的历史文化内容。

（1）典型历史

天水站建站80多年来，在蓬勃发展中积淀了厚重的历史文化底蕴，其中，大量关于水土保持的历史故事、治理措施被挖掘出来，为水土保持历史文化研究提供了有效参考。

开创我国水土流失观测的先河：1943年4月，国民政府行政院组织农林部、水利委员会、甘肃省建设厅等有关单位，成立西北水土保持考察团，邀请华尔特·克莱·罗德民为行政院顾问共同考察。建站初期，中国水土保持学家蒋德麒和美国水土保持专家华尔特·克莱·罗德民，在天水市南山梁家坪布设不同坡度、不同农作物及陡坡地农牧试验小区。

我国最早的小流域综合治理试验：20世纪50年代，天水站针对大柳树沟开展的综合治理是我国最早的小流域综合治理试验，探索出了农林牧与工程措施相结合，标本兼治的小流域综合治理成功经验，实现了"泥不下山，水不出沟"的治理效果。

邓家堡运动：1952年，天水站科研人员开始带领邓家堡村民广泛开展水土保持工作。邓家堡的亩产由1952年的40公斤涨到了1957年的168.5公斤，可以说是发生了翻天覆地的变化。1957年，邓家堡获得了国务院水土保持委员会授予的水土保持特等奖，天水站获得一面"面向群众，联系实际，科学为生产服务"的锦旗。

花牛苹果：1943—1964年，天水站在各试验基点开展了全国最早的山地果园建设试验，在天水市花牛村选育出了举世闻名的花牛苹果，为服务当地经济建设做出了巨大贡献。1965年秋，花牛村精心挑选出两箱刚刚采摘的苹果寄给毛主席，表达对主席的敬仰，中共中央办公厅专门致函，代表毛主席向花牛村村民致谢。

叶氏杨：1946—1949 年，叶培忠、吕本顺连续进行 4 次杨树杂交试验，根据杂交后代生长情况比较，以天水毛叶山杨和武汉响叶杨为基础杂交出的杨树新品种为最优，为纪念叶培忠先生的功绩，将他首次杂交成功的杨树定名为"叶氏杨"。

天水藉河示范区项目。20 世纪 90 年代末，黄河流域第一个大型水土保持生态工程——天水藉河示范区项目在天水建设实施。天水站主要负责该项目的前期论证、规划设计、科研、监测等任务，经过一、二期建设，该项目成为黄土高原规模治理的城郊型生态经济示范样板工程。

（2）典型人物

建站以来，以任承统、傅焕光、叶培忠、吕本顺、蒋德麒等为代表的水土保持科学研究事业的先驱者们，成为我国水土保持科学研究的开创者，为我国早期的水土保持科学研究奠定了基础并起到导向作用。正是这群水土保持学者艰苦奋斗、开拓创新的精神，鼓舞着天水站历代水保人坚定信念，将"让黄河水变清，让黄土高原变绿"的黄河梦作为毕生的追求，在水土保持这条道路上奋勇前进。

任承统（1898—1973）：山西忻县人，水土保持专家。中国水土保持科学研究的主要奠基人，曾开创中国的土壤侵蚀试验研究和观测工作，并创建早期的水土保持实验区，提出了比较系统的水土保持治理措施并组建水土保持管理机构，为中国水土保持事业做出了重要贡献。1940 年 3 月，林垦设计委员会在四川成都召开第一次设计委员全体会议，任承统主持确定了"水土保持"这个专用术语。1940 年 10 月，任承统筹建国内第一个水土保持试验机构，即黄河水利委员会陇南水土保持实验区，并兼任该区主任。

傅焕光（1892—1972）：江苏太仓人，著名林学家和水土保持学家。中国水土保持科学研究的主要奠基人之一，曾开创中国早期的土壤侵蚀试验研究工作，并组建中国早期的水土保持实验区，提出了比较系统的水土保持治理措施，为水土保持事业做出了重要贡献，是中国水土保持事业的开拓者。1942 年 3 月，傅焕光被任命为国民政府"农林部水土保持实验区"主任，同年 8 月他在天水筹办了"农林部水土保持实验区"。

叶培忠（1899—1978）：江苏江阴人，植物育种学家、林学家，中国树木遗传育种学科创始人，中国水土保持和牧草学科研究的开拓者和奠基人之一，中国最早提倡荒山林草结合造林的科学家。他首次利用河北杨与山杨、毛白杨、响叶杨进行杂交育种，获得了优于亲本的杂交苗木，为中国以后开展杨树杂交试验开辟了道路。

2 水土保持文化建设的必要性

水土保持是生态文明建设的重要内容，水土保持文化是形成水土保持生态建设共识的重要基础，为水土保持建设提供驱动力和理论支撑。文化具有激励、引导、促进作用，可以有效推动水土保持事业发展。

2.1 提升公众意识的必要手段

在大众对水土保持工作不甚了解的情况下，一是难以将水土保持工作渗透到日常生活的方方面面，为水土保持工作的开展提供助力；二是难以配合水土保持工作的开展。通过文化渗透，可以增强公众对水土保持重要性的认识，激发投身水土保持工作的责任感和使命感。文化引导大众改变不合理的生产生活方式，采用更为合理的耕作方式和生活习惯，为水土保持工作的开展起到推动作用。

2.2 传承与创新的必要途径

挖掘水保历史是了解水土保持历史治理措施的重要手段。通过了解历史治理措施，可以积累丰富的水土保持工作经验，传承并发扬优良经验，并在此基础上创新工作方式，契合时代和技术发展的需求，推动水土保持事业高质量发展。

3 天水站关于水土保持文化建设的实践

随着社会经济的快速发展，国家越来越关注生态环境建设，习近平总书记在黄河流域生态保护和高质量发展座谈会中指出，黄河流域是我国重要的生态屏障和重要的经济地带，是打赢脱贫攻坚战的重要区域，在我国经济社会发展和生态安全方面具有十分重要的地位。做好黄河治理和保护是当前和今后一个时期的重大任务和光荣使命。水土保持作为治理水土流失的主要手段，是弘扬黄河文化的重要组成部分。天水站作为我国典型的水土保持科研机构，在新时期下积极探索并开展了丰富的水土保持文化建设工作。

3.1 罗玉沟水土保持科技示范园建设

罗玉沟水土保持科技示范园，位于甘肃省天水市秦州区，属黄土高原丘陵沟壑区第三副区，地处黄河支流渭河上游，秦岭西缘。地质地貌、土壤植被、气候特征等因素使这一区域成为黄土高原严重水土流失区。该示范园基础设施完善，土地利用现状良好，各项水土保持工程措施和植物措施布设合理，水土流失观测站网覆盖全面，水土流失治理程度较高，在黄土高原水土流失治理区具有典型示范性，是以水土流失试验观测为基础，以水土保持基础科研和科技示范为引领，通过挖掘整体资源优势，强化基础科研地位，吸纳国内科技示范经验，集科学试验、技术示范、科普教育、休闲观光等功能于一体的水土保持科技示范园区。天水站通过罗玉沟科技示范园、水土保持文化展厅、智慧水保平台加强水土保持科普教育宣传，打造新时期水土保持科技示范建设样板。

（1）罗玉沟科技示范园

罗玉沟科技示范园自建立以来，长期开展水土流失规律、重力侵蚀观测及防治措施、水土保持治理措施对径流泥沙影响、水土保持治理措施、重力侵蚀定位观测及坡面工程措施试验等方面的研究。目前，罗玉沟科技示范园已建有坡面径流小区36个、人工模拟降雨微型径流小区1组、气象园1座、树冠截流观测点1个、土壤含水量观测点1个、坝库淤积观测点2处、植被观测点3处。在罗玉沟流域较为系统地研究揭示了土壤侵蚀特征、水土流失观测站网布设方法、围绕水土保持试点小流域治理的规划设计技术。示范区开展了耤河水土保持示范区和2006年"黄土丘陵沟壑区第三副区典型小流域原型观测"项目、2009年"黄土丘陵沟壑区第三副区试验小流域水土流失试验与分析"项目等多个水土保持科研项目；同时也进行了牧草引种与培育等研究工作，先后从美国等地采集并引进牧草430种，培育成抗逆性强、适应性强、产草量高的草木樨、葛藤、毛叶苕子等，并将其纳入粮草轮作。同期，早熟沙打旺、小冠花等草种研究试验也取得突破性进展，1991年被全国牧草评审委员会确认为育成品种。在"948"优良植物引进与繁育中，成功引进了10多个品种，并将推广试验延伸至耤河示范区。

近年来，罗玉沟科技示范园还和大专院校开展合作，开展了水土保持试验研究及观测仪器设备的联合研发，先后和西北大学联合试验不同强度降雨对水土流失的影响；与中国农业大学、西北大学、中国科学院地理研究所共同开发了罗玉沟水土流失模型及径流小区自动观测设备；同兰州大学共同研究了稀土在土壤中的流动规律，观测壤中流变化，分析水土流失情况。

2021年5月，罗玉沟科技示范园被成功纳入黄土高原水土保持野外科学观测研究站建设，目前已建成十二要素气象站1个、户外负离子观测仪1台、多平台移动激光雷达系统1套、水量平衡场3组、碳通量塔1套。建成综合实验室1间，配备多参数水质分析仪、磁力搅拌器、激光粒度分析仪、土壤取样器、土壤团粒结构分析仪、1台台式酸度计、1台实验室用纯水机、1台紫外可见分光光度计、1台原子荧光光度计、超净工作台等多种科研设备。拥有了完备的试验观测体系，具有较强的科学研究基础。

罗玉沟科技示范园拥有完备的水土保持设施设备，在原有淤地坝、谷坊、鱼鳞坑、沟头防护、植物措施等基础上，还实施了"黄土丘陵区小流域生态清洁技术集成与示范"项目,建成了经济林果园提质改造、裸露陡坎及侵蚀沟治理、雨洪资源综合集蓄和水肥一体化、农林有机废弃物及污水资源化利用技术示范体系,在工程、植物、耕作三大防治措施上增加了裸露陡坎防治、生活污水处理、生活垃圾处置、面源污染控制、沟道水质保护和雨洪资源综合利用等内容。与其已有的生态小流域综合治理技术有机集成,形成"山顶林草植被生态修复、山腰村庄果园生态治理、沟道水源水质生态保护"三道防线调控管理模式,进行生态清洁小流域技术集成与示范。

（2）天水水土保持文化展厅

2022年,在科技示范园内建成了天水水土保持文化展厅。该展厅分为发展历程展区、水保群星展区以及辉煌成就展区。建筑面积约140 ㎡。发展历程展区主要展示了天水站自1942年建立以来各个历史阶段的发展历程以及水土保持工作。水保群星展区展示了天水站成立以来涌现的著名学者和劳动模范,以及各级领导检查、指导天水站工作时留下的照片。辉煌成就展区主要展示了建站以来取得的成果奖励。

（3）智慧水保平台

2021年,天水站联合业内公司利用"互联网+"、云计算和大数据挖掘等新技术,开发了"智慧水土保持管理平台",平台由整体感知、数据传输和智能处理3个模块构成。将罗玉沟试验基地和罗玉沟径流泥沙测站观测断面已布设的视频监控设备及数字水位计、径流小区自动观测仪、自动气象站等自动化监测设备,整合到"智慧水土保持平台"中,实现观测数据的实时共享传输和各观测场站的实时集中监控。

目前,该平台初步实现了罗玉沟试验基地和测站径流过程的实时监控和数字水位计、径流小区自动观测仪、自动气象站等自动化监测设备监测数据的远程传输和集中展示,为天水站小流域水土保持监测数据的信息化和智能化打下坚实的基础。同时,该平台具有数字化、网络化、模块化的优点,可为今后水利野外科学观测研究站其他自动监测设备的接入提供接口,为进一步丰富平台管理内容提供了保障。

3.2 依托互联网宣传

在数字化时代,互联网已成为传播知识的重要平台。通过有效利用互联网资源,可以提高大众对水土保持重要性的认识,激发社会各界参与生态保护的积极性。同时,通过媒体对外宣传也是各水土保持单位及组织互学互鉴的重要方式。

天水站依托单位网站、公众号开展对外宣传工作,内容涵盖党群动态、访谈纪实、知识科普等多个方面。宣传内容丰富多样,主要通过文字、图片、视频进行对外传播。互联网时代下,宣传内容积极贴合新媒体风格,融入网络热梗,创新内容输出。如文章《罗玉沟试验场:一个ISTJ的自述》,以第一人称视角展开介绍罗玉沟试验场水土保持工作,并融入当下流行的MBTI(迈尔斯布里格斯类型指标);视频短片《我姓罗》，结合东北喊麦和流行热歌《我姓石》，节奏鲜明有律动，引导大众认识罗玉沟试验场；科普短片《用仙剑奇侠传的方式打开天水站仪器设备》，融合网络热梗"用仙剑奇侠传的方式打开XXX"，贴合年轻人兴趣爱好，将著名影视作品与科普宣传相结合，带动大众了解水土保持仪器设备；《青春正当时》访谈系列，语句轻快明亮，饱含青春气息，介绍青年水保人工作日常，带动大众了解水土保持工作者的精神风貌。

同时，天水站还与天水市科学技术协会合作拍摄宣传短片，借助天水站水土保持科研设施设备，向大众科普水土保持相关知识，通过科协平台面向各领域群众广泛宣传科普。

3.3 线上线下结合

天水站与当地水土保持机构单位合作，在"世界水日""中国水周""新水土保持法颁布实施纪念日""法律九进"等重要时间节点积极开展线下科普宣传活动，通过设立展板、发放宣传单和宣传物品、现场讲解等多种方式为当地群众普及水土保持工作，并结合线上平台及时开展宣传。

4 天水站水土保持文化建设的特点及存在的不足

天水站主要依托线上（网站、公众号）及线下（罗玉沟试验场）双平台，传承弘扬水土保持历史文化、科普水土保持知识，具有以下特点。

（1）积极融入互联网浪潮

线上宣传紧密贴合网络热点，文章撰写贴近新媒体撰稿方式，更加吸引眼球。

（2）全方位、多角度宣传

线上宣传开设多个栏目，从历史发展、知识科普、水保明星展示、党建风采等多个角度全方位展示天水站水土保持工作及文化内涵。

（3）现场参观内容丰富

目前，我国结合科普教育、文化展示和新技术的水土保持宣传仍然很少，大部分是单项宣传。天水站水土保持科技示范建设技术主要包含罗玉沟科技示范园实地科教宣传、水土保持展厅宣传，以及智慧水保平台宣传三大部分，做到了内容丰富、覆盖面广。

就目前来看，天水站在水土保持文化宣传与传承方面依然存在一些问题。主要是互联网宣传流量不够。由于天水站是事业单位性质，依托单位网站及公众号开展科普宣传流量有限，粉丝数量上涨缓慢，很难与专门做文化、知识科普类的账号相比拟。

5　结语

展望未来,水土保持文化建设将成为推动生态文明建设、实现绿色发展的关键力量。随着社会各界对生态环境保护重视程度的不断加深,水土保持文化将更加深入人心。通过持续的文化传播,将形成全社会积极参与、自觉行动的良好风尚。天水站将在目前水土保持文化宣传的基础上继续积极探索更多文化宣传的可能,紧跟科技发展,结合新质生产力建设,在新时代下利用文化建设与社会各界共同守护绿水青山,与广大人民群众一同迈向人与自然和谐共生的美好未来。

水利基础设施 REITs 发展现状、挑战与对策研究

赵汶轩

黄河勘测规划设计研究院有限公司

摘　要：聚焦于我国水利基础设施不动产投资信托基金（REITs）的发展现状、面临的挑战及应对策略，强调了 REITs 在形成水利投资良性循环中的重要性。尽管 REITs 通过资本市场融资，有效拓宽了水利基础设施的资金来源，降低了融资成本，并提供了明确的退出路径，但其试点在推进过程中仍面临诸多共性难点，包括项目权属或资产范围不明确、项目不够成熟稳定、资产规模不足及原始权益人参与积极性不高等问题。针对这些挑战，建议加强试点工作的顶层设计，推动水利项目提质增效，稳妥快速推进试点申报，并强化政策宣讲、业务培训及项目监督管理，以确保 REITs 试点工作的顺利推进，为我国水利基础设施的长期可持续发展奠定坚实基础。

关键词：不动产投资信托基金（REITs）；水利投融资；政策建议

我国水利基础设施规模宏大且类型完备，包括水库、堤防、水电站及重大调水工程等，不仅在建筑业、制造业等多个产业链中起到推动作用，而且是防洪减灾、农业灌溉和城乡供水的重要基石。这些设施确保了国家经济建设的稳步发展，减轻了洪水灾害的影响，稳定了农业生产，并解决了水资源分布不均的问题，从而保障了国家粮食安全与城乡居民的饮用水需求，对经济社会持续健康发展具有重大意义。

水利基础设施资产通常具有回报周期漫长、经营收益相对较低以及公益性的较强特征，这些因素导致其整体融资能力相较于其他类型的基础设施而言略显不足。然而，值得注意的是，部分水利工程能够通过发电、供水等方式获得稳定的经营性收益，这为其市场化融资提供了一定的可能性[1]。在当前国内大循环的经济发展背景下，水利对于推动经济持续增长的关键作用愈发显著。水利投融资作为水利事业稳健发展的重要基石，其良性循环不仅为水利行业的发展注入了源源不断的资金活力，更为国家经济的繁荣稳定贡献了不可或缺的力量。

1 水利投融资面临的困境

1.1 融资困难

（1）资金需求与供给间的矛盾

水利基础设施建设项目，如大型水库、防洪堤防及跨流域调水工程等，投资规模巨大。据水利部数据，今年1—9月，全国水利建设投资已达10750亿元，同比增长53%，创历史新高。然而，当前财政资源和传统融资渠道的资金供给能力有限，难以满足这些项目的巨大需求，资金缺口问题突出。银行贷款、债券发行等传统融资渠道的支持力度也有限，导致水利项目面临资金需求与供给不足的矛盾。

（2）融资渠道单一且受限

目前，水利项目的融资主要依赖于政府拨款、银行贷款及部分债券发行。政府财政压力日益增大，银行贷款审批严格且条件苛刻，债券发行市场也面临诸多限制，这些因素共同制约了水利项目的融资能力。同时，由于水利项目经济效益相对不明显，社会资本普遍持谨慎态度，缺乏足够的参与动力。如何通过各种方式引导社会资金投向水利建设[2]，是解决水利融资渠道单一的关键。

1.2 投资回收期长

（1）长期性与不确定性并存

水利基础设施项目的投资特性显著，其投资回收期普遍漫长，动辄跨越数十年甚至更久，这对于投资者而言无疑是一大考验。在项目运营的全周期内，不可预见的自然灾害如洪水、干旱等，以及政策环境的频繁变动和市场需求的不确定性，随时可能对项目运营造成影响。这些不确定因素不仅加剧了项目的投资风险，也使得投资者在决策时更加谨慎，进一步影响了资金的注入。

（2）经济效益与社会效益不平衡

水利项目在防洪减灾、农业灌溉、城市供水等关键领域发挥着不可替代的作用，其社会效益巨大，对于保障国家安全、促进经济社会发展具有重要意义。然而，这种巨大的社会效益并未能在经济效益上得到充分的体现，水利项目的直接经济回报往往相对较低，难以迅速覆盖高额的投资成本。这种经济效益与社会效益之间的显著不平衡，使得众多潜在投资者在权衡利弊后选择观望，从而影响了项目的融资进程和投资吸引力。

1.3 存量资产盘活难度大

（1）资产估值的复杂性

以流域控制性水利工程资产为例，由于其固有的公益性质，必须归属于流域机构管理[3]，这种公益性特质也给资产估值带来了不小的挑战。传统的估值方法在考虑这类项目的社会贡献和长远影响时往往存在局限性，因此得出的估值结果常常偏低，无法真实反映项目的全面价值。这种情况对投资者的判断造成了干扰，使得他们难以准确评估项目的潜力和前景。更重要的是，偏低的估值限制了项目在资本市场的融资能力，进而影响了存量资产的有效盘活与利用。因此，需要探索更为精准的估值方法，以确保流域控制性水利工程资产的价值能够被准确衡量，从而为其融资和发展铺平道路。

（2）配套政策不成熟

在盘活水利项目存量资产的过程中，配套政策的约束不可忽视。土地使用权的严格管控、烦琐的项目审批流程以及税收政策的不确定性，都给资产转让和运营带来了额外负担。这些障碍不仅增加了操作难度和成本，还可能延误最佳时机，影响了资产盘活的整体效率和效果。因此，建立科学高效的配套政策体系是推进水利项目存量资产有效盘活的关键所在。

1.4 风险分担机制不完善

（1）政府与社会资本之间的风险分担不明确

在水利基础设施项目中，政府和社会资本往往共同参与。然而，在项目规划和合同中，对于风险的具体分担往往缺乏明确的规定。政府可能承担了过多的行政风险和监管责任，而社会资本则可能承担了过多的运营和市场风险。例如，社会资本可能因无法充分了解政府承诺的政策支持和补贴情况而面临额外风险。这种不明确的风险分担安排，容易导致后期出现争议和纠纷，影响项目的顺利进行。

（2）缺乏有效的风险缓释措施

风险缓释措施是降低项目风险、保障投资者利益的重要手段。然而，在水利投融资领域，由于缺乏有效的风险缓释措施，项目面临的风险往往难以得到有效控制。例如，针对自然灾害等不可抗力风险，缺乏相应的保险机制来转移和分散风险；针对政策变动等系统性风险，也缺乏相应的补偿和退出机制来保障投资者的利益。

2 REITs 的优势

2.1 拓宽融资渠道与资金稳定性

REITs 在水利投融资中表现突出，其通过资本市场融资，吸引多元投资者，不仅资金来源多元化且稳定，有效缓解政府财政压力。近年来，由于非标融资受限，PPP 项目入库趋严、城投债转型，传统的基建融资工具面临瓶颈[4]。相比政府直接投资受限、银行贷款条件苛刻及 PPP 模式社会资本比例限制，从水利投融资的角度看，

REITs 提供了更灵活、稳定的资金渠道，促进水利项目长期可持续发展。从投资者个人的角度看，水利 REITs 能有效填补当前金融产品空白，扩展社会资本投资方式，拓宽居民增加财产性收入的渠道[5]。

2.2 降低融资成本与债务压力

REITs 在水利投融资中展现了独特优势：通过发行基金份额筹集资金，不增加项目公司负债率，优化了债务结构，降低了融资成本。相较于政府直接投资带来的财政压力，REITs 有效减轻了政府负担；而银行贷款则需承担高额利息支出，增加了项目运营成本；PPP 模式虽能引入社会资本，但社会资本对合理回报的追求可能影响项目的公益性和可持续性。而 REITs 以其稳定的分红收益，有助于项目长期运营中的财务稳定与可持续发展。

2.3 提供明确高效的退出路径

REITs 在水利投融资中的另一大优势在于其提供的明确退出机制：在封闭期外，投资者可以通过二级市场直接交易基金份额，实现资本的快速流动和周转，做市商制度充分释放了二级市场的流动性[6]，为社会资本提供了灵活的退出路径。相比之下，政府直接投资不涉及退出机制；银行贷款主要通过还本付息的方式退出，流程相对固定但缺乏灵活性；而 PPP 模式的退出机制则相对复杂，需要考虑政府回购、项目公司上市或股权转让等多种方式，并且还需满足一定的条件和期限。

3 水利基础设施 REITs 试点现状

3.1 政策推动与市场发展

自 2020 年起，中国证监会与国家发展和改革委员会联合发布了《关于推进基础设施领域不动产投资信托基金（REITs）试点相关工作的通知》等一系列政策文件，标志着我国公募 REITs 市场的正式启动。为了进一步完善市场运作机制，相关部门还配套发布了《公开募集基础设施证券投资基金指引（试行）》等规范性文件，明确了 REITs 市场的运作框架和监管要求。政策聚焦高速公路、仓储物流等重点基础设施项目，并优先在京津冀、长三角等区域开展试点工作，市场对此积极响应。REITs 产品成功发行并上市，有效拓宽了基础设施的融资渠道，促进了社会资本的积极参与，加速了基础设施的建设和升级进程。

在水利投融资领域，2022 年水利部办公厅发布了《关于加快推进水利基础设施投资信托基金（REITs）试点工作的指导意见》，针对水利基础设施领域提出了具体的试点要求和推进措施，为水利 REITs 的发展指明了方向，进一步丰富了我国

REITs 市场的内涵与外延。

3.2 水利 REITs 项目概览

目前，在国内已经成功推行或正在积极推进的水利 REITs 项目中，最引人注目的是银华绍兴原水水利封闭式基础设施证券投资基金（简称"绍兴原水 REITs"）。下面从几个方面对该项目进行详细概述。

（1）项目背景

绍兴原水 REITs 由绍兴市原水集团有限公司、绍兴柯桥水务集团有限公司、绍兴市上虞区水务投资建设有限公司联合发起，银华基金管理股份有限公司担任基金管理人，中国工商银行股份有限公司作为托管人。该 REITs 的底层资产为浙江省绍兴市的汤浦水库工程。

（2）项目进展

2024 年 6 月 7 日，绍兴原水 REITs 正式申报至深圳证券交易所。6 月 13 日，深圳证券交易所网站显示，银华绍兴原水水利封闭式基础设施证券投资基金已正式受理，标志着我国水利基础设施公募 REITs 迈出了实质性的一步。

（3）底层资产与收益来源

汤浦水库工程作为绍兴原水 REITs 的底层资产，其总库容达到 2.35 亿 m^3，设计日最大供水能力为 100 万 m^3。该水库以供水为主，同时兼顾防洪、灌溉、改善水环境等综合效益，担负着绍兴市多个区域的原水供应重任，惠及人口 300 余万。自 2001 年 1 月建成供水以来，该水库已安全运行 20 余年，累计供应原水近 60 亿 m^3。就底层资产和申报的程序来看，该 REITs 项目的主要收益来自水费、防洪、灌溉以及资产增值收入。

（4）市场表现与预期

由于距其正式受理仅不到两个月的时间，该水利 REITs 具体的经济效益与社会效益有待观察。绍兴原水 REITs 的推出填补了国内公募 REITs 水利资产的空白，为投资者提供了更为丰富的投资选择。作为绍兴市唯一涉水资产 REITs 平台，它具备扩募的坚实基础和充分空间，未来有望通过不断的资产优化和扩募，成为水利基础设施公募 REITs 市场的标杆。

（5）总结

在国内水利 REITs 领域，绍兴原水 REITs 的推出无疑填补了水利资产在公募 REITs 市场的空白，为后续项目提供了宝贵经验。此外，国内还有其他水利 REITs 项目正在积极推进，涵盖水库、水电站、城乡供水系统等多种类型，这些项目普遍具备稳定现金流和良好运营状况，符合 REITs 发行要求。绍兴原水 REITs 的成功推出标志着我国水利基础设施公募 REITs 市场起步,为投资者提供新选择。随着政策完善和市场成熟,水利 REITs 有望在推动我国水利建设、提高资金使用效率方面发挥重要作用。

4 水利 REITs 发展面临的挑战

4.1 政策与监管的特殊要求

（1）受多方政策影响

水利 REITs 的底层资产是水利基础设施,其发展受到国家水利政策、金融政策及 REITs 相关法规的多重影响。政策导向的不确定性可能导致水利 REITs 项目在合规性、收益率及运营稳定性方面面临挑战。例如,水价政策调整、水资源管理政策变化等都可能直接影响水利项目的现金流和盈利能力。比如,基础设施公募 REITs 结构层次复杂、缺乏配套税收优惠政策等问题都会影响水利 REITs 的试行与发售[7]。

（2）监管标准严格

水利 REITs 在发行和运营过程中需要满足严格的监管要求,包括资产权属清晰、收益稳定性、信息披露透明度等。与那些以其他基础设施为底层资产的 REITs 相比,这些标准对于水利项目来说可能更为严格,因为水利设施往往涉及复杂的权属关系和广泛的公共利益。这种严格的监管标准可能会导致项目权属或资产范围不明确、项目不够成熟稳定、项目资产规模不足、原始权益人参与积极性不高等问题[8]。

4.2 市场接受度不足

（1）市场接受度有限

水利 REITs 作为一种相对新颖的金融产品,面临市场认知度低的问题。与传统金融投资产品相比,投资者对水利 REITs 的投资特点、风险收益特征及市场运作模式了解不足,导致市场接受度有限。尽管监管机构和市场参与者已加大宣传力度,但针对水利 REITs 的专门市场教育仍显不足,投资者对其运营特点、收益来源及潜在风险掌握不够,难以做出理性投资决策。同时,在竞争激烈的金融市场环境中,水利 REITs 作为新兴产品可能处于劣势地位,进一步影响其市场接受度。

（2）投资者认识不足

水利行业因其项目周期长、投资规模大、收益稳定性受自然因素影响等特殊性,使得投资者对其不熟悉,难以准确评估水利 REITs 的投资价值和风险水平。部分投资者还可能将水利 REITs 误解为一般的房地产信托基金或其他固定收益产品,对其风险收益特征存在偏差理解。实际上,水利 REITs 的投资回报受政策环境、自然条件、运营管理效率等多种因素影响,具有一定不确定性。此外,REITs 发行和运营过程中存在的信息不对称问题，也可能导致投资者难以做出准确投资决策，进而影响其投资意愿和市场接受度。

4.3 投资人权益保护机制不完善

（1）信息披露机制不健全

由于水利基础设施较强的公益和社会属性，其REITs在披露信息时存在内容不完整的问题，它们可能选择性地隐瞒不利信息，仅展示项目积极的一面，这导致投资者无法全面评估项目风险。同时，水利项目的运营周期较长，信息披露的时效性对于投资者来说尤为重要，但当前部分水利REITs在信息披露上存在滞后现象，使得投资者无法及时了解项目最新动态。此外，由于缺乏统一的信息披露标准，不同水利REITs在披露信息时可能存在较大差异，这进一步增加了投资者比较和评估的难度。

（2）缺乏有效的风险管理和控制措施

水利REITs在运营中面临项目运营风险和收益不稳定的双重挑战。水利项目因其投资规模大、建设周期长、运营环境复杂，易受自然灾害、政策变动、环境变化等多重因素影响，导致运营波动甚至中断。目前水利REITs刚刚起步，针对水利REITs专门的综合性单行监管立法和其他配套制度措施的尚未完全颁布[9]，因此也存在一定的法律风险。同时，水利项目的收益也受到多种因素的制约，尤其是水价调整受到政府的严格监管，调整周期长，这可能导致水利REITs的收益难以达到预期水平，从而损害投资人的权益。

4.4 资产确权与整合难度大

（1）水利资产确权的复杂性

水利项目因其涉及多个部门和主体，包括但不限于水行政主管部门、证监会、发起人及原始权益人、基金管理人及托管人。在实际操作中，部分水利项目面临验收周期长、过程繁复的问题，导致整体确权比率偏低。这种权属不明晰的状况，难以满足REITs发行对于资产权属清晰、明确的基本要求。权属关系的复杂性不仅增加了REITs发行的难度，还可能引发潜在的法律风险和纠纷，对投资人的权益构成威胁。因此，解决水利项目资产确权复杂性问题，是推进水利REITs健康发展的重要前提。

（2）资产整合成本高

资产整合成本高是水利REITs发展过程中的一大挑战，这与水利行业的特殊性和REITs的发行要求紧密相关。水利项目地理分布广泛，跨越多地区、多流域，增加了整合难度。同时，项目权属复杂，涉及多个政府部门、企业和个人，需明确产权归属并处理权属纠纷，进一步提高了整合成本。加之不同水利项目可能由不同管理主体负责，管理理念、运营模式、技术标准等存在差异，也增加了整合难度。而REITs对底层资产有严格要求，为满足条件，可能需将多个项目进行打包整合。

5 应对挑战的策略

5.1 建立政策沟通机制

加强跨部门沟通协调，确保水利、财政、税务、金融监管等部门在水利REITs政策制定和执行上的一致性和协同性。就我国水利REITs市场而言，国家发展改革委、水行政主管部门、证券市场管理机构等有关方面积极协调，形成合力，共同推进水利REITs的健康有序发展。

目前我国首批基础设施REITs的推出采取"规则先行，稳妥开展试点"的方式，以个案方式先行开展基础设施REITs试点，监管态度较为审慎。在省级发展改革委出具专项意见基础上，国家发展改革委将符合条件的项目推荐至中国证监会，由中国证监会推荐至沪深证券交易所。目前证监系统明确最长审核时长为4个月左右，预计首批试点项目审核全流程为7~8个月。

以我国公募REITs为例，目前实行发改委和证监会双重审核制，图1为我国公募REITs发行流程。

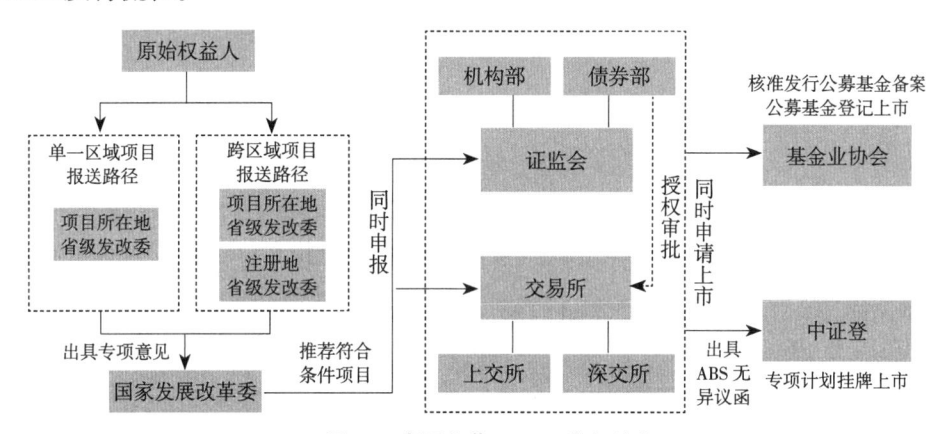

图1 我国公募REITs发行流程

5.2 强化风险防控

在水利底层资产的筛选和评估过程中，要高度重视潜在风险的识别与控制，特别是针对项目运营过程中可能遭遇的市场风险、信用风险、法律风险等关键因素进行深入分析。REITs具有"长期收益率高于股票、波动性低于股票"的风险/收益特征[10]，且与股票、债券的相关系数低。对于已成功发行的水利REITs项目，需实施持续的监管措施，确保其运营状况既符合法规要求，又满足市场预期，从而有效提升水利REITs的运营稳定性，切实保障投资者的合法权益。为此，必须建立一

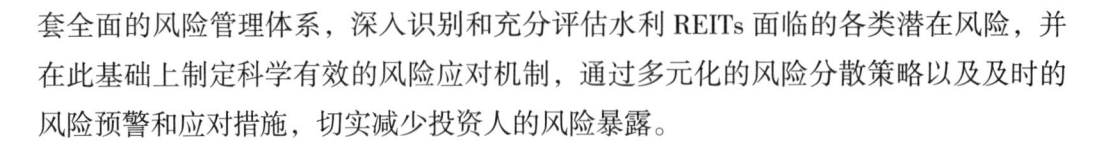

套全面的风险管理体系，深入识别和充分评估水利REITs面临的各类潜在风险，并在此基础上制定科学有效的风险应对机制，通过多元化的风险分散策略以及及时的风险预警和应对措施，切实减少投资人的风险暴露。

5.3 提高市场普及度

目前我国基础设施水利REITs的发展尚处于初级阶段，尤其是水利REITs，广大投资者对这两类新兴产品的认识和了解仍然非常有限。因此，亟须通过多样化的渠道和形式，积极普及REITs的相关知识，特别是要深入浅出地讲解水利REITs的独特之处和潜在风险，以帮助投资者更全面、深入地了解这些产品的特性和风险收益特征。同时，REITs和水利REITs产品的运营团队应当密切关注不同投资者的具体需求和偏好，为他们提供个性化的投资顾问服务和产品定制方案，从而切实增强投资者的参与感和满意度。

5.4 健全信息披露机制

为了确保投资者能够深入了解项目的风险与收益状况，必须增强水利REITs市场的透明度并提升信息披露的完整性。因此，证券监管部门应确立统一的信息披露规范，以消除不同水利REITs在信息披露方面的差异，使投资者能够进行更公正、更客观的比较与评估。此外，强化信息披露的监管力度也是至关重要的，它不仅能保障投资者的权益，还能使他们及时掌握项目进展，从而做出更为明智和理性的投资决策。

5.5 简化确权流程，降低整合成本

在水利REITs的确权方面，相关方应与政府部门展开紧密合作，共同致力于简化水利项目的验收和确权流程，以期明确权属关系，有效减少潜在的法律风险和纠纷。进一步地，在资产整合方面，相关部门计划制定合理的整合方案，通过优化资源配置，力求降低整合的难度和成本。为此，要加强与不同管理主体的沟通与合作，统一管理理念、运营模式和技术标准，以形成整合合力，为水利REITs的资产整合提供有力的支持和保障。

6 结语

综上所述，水利REITs作为新兴融资工具，正逐步在我国水利基础设施领域展现出巨大潜力。虽然在目前我国已申报和发行的REITs中，以水利基础设施为底层资产的产品占比较低，但随着政策推动和市场认知度的提升，水利REITs项目如绍兴原水REITs已成功落地，为后续项目提供了宝贵经验。未来，随着政策环境的进一步优化、市场机制的不断完善以及投资者教育的深入，水利REITs有望迎来快速

发展期，不仅能够有效缓解水利投融资困境，还将为水利基础设施的长期可持续发展提供坚实保障。

参考文献

[1] 陈新忠，杨君伟，王铁铮.REITs模式在水利工程建设筹融资中的应用[J].中国水利，2021（4）：13-16.

[2] 徐家贵，徐雪红.国内外典型水利投融资模式及启示[J].水利经济，2006（1）：47-49+83.

[3] 郑通汉.改革中央水利国有资产管理体制的理论思考[J].中国水利，2003（1）：39-45+5.

[4] 张捷.公募REITs：基础设施融资新方式[J].宏观经济管理，2021（8）：14-21.

[5] 肖钢.制约我国公募REITs的五大因素和破解路径[J].清华金融评论，2019（2）：62-64.

[6] 何川，孙沛香，舒伟.基础设施REITs试点的现状、问题和对策[J].金融理论与实践，2021（12）：99-107.

[7] 李雪灵，王尧.基础设施投资管理中的REITs：现状、问题及应对策略[J].山东社会科学，2021（10）：77-83.

[8] 严婷婷，庞靖鹏，罗琳，等.加快推进水利领域不动产投资信托基金（REITs）试点对策及建议[J].中国水利，2022（6）：60-62.

[9] 曹阳.我国房地产投资信托（REITs）的标准化发展与法律制度建设[J].法律适用，2019（23）：48-57.

[10] 王庆仁，高春涛.REITs风险收益特征及其资产配置作用[J].证券市场导报，2006（3）：40-43.

黄河流域地表水资源超载治理对策研究

——以中卫市为例

李 舒 荆 羿 齐青松 李宁波 王艺璇

黄河水利委员会黄河水利科学研究院水资源研究所

河南省黄河流域生态环境保护与修复重点实验室

摘 要：以黄河流域典型的地表水超载区中卫市为研究对象，从水资源禀赋、水资源利用、水资源管理三个方面分析了中卫市地表水超载区形成的原因。针对分析的成因，基于中卫市脱贫攻坚、节水增效的现实需求与民族文化特色，从农业用水、工业用水、生活用水、生态用水等四方面提出了差异化的治理对策。具体而言，旱区农业采用以高效节灌为核心、辅以定额精细管理的发展模式；工业园区建立增量用水、节水准入制度，构建专业节水和废水处理回用服务公司－设备供应商－融资方－用水企业四方联合发展模式；餐饮、宾馆等高耗水服务业以及供水管网漏损控制工作实施合同节水管理模式，城区及工业园区构建小水系联通模式。经过3年治理，中卫市地表水超载问题得到了显著改善，连续两年实现引黄水量不超载，有效缓解了区域经济发展与水资源短缺之间的矛盾，为政府精准施策和靶向治理提供了有力支持。

关键词：地表水超载区；中卫市；治理策略；水资源管理；节水增效

1 研究背景

黄河流域水资源短缺是制约流域生态保护和高质量发展战略落实的关键约束因素[1]。近30年来黄河水量显著减少[2]，加上刚性需水量的增加，加剧了水资源供需矛盾。为缓解该矛盾，国家制度建设层面出台了《中华人民共和国黄河保护法》和《节约用水条例》，分别从保护和节约两个方面对水资源短缺和超载地区的取用水做出了原则性的规定，同时，水利部于2020年12月印发《关于黄河流域水资源超载地

基金项目：国家自然科学基金（42041007）；中央级公益性科研院所基本科研业务费专项资金（HKY-JBYW-2024-06）。

区暂停新增取水许可的通知》（水资管〔2020〕280号），暂停了包括黄河干支流地表水超载13个地市（涉及6个省区）、地下水超采62个县（涉及4个省区17个地市）的新增取水许可，并要求上述水资源超载地区编制超载治理方案，开展取用水量压减工作。理论技术层面，国内外学者主要以水资源承载能力的概念、评价指标和评价方法为对象开展了大量研究[3-4]。关于水资源承载力的概念并没有统一的观点[5-6]，大致可以分为3类：一是一定条件下区域水资源最大开发利用能力；二是在特定条件下，地区水资源可以支持的最大人口；三是在特定的条件下，地区水资源能够支撑经济、社会和生态系统的可持续发展能力，第三类观点受到了中国政府和学者的青睐[7]。评价指标体系方面，提出了基于"社会—经济—生态—水资源"的复合系统指标[8]、面向水流系统功能的指标[9]、基于"量—质—域—流"的指标等[10]。而在评价方法方面，主要有模糊综合评价、层次分析法、粗糙集和集对分析、组合博弈论等。

但是关于水资源超载治理实施效果方面的研究，往往伴随着水资源承载力的分析提出相关结果，其提出的治理措施具有一致性，但是针对不同水资源超载因素提出对应的治理对策及措施方面的研究相对较少。因此，本文以中卫市为例，分析中卫市地表水超载的因素，并根据不同的因素提出适用于中卫市地表水超载区治理的对策与措施，以期为中卫市可持续发展提供技术支撑，同时也为黄河流域相关地区地表水超载治理提供新的思路。

2 研究区概况

2.1 研究区基本情况

中卫市位于宁夏回族自治区中西部，宁夏、甘肃、内蒙古3省区交汇处。地理坐标为东经104°17′~106°10′，北纬36°59′~37°43′。北、东与吴忠市接壤，南与固原市相连，西与甘肃省白银市交界，北与内蒙古自治区阿拉善盟毗邻。中卫市下辖一区两县，分别为沙坡头区、中宁县和海原县。中卫市属典型的中温带大陆性季风气候，其中海原县中南部黄土丘陵区属中温带半干旱区，海原县北部至引黄灌区至香山山地属中温带干旱区。

中卫市多年平均气温7.3~9.6℃，受地势影响气温呈现从南到北逐渐升高的趋势，极端最高38.5℃、最低-27.3℃。多年平均降水量262mm。降水量区域分布不均匀，呈现由北部黄河左岸山区到黄河两岸到宁南山区，从不到200mm到400mm变化。年际变化幅度大且不稳定，年内分配不均匀，6—9月占全年的70%以上。蒸发量变化不大，但是年内变化较大，夏季蒸发量占全年的50%左右，最大值多在5月、6月；

冬季蒸发量只占全年的 6% 左右，最小值多在 12 月、1 月。

根据宁夏 2023 年水资源公报，中卫市地表水资源量 1.038 亿 m^3，地下水资源量 3.126 亿 m^3，地下水与地表水重复计算量 2.876 亿 m^3，水资源总量 1.288 亿 m^3。各县区中，沙坡头区水资源总量为 0.366 亿 m^3，中宁县水资源总量为 0.193 亿 m^3，海原县水资源总量为 0.729 亿 m^3。

2.2 研究区超载现状

2009 年，宁夏回族自治区人民政府将 40 亿 m^3 耗水指标分解至各市，中卫市初始水权为 6.70 亿 m^3，其中沙坡头区 2.09 亿 m^3，中宁县 3.53 亿 m^3，海原县 1.08 亿 m^3。水利部按照丰增枯减原则，每年下达黄河可供耗水量分配及非汛期水量调度计划，除 2020 年，中卫市每年实际耗水量均超过了下达指标，其中 2016 年超载量最大。

为了提出中卫市不同县区、不同行业地表水超载治理对策，本文进一步细化了中卫市沙坡头区、中宁县和海原县各行业地表水水资源利用情况及超载情况。从资料中可以看出，中卫市沙坡头区和中宁县 2014—2020 年平均超耗水指标分别达到 12% 和 14%。

根据《宁夏回族自治区人民政府办公厅关于印发宁夏黄河县级初始水权分配方案的通知》（宁政办发〔2009〕221 号），结合黄河年度实际来水情况，对沙坡头区不同行业水权指标进行折算，分析 2014—2020 年沙坡头区、中宁县不同行业超载情况，从统计结果可以看出，2014—2020 年沙坡头区现状城区生活用水水源为地下水，生活耗黄河地表水量尚有指标剩余；工业行业实际耗黄河地表水量超过分配指标，且超载量逐年增大；农业 + 生态实际耗黄河地表水量超过分配指标，多年平均超载 7%，最大超载年份为 2019 年。沙坡头区黄河地表水超载行业为工业和农业 + 生态，其中农业 + 生态为主要超载行业。

2014—2020 年中宁县现状城区生活用水水源为地下水，生活耗黄河地表水量尚有指标剩余；工业行业实际耗黄河地表水量超过分配指标，2018 年工业实际耗水量明显减少是由于工业取用地下水量增加；农业 + 生态行业实际耗黄河地表水量均超过分配指标，多年平均超载 12%，最大超载年份为 2016 年（超载 57%），最小超载年份为 2018 年（超载 3%），2020 年未超载。中宁县超载行业为工业和农业 + 生态，其中农业 + 生态为主要超载行业。

3 研究区超载的主要因素

3.1 水资源禀赋先天不足

中卫市水资源总量为 1.383 亿 m^3，人均水资源量低，属水资源短缺地区，多年平均降水仅262mm，多年平均水面蒸发量高达1309mm，属于干旱区，7—9月的降水量占全年降水的60%以上，且多以暴雨洪水的形式流走，难以有效开发利用。中卫市用水主要依靠黄河水，2020年沙坡头区和中宁县供水中黄河水的占比分别为90.9%和94.9%。当地水资源匮乏，对过境黄河水过度依赖是造成黄河耗水量超载的自然因素。

3.2 农业用水不合理

（1）农业种植结构不合理

中卫市取用水总量中90%以上都是农业用水，且绝大部分农业用水都取自黄河，现状引黄灌区粮食种植以玉米、水稻为主，种植结构不合理，灌溉用水量大，导致中卫市以农业为主的用水结构突破了黄河水权指标的刚性约束。2020年中卫市水稻灌溉面积5.53万亩，水稻用水量大，用水时段集中，不适宜在中卫市区域水资源条件下大面积种植，农业种植结构有待进一步调整。

（2）农业用水效率不高

中卫市农业亩均用水量为$589m^3$，远高于黄河流域亩均用水量$319m^3$，亩均用水量高。现已建成的高效节水工程较多，但是工程效益未充分发挥，亟须提质改造。部分灌溉输水设施、闸门老化失修，漏损严重，高效节水灌溉面积占比较低、节水设备运行率不高，导致灌溉定额偏大，农业用水效率不高。

（3）灌溉面积增长过快

宁夏是西北地区重要的商品粮基地，素有"塞上江南""鱼米之乡"的美誉，确保粮食产量也是宁夏服务于黄河生态保护与高质量发展国家战略的责任。中卫市灌溉面积增速快，增产方式较为粗放，不符合高质量发展的要求，二者共同作用导致农业灌溉用水量大。

3.3 生态水域无序补水

中卫市近年来生态水域面积增加显著，现有生态水系主要有沙坡头区的香山湖、应理湖、景观大道水系等，中宁县的亲河湖和雁鸣湖等。现有生态水域面积近1万亩，补水水源为黄河水。然而初始水权分配时未给生态用水单独配置水权，近5年实际平均年补水量约为4500万m^3，存在生态水域超定额无序补水现象，耗黄河水量过大。

3.4 工业企业节水技术落后

中卫市工业用水仅占总用水量的3%，工业发展相对落后，当前的工业发展主要是依托几大工业园区发展壮大，现有大部分工业企业都以能源化工类企业为主，面临缺水以及环境约束、市场竞争压力增大的挑战，对节水技术、节水设备研发使用的税收优惠、绿色金融信贷等的支持政策还不完善，多元化的投融资机制还不健全，节水产业得到的扶持政策还较为不足，节水产业发展明显滞后，导致节水内生动力不足，节水设施改造进展缓慢。

3.5 非常规水利用率偏低

中卫市主要的水资源是黄河过境水，占水资源总量的90%以上，开发利用程度高，主要用于农业灌溉。当地地表水、浅层地下水和再生水等用水量很少，浅层地下水利用率约42%，再生水回用量约420万m^3，回用率不足28%。目前中卫市再生水主要回用于公共绿化，少量用于企业，大多数污水处理厂出水直接外排。非常规水利用率远远低于同类地区平均水平。

3.6 水资源管理体制不顺

（1）水权指标调整细化工作严重滞后

自治区自20世纪80年代以来陆续开展了生态移民项目。截至2020年底，沙坡头区共安置搬迁人口6.6万人；中宁县共接收山区群众和各类移民16.94万人。另外，2018年青铜峡跃进村和新田村调整至中宁县，行政区划调整后，水权指标却没有随之调整。部分指标现状年调度水量指标已随地划转，但初始水权尚未调整到位。

（2）计划用水及用水定额管理不到位

中卫市水资源管理体制机制不健全，用水定额管理不到位。现状部分黄河取水口门未办理取水许可证，各口门超计划取水的现象比较普遍。用水定额管理相关的配套制度，如计量监测、节奖超罚、公众参与等，目前都还比较缺乏。主要超载行业农业用水的计量监测设备严重不足，泵站以电折水情况较多，沙坡头区和中宁县目前引黄灌区退入黄河的退水口监测率为57.6%，监测退水量约85%，尚有部分退水量未实现监测。计量设施安装不到位，节奖超罚机制不健全，直接影响用水定额的执行效果。

（3）水资源经济调控手段发育滞后

现状中卫市水资源管理和用水管理主要依赖行政计划手段，水价、水市场等经济调控手段发育滞后，水权转换机制尚不健全，自主节水的内在动力不足。农业用水没有建立合理的水价形成机制，水资源的取得和保有成本偏低，大部分灌区由于缺乏取水计量设施，灌溉用水按亩收费，以致发生浪费水资源的现象。

4 研究区超载综合治理对策及经验

4.1 科学推进农业节水，强化节水管控措施

中卫市位于河西走廊东北部，是黄河流域上中游第一个自流灌溉市，农业是中卫市第一大用水行业，也是当地的支柱产业，根据2020年用水统计情况，农业耗水量约占总耗水量的94%，是用水、节水管理的重点行业，也是节水潜力最大的行业。

中卫市刚刚完成了脱贫攻坚目标任务，解决了绝对贫困和区域性整体贫困，制定农业节水措施时，应紧扣当地脱贫攻坚和国家政策扶持实际，从效率节水出发，结合当地土地确权细化程度，提高精细管理水平。需通过工程手段和精细管理两手齐抓的节水技术，发展旱区农业以高效节灌为重点、定额精细管理为辅的模式。通过该模式近3年的发展，超载区合计新增和提升改造高效节水灌溉面积22.76万亩，大幅提高了高效节灌种植比例；制定了合理的灌溉定额和灌溉水利用系数，指导超载县区用水权确权至村组、干渠（支干渠）直开口，助力农业灌溉用水逐步走向科学化、规范化；根据宁夏水稻生产结构调整和布局优化，逐步压减超载区水稻种植面积，仅保留重度盐渍化、低洼地块的水稻种植。

4.2 合理制定生态目标，兼顾民生福祉与生态用水

中卫市地处腾格里沙漠南缘，沙漠离市区最近只有几千米，属于具有沙漠性特征的温带大陆性气候，降水偏少，为优化人居环境、提高人民生活品质，中卫市应合理制定生态目标，有序建设人工水系，明确生态用水上限。城区内和工业园区内应构建小水系联通模式，提高河道与湖泊水系中水流的交换速率，同时引进先进的减少水面蒸发的技术，在改善水质的同时，尽量将水资源留在河道和湖泊中。而腾格里湖生态补水，应以湖泊水面面积不萎缩和保持水质不恶化为目标，建立腾格里湖水量水质模型，计算该湖泊达到目标水质时所需的适宜补水量。

4.3 推广成熟适用的工业循环用水技术，发展节水产业

采用高效、安全、可靠的水处理技术工艺，大力提高水循环利用率，降低单位产品取水量。加强废水综合处理，实现废水资源化，减少水循环系统的废水排放量。加快培育节水和废水处理回用专业技术服务支撑体系。鼓励专业节水和废水处理回用服务公司联合设备供应商、融资方和用水企业，实施节水和废水处理回用技术改造项目，发展节水产业。

4.4 强化非常规水源保障，推进水源置换工程建设

开发非常规水源，实现废水资源化，既符合国家水资源利用市场化、企业化运

作的政策，也是解决黄河流域水资源短缺问题的有效途径，更是落实科学发展观、循环经济、建设节约型社会的一项重要工作，水源置换已经成为黄河流域水资源规划、优化配置、管理的必然要求。中卫市的非常规水源来自中卫一污、中卫二污、中宁一污和中宁三污再生水及本地的微咸水，其中，再生水可用于城区公共绿化用水、湖泊生态补水及工业园区生产用水，而微咸水通过与黄河地表水混合后可用于农业灌溉。同时，在安全合理的前提下，鼓励再生水用于浇洒、清洁甚至中央冷气的冷却用水等。

4.5 加强机制体制建设，补齐水资源管理短板

根据水资源条件，农业部门科学调整水资源短缺地区粮食生产任务指标，进一步完善粮食安全责任考核相关政策。继续推动《关于落实水资源"四定"原则深入推进用水权改革的实施意见》，形成体现水资源稀缺性和有利于促进节约用水的价格税费体系。完善调整水资源税税额及限额标准，完善水价形成机制，深化农业水价综合改革，推进非居民用水的超计划（超定额）累进加价制度。推进水权制度改革，制定农业水权交易细则，引导农业用水户将水权额度内节余水量进行交易。建立节水型生活用水器具补贴机制，对更换通过节水认证、符合用水效率等级的生活用水器具实行节水政策补贴。针对餐饮、宾馆、学校、医院、休闲娱乐等高耗水服务行业，分别制定严格的用水定额标准。创新节水服务模式，研究制定合同节水管理政策措施，重点关注餐饮、宾馆等高耗水服务业以及供水管网漏损控制等领域。无论是已建企业的节水改造阶段，还是新企业的引进和规划建设阶段，引导和推动其开展合同节水管理工作。通过示范引领作用，挖掘和培育一批合同节水服务企业，充分利用经济杠杆和市场引导促进节水工作。建立健全开放性园区产业准入和退出机制。构建绿色创新产业园区，制定符合本地功能定位、严于国家要求的产业准入目录，严格控制能耗、环保、质量、安全、技术达不到标准和生产不合格产品或淘汰类产能引入。严格水资源监管，水资源超载治理本质是强监管，以监管约束用水。要严格按规定暂停新增取水许可，开展取水工程设施核查登记，安装取用水在线监测计量设施，并将监测结果实时传输到取水主管部门。

5 结论及建议

1）沙坡头区2014—2019年平均超耗水指标0.3324亿m^3，中宁县2014—2019年平均超耗水指标0.6208亿m^3。海原县2014—2019年实际耗水量均未超出水权分配指标。沙坡头区和中宁县黄河地表水超载的主要行业为农业和生态。

2）中卫市超载的主要因素为水资源禀赋先天不足、农业种植结构不合理、农业

用水效率不高、灌溉面积增长过快、生态水域无序补水、工业企业节水技术落后、非常规水利用率偏低和水资源管理体制不顺。

3）中卫市超载综合治理要继续坚持旱区农业以高效节灌为核心、辅以定额精细管理的发展模式，工业园区加快建立增量用水、节水准入制度，构建专业节水和废水处理回用服务公司—设备供应商—融资方—用水企业四方联合发展模式，餐饮、宾馆等高耗水服务业以及供水管网漏损控制领域实施合同节水管理模式，城区及工业园区构建小水系联通模式。

参考文献

［1］赵云，赵新磊，蒋桂芹.黄河流域地表水资源超载状况及治理措施［J］.人民黄河，2023，45（s1）：34-35+37.

［2］王煜，彭少明，武见，等.黄河"八七"分水方案实施30a回顾与展望［J］.人民黄河，2019，41（9）：6-13+19.

［3］Liu X，Chen J，Fan L L，et al. Progress and a review of new methods in water resources capacity research［J］. Journal of Beijing Normal University（Natural Science），2014，50（3）：312-318.

［4］J J，M C，Li J E A. Advance in early warning of water resources carrying capacity［J］. Advances in Water Science，2018，29（4）：583-596.

［5］左其亭，张修宇.气候变化下水资源动态承载力研究［J］.水利学报，2015，46（4）：387-395.

［6］王建华，姜大川，肖伟华，等.水资源承载力理论基础探析：定义内涵与科学问题［J］.水利学报，2017，48（12）：1399-1409.

［7］王亚飞，樊杰，周侃.基于"双评价"集成的国土空间地域功能优化分区［J］.地理研究，2019，38（10）：2415-2429.

［8］左其亭，张志卓，吴滨滨.基于组合权重TOPSIS模型的黄河流域九省区水资源承载力评价［J］.水资源保护，2020，36（2）：1-7.

［9］唱彤，郦建强，金菊良，等.面向水流系统功能的多维度水资源承载力评价指标体系［J］.水资源保护，2020，36（1）：44-51.

［10］丁相毅，石小林，凌敏华，等.基于"量-质-域-流"的太原市水资源承载力评价［J］.南水北调与水利科技（中英文），2022，20（1）：9-20.

深化国有资产管理体制改革
赋能水利新质生产力快速发展

王佩佩 王白春

黄河水利委员会晋陕蒙接壤地区水土保持监督局

摘 要：在水利高质量发展背景下，深化国有资产管理体制改革，为推动水利高质量发展提供资产支撑和保障，赋能水利新质生产力快速发展意义重大。首先分析了水利国有资产管理现状及存在的问题，借鉴国际水利资产管理改革经验，接着通过对新质生产力在水利行业的应用探讨，指出了水利国有资产管理体制改革的必要性，再从制度创新与政策支持、市场化改革与社会资本参与、数字化转型与智慧水利建设等方面提出了深化水利国有资产管理体制改革的策略，最后提出了3条实施路径与保障措施，以期推动水利新质生产力快速发展。

关键词：国有资产；管理体制改革；水利新质生产力

1 水利国有资产管理现状与问题分析

1.1 水利国有资产管理现状

水利单位众多，资产管理链条长、体量庞大，许多水利单位的国有资产管理仍然依赖于传统的管理方式，尽管一些单位开始尝试信息化管理，但整体上信息化水平参差不齐，信息化系统功能单一，无法满足复杂多变的资产管理需求，导致资产管理效率低下，难以实时准确掌握水利国有资产状况。而水利单位国有资产管理数字化转型面临多重挑战，一是资金投入方面，数字化转型需要大量的初期投资，包括硬件设备、软件开发、人员培训等，对于财政紧张的地区可能难度较大。二是技术兼容性方面，现有系统与新引入的数字技术之间可能存在兼容性问题，需要解决数据格式、通信协议等方面的差异。三是数据安全与隐私方面，随着数据收集和传输的增加，保护敏感信息免受黑客攻击和数据泄露变得至关重要。四是人才缺口方面，当前具备跨学科知识的专业人才较少，难以有效推动和实施数字化项目。五是基础设施限制方面，偏远或欠发达地区缺乏稳定的电力供应和高速互联网接入，影响数字技术的部署和运行。

1.2 水利国有资产管理问题分析

水利国有资产管理存在的问题主要有：一是管理意识薄弱。水利单位管理人员普遍对国有资产管理的重要性认识不足，对国有资产日常维护、更新和合理使用不够重视，由于人力不足，部分水利单位难以实现岗位分离的制约机制，加上人员流动快，水利国有资产管理较为薄弱。二是技术应用不足。传统的管理方式无法满足现代资产管理的高效性和实时性需求。随着水利国有资产规模的扩大，这种落后手段难以实现资产的精细化管理，限制了决策的时效性和准确性。尽管一些单位已引入现代化信息技术，但实际运用效果不佳，未能充分发挥现代化技术在水利国有资产管理中的作用，如资产追踪、维护预测和性能监控等。三是相关制度滞后。现有制度滞后于水利行业的发展步伐，如数据资产作为经济社会数字化转型中的新兴资产类型，是国家重要的战略资源，而针对数据资产确权、配置、使用、处置、收益、安全、保密等重点管理环节，目前缺乏明确的指导原则和操作细则，影响了水利国有资产管理的规范性和有效性。此外，在部分领域，水利国有资产管理尚未充分引入市场竞争和社会化服务，影响了资产的使用效率。

2 国际水利资产管理改革经验借鉴

美国的水利资产管理关键经验包括：一是美国的水利资产并非完全由政府所有，而是形成了由联邦政府、州政府、地方政府以及私营部门和非政府组织共同参与的多元化管理模式，这种模式促进了不同层级的政府和私人投资者在水利设施建设与维护中的合作。二是美国注重公众参与决策过程，通过听证会、公开会议等形式让公众了解和参与水利资产管理政策的制定。同时，政府机构定期公布资产管理状况，增加了管理的透明度。三是美国在水利资产管理中广泛应用现代信息技术，如遥感、物联网等，实现水资源监测、预警和调度的智能化。四是美国水利资产管理体系设有定期评估机制，通过绩效评估、审计和反馈，不断调整管理策略，确保水利资产的有效利用。

荷兰的水利资产管理关键经验包括：一是荷兰投入大量资源用于研发和应用新技术，如智能水管理系统、生态友好型水工结构等，在水利工程技术上一直处于世界领先水平。二是荷兰的水利资产管理改革注重多方参与，包括政府、私营部门、非政府组织和社区居民，形成了一种公私合作的模式。三是荷兰政府和相关机构定期对水利项目的绩效进行评估，及时调整政策和管理措施，以应对新的挑战和机遇。四是荷兰在水利资产的财务管理制度上进行了创新，例如，通过设立专门基金、征收水资源税和收费等手段，确保水利基础设施的建设和维护资金充足。

日本的水利资产管理关键经验包括：一是日本高度重视信息化建设，运用现代信息技术对河流、湖泊的水质、水生物等进行全方位动态监测，提升了水利工程的综合效益。二是日本在某些领域允许私营部门参与水利设施的投资、建设和运营，这有助于减轻政府财政负担并提高服务质量。三是在国有企业改革过程中，日本注重透明度，通过证券市场让社会公众购买改制后国有公司的股票，减少了暗箱操作的风险，保护了国有资产。

中国在水利国有资产管理改革过程中，可以参考其他国家经验，结合中国国情，探索适合中国特色的水利国有资产管理模式，实现水利国有资产的高效利用。

3 新质生产力赋能水利高质量发展

水利新质生产力不仅关乎水利行业的现代化，更是推动水利行业乃至整个社会经济向更高水平、更高质量发展的关键力量。水利新质生产力一是强调应用最新科技成果，如数字孪生、人工智能、物联网、云计算等，提升水利行业的技术水平和管理效率。二是以创新驱动为核心，不断探索和应用颠覆性技术，如机器人、脑机接口等，推动水利行业管理向更高层次发展。三是强调多学科交叉融合，如水利工程与信息技术、环境科学、生态学等，以及跨部门跨地区的协同合作，形成综合高效的水利治理管理体系。

3.1 新质生产力在水利行业的应用

新技术在水利领域的应用是推动水利现代化的关键因素，地理信息系统用于水资源管理、洪水预测、水库调度和环境评估，能够提供精确的地形和水文数据。应用遥感技术，通过卫星和无人机获取实时的水体状况和土地利用变化，能够监测水资源和水质。应用物联网，通过传感器网络收集实时数据，如水位、流量、水质参数，能够用于智能预警和自动化控制。应用人工智能与机器学习分析大量数据，能够预测水文事件，优化水资源分配，提高灌溉效率。通过实时监测与预警系统，结合气象预报，能够提前预警洪水、干旱等自然灾害，减少损失。

以防御海河"23·7"流域性特大洪水为例，流域雨水情"三道防线"监测预报发挥了重要作用。海委利用气象卫星和测雨雷达等专用技术装备，对暴雨预报落区和强度进行监测分析，其中雄安新区布设有4部测雨雷达，北京市布设有1部S波段雷达、8部X波段雷达。利用5484个雨量站、321处国家基本水文站以及各地方水文站等水文基础设施，对雨情及河道水库水情信息进行实时监测。采用卫星遥感、无人机监测、视频监视、口门应急监测等天空地多源信息融合，及时掌握蓄滞洪区洪水演进、河道行洪、工程险情等实时信息，预测预报洪峰信息，为属地防汛抗洪抢险提供了决策支撑。

3.2 新质生产力推动水利国有资产管理体制改革

新质生产力的发展对于水利国有资产管理体制改革有着重要影响，新质生产力发展不仅是提升水利国有资产管理水平的迫切需要，也是适应新时代要求、实现水利行业高质量发展的必由之路。通过引入新质生产力，如大数据、物联网、云计算等先进技术，可以显著提升水利国有资产管理的效率和精度，实现水利国有资产管理的自动化和智能化。利用新技术对水利国有资产进行动态监控和分析，有助于合理规划和优化资源配置，确保有限的资源得到最有效利用。通过建立智能预警系统，可以提前预知和处理潜在的设备故障或自然灾害，提高水利设施的安全性和稳定性。数据驱动的决策支持系统还可以为管理者提供实时、全面的数据分析，帮助做出更加科学合理的决策，避免决策盲目性和滞后性。

4 深化水利国有资产管理体制改革的策略

4.1 制度创新与政策支持

深化水利国有资产管理体制改革，可以从以下几方面加强制度创新与政策支持。一要明确水利国有资产的产权归属，通过授权经营的方式，将部分经营权下放到地方或特定机构，激发经营主体的积极性和创造性。二要根据水利国有资产的功能和性质，实施分类管理，将竞争性较强的项目推向市场，明确相关规定，采用市场化运作机制，提高资源配置效率。三要建立科学的绩效评价体系，对水利国有资产的管理、运营和维护效果进行定期评估，配套激励和惩罚机制，确保水利国有资产的保值增值。四要引入大数据、云计算、物联网等现代信息技术，提升水利国有资产管理的智能化水平，实现精准监控和高效调度。

4.2 市场化改革与社会资本参与

（1）PPP 模式的推广与优化

PPP 模式在水利国有资产管理体制改革中的推广和优化，是当前中国水利行业寻求多元化投融资渠道的重要途径。PPP 模式在水利行业应用的关键是：一要明确界定职责，在 PPP 项目中，政府与私营部门需要明确各自的职责和义务，包括项目的设计、融资、建设、运营和维护等环节。二要合理设计风险分担机制，确保公共利益得到保护，同时私营部门的风险和回报相对平衡。三要签订长期合同并建立有效的监管框架，确保项目符合预期目标，同时避免腐败和滥用公权力。四要保证项目的透明度，让公众了解项目进展和财务状况，增强公众信任。

（2）资产证券化与资本运作探索

资产证券化是指将缺乏流动性但具有稳定现金流的资产，如水库、灌溉系统、水电站等，转化为可以在金融市场交易的证券，以此来募集资金。资产证券化要提高市场对水利资产证券化产品的认知度和接受度，使潜在投资者理解此类资产的特点和投资价值。要评估和控制与水利资产相关的风险，如自然风险（洪水、干旱）、技术风险、市场风险等，确保证券产品的稳定性。此外，还可以通过股票、债券、私募基金等多种形式吸引社会资本，扩大融资规模，分散投资风险。

4.3 数字化转型与智慧水利建设

（1）大数据与人工智能技术应用

利用大数据平台，可以整合和分析水利国有资产的历史数据、运营数据以及维修记录，实现对资产的全生命周期管理。通过物联网设备收集实时监测数据，如水位、流量、水质等。这些数据可以上传至云端进行存储和分析，有助于及时发现设备异常或潜在问题。借助人工智能算法，特别是机器学习，可以分析历史故障数据和实时监测数据，预测设备的故障概率，实现预测性维护，降低突发故障的风险和成本。

（2）智慧水利平台构建与数据共享机制

1）智慧水利平台构建。

智慧水利平台通常集成了多种基础设施，如传感器网络、遥感卫星、无人机、物联网设备等，用于实时监测水位、水质、流量等关键指标。这些设备收集的数据会被传输到数据库或云平台，通过采用大数据技术对收集到的海量数据进行存储、管理和分析，能够确保数据质量的同时挖掘数据价值。通过 AI 技术，智慧水利平台可以在防汛抗旱、水资源分配、水利工程规划等方面提供决策支持。此外，智慧水利平台还能够生成预警信息，提前采取措施应对可能的灾害。

2）数据共享机制。

数据共享机制可促进不同政府部门、水利机构、科研单位和企业之间的信息交流，可提高工作效率。通过标准化的数据交换协议和接口，确保数据在不同系统间无缝传输。推行开放数据政策，允许第三方开发者和研究人员访问部分数据，鼓励数据的二次开发和利用，创造更多社会和经济价值。在数据共享过程中，还要确保敏感信息的安全，如个人数据、商业机密等，要使用加密技术和访问控制策略，防止未经授权的数据访问和泄露。要定期收集用户反馈，评估数据共享的效果，根据反馈调整数据政策和技术方案。

5 实施路径与保障措施

5.1 跨部门协调机制建立

水利国有资产管理体制改革中的跨部门协调机制建立，旨在通过协同合作提高效率。一要成立专门的跨部门协调委员会或领导小组，明确角色分工。二要构建一个综合的信息管理系统，实现数据的实时更新和共享，包括水资源状况、项目进展、财务信息等，确保所有相关部门能够访问所需信息，以便基于数据进行决策。三要简化审批程序，建立一站式服务窗口，减少部门间审批时间。同时加强项目执行的监督，确保遵守法律法规，资金使用透明，项目达到预期效果。四要设立绩效指标，定期评估跨部门协调机制的有效性，识别并纠正存在的问题。

5.2 人才培养与技术引进

人才培养方面，一要实施"订单式"人才培养模式，推广工学结合、产教融合、校企合作的人才培养模式，让学生在实践中学习，增强解决实际问题的能力。二要加强与国际先进水利工程机构的交流与合作，派遣人员到国外进修或实习，通过学术交流、联合研究项目等方式，学习国际先进经验。

技术引进方面，一要与国内外科研机构、大学和企业合作，支持技术创新和成果转化，将研究成果应用于实际工程和管理中；二要引进先进的监测设备、自动化控制系统和管理软件，提高水利设施的运行效率和安全性；三要实施技术引进的示范项目，验证新技术的可行性和效益。通过示范项目，将成熟的技术逐步推广到更广泛的领域。

5.3 社会公众参与和信息公开

社会公众参与和信息公开是增强信息透明度、提高决策质量、促进社会监督的重要途径。一要建立参与机制。设立公开的听证会、研讨会和论坛，邀请社会公众、非政府组织、学者和行业专家参与讨论，收集多方意见。通过创建在线平台，如社交媒体、官方网站和移动应用程序，便于公众随时提交反馈意见和建议。二要增强透明度。定期发布水利国有资产管理的进展报告，包括财务状况、项目实施情况等。同时公布决策过程和依据，包括法规、政策、程序和标准，让公众了解决策背后的逻辑。三要建立反馈机制。设立热线电话、电子邮箱和在线投诉系统，及时响应公众的查询和投诉。并定期总结公众反馈意见，将其作为改进政策和服务的依据。四要鼓励社会监督。鼓励非政府组织和社会团体参与监督，确保水利国有资产管理的公正性和效率。实施举报奖励制度，对于发现和报告违规行为的个人给予奖励。

6　结论与展望

在党中央、国务院的坚强领导下，各级水利单位深入学习贯彻习近平新时代中国特色社会主义思想，认真践行习近平总书记治水思路和关于治水重要论述精神，攻坚克难、担当作为，水利工作经受了重大考验，取得了重大进展。

深化水利国有资产管理体制改革，对赋能水利新质生产力快速发展，促进水利行业的转型升级，实现水利事业高质量发展有着重要意义。它不仅能够优化资源配置，提升水利设施的效率和效益，还能促进行业升级，激发市场活力，同时强化治理能力，构建现代水利治理体系。通过深化水利国有资产管理体制改革，一是可以实现水利国有资产的全面梳理与整合，避免资源的重复建设和浪费，提高现有水利国有资产的使用效率和维护水平。二是改革推动了水利行业技术的创新与升级，引入先进的信息技术、自动化控制技术以及智能监测系统，提升水利国有资产的智能化管理水平。三是通过引入市场竞争机制，鼓励社会资本参与水利项目的投资、建设和运营，可以激发市场活力，促进水利行业的多元化发展。这不仅能够缓解政府财政压力，还能够吸引更多的专业人才和技术投入水利行业，加速水利新质生产力的发展。

新发展阶段下水利投融资体制机制创新策略

邢 薇

中国水利水电科学研究院

摘　要： 水利工程建设项目是国家经济建设、生态环境治理的重要影响因素，也是城镇化建设、乡村振兴发展的有力驱动。水利工程建设具有资金需求量大、投资回报慢的特性，运用传统的投融资模式无法及时高效获取充足的经费支持，从而对水利工程项目建设工作的稳步推进、运营管理的持续开展产生不利影响。基于此，对在新发展阶段下创新水利投融资体制机制所产生的影响展开阐述，立足政府引领、能力提升、政策工具运用、社会资本引入、激励与风险分担、投资补偿几个方面提出水利投融资体制机制创新的可行性策略，旨在为水利工程项目建设运营提供充足的资金支持，进而有效展现出水利工程的价值效能。

关键词： 水利工程；建设运营；投融资；体制机制

在我国逐步深化国内国际双循环发展格局的背景下，国家要从需求端、供给侧两个方面发力促进社会建设，既要继续深化需求端改革，制定与推行多样化的消费激励政策，以此增大投资力度、加深消费层次，又要推进供给侧结构性改革，积极创新制度，解决经济循环问题、突破体制机制障碍，从而优化经济供给的整体质量[1]。在我国经济社会发展体系当中，水利设施是与社会、经济发展密切相关的公共基础设施，其建设过程具有公益性、规模化、长期性等特征，因而水利工程项目的投融资会面临一定阻碍。为保障水利工程顺畅建设，促进水利事业高质量发展，迫切需要在新发展阶段对水利投融资体制机制进行创新优化。

1 新发展阶段水利投融资机制创新的影响

1.1 有效落实国家水安全战略要求

作为国家安全重要组成部分之一的水安全，与生态环境、经济发展、社会进步等各个方面的安全均具有一定关联。目前，我国推出了多项保障水安全的决策规划，逐步增大了水利工程建设的资金投入，促进了水利工程规模的逐步拓展，有效提升了我国的水安全保障能力。在社会进步、经济发展的同时，全球气候不断变化，我国仍然面临一定的水安全问题。为此，新发展阶段，弥补水安全保障工作缺陷、针对性强化薄弱项、及时化解水利工程积存问题、推动水利工程升级优化是当前国家水安全战略的重要内容。在国家水利建设、水利管理任务逐步加重的同时，水利工程建设与运营的投资需求逐渐增大，如果仅靠传统的财政拨款建设水利工程的模式，无法满足我国水安全保护的工作要求。为此，需要有效创新水利工程项目投融资体制机制，为水利投融资规模的扩大提供有力支持，并合理优化水利投融资结构，为水利项目顺畅建设奠定坚实的资金基础，进而确保国家水安全战略要求的有效落实。

1.2 深入贯彻投融资体制改革政策

近年来，我国大力推动投融资体制机制改革，出台了多项有利于投融资优化的政策文件，推动政府投资项目投融资模式向规范化、标准化发展，并将展现政府投资的引导带动作用、发挥资源配置中市场的决定性作用作为发展阶段的工作核心，以便为投融资体制机制的改革创新提供有效驱动，从而创建一个融资渠道多元、融资结构合理的重点领域资金筹集机制。目前，我国在重要性规划目标相关文件中明确指出，要对产业投融资途径进行拓展，建立产业投资基金、设置基础设施不动产投资信托基金，或是发行长期性基础设施债券[2]。在我国投融资体制改革范围中，水利产业占据重要地位，因此，积极推进水利投融资体制机制的改革与优化，可以打造完善的水利投融资体制，并能创建多途径水利投融资机制，这对于水利产业贯彻国家政策要求具有积极的促进作用。

1.3 全面执行两手发力要求

在我国水安全战略落实中，市场发挥着决定性的作用，但立足整体层面来看，除了有效发挥市场在水资源配置方面的重要影响价值外，还要注重政府引导支持作用的最大化展现，从而通过两手发力，提升水安全保障工作的整体成效。由于我国水利建设一直以财政拨款作为主要来源，不具备良好的市场融资能力，社会资本参与水利工程项目建设与运营的积极性不足，出现这一情况的主要原因是水利工程项目属于公益性工程，其投资规模相对较大、建设与运营的时间相对较长，并且不具备较高的盈利能力。与此同时，水利市场改革没有及时性开展也是导致水利项目投融资渠道过窄的重要诱因。自2019年国家提出通过加强水市场改革化解水利工程投融资问题的思路后，水利工程投融资工作的开展具备了清晰的方向指引。在政府投资的引导、带动作用有效展现的同时，创建完善的投资回报机制，促进股权增加并提高债权融资规模，推动水利市场改革深入开展，对于水利工程建设具有积极的驱动作用，在政策投资撬动作用充分展现的基础上同时发挥出市场对水资源的配置与调节作用，进而有效落实两手发力要求。

2 新发展形势下水利投融资体制机制创新的具体策略

为化解水利项目投融资困境，在新发展阶段背景下，我国需要遵循两手发力原则，发挥政府部门引领作用、展现市场的资源配置功能，有效化解水利项目所面临的投融资难题，积极推进水利投融资体制机制的改革创新，从而在政策要求全面落实的基础上，增强水利项目的盈利水平，科学选用金融政策及工具，促进社会机构主动参与，打造一个方式多元、层次丰富、渠道宽广的水利投融资新格局，进而为水利工程建设提供充足的资金支持，以此实现水利工程高质量、高效率建设的目标。

2.1 展现政府投资引导与支持作用

政府是水利建设的投入主体，为充分发挥政府投资的作用，首先要加大财政部门对水利工程建设投入的支持力度，需要构建一个权责分明、多方协同的水利投入机制。各级地方人民政府要承担起水利工程建设资金供给的主要责任，要完善与优化现行公共财政水利投入政策，科学设计水利投入预算，发行水利建设专项债券[3]。与此同时，水利部门还要强化税费征收、利用、管理工作，在有效利用水利建设基金的基础上，合理设置国家重大水利工程基金，进而为水利建设提供充足的资金保障。其次，相关部门要对水利项目的投入规划、投资结构进行合理优化。有效发挥规划设计的导向作用，并对水利项目资金投入规划、资金储备方案、投入推进机制进行完善，设计精细、全面的资金筹集方案，做好土地资源等其他要素的供应保障，从而驱动水利投资项目有效实施。同时，应追加重点水利项目投入，如水生态治理、流域防洪管理等，还要为中西部水利建设提供充足的经费保障。在政府投资带动下，深挖供水项目、发电项目的盈利点，推动市场化融资的实现。此外，需要更新地方政府对水利项目的支持方式，应降低水利专项债券发行标准、做好偿债准备金的合理规划，合理设置水利投资基金，通过科学的预算统计，设置独立出资、社会共同出资等不同出资形式，也可引入股权投资方式，并应延展市场融资途径、完善市场监管机制，从而创建一个利于水利投融资的良性营商环境。

2.2 强化水利项目融资水平

面对新发展形势，水利投融资体制改革要重点提升水利项目融资能力。首先，要合理调整水权制度，构建完善的水权分配制度，制定推行水权市场化交易制度，使市场在水资源配置方面的作用得以最大化体现。在各项制度支持下，合理调整水价，打造契合投资需求的体制，从而形成节约水资源用量、促进水利工程稳定运行的水利工程水价机制。其次，要对水利资产存量进行有效利用，确定存量资产的产权，构建水利工程投融资、水利工程建设运行及管理有效对接的新型管理体制，以此夯实存量资产盘活基础。针对可获取营收的存量水利资产，要在其抗洪除涝、农田灌溉、水资源调度等功能有效展现的基础上，引入项目经营权或收费权转让形式，深化政府及社会资本合作，同时推动水利资产证券化、推动发行不动产信托投资基金，进而在多元方式应用下，有效盘活存量水利资产[4]。另外，要发挥水利企业的市场主体作用。积极推动水利投资公司实现市场化发展，市场化改革时，要准确定位水利企业的职能、合理调整法人治理结构，完善经营机制及监管体制。要引导水利企业对水利项目、水利资产进行重组、合并，打造包含供排水、节水除污于一体的产业链条，以此增强水利企业的投融资实力。最后，要构建完善的水生态产品价值实现机制，立足顶层做好水利建设投入与产业开发收益的规划部署，加快水利产业与生态、旅游、金融等其他产业的融合发展进程，并在政府投入的同时，利用资源特许经营权益换取水利项目投资经费。

2.3 合理引入与利用金融政策工具

新发展阶段下，在水利投融资体制机制创新的过程中，还要科学引进、合理利用金融政策与金融工具，从而为水利投融资顺畅落实提供保障。一方面，要合理利用金融信贷资金。建立一个政府、银行、企业、社会多方衔接机制，引导金融机构为水利工程建设提供充足的贷款，要适当调整水利中长期信贷期限，加大利率浮动优惠，并鼓励金融机构更新优化水利投融资模式，从而满足水利项目建设的资金需求。金融机构要调整水利贷款还款来源，推出利用水利项目收益还贷、采用水利建设单位其他经营收益偿付借款的模式，准许水利单位抵押农田水库、供水系统等水利资产或供水发电等水利项目收益，进而有效获取水利建设贷款[5]。另一方面，需要对水利项目融资规模进行拓展。一是引导资质齐全、条件契合的水利企业采用多元化的方式进行融资，如可上市融资，也可发行债券，或是吸纳战略投资者，运用定向工具进行融资。二是鼓励水利企业创建水利不动产投资信托基金，加强水利企业之间的合作，整合多个水利项目，进而扩大水利项目的融资规模，提升水利项目的经营效果。具体实施时应先选取条件符合的水利项目展开试运行，利用所获收入支持水利工程建设，以此构建良性的水利投资循环。三是发行长期性的水利债券，或是制定债权、股权、资产等投资计划，吸纳社保、保险等资金，为水利工程建设提供支持，从而科学利用金融政策、金融工具，为水利项目建设提供充足的经费支持。

2.4 引导社会资本主动参与

为解决水利投融资主体偏少的问题，在新发展阶段下，需将社会资本的引入作为重点，进而弥补政府财政投入的不足，保障水利投融资体制得到创新发展。第一，要对社会资本参与水利投资的渠道进行延展。引导水利工程通过股权合作、委托经营、拍卖租赁等多种形式进行产权交易，由社会投资者享有相应时段内水利工程的管护及收益权限，也可采用特许经营、政府与社会资本合作等经营形式。针对规模较大、较重要的国有水利资产，可以采取出让股权方式或整合改制的形式，为社会资本参与水利投入提供路径。而不产生直接收益的公益性水利项目，应与经营性强的水利项目联合开发，根据水利项目所在流域位置进行统一规划，进而吸引社会资本参与这些水利项目的建设与运营。第二，需要对政府部门、社会资本之间的合作机制进行完善，出台 PPP 项目管理规范，在政府与社会资本合作未到期前，政府部门不得回购投资本金，若水利项目投资过偏，政府应为社会资本给予相应的补贴，或是在合同中约定固定的水利项目投资收益[6]。同时，还要对社会资本退出机制进行完善，在相应条件下，社会资本可以自行选择合适的方式退出水利项目投资建设。此外，还需要加强政府监管力度，全过程监督社会资本在水利项目建设、运行、管理中的责任落实情况，进而为水利工程的规范建设、科学运行提供保障。

2.5 建立健全投资激励与风险分担机制

水利投融资具备一定的风险，为保障水利项目顺畅建设与安全运行，需要构建一个完善的投资激励与风险分担机制。首先，应在地方水利投融资工作中贯彻中央水利投资建设发展理念，对党中央、水利管理部门提出的水利投资建设制度规定以及方针政策及时收集、全面分析，深入了解相关要求，精准把握水利投资建设总体方向。目前，国家针对水利投资建设方面的规划部署逐步完善，并大力推动水利金融体制改革，因此，许多金融机构在市场上推出了水利金融产品及服务，创建了完善的沟通合作机制。在此基础上，需要继续展现政府部门的引导作用，积极构建水利投资激励机制，降低水利项目投资门槛，对水利项目投资建设需求展开深入性分析，消除隐蔽的水利项目投资障碍，平等对待所有投资方，进而构建一个和谐、健康的水利项目投资环境。此外，还要推行风险分担机制，通过政策支持、金融调节等方式增强社会机构参与水利投资建设的积极性，扩充水利项目的投资主体，从而有效分担水利工程投资建设与运营管理所面临的风险。例如在政府牵头下，金融机构应对积极参与河道整治、抗洪除涝等水利工程投资建设的社会机构给予降低利率、放宽还款期限、提供配额指标等支持，以激发其水利建设投资热情，从而由社会机构与政府部门共同分担水利投资风险。

2.6 构建水利项目投资补偿机制

金融机构是水利项目投融资的主要承担机构，为水利工程项目建设提供充足的资金保障。为确保水利项目顺畅获取充足的建设经费，需要针对性制定水利项目投资补偿机制。第一，金融机构要合理调整授信额度。针对水资源管理相关建设项目，可以推出中期或长期政策性贷款，设置不同于其他金融项目的监管标准及税收政策，以便有效扩大水利项目的贷款范围。工农中建等各大银行可以针对性设置水利工程项目贷款基金，属于节水型的水利建设项目，要提高贷款发放额度，确保节水项目能够顺畅、快捷筹集到资金。第二，要对水利建设项目给予相应的税收优惠。以水利项目类型、建设情况为依据，结合水利项目的预算方案，合理确定水利项目的贴息率及税收减免额度，针对农业水资源保护项目，可给予一定的利息补贴或减免优惠，重要性、公共性的水利工程，则由财政作为担保并进行贴息，公共型节水工程要延长贴息期限并降低贴息率，以此消除水利工程投融资阻碍。第三，政府部门要对水务公司上市给予适当鼓励与有效引导，促进其通过发行股票、债券等形式上市。鼓励具备上市条件的水利水电企业及时进行上市融资，进而扩大其资产规模。此外，还需要大力开发水债融资价值，以此增强水利项目投融资途径的稳定性。

3 结语

水利工程是与国家建设、经济发展息息相关的基础设施，在新发展阶段，水利工程建设规模逐步扩大、建设数量不断增加，水利工程建设周期逐渐变长、投资额度逐渐提高，在水利工程建设过程中，投融资一直面临较高难度，创新优化水利投融资体制机制势在必行。从水利投融资机制创新的影响来看，其对国家水安全战略要求的落实具有重要驱动作用，同时，这一举措深入贯彻了投融资体制改革政策、全面落实了"两手发力"要求。在具体创新实践中，要注重展现政府投资的引导与支持作用，强化水利项目融资水平，并应合理引入与利用金融政策工具、引导社会资本主动参与，还需要建立健全投资激励与风险分担机制、构建水利项目投资补偿机制，进而驱动水利投融资体制机制完善与更新，为水利工程项目建设与运营提供可靠保障。

参考文献

[1] 马艳红，王延洪，王翔，等.新发展阶段下水利投融资体制机制创新研究［J］.水利水电快报，2022，43（S2）：62-65.

[2] 朱建海.立足省情实际创新体制机制以"两手发力"推动甘肃水利高质量发展［J］.水利发展研究，2022，22（12）：52-55.

[3] 林巧娟.水利工程创新水利融资体制与运行机制研究［J］.珠江水运，2018（13）：102-103.

[4] 王峰.宁夏水利投融资管理体制改革研究［D］.北京：清华大学，2017.

[5] 许家瑜，方敏.广东省水利基础设施投融资体制机制改革研究［J］.财政科学，2023（8）：145-150.

[6] 王晓.水利投融资体制机制改革研究［J］.山西水利科技，2022（4）：66-68.

水利统计数据质量管理的成效与建议

杨波 郭悦 张岚

水利部发展研究中心

摘　要：水利统计是水行政管理的重要基础性工作。伴随着水利事业的改革发展，水利统计从水利建设投资和农田水利统计起步，不断扩大统计范围，完善统计调查体系。在强化数据质量管理方面，组织管理机构和制度机制不断完善，防范统计造假工作责任体系持续强化，统计数据质量核查有效落实，统计人员队伍建设有序推进，为统计数据真实性和准确性提供了有力保障。近两年，水利建设投资规模连续取得历史性突破，聚焦更好地服务和支撑新阶段水利高质量发展，需进一步规范水利统计工作管理，加强统计数据共享，强化统计数据质量监管和培训指导，满足水利事业发展对统计数据质量的新的更高要求。

关键词：水利统计；数据质量；管理成效

水利统计是国民经济统计的重要组成部分，水利统计的基本任务是对水资源开发、利用、节约、保护和防治水害等相关活动，依法开展统计调查、进行统计分析、提供咨询建议和实施统计监督。伴随着水利事业的发展，水利统计不断完善和发展，取得了显著成绩[1]，已基本建立起较为完善的水利统计管理和数据质量控制制度，为国家宏观调控以及水利规划、建设、监管提供了重要支撑。2022年全国完成水利建设投资首次迈上1万亿元台阶[2]，2023年水利建设投资再创历史新高达到11996亿元[3]，水利建设发展的历史性成就对进一步提高水利统计数据质量管理工作提出了新的更高的要求。

1　水利统计工作面临的新形势新要求

党的十八大以来，以习近平同志为核心的党中央高度重视统计工作，党中央、国务院对统计工作作出了一系列重大决策部署。习近平总书记指出，统计是经济社会发展的重要综合性、基础性工作，统计数据是国家宏观调控的重要依据，必须防范统计造假、弄虚作假，确保统计资料真实准确、完整及时。2016年10月，习近平总书记主持召开中央全面深化改革委员会第二十八次会议强调，防范和惩治统计造假、弄虚作假，根本出路在深化统计管理体制改革；要遵循统计工作规律，完善统计法律法规，健全政绩考核机制，健全统一领导、分级负责的统计管理体制，健全统计数据质量责任制，强化监督问责，依纪依法惩处弄虚作假[4]。习近平总书记明确要求，要强化统计监督职能，提高统计数据质量，加快构建系统完整、协同高效、约束有力的统计监督体系。2016年以来，中央先后印发《关于深化统计管理体制改革提高统计数据真实性的意见》《统计违纪违法责任人处分处理建议办法》《防范和惩治统计造假、弄虚作假督察工作规定》《关于更加有效发挥统计监督职能作用的意见》等一系列政策规定[4]，对统计工作作出重要部署，要求深化统计管理体制改革，提高统计数据的真实性、准确性。2023年12月，党中央印发修订后的《中国共产党纪律处分条例》，将"统计造假"纳入违反党的工作纪律有关条款。当前，统计工作面临新形势、新挑战，也被赋予新任务、新要求。

深入贯彻"节水优先、空间均衡、系统治理、两手发力"治水思路、推动新阶段水利高质量发展，对水利统计工作提出了新的更高要求。水利部部长李国英强调，要依法履行水利统计职责，运用现代信息技术为水利统计赋能，加快统计方法改革，加强统计组织管理，完善统计调查体系，强化统计分析服务，切实提高水利统计的数据质量，把情况摸清，把数据搞准，服务和支撑好新阶段水利高质量发展。2021年12月，水利部召开水利统计工作会，强调水利统计要进一步增强对水利改革发展的支撑作用。各级水行政主管部门需不断强化水利统计组织管理，依法履行水利统计职责，切实提高水利统计数据质量。

2 水利统计数据质量管理的成效

近年来，各级水利部门坚决贯彻落实习近平总书记关于统计工作的重要讲话重要指示批示精神和党中央、国务院对统计工作的决策部署，围绕服务和支撑好新阶段水利高质量发展，不断强化水利统计组织管理，依法履行水利统计职责，推动建立防范统计造假责任制，推进完善数据质量核查机制，不断夯实统计数据质量基础，水利统计数据质量提升成效明显。

2.1 不断健全组织管理机构和制度机制

（1）水利统计已建立完善的管理制度

水利部历来高度重视水利统计工作。2014年10月，水利部制定印发《水利统计管理办法》[5]，该办法明确，水利统计工作实行水利部统一管理、地方分级负责的管理体制。2019年9月，水利部印发《关于建立水利统计工作联席会议制度的通知》[6]，建立了由分管部领导任召集人，规计司、政法司、财务司、人事司、水资源司、全国节水办、建设司、运管司、水保司、农水水电司、移民司、防御司、水文司等13个司局组成，以及以水利部信息中心、发展研究中心为成员的水利统计工作联席会议制度，水利统计工作按照联席会议统筹组织、规计司归口管理、各相关司局分工协作、事业单位和流域管理机构业务支撑的机制开展。2022年5月，水利部学习贯彻党中央决策部署，研究提出了水利行业落实稳住经济一揽子政策措施的具体措施，其中第16项"做好水利投资统计工作"明确："进一步完善统计工作体系，完善相关统计指标设计""要划清边界，依法依规做好统计，确保统计结果规范、精准到项目"。水利部印发的一系列水利统计相关政策文件和规范标准，以及经国家统计局审批备案的8项统计调查制度等，标志着水利统计管理制度体系已基本建立。

（2）各地区逐步细化完善水利统计管理制度

在严格执行水利部现有管理制度的基础上，各地区在水利统计工作实践中，不断细化完善组织管理制度。各地均建立了由统计部门归口管理，相关业务部门分工负责的统计工作机制，大部分省（区、市）建立了包括水利投资统计工作在内的水利建设调度会商机制，甘肃每年召开全省水利统计工作会议，对当年水利统计工作进行总结，对来年工作进行部署；山东省定期召开由省长任召集人的重点水利工程建设联席会议，统筹水利工程建设、水利建设投资统计等工作事项；湖南省成立由省水利厅党组书记、厅长任组长的水利工程建设领导小组，将水利统计工作作为一票否决事项纳入省级水利建设督查激励考评。河南、湖北、广西等地成立专门的水利统计领导小组、工作专班，定期开展水利统计调度会商建立水利统计工作长效机制。据统计，31个省（区、市）均已出台多项细化水利统计工作的相关政策文件或规范制度。

2.2 持续强化防范统计造假工作责任体系

（1）水利部不断健全完善防范统计造假责任体系

按照"统一管理、分级负责"的水利统计管理体制，加强统计工作组织领导，依法履行统计工作职责。根据水利部印发的《关于建立防范水利统计造假、弄虚作假责任制的通知》，省级水行政主管部门需具体明确并报备防范统计造假五类责任人，同时推动建立省、市、县三级防范统计造假责任体系。2023年，水利部出台了《关于进一步加强水利防范统计造假工作的意见》，从责任落实、统计调查、数据核查、夯实工作基础等环节提出了明确的工作要求[7]。

（2）各地区不断夯实防范水利统计造假责任体系

各地区均严格落实相关制度，建立了防范统计造假责任体系，并定期向水利部报备五类责任人，建立健全市、县防范统计造假责任制体系，不断夯实水利统计责任。

大部分省（区、市）出台了本地区防范水利统计造假工作的政策文件，一些省（区、市）细化出台了关于"统计造假问题"专项整治的工作方案和实施办法，有的省级水行政主管部门通过成立统计造假专项治理行动工作领导小组，或召开水利统计造假问题专项整治会议等方式，对水利统计工作和数据展开全面排查，坚决杜绝统计数据造假，推动水利统计工作高质量发展。

2.3 不断加强统计数据质量核查

（1）不断完善水利统计调查和数据核查机制

严格按照统计调查制度和统计标准，不断规范统计数据采集、整理、汇总、审核、评估、上报等各环节行为。建立了统计数据逐级审核制度，对重要数据实施跨专业会审和集中会商，防止问题数据层层上报。强化水利统计全过程数据质量管理，不断细化完善统计调查内容，水利建设投资统计精细化到项目，2023年统计了4万余个在建水利项目，做到数据可核查、可追溯。严抓统计数据质量日常审核，建立统计工作专班，逐项目逐指标审核台账数据，发现问题及时反馈整改。2019年，水利部印发实施《水利建设投资统计数据质量核查办法（试行）》[8]，并于2020—2023年，每年从8个省（区、市）中各选取100个以上水利建设项目的投资统计数据进行实地核查，层层传导质量控制的责任压力，提高数据质量。

（2）各地区规范开展统计调查，强化数据质量管理

各地区省、市、县三级统计工作体系不断完善，严格按照经国家统计局审批或备案的水利统计调查制度开展工作，建立统计台账，不断规范水利统计调查工作流程。强化统计数据全过程管理，严格落实省、市、县三级审核机制，坚持统计数据成果逐级签字上报，定期开展数据质量核查，确保数据真实准确。部分省（区、市）出台水利统计数据质量管理和控制相关政策文件，进一步严格工作程序、强化监督核查。据调研了解，浙江、四川等省（区、市）将水利统计数据质量纳入政府督查考核体系。全国有20个省（区、市）常态化开展水利统计质量现场核查工作，浙江每年通过线上或线下的方式，对当年度重大水利项目实现数据质量检查全覆盖，每个区市选取1~2个市县进行全方位的深入检查；江苏对设区市实施3年全覆盖水利建设投资统计数据质量检查；云南建立厅级领导包州（市）、处级干部包县（市、区）、全体干部包项目的"网络化"包保责任制，每年开展不少于2个州市4个县区的统计核查。

2.4 持续加大水利统计培训力度

水利部坚持以强化培训作为提升统计数据质量的重要手段。从2016年开始，水利部层面每年组织水利统计业务骨干培训班、基层水利统计示范培训班等多个水利统计培训班，截至目前共举办30余期培训班，累计培训各类统计人员3000余人次。

地方层面，各级水利部门坚持组织省、市级水利统计业务培训班，每年组织培训基层统计人员1500余人次，基本做到每两年对基层统计业务骨干的培训全覆盖。同时，水利部组织编制了水利统计培训教材，制作了水利统计网络培训课程，积极推进网络培训，进一步扩大了统计培训范围，提升了水利统计人员业务能力。

3 水利统计工作存在的问题

从水利统计日常审核和相关工作调研情况看，水利统计工作在运行机制、数据填报、统计队伍建设方面还有一些需进一步完善的地方。

（1）对完成投资的统计口径理解存在偏差导致统计数据误差

按照《水利建设投资统计调查制度》有关规定，在统计"完成投资"时，无论项目建安工程、设备工器具购置还是其他费用，均要以项目监理三方签字确认的工程形象进度表或财务支付凭证等资料为依据进行填报，但从书面调研和实地抽查情况看，项目单位或填报单位对完成投资统计口径的理解存在偏差。主要表现在：其一，将建安工程完成投资的合同价转换为概算价填报。其二，将预付款、未支付的设备工器具购置合同额计为完成投资。其三，其他费用未以财务支付凭证为依据填报。

（2）部门间协调联动机制不完善导致统计数据不及时不准确

多个地区反映，水利部门与其他部门协调联动、数据共享机制有待进一步健全完善，数据填报系统需要进一步统一和规范。主要表现在：其一，获取其他行业管理部门牵头实施部分涉水项目数据较为困难，由生态环境、农业农村等部门牵头实施的河流保护与生态修复、乡村振兴等整合打捆的项目，项目建设主体非水利部门，涉水工程建设投资统计数据需要跨部门、跨行业获取，因数据要求不一，协调周期较长，造成统计数据在及时性和准确性上均存在偏差；其二，水利建设投资项目在多个系统中填报，造成重复填报且数据填报混乱，如国债项目除填报国家发展改革委、财政部系统外，水利部内还需填报规计司、建设司、农水水电司等业务司局管理系统，同一项目在统计方法、统计口径、上报时间上均不相同，存在填报数据不一致情况，一定程度上影响统计数据质量。此外，部分业务部门在提供原始数据、资料和相关证明材料时配合力度不够，造成统计人员被动统计的工作局面，影响了统计质量和工作效率。

（3）基层水利统计技术力量与不断增长的统计要求和任务不适应

当前水利统计任务不断加重，质量要求也越来越高，但基层水利统计人员多为兼职且变动频繁，普遍专业性不强，统计资料管理不规范。如浙江、贵州等地反映基层水利统计人员 1~2 年就会调岗；一些地区水利统计人员由乡镇干部或部门的综合、财务干部兼任，对水利业务尤其是工程管理熟悉程度不够，对统计要求理解不到位，影响了统计效率和质量；个别地方未按有关规定进行水利统计资料的归档和管理，也造成数据的连续性和质量得不到保障。

此外，在数据质量核查过程中也发现了一些项目建设管理自身存在的问题，如项目合同和监理月报编制不规范，项目施工监理工程量计量不准确，项目法人对水利基本建设程序执行不严格等，直接影响了基础数据采集质量。

4 相关工作建议

为进一步提升水利统计数据质量管理，提出以下建议。

（1）进一步规范统计工作管理

严格执行《中华人民共和国统计法》和《水利统计管理办法》等统计法律法规，按照"统一管理、分级负责"的水利统计管理体制，进一步加强组织领导，确保依法依规开展水利统计。严格落实水利部防范统计造假和弄虚作假五类责任人要求，推动省级水行政主管部门落实统计专门机构、人员和相应专项工作经费，进一步完善行政单位牵头主管、事业单位技术支撑、项目建设管理单位数据收集报送的工作模式。持续健全工作体系，修订完善水利建设投资统计调查制度，优化归并各类投资统计任务、细化统计指标解释。研究建立对统计工作的表扬激励机制。

（2）进一步加强统计数据共享

推动建立水利部现行各类统计工作的数据共享机制，实现分项目、分类别、分部门、分区域共同填报、审核、监督，实现数据互通共享，减轻基层统计工作负担。充分利用大数据、云计算、"互联网+"等新技术，完善业务部门能够参与使用，整合多任务，具备数据采集、审核、汇总、上报、分析查询、成果展示等诸多功能的统一信息化处理平台，有效提升统计数据共享能力，提高水利统计工作成效和质量。

（3）进一步加强统计数据质量监管

建议按照国家统计局 2023 年印发的《统计源头数据质量核查办法（试行）》相关要求，结合水利统计工作实际，推动尽快出台《水利统计源头数据质量核查办法（试行）》，如推进水利建设投资统计数据质量核查与水利建设项目稽查整合，推动统计数据质量不断提高。进一步明确数据采集、审验、汇总、调查后评估等质量控制的要求和标准，建立统计数据审核规则和评价标准，研究建立统一规范的水利建设项目台账模板。加强统计数据深度分析，在数据开发利用过程中实施数据质量控制与评价。组织地方定期开展数据质量自查评价工作。

（4）进一步加强对基层培训指导

增加培训方式，采用以会代训、线上授课等方式扩大受众面。扩展培训对象，除加强对统计技术骨干培训外，拟对重大项目法人、统计工作分管领导等开展相关培训。完善培训手段，组织计划管理、财务审计、工程造价、项目稽查、统计核查等方面的专家编制辅导资料（手册），指导地方更好地开展投资统计工作，提升业务能力。健全培训机制，督促地方建立长效机制，完善经费保障，不断推动地方水利统计培训常态化。

参考文献

[1] 水利部召开水利统计工作会［EB/OL］.［2021-12-16］.http：//www.mwr.gov.cn/xw/slyw/202112/t20211216_1555553.html.

[2] 2022年全国完成水利建设投资10893亿元［EB/OL］.［2023-01-13］.http：//www.mwr.gov.cn/xw/slyw/202301/t20230113_1642812.html.

[3] 2023年完成水利建设投资11996亿元创历史新高［EB/OL］.［2024-01-12］.https：//baijiahao.baidu.com/s?id=1787848667171567508&wfr=spider&for=pc.

[4] 规范提升统计工作切实发挥服务支撑作用［EB/OL］.［2024-05-17］.https：//baijiahao.baidu.com/s?id=1799262315881808678&wfr=spider&for=pc.

[5] 水利部关于印发《水利统计管理办法》的通知［EB/OL］.［2014-10-09］.https：//www.gov.cn/gongbao/content/2015/content_2821643.htm.

[6] 水利部办公厅关于建立防范和惩治水利统计造假、弄虚作假责任制的通知［EB/OL］.［2014-10-09］.https：//www.sohu.com/a/348823904_651611.

[7] 上海市水务局关于转发《水利部办公厅关于进一步加强水利防范统计造假工作的意见》的通知［EB/OL］.［2023-07-31］.https：//swj.sh.gov.cn/swyw/20230802/0edfb1a8094b4e-6da5f10866f389e587.html.

[8] 水利部关于印发《水利建设投资统计数据质量核查办法（试行）》的通知［EB/OL］.［2020-12-29］.http：//www.mwr.gov.cn/zwgk/gknr/202101/t20210115_1495925.html.

潘家口水库河湖保护治理成效与思考

——以拆除"水下长城"周边违建为例

曹春阳

水利部海河水利委员会引滦工程管理局

摘 要：引滦工程管理局通过河湖长制的高位推动以及水行政执法监督的法律手段，起到 1+1>2 的效果。分析了潘家口水库库区保护存在的问题，介绍了河湖保护治理的主要做法及成效。流域机构与地方共同努力，于 2023 年底彻底拆除了潘家口水库"水下长城"周边违规建筑，"清四乱"工作上了一个新台阶，库区河湖保护治理取得一定成效。

关键词：水库；河湖长制；水行政执法；河湖保护治理；潘家口水库

水利部海河水利委员会引滦工程管理局（以下简称"引滦局"）运用河湖长制压实地方责任，通过水行政执法途径与地方检察机关形成工作合力，加强潘家口水库河湖保护治理。引滦局与唐山市迁西县、曹妃甸区携手，凝聚合力，依法管控河湖空间，拆掉历史形成的影响大、清除难度大的"水下长城"周边违建。此案例是贯彻水利部纵深推进河湖库"清四乱"常态化规范化工作精神[1]，以"零容忍"态度深入排查整治的典型做法，在海河流域乃至全国水利系统都具有很好的借鉴价值。

1 潘家口水库库区河湖保护治理基本情况及存在问题

1.1 库区河湖保护治理基本情况

潘家口水库位于河北省唐山市与承德市交界处，由引滦局管理。坝址以上控制面积为 33700km²，占滦河全流域面积的 75%（全流域面积为 44600km²）。潘家口水库是整个引滦工程的源头，以供水为主，结合供水发电，兼顾防洪，为多年调节型水库，总库容 29.3 亿 m²。潘家口水库 71% 的水面位于宽城县境内，29% 的水面位于迁西县、兴隆县境内，想要做好库区保护治理，持续改善水库面貌和水生态环境是一项重要而艰巨的任务，需要多方合作。

自全面推行河湖长制以来，引滦局依托河湖长制工作平台，探索创新工作路径和方法，强化与地方政府沟通配合，落实属地责任，积极开展潘家口水库库区及周边区域联防联控，构建可持续发展的战略合作关系。截至2024年3月底，潘家口-大黑汀水库水源地连续35个月保持地表水Ⅲ类及以上标准，水源地出水口连续11个月达到Ⅱ类水标准，河湖管理工作成效显著。

1.2 库区管理存在问题

河川之危、水源之危是生存环境之危、民族存续之危，水安全是涉及国家长治久安的大事。我国是世界上水情最为复杂、治水任务最为繁重的国家，工业化、城镇化的快速发展以及全球气候变化等因素导致水安全问题更加突出，特别是近年来极端天气多发频发，2023年海河发生1963年以来的最大洪水，也是近60年来发生的第1次流域性特大洪水，在水旱灾害防御体系建设、水域岸线空间管控等方面敲响了警钟。潘家口水库库区一些骨干行洪河道内仍存在村庄民居、生产桥等生活、生产设施，一些长期干涸河道滩地违规种植林木及阻碍行洪的高秆作物等现象屡禁不止，河湖智慧化监管水平亟待提高，幸福河湖建设相对滞后。在深化行政执法体制改革背景下，水行政执法主体责任不实、水利行业监管与综合执法衔接不畅等问题依然突出，影响水行政执法的整体效能。

引滦局利用河湖长制与水行政执法监督两件武器，做好潘大库区的保护治理。在拆除"水下长城"周边违建问题中探索出具有一定代表性的对策，取得了良好的效果。本文以此为例，介绍相应做法与思考。

2 潘家口水库库区河湖保护治理主要做法及成效

在风光秀美的潘家口水库腹地，有闻名遐迩的"水下长城"景观，是游客观光打卡之地。可是在这么美的地方却存在上百间违规建筑，白色垃圾遍地、污水随便排放，给水库安全运行造成了严重影响，无序的水事行为也威胁到水库的行洪安全。

2.1 提高站位，深刻认识河湖保护治理工作面临的形势和任务

李国英部长在2024年全国水利工作会议上明确提出全面强化河湖长制、严格河湖水域岸线空间管控，强化涉河建设项目全过程监管，纵深推进河湖库"清四乱"常态化规范化等重点任务。乔建华主任在海委工作会议上多次强调，要发挥流域省级河湖长联席会议等平台作用，努力凝聚流域治水最大合力。深入开展"许可+监管+执法"专项行动，推进跨区域跨领域跨部门执法协作机制落实见效。

近年来，引滦局与迁西、宽城、兴隆县人民政府深度合作，探索创新联合执法和联合巡查工作路径和方法，纵深推进流域统筹、区域协同、部门联动，强化与地方人民政府沟通配合，创建了潘大水库库区联合执法巡查与处置机制、跨区域滦河

流域生态环境联合执法与检察公益诉讼协作机制。与库区及周边区域联合印发了《潘家口水库库区及周边区域联防联治联建工作体系》，构建了"联防""联治""联建"三大体系，建立了联合巡查、技防合作、联合认定处置、联合执法、联合办公、联席会议、项目会审、治理协作、项目联查9项工作机制。建立协作机制联络群、专家库，常态化组织开展库区联合行动，切实推动库区水行政执法和管理范围内"清四乱"工作从"有名"向"有实"转变。落实属地河长责任，凝聚水库治理合力。依法管控河湖空间，严格保护水资源，积极开展治水、管水、护水、涵水、节水、保水6项行动，加快修复水生态，大力治理水污染，持续改善水库面貌，实现了"滦河安澜、潘库水清"的巨大变化。

2.2 业务融合，完善体制机制促治理

引滦局一直在尝试将河湖管理与水行政执法相互融合，这样做有利于加强库区管理，有利于河湖长制和水行政执法工作相互协同，优势互补，更好地维护潘大水事秩序，在保障水安全等方面集中发力，从而持续提升水库保护治理能力。业务融合不是简单的河湖业务+水政业务，而是要放眼于整个库区的管理。因此要进一步研究如何使河湖+水政业务深度融合，发挥双方的最大效能，让1+1>2，切实提高引滦局的库区保护治理能力和水平。

2024年5月，引滦局对机关部门的职能进行优化，水政处保留水行政执法职能，划出其他职能，划入河湖长制与河湖管理职能，现在的引滦局水政处负责河湖管理与水行政执法两方面的业务，深入贯彻习近平总书记关于治水的重要论述和河长制必须一以贯之的重要指示精神，深化水库管理保护，牢牢守住安全底线，严格落实水利部、海河水利委员会（以下简称"海委"）工作部署，夯实水资源保护、水行政执法、库区管护等职责，在水行政执法打击非法破坏水库安全运行行为和维护水库正常水事秩序方面，与河湖长制深度融合，充分发挥流域机构水管单位的"指挥棒"作用。

2.3 深入调查，摸清问题根源

引滦局一直坚持把潘大水库库区管护巡查作为推进河湖长制常态化管理工作抓手，以水行政执法监督作为重点问题的突破手段，实现对库区动态监督和管理。针对潘家口"水下长城"周边违建问题，引滦局考虑到问题的严重性和复杂性，成立了专班调查组，开展相关工作。

经调查组深度调查，违建房屋的形成属于历史遗留问题，情况较为复杂，共涉及5户人家，其中4户人家系1978年原唐山市迁西县移民，安置在唐山市曹妃甸区，1户安置在迁西县。在1983年，5户移民从安置地返回库区，依水而居，靠打鱼维

持生计，随着库区旅游的兴起，不断扩建房屋，从事农家院经营性活动。

违建的复杂性给拆除工作带来很大的难度，曾经几次启动但都未能实现。违建所在区域属历史原因形成的"飞地"，占用的土地和房屋随移民划归曹妃甸区。曹妃甸区拆除违建属异地办公，拆违队伍难以组织。

在 2019 年"清四乱"专项行动中，经调查 5 户房屋均在居住使用，为了维护社会稳定，未对房屋进行拆除。引滦局多次与曹妃甸区人民政府沟通，寻求问题的解决办法。

2.4 主动对接，压实属地责任

潘家口"水下长城"区域的违法建筑物、构筑物及水事秩序的乱象严重影响了水库的安全有序运行，引滦局下定决心必须拆除，责成相关部门寻找法律依据和河湖文件支撑，并开展对"违建"事实认定工作。

经现场勘测，"水下长城"周边 5 户人家，涉及房屋 107 间，均在水库管理和保护范围内，其中 105 间房屋在水库管理范围内。所有房屋修建时未经所在地人民政府批准，未经水库管理单位批准，均无合法手续。

按照国家相关法律和《水利部办公厅关于深入推进河湖"清四乱"常态化规范化的通知（办河湖〔2020〕35 号）》《水利部办公厅关于开展妨碍河道行洪突出问题排查整治工作的通知（办河湖〔2021〕352 号）》等文件精神和要求，引滦局多次召开专题会议，会商研究，认定"水下长城"周边 5 户人家所建房屋及附属构筑物大部分属于违建"四乱"问题。

为了尽快解决"水下长城"周边违建问题，引滦局充分利用已经建立起来的联席会议机制和联合监管执法机制，加强与地方河长沟通协调，主动与曹妃甸区、迁西县人民政府河湖长制办公室对接，层层反馈，层层下沉，推动问题销号进程。

引滦局排除各种困难和阻力，推动将上述"四乱"问题纳入属地河长责任范围，层层压实。2021 年唐山市河长办牵头启动了"水下长城"周边违建拆除工作，曹妃甸区人民政府组织人员对 5 户人家进行点对点沟通劝离，只有 1 户被做通了工作，对其所有的 6 间房屋进行了拆除，其余 4 户被搁置。

2.5 高位推动，流域机构协调

未拆除的潘家口水库"水下长城"周边 4 户人家违建建筑物，既严重影响了水库的安全运行和水事秩序，又破坏了水库岸线的整体形象面貌。

2021 年潘家口水库发生罕见的夏秋连汛，持续高水位运行，水位达到 224.2m 高程，接近汛限水位，4 户人家的"违建"房屋被水淹没或只露屋顶，浸泡时间长达 6 个月。潘家口水库持续高水位运行淹没违建房屋问题引起了海委领导的高度重视。

海委坚持问题导向，充分发挥流域机构监督协调作用，2023年5月，海委印发《关于进一步推进妨碍河道行洪突出问题清理整治工作的通知》，督促解决"水下长城"周边违建问题。引滦局落实海委的指导意见精神，多次与曹妃甸、迁西县人民政府联系，督促"水下长城"周边违建的清理销号工作，但由于资金不足等问题，解决效果欠佳。

在海委的协调和引滦局的督促下，2023年11月，河北省人民政府下决心解决潘家口"水下长城"周边违建问题，督促唐山市人民政府落实潘家口水库"四乱"问题整改。

2.6 周密部署，研究行动方案

2023年10月，在迁西县人民政府主持下，海委引滦局、唐山市水利局召开了研究落实潘家口违建问题处理专题会议，审议通过《潘家口水库曹妃甸区移民违法建筑依法拆除工作方案》。曹妃甸区人民政府积极作为，推进"水下长城"周边违建拆除工作，并委托迁西县人民政府组织助拆。迁西县人民政府多次组织召开"水下长城"周边违建拆除协调会，制定了分工明确、切实可行的拆除行动方案。引滦局积极响应，全力配合。

2.7 联合行动，全面拆除违建

2023年12月，潘家口水库"水下长城"周边违建拆除行动正式展开。引滦局、曹妃甸区、迁西县临时组建联合行动工作组。

"水下长城"周边违建位于水库库区之中，只能通过水路到达，给拆除工作带来极大的不便，降雪天气也给拆除工作增加很大的难度。行动中，引滦局对违建问题进行了认定，对拆除清理标准进行了确认。

此次行动，历时2天，累计拆除4户107间房屋，21间羊舍，总面积2600m^2，拆除后的垃圾全部运离现场。引滦局组织船只6艘，接送库区工作人员，迁西县组织大型拖船4艘，运输钩机等机械设备8台。

3 潘家口水库库区河湖保护治理取得的经验

3.1 河湖长制是实现流域统筹、区域协同的重要路径

全面推行河湖长制是习近平总书记亲自谋划、亲自部署、亲自推动的重大改革举措，是基于我国政治制度和国家治理结构而设计的重大制度创新，具有鲜明的中国特色。

潘家口水库库区管理保护涉及上下游、左右岸、干支流协同联动，不同行业部

门协调配合，河湖长制打破了行政区域障碍和部门行业壁垒，结合水行政执法一起推动库区保护治理，促进了潘家口水库流域管理和区域管理的融合发展。

3.2 直管水库河湖保护治理工作需要流域机构与地方政府形成合力

构建流域机构与地方人民政府职能上互补、信息上互通、监管上互助的河湖治理合作机制，以共同发现问题、认定问题、处置问题为总体思路，充分发挥流域管理机构的监督、指导、协调作用，加强与地方河长办沟通配合，落实属地责任。与各地进一步建立健全"河湖长＋警长""河湖长＋检察长"机制，强化立案查处，加强行刑衔接、行政执法与检察公益诉讼协作，形成工作合力。双向发力，促进重点、难点问题的高效解决。

3.3 流域直管单位与地方政府理念契合是解决库区问题的根本

引滦局秉持习近平总书记的生态文明建设的"两山"理念，与库区各县发展理念一致。坚持双方同责、合作共赢；坚持问题导向、协同共治；坚持生态优先、绿色发展的合作原则，共同维护潘家口水库的水生态、水安全。

地方人民政府与水库管理单位在一致的发展理念和工作思路下，为实现共同的愿景和目标携手同心，再难的"四乱"问题也能清理掉。

3.4 与地方人民政府构建联合巡查执法机制，是开展库区常态化监管的有效途径

引滦局依托联防联治联建平台与潘家口水库库区迁西、宽城、兴隆三县互相配合，共同构建联合巡查执法机制、滦河流域生态保护检察公益诉讼机制，强化库区的监督管理。

2023 年共同解决太阳峪土石堆填库湾问题，恢复库容 5.7 万 m³；解决兴隆县城墙峪种植高秆作物问题。截至 2024 年 6 月，引滦局与地方人民政府联合，累计清理潘家口水库"四乱"问题近 180 项，销号率 98%。

4 水库河湖保护治理的思考与建议

引滦局纵深推进潘大水库"清四乱"常态化规范化工作，严格水域岸线空间管控，加快复苏河湖生态环境，扎实做好潘大水库河湖保护治理各项工作，在工作中认真思考，提出以下几点建议。

4.1 创新思路，提高执法水平和办案效率

要压实水行政执法责任、完善水行政执法机制、规范水行政执法行为、强化水行政执法保障、加强水行政执法监督。要探索创新工作方式、方法，理清水政监察

工作思路，不断提高水事违法案件办案效率和质量，增强协作机制实效性。要以"许可+监管+执法"专项行动为抓手，依法打击"未批先建""批建不符"等违法违规行为，立案查处一批典型违法案件。要全面强化水行政执法与刑事司法衔接、与检察公益诉讼协作，切实维护良好水事秩序，共同保障潘家口水库水安全。

4.2 持续发力，全面做好河湖监管工作

发挥河湖长制平台作用，用好河湖长制考核"指挥棒"[2]，持续推动"清四乱"常态化规范化管理。要以妨碍行洪、侵占库容为重点，对分隔库区水面等行为集中开展专项清理整治，推进河湖库"清四乱"工作向纵深发展。要全面梳理潘大水库"四乱"问题台账，科学研判，建立"问题清单""措施清单"和"责任清单"，对接县级河长办推动解决，如有必要给市级省级河长办发函。要通过水利部卫星遥感信息系统，对潘大水库地物卫星遥感图斑进行解译核查。要强化涉河建设项目事中事后监管，确保由引滦局负责的涉河建设项目监管到位、安全度汛。

4.3 贯彻法治，做好水源地立法前期研究

2016年水利部印发的《全国重要饮用水水源地名录》将潘家口水库列为水库型饮用水水源地。引滦局当前主要依托国家法规、国家及行业颁布有关规范、规程、标准，以制定办法、规划、方案等方式对水源地进行保护治理，水源地所在的各级地方人民政府、环保部门、土地管理等部门均未专门针对直管水库型饮用水水源地及岸线土地制定更加具体化、精细化的法律法规。潘家口水库需要一部能够协调各方的管理与保护法律法规。

引滦局应梳理潘家口水库饮用水水源地的特点及管理中的重点与难点，剖析管理体制机制中存在的问题，根据法律赋予流域机构的管理职责，对标水量保证、水质合格、监控完备、制度健全等要求，充分衔接相关法律法规，深入研究，提出强化潘家口水库饮用水水源地管理具体举措，有针对性地提出立法建议，以加快潘家口水库饮用水水源地保护立法工作进程。

4.4 智慧赋能，推进数字孪生护河湖

推进数字孪生水利工程建设是适应现代水利工程建设管理的必然趋势，是发展新质生产力的重要举措，是实现引滦水利事业高质量发展的内生需求。按照"需求牵引、应用至上、数字赋能、提升能力"要求，以数字化、网络化、智能化为主线，系统梳理业务需求，认真研究推进智慧引滦业务应用体系建设；加强统筹协调，充分整合数据资源，有序推进综合业务平台建设，实现业务协同和资源共享。

引滦局应根据历史影像、水库基础数据、监管数据和"四乱"问题等，建设库

区保护治理"一张图",主要包括数据库建设和平台建设,数据库建设对空间基础数据、四乱专题数据、用户信息和坐标系统进行管理,平台建设主要应用功能包括三维综合浏览、图层管理、信息查询、空间量算、数据管理、用户权限管理和成果共享。建设涵盖准确预报、精细调度、智慧预警、自动监测评估的河湖智能保护治理业务应用[3]。加快推进数字孪生潘大水库建设,提高水库河湖保护治理工作水平,助力引滦水利事业高质量发展。

参考文献

[1] 朱程清. 以强化河湖长制为总抓手 着力建设安全河湖生命河湖幸福河湖 为全面提升国家水安全保障能力提供有力支撑[EB/OL].[2024-02-27].http://hhs.mwr.gov.cn/zyzt/hhglgzhy/2024hhglgzhy/2024ldjh/202403/t20240316_1735338.html.

[2] 杨洪宇,孙甲岚,刘战友. 引滦入津工程复苏河湖生态环境实践与思考[J]. 海河水利,2024(6):14-17.

[3] 穆冬靖,宋秋波,马欢,等. 海河流域母亲河复苏成效与思考[J]. 中国水利,2024(13):17-20.

浅论新发展阶段推动水文化建设的意义及实践途径

王鲜鲜　刘治华

黄河水土保持绥德治理监督局（绥德水土保持科学试验站）

黄土高原水土保持野外科学观测研究站

摘　要：目前，我国正处于传统水利向现代水利过渡的关键时期，转变水利发展观念，明确水文化工作的指导思想，深入挖掘中华优秀治水文化的丰富内涵和价值是时代赋予现代水利的重要使命，随着《水利部关于推进水文化建设的指导意见》《"十四五"水文化建设规划》两项政策的制定，进一步对水文化建设提出更高要求。通过浅析水文化建设的意义、不足及途径，说明水文化建设必将推动水利事业迈向新阶段，为促进经济、社会和文化的繁荣奠定坚实的基础。

关键词：水文化建设；新发展；意义；途径

水是生命之源，文明之本。水文化是中华文化的重要组成部分，也是水利事业可持续发展不可或缺的内在要求。当今时代已迈入知识经济时代，水利发展越来越凸显文化的作用，因此，提高水文化软实力和社会影响力，加强水文化建设迫在眉睫。当前，必须聚焦"十四五"时期水利高质量发展工作部署，紧紧围绕治水实践，明确把握水文化建设的总体要求，确保水文化建设同经济发展同频、与水利事业发展合拍[1]。

1　水文化建设的时代意义

1.1　水文化建设是贯彻党中央对文化建设重要部署的必然要求

推动水文化建设是我国经济社会发展进入新阶段的客观要求，以习近平同志为核心的党中央始终把文化建设摆在治国强国的重要位置，党的二十大、党的十九届五中全会、习近平同志"3·14"重要讲话和黄河流域生态保护和高质量发展座谈会多次强调要不断深化对文化建设重要性的认识，紧密结合治水实践，立足高质量发展新阶段，将水文化与水生态、水资源、水文明统筹谋划、协同推进，着力发掘、激活、保护、弘扬水文化中形成的文化精髓，切实强化红色水利遗产的保护及利用，重点聚焦水利工程的文化内涵和价值，勇于突破水文化产品和服务的形式枷锁，努力提升水利行业文化软实力和影响力，为水文化建设凝聚智慧和力量，助推新阶段水利高质量发展。

1.2 水文化建设是推动水利事业蓬勃发展的现实选择

水文化建设是水利事业不可或缺的重要组成部分，是建设现代水利的有效举措。优秀的水文化对水利事业的发展有着导向引领作用，而缺少文化价值支撑的水利工程只会是僵化的建筑。当前时期，水利事业正处于传统水利向现代水利、可持续发展水利加快转变的关键阶段，水文化作为水利事业的"精髓"，影响着水利行业的发展和走向，是实现水利事业跨越式发展的重要环节，不断丰富完善可持续发展治水思路，全面把握、积极践行可持续发展治水思路是加快水利转型，实现水利事业科学发展、和谐发展、又好又快发展的一项重要基础工作。

水文化源于实践而高于实践，它从理念和思路、方针和策略、举措和行动等多个维度影响着我们，现代水利事业的实践活动，是水文化茁壮成长的肥沃土壤和活水源头。因此，在新形势下，大力加强水文化建设，积极践行可持续发展治水思路，以优秀水文化引领民生水利建设，才能确保水利事业蓬勃发展。

1.3 水文化建设是实现生态文明建设的重要驱动

党中央高度重视生态文明建设，党的二十大提出了建设生态文明的永续发展目标，并把生态文明建设相关理念写入党章，作为我国的基本国策全面推行。构建人与自然和谐发展的生态文明，离不开水文化的建设，水文化是生态文明建设的重要内容，是生态文明领域传播的载体，水文化反映着人类社会各个时代和各个时期一定人群对自然生态水环境的认识程度，以及其思想观念、思维模式、指导原则和行为方式。水文化建设是生态文明建设必不可少的环节，生态文明建设需要水文化建设，拥有与生态文明相适应的水文化，就拥有了生态文明建设的重要支撑。水文化是生态环境的庇佑者，水文化是历史发展洪流中形成的对水的认识及运用的结果，对水文化的认识，不仅有助于开发利用传统生态文明、在全社会普及水文化知识、总结水环境变迁的历史经验教训、加深对于可持续发展观的认识，也将对生态文明建设作出一份特殊的贡献。

水文化建设是生态文明建设的重要构成和支撑，是湖泊文明、水生态文化相结合的产物[2]，紧密结合水文化建设与生态文明建设，充分运用水文化中蕴含的生态文明内涵、人水和谐理念和实践成果，既可有效拓展水文化的发展领域，又可为当前的生态文明建设发挥积极的驱动作用。

1.4 水文化建设是推动中华文化传承的有效途径

文化是一个国家，一个民族的精神家园。党的十八大以来，以习近平同志为核心的党中央始终从中华民族精神追求的深度、从国家战略资源的高度、从推动中华民族现代化进程的角度，高度重视中华优秀传统文化的传承和发展，并做出了"大力弘扬中华优秀传统文化，构建中华传统文化传承体系"的重大战略决策。水文化是中华传统文化的重要组成部分，是国家、民族与水之间关系的升华，是全人类文化宝库中的瑰宝，先进的水文化不仅能武装头脑，指导实践，还能够影响思维路径、塑造意识形态，具有丰富的历史底蕴和精神内涵。随着中华民族的繁衍生息，从依水而生、伴水而在到绿水青山、人水和谐，中华传统水文化不断以其深厚的文化底蕴养育着世间万物，滋养着中国人的精神。

加强水文化建设可以凭借其丰富的表现形式和强大的张力，全方位展示当代水利事业的突出成就和水文化的价值意蕴，让埋没的优秀文化重新迸发出耀眼的光芒，使其如灯塔一般，在更大范围、更深层次照亮中华民族伟大复兴的中国梦的奋进征程，进而延续新时代水利精神，让为人熟知的传统文化成为推动水利事业和经济社会可持续发展的重要力量。

2 当前水文化建设的不足

2.1 水文化建设重视度不够、管理体制机制和队伍建设不足

目前，社会各界对水文化重视程度稍显不足，普遍认为水文化等同于中国传统文化，而忽视了水文化在历史文化形成、治水精神延续、生态文明建设、社会主义核心价值观形成等方面的重要作用，使得水文化建设的领域偏窄，社会各界对水文化的认知度与参与度偏低，有关水文化的专项研究成果偏少。

其实，水文化涵盖了识水、用水、治水的实践发展历程以及人与自然和谐共生的各个关键环节，如土地、生态、工程、精神等，它的文化价值及内涵意义深远。目前，水文化研究侧重于历史文化方面，对现实水文化发展与水利发展的关系、水文化与经济社会发展的关系研究不深，存在水文化研究的广度、深度欠缺等问题，部分研究领域还处于自发状态，缺少科学数据和理论支撑，对现实水利发展实践的影响力较差；部分地区由于工作基础、认识水平等的限制，面临水文化责任部门未明确设立，无专职管理人员、无资金保障的状况，水文化业务知识储备不足，后备力量严重短缺，水文化管理人员队伍力量薄弱，一定程度上阻碍了水文化建设工作进展，导致水文化建设缺乏统一领导，长期处于零散、混乱的状态。

2.2 水文化与水利工作融合度较低，缺乏结果导向应用

水文化建设是水利事业开展的重要理论基石，水兴则水文化兴，水文化兴则水利事业兴，水利事业兴则国兴。在当前水利事业转型的新形势下，必须强化水文化与水利工作结合，以先进水文化引领水利事业科学发展、和谐发展。然而，目前水文化建设工作大多集中在水利史理论研究、水艺术文学传播等领域，尚未立足治水实践，将水文化与水利各项工作紧密契合，水文化建设缺乏导向性、精准性、科学性的系统规划，缺少清晰的思路和方向，致使水文化优秀理论成果还没有真正融入水利各项实践工作中，没有成为推动行业和组织发展的软实力，社会影响力较小、发展后劲不足。

2.3 水文化遗产保护、挖掘工作不够全面深入

水文化是中华文化的重要组成部分，水利遗产的保护和传承对延续历史文脉、坚定文化自信具有十分重要的意义。水乃生命之源，自古以来就是人类文明诞生、发展的重要元素。水文化源远流长，留下了丰富多样、历史文化积淀深厚的水文化遗产。随着经济社会的高速发展，现代化建设不断推进，水文化遗产及其生存环境受到严重威胁，部分水文化遗产遭到新建工程、科技开发等生产行为不同程度的破坏，迫切需要在城市更新与文化遗产保护间寻找到一个平衡点。此外，水文化遗产资源种类丰富、复杂多元，涉及地域更是十分广阔。当前，多地域主体参与水文化遗产保护不够积极，水文化遗产保护传承利用体系相对薄弱，且由于观念意识较差、规范制度不严、后期管理较差以及部分利益驱使，一些分散的古代、近代水文化遗产消失，部分古代水利工程未经科学论证就轻易地被现代化建设取代，水文化遗产未得到有效的保护。

2.4 水文化宣传弘扬板块薄弱，缺乏推动水文化建设的有力抓手

目前，我国水文化普遍存在认识不统一，水文化工作基础参差不齐、文献出版物相对匮乏，不重宣传弘扬的问题。水文化的建设工作大部分局限于物质层面的保护和传承，对其潜在的历史价值、内涵挖掘不够深入，水文化研究范畴的广度、深度有待提升，未能形成独具地域特色的水文化产品以及凸显城市水文化价值的系列宣传链条，水文化发展水平与地区形象和地位不相匹配。

同时，各地对水文化建设的重视程度不一，水文化传播中存在形式主义、同质化、应景式宣传等通病，大部分地区只结合世界水日、中国水周等重要水利节日进行宣传教育，缺乏常态化宣传机制以及新型传播手段，且传播内容针对性不强，与群众生活嵌入度不高，水文化归属感和认同感较低，成效也不明显，难以形成全国上下、联通古今的文化网络。

2.5 水文化建设经费不足

近年来,水文化逐步走入大众视野,对水文化建设的要求也逐步提高,但水文化建设工作,却因专项资金不足,筹款渠道单一,软、硬件设施投入不足,调研考察经费短缺等问题,成为无源之水、无根之树,严重阻碍了水文化建设的精准性、科学性、主动性和创造性。此外,水利工程属于国计民生项目,只能依靠国家财政拨款、上级补助收入及自筹资金来维持运营,且拨款经费主要用于水利工程建设,没有多余的资金专项用于水文化的建设、开发及保护,在经费投入不足的情况下,很多古代陂堰工程,随着时代的变迁就再无消息,这些古代工程中蕴含的水文化也随之消散,致使优秀水文化智慧得不到展示与弘扬。因此加大经费投入,安排水文化建设专项经费,是保障水文化建设工作有序推进的迫切需要。

3 创新思路谋划新阶段水文化建设

3.1 强化顶层设计,完善体制机制,加强水利文化骨干队伍培养

(1)加强组织领导,提高思想认识,统筹推进水文化建设工作

要充分认识水文化建设的重要意义和要求,跳出水利看水利,以更高的站位将水文化建设纳入意识形态工作责任制,形成水文化建设的合力,使水文化建设常态化,明确相关责任机构、责任人,各水行政主管部门要结合单位实际,研究制定水文化建设的规划和细则,明确本单位水文化建设的重点任务、基本原则和保障措施,确保水文化建设落地生根,逐步形成完备的水文化建设、管理、弘扬等框架体系,从而发挥水文化建设的整体效应。

(2)发掘水文化的内涵,打造新型水文化建设人才队伍

紧扣"十四五"水文化建设目标任务,全面开展水文化研究及规划建设工作,充分挖掘提炼治水实践的文化精髓,水利文化哲学内涵,积极推动水文化创新、水利工程科技创新等领域的研究,发挥先进水文化成果的价值导向作用,为推动新阶段水利高质量发展提供文化支撑。同时加强水文化建设人才的素质培养,转变工作思路,采取"走出去,请进来"的办法,通过座谈交流、外出考察学习等方式,引导水利工作者多方面学习相关专业知识,及时适应新时期水利工作要求,努力建设一支博学多专的复合型人才队伍,使之成为水文化建设的践行者,为水利工作持续发展和"与时俱进"做好人才、技术储备。

3.2 深入推动水工程与水文化的融合

要大力弘扬和应用水文化建设成果,加强水文化建设与水利发展实践相结合,

积极探索水文化研究成果转化和应用的最优路径,把水文化建设贯穿于工程建设、管理的全过程,聚焦文化引领,着力提升水利工程文化内涵,推动水利工程与水文化元素有机融合[3]。

同时以水利工程为文化的载体,借助建设水利工程,运用数字化手段等举措,将治水经验、水利历史、传统文化等内容融合到水利工程设计中,让无形的水文化资产在有形的水利工程建设中巧妙体现,进一步提升水利工程文化品位,有效实现水文化与水利工程的联动,水利功能与文化内涵的结合,进一步凸显水利工程的文化功能和文化价值。

3.3 加强水文化遗产的传承和保护

水文化遗产是一种珍贵的文化资源,是不可替代、不可再生的,是我们民族伟大创造力的实证,是水文化传承的重要载体,加大对水文化遗产的保护力度,是传承和利用好水文化的基本前提。要充分认识到对水文化遗产保护的紧迫性和重要性,各级政府部门要加强顶层设计,出台有针对性的法律法规,为水文化遗产提供法律保障,并通过精细的工作摸清水利遗产的内容、种类和分布等情况,梳理具体特征,对于文物古迹、水利工程、名人典故、传统艺术工艺等各类物质文化遗产和非物质文化遗产,切实采取有效措施,有针对性地开展抢救性保护与修缮、水利遗产档案和非遗文化数据库建立、非遗传承人培养等工作,同时,积极强化水文化遗产宣传力度,依托 AR、VR 等新型科技突破视觉局限,"让文物和非遗活起来",让社会各界更加立体、直观、清晰地感受非遗文化的魅力所在,从而自发主动地加入非遗传承与保护的行列中,有效助推水文化非遗艺术的传承,进一步推进水利遗产保护利用。

3.4 加强水文化的传播力度,扩大中华水文化影响

(1)把握宣传要点,聚焦水利

大力宣传水利发展成就、习近平总书记关于治水兴水重要论述和重要指示批示精神、《中华人民共和国黄河保护法》等法律法规,围绕水利中心工作,结合治水的先进人物事迹,加强水文化阵地建设,依托水利风景区、水利科普教育基地、水保示范园、展览馆等载体,激活水文化的生命力,把水文化中具有当代价值、世界意义的文化精髓提炼出来、展示出来、传承下去。注重从民生水利建设实践中汲取水利时代精神,在水利实践中着力丰富水文化,在水利事业发展中着力创新水文化。

(2)拓宽宣传教育渠道,丰富宣传模式与手段,持续推动汇聚合力

目前,以数字化、网络化为代表的信息技术已经成为推动时代发展的主要抓手。因此,水文化的传播除了运用传统的报纸、杂志、书籍以外,应更加重视科技网络

的作用，通过新媒体、数字技术、网络技术及虚拟现实技术等途径，多渠道创新传播模式，创建"互联网—文化—治水"等多要素融合新方式，提高水文化的传播效率。同时要积极探索水文化创意产业，把水文化的传播融入水利工程业、农业、游戏业、影视业等多个行业，通过产业化这种方式，发挥水利影响力，营造水文化的舆论氛围，激发全民族水文化创新活力。

3.5 争取资金支持，为水文化建设提供坚实的物质基础

1）政府部门要营造良好的投资环境，发挥主导作用，充分利用投资对水文化建设的保障作用，打开部分资源面向社会的思路，积极稳妥吸引社会资本进入水文化建设与传播领域，同时加大优质水文化建设重点项目开发力度，积极争取财政、发改等部门的支持，不断拓宽资金筹措渠道，建立多层次、多渠道的资金筹措机制，加大资金保障力度。

2）建立水文化建设专项资金，严格控制资金流向及支出，规范经费使用，务必做到专款专用。必须针对文化建设专项资金成立独立的管理机构，配备专业人员进行管理，做到资金收入与支出公开透明，以保证水文化建设资金有效投入。

参考文献

[1] 张佳丽，梁延丽.以治水实践为核心推进新阶段水文化高质量发展[J].水利发展研究，2021，21（5）：26-28.

[2] 黄旭林.少数民族地区的水文化教育探讨——以云南省少数民族地区为例[J].中国水利，2014（2）：62-64.

[3] 沈香清.浅议加强水文化建设对提升水利行业精神文明创建水平的作用[J].办公室业务，2018（7）：183.

加快发展水利新质生产力
引领推动黄河治理高质量

朱俊杰

菏泽黄河河务局牡丹黄河河务局

摘　要：新阶段，习近平总书记对发展新质生产力作出系统阐述和重要部署，为推动生产力高质量发展，全面推进中国式现代化提供了根本遵循和行动指南。作为黄河水利部门，要深入学习贯彻习近平总书记关于发展新质生产力的重要论述，落实习近平总书记治水思路，贯彻其关于治水特别是黄河保护治理重要讲话重要指示批示精神。在黄河保护治理现状、黄河国家战略框架下审视单位高质量发展，促进科技创新与黄河治理事业深度融合，以新质生产力提升黄河高质量发展新动能。在此过程中，要坚持辩证思维、战略思维和系统思维，研讨以新质生产力推动黄河治理事业高质量发展的着力点、重点领域和思路举措，形成符合新发展理念的先进水利生产力质态，在深化认识中加快发展水利行业新质生产力，谱写黄河保护治理新篇章！

关键词：水利；新质生产力；黄河；治理；高质量

1　加快发展水利行业新质生产力的意义

2023年9月习近平总书记在黑龙江考察调研期间原创性地提出"新质生产力"，他指出要整合科技创新资源，引领发展战略性新兴产业和未来产业，加快形成新质生产力[1]。

水利，乃国之重器，关乎民生福祉、经济发展与生态平衡。在当今时代，科技日新月异，社会需求不断攀升，加快发展水利行业新质生产力已成为当务之急。水利行业作为支撑国民经济和社会发展的基础性行业，其传统的发展模式在面对日益复杂的水资源管理、水环境保护和水利工程建设等挑战时，逐渐显露出局限性。新质生产力的崛起，为水利行业注入了新的活力和机遇。新质生产力不仅仅是技术的创新与应用，更是一种理念的变革和模式的重塑。它涵盖了从智能化的水利监测系统到高效的水资源调配机制，从绿色环保的水利工程建设到可持续的水生态修复技术等新业态。从全球化角度来看，加快发展水利新质生产力，也是适应全球气候变化、保障水资源安全的战略选择。随着人口增长和经济发展，水资源供需矛盾日益突出，只有依靠新质生产力，提高水资源的利用效率和管理水平，才能实现水资源的可持续利用，满足人民对美好生活的向往。从水利行业本身来看，加快发展水利新质生产力，也是推动水利行业转型升级、不断提高传统优势产业的科技含量和提升水利产业竞争力的内在需求。在如今全球科技革命和产业变革的浪潮中，水利行业唯有积极拥抱和加快发展新质生产力，才能在激烈的市场竞争中立于不败之地，从而实现黄河治理事业高质量发展。

黄河，作为中华民族的母亲河，孕育了悠久灿烂的华夏文明。然而，黄河流域复杂的水情和严峻的生态环境问题，一直是制约区域发展的关键因素。在新时代背景下，加快发展水利新质生产力，以高水平科技支撑引领和赋能新阶段黄河流域生态保护和水利高质量发展，不断提升人民的获得感、幸福感、安全感，具有极其重要的现实意义和深远的历史意义。它是水利事业发展的必然趋势，也是我们共同的责任和使命。

2 对加快发展水利新质生产力的理解和认知

加快发展水利新质生产力是一个综合性、系统性的工程，需要因地制宜。笔者认为需要在技术创新、资源整合、可持续发展、经济推动和社会服务等多个维度协同发力，以实现水利事业的现代化和高质量发展，更好地满足人民对美好生活的向往和经济社会发展的需求。加快发展水利新质生产力是适应新时代水利事业发展需求的重要举措，对其理解和认知也是多方面的。

（1）从技术创新的角度来看

新质生产力是技术革命性突破，生产要素创新性配置，产业深度转型升级而催生的，是科技创新在其中发挥主导作用的生产力[2]。对水利部门来讲，新质生产力意味着积极引入和研发前沿的水利技术，及时将科技创新成果应用到具体流域治理事业中去，如智能化的水情监测系统、高效的水资源调配算法、先进的水生态修复技术等。这些新技术的应用将极大提高水利工作的效率和精准度，为水资源的合理利用和水生态的保护提供更有力的支撑。

（2）从资源整合方面来看

加快发展水利新质生产力要求打破传统的部门和区域界限，实现水利资源的跨领域、跨区域整合。通过优化配置水资源、整合水利设施和项目，达到资源的最大化利用和协同效应。

（3）从可持续发展方面来看

发展水利新质生产力要求注重生态环境保护与水利事业的协同共进。这不仅体现在减少水利工程对生态系统的负面影响，更在于通过创新手段促进水生态的恢复和改善，实现水利发展与生态平衡的良性互动。从经济发展的视角出发，水利新质生产力的加快发展能够带动相关产业的升级和创新。例如，推动水利装备制造业向智能化、高端化转型，催生水利信息化服务等新兴产业，为经济增长注入新的动力。

（4）从经济发展的层面来看

水利新质生产力的加快发展能够带动相关产业的升级和创新。例如，推动水利向智能化、高端化转型，催生水利信息化服务等新兴产业，为经济增长注入新的动力。

（5）从社会服务的层面来看

加快发展水利新质生产力，有助于提高水利服务的质量和公平性，保障居民的用水安全和水生态福利，增强社会对黄河水利事业的满意度和信任度，促进和谐、平安社会建设。

3 黄河治理进程中，加快发展水利新质生产力的方向和趋势

习近平总书记提出把握新发展阶段，贯彻新发展理念，构建新发展格局，培育和发展新质生产力的重要论断，为加快推进高质量发展提供了科学指引和根本遵循。对水利行业而言，就是以水利科技创新为主导，以新一代信息技术为支撑，追求水利高科技、高效能、高质量，符合新发展理念的先进水利生产力质态。围绕黄河流域生态保护和高质量发展，适应新形势、新任务、新要求，创造和应用更高技术含量的劳动资料，用好新型生产工具，加快科技成果向现实生产力转化。加强物联网、大数据、人工智能等数字技术与传统水利产业交叉融合，推广节水等绿色技术应用，以此拓展新的水利智慧产业、绿色产业发展空间。对于黄河保护治理而言，发展新质生产力应该不断增强科技创新驱动力，以科技创新为核心要素，以治黄能力跃升为方向，统筹推进传统行业模式升级、发展绿色转型，以新质生产力开辟黄河保护治理新赛道，塑造黄河高质量发展新优势。结合黄河日常业务工作就是要优化防汛调度，最大限度防灾、减灾、救灾；优化水资源配置，管理好、使用好水资源，发挥水资源最大效能，优化设计、施工工序，提高工程质量等聚焦发展需求，提升黄河保护和监督管理能力。

3.1 体制机制及管理方面

深化管理体制改革，打破部门、区域之间的不合理壁垒，促进协同治理和资源

共享，构建有利于发展新质生产力的支撑体系，探索相应的发展路径。

根据黄河治理进程和需求，适时优化管理策略和制度安排，建立适应新质生产力发展的动态评估和调整机制。

完善市场机制引导，推动政府和社会资本合作等模式在水利新质生产力相关项目中实施，如深化河地融合等。

3.2 科技创新方面

加强治黄基础研究和应用基础研究，比如黄河水沙运动规律、生态系统演替规律等，为黄河治理新阶段的技术和理念提供理论基础。

加大对先进水利技术研发投入力度，通过智能监测传感器研发，实现对黄河全流域的水情（水位、流量、含沙量等）、工情（堤坝等工程状态）、生态（生物多样性、植被覆盖等）等要素的实时、精准监测。

研发高效的水沙调控技术和装备，以更好地调节黄河水沙关系，如智能闸门、智能挖泥船等。

探索生态治理创新技术，包括黄河流域生态修复的新型材料（如生态友好型的土壤固化剂等）、生物治理技术（如适宜黄河流域的特殊物种培育并用于生态护坡等）、攻关黄河流域水资源高效利用和优化配置技术（如智能灌溉系统、城市水资源智能调度系统等）。

3.3 数字孪生及信息化方面

强化科技赋能，提高数字化智能化治河水平，为决策提供科学依据。以数字孪生为重要抓手，加快建设步伐，构建黄河全流域、全要素、多维度、多时空尺度的数字孪生模型等。利用数字孪生平台对黄河水沙演进、洪水演进、生态变化开展模拟预测和风险预警，提升数据采集、传输、存储、处理和分析能力，确保黄河治理相关数据的完整性、准确性和及时性，实现物理流域与数字流域的同步交互和融合。

加强信息化技术在水利工程建设、管理、运维等全生命周期中的应用，提高工程的安全性和效率。推进信息化手段在黄河水资源管理中的应用，实现远程计量、用水实时监控、智能水费收缴等功能。

3.4 业务融合方面

推动工作方式转型升级。加快遥感、人工智能等先进技术在黄河治理各项业务工作（如防汛抗旱、水土保持、水资源管理、水污染防治、水利工程建设等）中的融合应用。

推动新质生产力在黄河生态经济带建设中的应用，助力相关产业（如黄河水利风景区建设、生态旅游等）发展。

在黄河滩区治理、移民搬迁等工作中运用新的规划理念和技术手段，保障居民生活和生态安全。

利用水利新质生产力成果提升黄河文化保护、传承、弘扬、利用的能力和水平，如利用数字化手段保护黄河文化遗产、传播黄河文化等。

3.5 人才及保障方面

强化人才保障，加大对水利、生态、信息等多领域融合科技复合型人才培养和引进力度。

加大经费投入，支持水利新质生产力相关科研项目、基础设施建设、技术改造等。

加强国际国内交流合作，借鉴先进的黄河治理理念、技术，加快发展水利新质生产力。

加强对发展水利新质生产力的宣传推广，提升社会各界对其重要性的认识和参与度。

3.6 标准体系方面

加快推动建设有利于发展新质生产力的黄河技术标准体系，涵盖数据标准、技术应用标准、工程建设标准等，并实现相关标准的自主创新。推动这些标准在治黄工作中应用，并强化标准的实施与监督，提升效能，助推黄河流域生态保护和高质量发展。

4 新质生产力与治黄业务深入的融合思路与举措

新质生产力是创新起主导作用，摆脱传统经济增长方式、生产力发展路径，具有高科技、高效能、高质量特征，符合新发展理念的先进生产力质态[1]。其特征的辩证关系就是高科技是通过创新推动、引领高质量发展；高效能是通过优化配置各类资源提高发展效能；高质量是以新发展理念构建新发展格局，实现可持续发展。结合新阶段黄河治理和高质量发展，发展水利新质生产力，就是要在水利领域中，依靠科技创新、管理创新和制度创新等手段，实现水资源的高效利用、水生态的有效保护和水灾害的科学防控。加快发展水利新质生产力，能够为黄河治理提供更先进的技术支撑和更科学的管理模式。

4.1 坚持科技创新驱动是推动水利新质生产力发展的核心动力

不断强化科技创新作用。科技创新是发展水利新质生产力的核心要素，要以创新驱动带动黄河水利事业的整体发展。科技创新能够催生新产业、新模式、新动能。

加快发展水利新质生产力，就要以科技创新为引领，推动水利技术的突破和应用，提高治理的效率和科学性。加大在水利领域的科技研发投入，发展智慧水利，深化数字赋能，推动黄河保护治理信息化向数字化、网络化、智能化转型升级。不断实现高水平科技的自立自强。利用大数据、物联网、人工智能等新技术，实现对黄河流域的水资源、水生态、水灾害等精准监测和预测，为黄河治理提供分析和决策的科学依据。利用人工智能先进技术，实现对黄河水利设施的智能化运行管理和维护，及时发现和处理故障，提高水利工程的安全性、可靠性，提升精准防控调度能力，驱动主责主业见突破，推动黄河治理事业提质增效和高质量发展。

不断加强信息化建设，构建黄河综合性信息平台。引入先进的监测技术、数据分析手段、模拟模型等，如卫星遥感、物联网等，构建智能化的黄河水情监测系统，实现对黄河流域水文数据的实时采集、精准分析和快速预警，能够显著提高洪水预报的准确性和时效性，为防汛减灾工作赢得宝贵的时间。同时，积极开展信息化建设，研发新型的水资源调配技术和节水设备，有助于提高水资源的利用效率，缓解黄河流域水资源供需矛盾。

不断加强智能化管理，建设智慧监测体系。持续推进黄河保护监督管理能力建设，加强硬件设施建设，全面提升水利工程安全运行监控和智能化管理水平。开展"三个全覆盖"应用规范体系研究，推进云黄河智慧防汛平台优化建设，以数字孪生赋能高质量发展，建立覆盖黄河全流域的智能化监测网络，实时获取水文、水质、生态等数据，为科学决策提供依据。应用遥感技术助推河湖"清四乱"常态化、规范化，健全完善"视频监控＋无人机＋人工"综合立体巡查模式，提升黄河行政监管效能。

4.2 坚持管理创新是提升黄河治理效能的重要途径

建立健全黄河流域综合管理体制。坚持系统思维，将黄河治理视为一个复杂的生态系统，综合考虑水资源、水生态、水环境等多方面因素，实现整体优化。打破部门和地区之间的壁垒，建立黄河流域上下游、左右岸协调治理机制，实现水资源的统一规划、统一调度和统一管理。这能够有效优化水资源配置，保障流域内经济社会发展的用水需求，共同应对水资源保护、水污染防治、水生态修复等问题，形成黄河治理的合力。

加强公众参与和社会监督。强化河地融合，集聚融合创新资源，让各种科创要素、平台、主体相互协同、相互支撑，形成成果转化全链条，形成全社会共同关心、支持和参与黄河治理的良好氛围，这也是推动黄河治理事业高质量发展的重要保障。

全面深化改革，开展国际合作与交流。借鉴国际上先进的水利治理经验和技术，形成与之相适应的新型生产关系。建立新型示范工程区，开展水利新质生产力与黄河治理融合的示范工程带建设,总结经验并进一步推广应用,更好地促进黄河流域生态保护和高质量发展。

4.3 坚持制度创新是激发水利新质生产力活力的关键因素

全面践行"创新、协调、绿色、开放、共享"的新发展理念,以创新驱动黄河治理事业,实现系统性、整体性高质量发展。完善黄河水资源产权制度和水权交易市场,明确水资源的权属和使用规则,促进水资源的合理利用和优化配置,保障黄河流域经济社会用水需求。推广节水技术和措施,提高黄河水资源利用效率。加大对水利科研的投入。制定和实施有利于水利科技创新和人才培养的政策措施,吸引和留住高素质的水利人才,为黄河治理事业提供源源不断的智力支撑,更好地形成并发展水利新质生产力,构建黄河治理事业新发展格局,扎实推动和服务黄河治理事业高质量发展。

4.4 坚持生态优先、协调发展的理念

采用生态友好型的水利工程设计和建设方法,例如建设生态护坡、湿地恢复工程等,在保障水利功能的同时,促进黄河流域生态系统的修复和保护,增强生态系统的稳定性和服务功能。持续筑牢黄河流域绿色发展屏障。

强调生态保护在黄河治理中的核心地位,促进黄河流域生态系统的修复和可持续发展。

加大科研经费投入,设立专项科研基金,鼓励高校、科研机构和企业开展针对黄河治理的技术研究,如新型水资源开发利用技术、生态修复技术、防洪救灾技术等。共同推动关键共性技术研究,为黄河治理事业高质量发展提质增效。

4.5 推动产业升级和可持续发展

统筹推进传统行业模式升级、发展绿色转型和绿色科技创新。聚焦传统优势,特别是要凭借河道资源优势,抢抓国家政策机遇,推动和延伸产业链上的带动项目、拉动项目和连接项目,用产业链思维研究、推动河道资源优势项目集聚落地。如引黄直供水、河道采砂、跨河交通等涉河项目。持续提升产业链、供应链韧性和安全水平,积极推动传统优势产业焕发新的生机活力。

坚持新质生产力本身就是绿色生产力的理念[2]。加快发展节水型产业,优化黄河沿黄地区的产业结构,减少水资源消耗和污染排放,加快发展方式的绿色转型,助力碳达峰碳中和。加快突破防洪工程体系完善、水旱灾害防御、水资源配置优化和节约集约利用、流域生态保护治理等关键核心技术,产出一批标志性科技成果,并推动科技创新成果向黄河保护治理实践转化,打造更多引领新质生产力发展的黄

河"硬科技",为防洪工程建设与信息化提升、生态保护等工作提供有力支撑,筑牢水利新质生产力发展的根基。

加强人才培养。按照发展新质生产力的要求,畅通科技人才的良性流通循环,不断通过教育培训、人才引进等方式,完善人才培养、引进、使用、合理流动的工作机制。根据治理黄河科技发展新趋势,优化人才培养模式,培养具备水利新质生产力知识和黄河治理经验的专业人才队伍,为黄河保护治理贡献智慧力量。

完善配套政策法规。不断完善推动经济高质量发展的激励约束机制,建立与新质生产力发展相适应的新机制。面对新阶段黄河治理的实际需求,着力塑造发展新动能新优势。坚持因地制宜,制定和完善相关政策法规,为水利新质生产力与黄河治理的融合提供制度保障,持续提升黄河保护治理与现代化管理水平。

总而言之,实现黄河治理事业高质量发展,必须坚持因地制宜、加快发展水利新质生产力。实现这一目标任重道远,是一项系统工程,需要流域管理机构、政府、企业、科研机构和社会各界的共同努力,围绕深入推动黄河流域生态保护和高质量发展重大国家战略,立足因地制宜、资源禀赋和工作实际,形成全社会共同参与和保护黄河的良好氛围。新阶段,只有坚定不移地践行推动水利新质生产力发展的思路,落实相关举措,严格遵循黄河治理事业实现高质量发展的内在要求和重要着力点,持续提升新阶段黄河治理创新驱动能力,不断丰富、完善以高技术、高效能、高质量为特征的水利新质生产力,加强生态保护,解决好黄河治理事业中的短板弱项,保障黄河岁岁安澜,才能让黄河成为造福人民的幸福河,为中华民族伟大复兴奠定坚实的水利基础,福泽千秋万代!

参考文献

[1] 习近平. 发展新质生产力是推动高质量发展的内在要求和着力点[J]. 求是,2024,11:1-10.

[2] 什么是新质生产力?一图全解→央视新闻[EB/OL].[2024-07-08].https://baijiahao.baidu.com/s?id=1789868012477491949&wfr=spider&for=pc.

水土流失治理与区域经济发展内在联系与建议

裴向阳 张 超 杨 璐 邓 刚 陈 凯

黄河勘测规划设计研究院有限公司

摘 要：水土流失与区域的经济发展密切相关。水土流失会破坏土地资源、影响生态环境、造成经济损失，与我国目前的高质量发展目标定位严重不符。加强水土流失治理对于保障农业生产的稳定性和可持续性、促进经济社会的可持续发展、推动区域产业结构调整和升级有重要意义。因此，明确水土流失与区域经济发展间的制约因素和驱动关键，探索水土流失治理过程中生态产品价值的实现途径，不仅有助于推动经济社会的可持续发展和转型升级，还有助于改善人居环境和增强社会稳定性，同时也是应对全球气候变化等全球性挑战的重要举措之一。

关键词：水土流失治理；区域经济发展；生态环境；生态价值

高质量发展是当前乃至未来很长一段时间中国经济社会发展的主题，在2021年全国两会上，习近平总书记明确强调，高质量发展不仅是经济层面的发展要求，更是对经济社会等各个领域提出的总体要求[1]。新发展阶段下，我国经济发展必将更加重视绿色、低碳、高质量发展。水土流失是危及人类生存和发展的环境问题之一。水土流失对区域经济发展的影响是多面的，其深远性不容忽视。我国是农业大国，经济与水土流失的关系更为密切，且我国部分地区生态环境本底脆弱，水土流失现象十分严重，如果不重视水土流失治理，我国的经济会将受到严重影响。因此，探究水土流失治理与区域经济发展的联系，对于改善地区生态环境，精准定位经济发展短板，促进区域经济发展，具有重要研究意义。

1 水土流失严重制约经济发展

当前，世界各地普遍存在水土流失现象。数据显示，全球一半以上的耕地存在严重的水土流失问题[2]，直接导致全球每年流失土壤800亿t，造成土壤肥力严重下降，土壤的资源承载力和可持续利用潜力明显受损[3]。联合国粮农组织数据显示，每年全球为治理水土流失，缓解土壤肥力受损对农业造成的影响，直接投入和间接投入的资金多达 4500 亿美元。水土流失已成为全球性的重大环境难题。

我国是世界上水土流失最为严重的国家之一，全国第二次水土流失遥感数据表明我国水土流失面积为 356 万 km²，达到了全国国土面积的 37%[4]。水土流失会导致耕地减少、土地退化、土壤肥力下降、旱涝灾害加剧等问题[5]，具体表现在以下几方面。

1.1 对农业生产的影响

土地退化与耕地毁坏。水土流失导致土壤肥力下降，土地硬石化、沙化，使耕地的生产能力逐渐丧失，直接威胁到粮食安全。据科学研究，我国因水土流失而损失的耕地平均每年约 100 万亩，这对农业生产构成了巨大的挑战。近 50 年来，我国因水土流失受损的耕地面积多达 270 万 hm²，退化、沙化、碱化的草地面积约 1 亿 hm²，进入 20 世纪 90 年代后，每年沙化土地的面积达到了 24.6 万 hm²[6]。东北黑土地水土流失现象更为严重，原本较黑的黑土层，现在厚度仅剩下 20~30cm，部分区域甚至裸露出黄土母质，基本丧失生产能力[7]。

农业生产条件恶化。水土流失破坏了土壤结构，降低了土壤的保水保肥能力，使得农作物产量下降，农民收入减少。同时，水土流失还加剧了干旱等自然灾害的发生，进一步恶化了农业生产条件。数据显示，受到土壤侵蚀破坏的土壤产量仅为正常土壤的四分之一，经济效益仅为正常土壤的四十分之一[8]。水土流失会直接导致土壤中的有机质等养分大量流失，受损耕地有机质的含量仅为 2.3%[9]。

1.2 对生态环境的影响

生态系统破坏。水土流失破坏了地面植被和土壤层，导致生态系统结构和功能受损。这不仅影响了生物多样性，还加剧了生态系统的脆弱性。我国秦岭地区受水土流失影响，森林面积显著缩小，森林质量也明显降低。森林植被遭到破坏，导致动物的栖息地面积减小且破碎化，生物多样性整体呈下降趋势[10]。

面源污染加剧。水土流失为面源污染提供了物质载体，使得溶解和固体的污染物随着地表径流进入水体，加剧了水体污染，威胁着生态环境和饮水安全。有研究发现，全氮、全磷流失量与草地植被覆盖度总体呈指数关系，覆盖度较好的草地全磷流失量较水土流失严重区域减少 90% 以上，全氮流失量减少 85% 以上[11]。

1.3 对基础设施的影响

江河湖库淤积。水土流失产生的大量泥沙被水流携运至江河湖库，导致河床抬高、库容减小、行洪能力减弱。这不仅增加了洪涝灾害的风险，还影响了水利设施的正常运行。

交通与运输受阻。水土流失还可能影响铁路、公路等交通线路的安全运行，增加维护成本。同时，大量泥沙进入河流还可能损坏农田灌溉渠系等基础设施。

1.4 对经济社会发展的影响

经济发展受阻。水土流失导致农业生产条件恶化、生态环境破坏、基础设施受损等问题，严重制约了当地经济社会的发展。这不仅影响了农民的收入和生活水平，还限制了地方经济的可持续增长。数据显示，仅在1990—2000年这10年间，我国水土流失造成的直接经济损失就高达642.59亿元，其中四川省受损88.17亿元，损失最为严重；而东、中部地区由于地理条件较为优越及相对完善的水保措施，直接经济损失较少[12]。

社会成本增加。为了应对水土流失带来的各种问题，政府和社会需要投入大量的人力、物力和财力进行治理和修复。这不仅增加了社会成本，还可能引发一系列的社会问题。在东北黑土区水土流失治理典型案例中[13]，单位面积的投资达到64.48万元/km^2，而北方的土石山区单位面积的投资高达76.95万元/km^2。

2 水土流失治理对经济的促进作用

21世纪以来，随着全面建成小康社会进程的加快，我国生态环境建设达到了前所未有的高度，进行水土流失治理，也成为新时期我国的重点工作目标。水土流失治理关系到我国社会经济发展以及人民的生命财产安全，特别是2005年习近平总书记提出"绿水青山就是金山银山"的理念，生动形象地揭示了经济发展和生态环境间的关系。对区域经济发展的促进作用是一个复杂而深远的过程。它涉及农业、工业、服务业等多个领域，以及生态、社会、经济等多个方面的协同发展，主要表现在以下几点。

2.1 改善农业生产条件，提升农业经济效益

（1）提高土壤质量，增加农作物产量

水土流失治理通过实施水土保持措施，如修建梯田、种植水土保持林等，有效减少了水土流失，提高了土壤肥力和保水能力。这不仅改善了农作物的生长环境，还显著提高了农作物的产量和品质。相关研究表明，经过治理的小流域，农作物产量普遍提高10%以上，部分区域甚至达到30%以上。这种产量的提升直接促进了农业经济效益的提升，为区域经济发展提供了坚实的农业基础。

（2）优化农业产业结构，促进农业多元化发展

水土流失治理还推动了农业产业结构的优化和多元化发展。在治理过程中，根据当地自然条件和资源禀赋，发展特色农业、生态农业和有机农业等。这些新型农

业模式不仅提高了农产品的附加值和市场竞争力,还带动了相关产业链的发展,如农产品加工、冷链物流、农村电商等。上述产业链的延伸和拓展进一步促进了区域经济的多元化发展。

2.2 促进水资源高效利用,保障区域用水安全

(1)科学规划和管理水资源

水土流失治理注重水资源的科学规划和管理。通过建设蓄水池、塘坝等水利工程设施,以及实施节水灌溉、雨水集蓄利用等措施,实现了水资源的合理配置和高效利用。这不仅提高了水资源的利用效率,还缓解了区域水资源短缺的问题,为农业、工业和服务业等提供了稳定的水资源保障。

(2)改善水质,保护水生态环境

水土流失治理还注重水质的改善和水生态环境的保护。通过实施河道清淤、生态修复等措施,减少了水体污染和富营养化现象的发生。同时,加强了对水源地的保护和管理,确保了区域用水的安全性和可靠性。这些措施的实施不仅提升了区域水资源的品质和价值,还促进了水资源的可持续利用和生态环境的良性循环。南阳市金竹河水质经水土流失治理后有明显提升,特别是总氮和总磷的含量显著降低[14]。

2.3 推动绿色产业发展,促进经济转型升级

(1)发展生态旅游产业

水土流失治理过程中注重生态环境的保护和修复工作,为发展生态旅游产业提供了良好的条件。通过打造生态景观、建设旅游设施等措施,吸引了大量游客前来观光旅游、休闲度假。这不仅带动了当地旅游业的快速发展,还促进了相关产业链的延伸和拓展,如住宿、餐饮、交通等。生态旅游产业的发展不仅增加了当地居民的就业机会和收入来源,还促进了区域经济的转型升级和可持续发展。

(2)推广绿色能源产业

水土流失治理还注重绿色能源的开发和利用。通过建设太阳能、风能等可再生能源发电项目以及推广生物质能源等绿色能源技术,实现了能源结构的优化和升级。这些绿色能源项目的实施不仅减少了对传统能源的依赖和消耗,还降低了碳排放和环境污染的风险。同时,绿色能源产业的发展也为区域经济提供了新的增长点和动力源泉。

2.4 带动乡村经济发展,促进城乡一体化进程

(1)改善农村基础设施和人居环境

水土流失治理过程中注重农村基础设施和人居环境的改善工作。通过实施道路硬化、饮水安全工程、垃圾处理等项目以及开展村庄绿化、美化等活动,显著提升了农村的生活品质和居住环境。这些改善措施的实施不仅提高了农民的生活质量和幸福感,还吸引了外部投资和人才回流到农村地区。这有助于推动乡村经济的发展,以及促进城乡一体化进程。

(2)发展乡村特色产业和集体经济

水土流失治理还注重发展乡村特色产业和集体经济。通过挖掘当地的文化内涵和资源优势以及引导农民发展特色种植、养殖等产业以及成立农民专业合作社等集体经济组织,实现了农产品的规模化、品牌化和市场化经营。这不仅提高了农产品的附加值和市场竞争力,而且带动了乡村经济的整体发展。同时集体经济的发展也有助于增强乡村的自我发展能力和抵御外部风险的能力。如四川宣汉县八庙村发展出了青脆李、脆红李、西瓜、猕猴桃等特色生态水果产业,水果远销广东、深圳、香港、云南、陕西、湖北等地,仅夏季水果收入户均就达 3 万元以上[15]。

2.5 促进区域经济一体化发展,增强区域竞争力

(1)加强区域合作与交流

水土流失治理过程中注重与其他地区的合作与交流工作。通过建立跨区域合作机制、开展联合治理项目以及推动区域协同发展等方式实现了资源共享、优势互补和互利共赢的局面。这不仅有助于提升区域的整体实力和竞争力,还促进了区域经济一体化发展进程。

(2)打造区域品牌和形象

水土流失治理还注重打造区域品牌和形象的打造。通过挖掘当地的文化内涵和资源优势以及加强宣传和推广工作,提升了区域的知名度和美誉度。这有助于吸引更多的外部投资和人才流入该地区以及促进当地产品和服务的销售和出口。同时区域品牌和形象的打造有助于提升区域软实力,增强区域在国内外市场的竞争力和影响力。

3 增强水土流失治理对社会经济发展的驱动力

增强水土流失治理对社会经济发展的促进作用,需要政府、企业和社会各界的共同努力和协同推进。通过完善治理措施、推动市场化交易、发展生态产业、加强政策法律保障,可以实现生态效益、经济效益和社会效益的共赢。为了更好地实

现水土流失治理工作对区域经济发展的促进作用，可以从以下几点入手。

3.1 政策法规的支持与引导

（1）完善法律法规体系

首先，应进一步完善与水土保持相关的法律法规，如《中华人民共和国水土保持法》及其配套措施，明确各级政府、企业和个人在水土流失治理中的责任与义务。通过立法手段，强化水土保持的法制基础，为水土流失治理提供坚实的法律保障。

（2）制定优惠政策

政府可以出台一系列优惠政策，如税收减免、财政补贴、贷款贴息等，鼓励企业和个人积极参与水土流失治理。同时，对于在治理过程中表现突出的单位或个人，给予表彰奖励，形成示范效应。

3.2 科技创新与技术应用

（1）推广先进治理技术

加强水土流失治理技术的研发与应用，如生物治理技术（植树造林、种草）、工程治理技术（修缮梯田、建设淤地坝），以及信息化技术（遥感监测、大数据分析）等。通过科技创新，提高治理效率和效果，实现水土流失的有效控制。

（2）建立科技支撑体系

构建以科研机构、高等院校和企业为主体的科技支撑体系，加强产学研合作，推动科技成果的转化与应用。同时，加强水土保持技术的培训与普及，提高基层技术人员和农民群众的科技素质。

3.3 经济模式与产业结构调整

（1）发展绿色产业

结合水土流失治理，大力发展绿色农业、生态林业、草畜业等绿色产业。通过调整产业结构，实现经济发展与生态保护的双赢。例如，在治理过程中，可以种植经济林木、发展林下经济等，提高土地资源的经济效益。

（2）推动循环经济发展

在水土流失治理中，注重资源的循环利用和废弃物的资源化利用。通过发展循环经济，减少资源消耗和环境污染，提高资源利用效率。例如，在农业生产中，推广有机肥料和生物农药的使用，减少化肥和农药的使用量；在林业生产中，注重林木的采伐与更新平衡，保持森林生态系统的稳定性。

3.4 社会参与与公众教育

（1）增强公众意识

通过媒体宣传、教育普及等方式，提高公众对水土流失治理的认识和重视程度。增强全社会的环保意识和责任感，形成全社会共同参与水土流失治理的良好氛围。

（2）鼓励社会参与

鼓励社会各界积极参与水土流失治理工作。政府可以通过购买服务、项目合作等方式，引导企业、非政府组织、社区等参与治理工作。同时，建立公众参与机制，保障公众的知情权、参与权和监督权。

4 促进生态产品价值实现

2024年8月，李国英部长在水利部会议上对水土保持工作提出了更高的要求，提出要牢固树立、积极践行绿水青山就是金山银山理念，以提升生态清洁小流域水土保持功能和生态产品供给能力为目标，完善水土保持生态产品价值核算标准，健全价值实现机制，规范交易制度，推进水土保持生态产品价值有效转化。通过水土流失治理实现生态产品价值，涉及政策制定、技术创新、经济激励、社会参与等多个方面。

4.1 依据国家对区域战略定位，从整体着眼，统筹布局水土保持工作

国家对区域战略定位涉及生态环境治理与区域的协调发展，区域的经济发展要满足当地的政策调控，因此不同区域的水土保持工作需要因地制宜，结合当地迫切需求，着眼于解决当地长远发展的水、土等资源要素以及实现可持续发展战略目标，从整体出发，统筹考虑，满足国家宏观布局。

4.2 完善治理措施，推广科学治理模式

注重技术发展，不断完善水土保持农业技术措施、林草措施、水土保持工程等，提高水土流失治理成效；同时，采用"预防为主、重点治理"的方针，对水土流失易发区进行重点监控和治理。

加强科技支撑，引入遥感技术、地理信息系统等先进手段，提高治理的精准度和效率。

4.3 重视机制体制创新，加强监督管护

增加政府投入，吸引社会资本参与水土流失治理，形成多元化投入机制。特别是加强政策引导，吸引民企参与水保产业。健全全程监管和逐级资金申请制度，保证项目建设的公平公正公开。强化监管力度，确保治理项目按规划实施，提高治理

效果。水保工程结束后，可与项目所在村委会签订管护合同，明确管护责任，保证工程能够长期发挥效益。

4.4　完善生态产品价值实现机制

建立健全生态产品调查监测、信息普查、价值核算等制度，确保数据的准确性、全面性和时效性。引入大数据、云计算等现代信息技术，建设生态产品信息云平台，实现信息共享和高效利用。

4.5　推动生态产品市场化交易

鼓励和支持生态产品进入市场进行交易，如碳排放权交易、水权交易等。探索建立政府购买生态产品、地区间生态价值交换等机制，将生态产品转化为现实的经济价值。

4.6　发展生态产业

依托丰富的生态资源，发展生态农业、生态林业、生态旅游等产业，延长生态产业链和价值链。培育具有较强竞争力的特色优质生态精品，提高生态产品的附加值和市场竞争力。

4.7　强化政策支持和法律保障

制定和完善促进生态产品价值实现的政策措施，如财政补贴、税收优惠等。加强法律法规建设，保障生态产品的合法权益和市场秩序。

参考文献

［1］ 温旭新. 新中国成立以来山西经济与生态关系变迁研究［D］. 太原：山西大学，2023.

［2］ 张鲁，周跃，张丽彤. 国内外土地利用与土壤侵蚀关系的研究现状与展望［J］. 水土保持研究，2008（3）：43-48.

［3］ 冯加昌. 南方典型红壤区水土保持—社会经济系统协调性研究［D］. 福州：福建师范大学，2012.

［4］ 于伟. 我国土壤资源保护问题研究［J］. 中国农村经济，2000（1）：70-74.

［5］ 宋帮明. 水土保持与农村可持续发展面临的问题及对策［J］. 绿色科技，2010（7）：185-186.

［6］ 崔键，马友华，董建军，等. 水土流失对土壤资源数量和质量的影响［J］. 农业环境与发展，2007（2）：27-30.

［7］ 范建荣，潘庆宾. 东北典型黑土区水土流失危害及防治措施［J］. 水土保持科技情报，2002（5）：36-38.

[8] 史德明.加强水土保持是保障国家生态安全的战略措施[J].中国水土保持,2002(2):8-9.

[9] 阎百兴,汤洁.黑土侵蚀速率及其对土壤质量的影响[J].地理研究,2005(4):499-506.

[10] 刘彦良,邱晓坤.秦岭地区生态环境问题及对策分析[J].现代园艺,2024,47(13):173-175.

[11] 蒲淑芳.水土保持措施对水土流失与面源污染影响分析[J].水土保持应用技术,2024(4):46-48.

[12] 朱高洪,毛志锋.我国水土流失的经济影响评估[J].中国水土保持科学,2008(1):63-66.

[13] 董天奥.辽宁省典型小流域水土流失综合治理成本研究[J].水利技术监督,2023(4):167-169.

[14] 阚德龙.南阳市农业面源污染特征及典型小流域治理效果评价[D].南阳:南阳师范学院,2021.

[15] 黄锋.推进水土流失综合治理 加快脱贫致富奔小康步伐[J].中国水土保持,2019(10):52-54.

东平湖蓄滞洪区生态保护和高质量发展探究

刘 静

山东黄河河务局东平湖管理局

摘 要：东平湖蓄滞洪区的生态保护和防洪工程的建设关系着当地的高质量发展。首先介绍了东平湖区黄河重大国家战略工作的开展情况，分析了东平湖在生态保护和高质量发展推进过程中存在的问题。在此基础上，探讨了深化河地融合，扩大互促共赢的治理发展措施。

关键词：生态保护；高质量发展；河地融合；东平湖蓄滞洪区

推动黄河流域生态保护和高质量发展，是总书记亲自谋划、亲自部署、亲自推动的重大国家战略，是党中央着眼长远作出的重大决策部署。东平湖管理局承担着泰安、济宁两市行政区域内黄河、东平湖滞洪区工程建设与管理任务及防汛职责，履行区域内黄河、大清河、东平湖水行政管理职能，调度黄河、东平湖水资源，支援地方工农业建设的任务。落实黄河重大国家战略，对东平湖管理局来说，既是重大历史机遇，更是必须扛牢扛实的重大政治责任和坚决完成好的重大政治任务。本文围绕东平湖管理局在黄河重大国家战略走深走实大背景下如何实现东平湖蓄滞洪区高质量发展进行研究。

1 黄河重大国家战略工作开展情况

（1）扛牢政治责任护航高质量发展

东平湖管理局把促进河地融合，落实黄河重大国家战略作为重大政治任务，为持续推进黄河国家战略落实落地，2019年以来，成立了东平湖重大问题研究专班、泰安市黄河流域生态保护和高质量发展重点任务领导小组、黄河流域生态保护和高质量发展重点工作任务专项监督领导小组等，建立了定期调度、跟踪督导、绩效考核等制度，2023年把河地融合列入重点任务统筹推进，有力推进黄河、东平湖生态保护和高质量发展。

（2）统筹谋划黄河重大国家战略

把握发展机遇，将东平湖重大事项纳入黄河流域生态保护和高质量发展规划。

2019年研究编制《东平湖治理保护综合提升工作方案》，经山东黄河河务局批准印发实施。2020年黄河水利委员会组织编制完成了《黄河流域生态保护和高质量发展水利专项规划（征求意见稿）》。在上级机关和管理局的积极推动下，将东平湖综合治理纳入专项规划，主要内容包括滞洪区居民安全建设、老湖周边工程加高加固等。2022年配合泰安市有关部门印发了《泰安市黄河流域生态保护和高质量发展水利专项规划》。2023年配合泰安市制定《泰安建设山东省黄河流域生态保护和高质量发展先行区实施方案》，经山东省发改委批准实施。

（3）完善防洪体系建设，保障黄河、东平湖安澜

加强防洪工程建设。先后完成了石洼、林辛、十里堡分洪闸除险加固工程，以及东平湖滞洪区防洪工程项目。强力推进黄河下游"十四五"防洪工程建设。强化防洪减灾技术能力支撑。探索建立大汶河流域雨水情信息共享机制和平台。委托华北水利水电大学进行了共享平台的开发设计；编制了17幅东平湖分滞黄河洪水的涵闸调度和防御大汶河洪水的东平湖调度运用标准化流程图。

（4）做好黄河生态廊道建设

持续做好工程管理范围内植树绿化工作，确保树株成活率和草皮覆盖率；配合地方政府做好黄河生态廊道建设，打造工程管理范围内生态和文化景点，提升生态廊道效果。

（5）强化岸线管理，维护河湖生态

与泰安市依法治市委员会办公室联合举办黄河保护法主题展览，与泰安市水利局开展黄河保护法联合宣传活动，加强《中华人民共和国黄河保护法》宣传贯彻，严格落实《黄河流域重要河道岸线保护与利用规划》，深入开展岸线利用项目专项整治行动，对辖区内岸线利用项目进行全面排查。严格落实《黄河流域重要河道岸线保护与利用规划》中保护区、保留区、控制利用区分区管控措施，严格控制开发利用强度和方式，持续加强涉河项目管理，规范岸线利用活动。在各级河长的领导下，深入推进"清四乱"工作常态化、规范化，坚持日常巡查与专项执法检查相结合，积极配合完成清理整改工作。2019年以来，共清理整治"四乱"问题900余项。

2 东平湖生态保护和高质量发展推进过程中存在的问题

（1）东平湖老湖综合运用功能亟须优化提升

1958年，东平湖自然滞洪区改建为人工控制蓄泄的平原水库；1962年，经国务院批准，东平湖水库运用原则由原定的综合利用调整为"近期以防洪为主，暂不蓄水兴利""有洪蓄洪，无洪生产"，并对其进行加固改建，作为一个仅承担防洪运

用的滞洪区。2008年，国务院《关于全国蓄滞洪区建设与管理规划的批复》明确设置东平湖蓄滞洪区为重要蓄滞洪区。东平湖滞洪区作为黄河下游唯一重要的滞洪区，分滞黄河洪水和调蓄大汶河洪水是其主要功能，也是首先要保障的功能。除此之外，随着南水北调东线一期工程建成通水以及区域社会经济发展，在实际运行过程中又承担了其他功能，东平湖已由单一滞洪功能转变为以滞洪为主兼具供水、生态、航运、旅游等功能的综合功能体，发挥着重要作用。东平湖原有单一蓄滞洪区的功能定位已不满足新形势需要。当前，二级湖堤、金山坝等工程建设标准低，影响老湖综合运用功能的发挥，需优化提升防洪工程布局，加高加固二级湖堤、金山坝等工程，以满足新阶段区域高质量发展要求。

（2）东平湖部分防洪工程级别与其所实际承担的工程任务不匹配

推动新阶段水利高质量发展，根本目的是满足人民日益增长的美好生活需要，新阶段水利高质量发展必须以人为本。多年来，国家和山东省在蓄滞洪区内陆续实施了一系列防洪工程建设，对保障湖区内群众生命财产安全发挥了积极作用，但部分防洪工程级别与其所实际承担的工程任务不匹配。

大汶河下游右岸堤防长17.8km（韩山头至北大桥），顶宽5~6m，为4级堤防。随着经济社会发展，目前处于大汶河下游右堤保护范围的东平县城已成长为年生产总值207.37亿元、城镇人口34.1万人、拥有多家大型企业的城市。并且相继建成通车G35济菏高速（区内10km）、国道G105京港澳线（区内7km）、省道S243泰梁线二升一（区内20.0km）、县道贯中大道（区内13.0km）等。其中济菏高速和国道G105京澳线均是100年一遇防洪标准。根据《水利水电工程等级划分与洪水标准》，目前的保护对象规模，右堤级别应为3级。目前4级的堤防级别不满足要求。

大汶河下游左堤主要防护地区包括山东省济宁市、汶上县、东平县、梁山县，保护区总人口145.78万人，耕地132.02万亩，属于《防洪标准》中规定的Ⅱ等城市防护区，其防洪标准为200~100年一遇。济菏高速穿越济南、泰安、济宁、菏泽4市9区县，在东平县州城镇马庄村东北跨越大清河进入大清河左堤保护范围，其防洪标准为100年一遇。按照《堤防工程设计规范》，综合考虑左堤级别应提升为1级，目前2级的堤防级别不满足要求。二级湖堤对减少新湖区的运用及淹没损失发挥了重大作用。但是在日常运用管理中，二级湖堤及其他老湖围堤现行围堤级别与其所实际承担的工程任务不匹配现象越来越突出。

（3）安全建设现状无法适应"以人为本"高质量要求

滞洪区避水设施防洪能力低，群众面临洪水威胁。滞洪区内安全设施建设滞后，村台规模小、建设标准低、生活设施差，大多高程不达标，无法满足避洪与安居要求；现有临时撤退道路444.1km，虽然路网密度满足要求，但部分现有撤退道路宽度达不到要求，且病害较为严重；个别道路没有硬化路面结构层，路况不佳影响撤退速度，不能满足紧急迁移的需要。

老湖区洪水淹没风险高，老湖区居民面临洪水威胁。在目前来水条件下，即便不分滞黄河洪水，老湖区最高仅能防御大汶河近10年一遇的洪水，老湖区属重度风险区。虽然1982年后未对黄河来水进行分洪，但1996年、2001年、2007年大汶河多次发生险情，造成较大的防洪抢险压力。目前，老湖区人口4.71万人、耕地4.2万亩，一直受到黄河分洪与大汶河洪水的双重威胁，群众生命财产安全遭受损失的风险较高。东平湖地处黄河、京杭大运河（南水北调东线）、大汶河、泰山的交汇点，是山东省生态安全的重要节点，区域生态系统对其水生态稳定性、生物多样性、补水机制等依赖性越来越高。但东平湖的水源大汶河属于季节性河流，汛期防汛保安全不能蓄水，只能后汛期或非汛期蓄水，但可蓄量少或无水可蓄。东平湖汛期7月、8月汛限水位为40.72m，9月、10月汛限水位为41.72m，8月21日起老湖水位可以向后汛期汛限水位过渡。大汶河汛期来水一般为7月下旬、8月上旬，为保证汛期防洪安全，8月对东平湖进行防汛泄洪调度时，必须保证东平湖水位不超过40.72m。9月初东平湖允许蓄水至41.72m水位时，因大汶河后汛期降雨量小，加之大汶河上中游水库和拦河工程均拦洪蓄水，大汶河下游流量小，致使东平湖在黄河后汛期蓄水量少，后汛期之前进入东平湖的洪水资源难以有效利用。导致东平湖生态用水保障率低、自身生态修复能力不足，不利于湖区及周边生态保护。

（4）河道监管任务重，执法难度大

东平湖地处2省4市5县(区)交界处，管辖范围包括黄河、大汶河下游、东平湖"两河一湖"，区域有滩区、东平湖区、沿黄山区、工程管理区"四区叠加"，防洪工程种类多，河湖岸线长，覆盖面积广，水事环境复杂，违法案件频发，水行政管理和水行政执法难度大。河湖"四乱"历史遗留问题多、涉及民生面广、清理难度大，在联合执法方面存在不足，相关联防联控机制不健全，需要环保、自然资源等多个部门协同配合，属地管理责任还需进一步落实。

（5）黄河东平湖文化亟须保护与传承

黄河文化是中华文明的重要组成部分，是中华民族的根和魂。东平湖是黄河重要滞洪区，历史源远流长，文化底蕴深厚，是黄河文化建设的重要组成部分。东平湖辐射区域内黄河文化和大运河文化历史悠久，目前尚缺乏黄河和东平湖文化保护与传承具体实施措施。

3 深化河地融合，扩大互促共赢

习近平总书记针对黄河流域存在的一些突出困难和问题指出："这些问题，表象在黄河，根子在流域。"深入推动黄河流域生态保护和高质量发展，需要各级政府与河务部门"共同抓好大保护，协同推进大治理"。根据当前工作情况，需要各级政府共同做好相关工作。

在河湖生态建设方面，继续优化细化黄河生态廊道建设方案，调动政府、社会等各方面的力量，加大生态建设投入，全力打造河湖生态带。

在河湖监管保护方面，落实各级河湖长主体责任，以推进河湖"清四乱"常态化规范化、实施流域深度节水控水行动为主线，以河道采砂、岸线保护、行洪空间、取用水、超载区5个专项整治为抓手，深化"共保协治"，实现河湖监管有序、水资源利用有序、工程运行有序。

在防洪保安全方面，继续深化落实防汛抗洪工作行政首长负责制，细化各级政府在群众防汛队伍组建、机关和社会团体储备物资与群众备料、防汛调度平台建设、防汛应急抢险等方面的主体责任，加强各级政府黄河防汛抢险能力建设，投入专项资金用于建设防汛抢险培训基地和补充防汛物资，提升区域防汛综合保障能力。

在黄河水资源管理调度方面，各级政府要全方位贯彻"四水四定"重大原则，健全水资源总量、强度"双控"监管长效机制，建设取水口在线监测系统，完善超许可取水预警机制，动态监管超载区和重点取用水户。

在工程建设方面，对于工程建设规划选址和用地预计实物指标确认意见、国家级地质公园影响专题报告审查意见、文物压覆选址意见等方面予以协助支持。进一步加大河地融合力度，力促黄河、大汶河和东平湖生态保护提档升级，协调促进流域治理和工程运行安全。

在黄河文化保护、传承、弘扬方面，政府文旅部门确定区域性黄河文化特点，收集整理河湖文化遗产，有计划投资建设黄河文化场馆，提升黄河文化传播成效。

东平湖综合治理助推经济改革创新专项调研报告

谌业敏　刘　娜

东平湖管理局东平黄河河务局

山东润泰水利工程有限公司

摘　要：围绕东平湖的综合治理情况，分析其对地区经济改革和创新的推动作用。东平湖作为一个重要的生态资源，其治理不仅关乎环境保护，更是促进地方经济发展的关键因素。通过对湖泊水质、生态系统以及周边经济活动的全面调研，发现有效的治理措施能够显著提升水质，恢复生态平衡，从而为周边居民提供更好的生活环境。结合具体案例，探讨了治理过程中涉及的政策支持、科技创新及公众参与等方面的成功经验。通过对东平湖治理项目的评估，提出了未来在生态治理与经济发展的协调方面的建议，旨在为其他地区提供借鉴。同时，研究还指出，面对气候变化和人类活动对水资源的影响，必须坚持可持续发展的原则，综合考虑经济、社会与环境的协调发展。

关键词：东平湖；综合治理；经济改革；创新；生态保护

1　东平湖综合治理研究背景与意义

东平湖的生态环境直接关系到周边居民的生活质量和经济发展。水体污染和生态退化导致的渔业资源减少，影响了当地渔民的生计。同时，优良的生态环境是吸引游客和投资的基础，通过综合治理可以提升东平湖的生态价值和经济效益，推动区域经济的可持续发展。

综合治理有助于探索人与自然和谐共生的模式。以生态优先为导向的治理策略，不仅关注环境保护，还强调经济发展的协调。通过引入生态补偿机制、绿色产业发展等手段，可以实现经济与生态的双赢，推动东平湖及其周边地区的创新发展。

东平湖的综合治理研究能够为其他地区提供借鉴和参考。随着全国范围内对水资源管理和生态保护的重视，东平湖的治理经验可能成为其他湖泊和水域治理的重要示范，促进更广泛的生态治理和环境保护实践。

综上，东平湖综合治理的研究不仅具有重要的理论价值，也为实际治理提供了科学依据,助力经济改革与创新,推动区域的可持续发展。

2 东平湖综合治理现状分析

2.1 东平湖生态环境现状概述

东平湖位于山东省,是一个重要的淡水湖泊。其生态环境现状受到多种因素的影响,包括自然条件和人类活动。近年来,东平湖生态环境不容乐观,主要表现在水质污染、生物多样性减少和湿地退化等方面。

根据监测数据,湖水的主要超标污染物有氮、磷等营养物质,导致水体富营养化现象严重。富营养化不仅引发藻类大量繁殖,还影响水体的透明度和氧气含量,进而对水生生物的生存和繁衍造成威胁。某些水域甚至出现了藻华现象,严重影响了周边居民的生活和湖区生态平衡。

生物多样性方面,东平湖原本是多种水鸟及其他水生生物的栖息地。然而,由于栖息环境的破坏和水质的恶化,许多原本常见的物种数量大幅减少。以白鹭和黑鹳为例,这些鸟类在湖区的栖息与繁殖受到威胁,导致其种群数量持续下降。此外,水生植物的多样性亦受到影响,优质的水生植被逐渐被耐污染的单一物种所取代,生态系统的稳定性受到损害。

湿地的退化也是东平湖生态环境现状的重要表现。湿地作为水文调节、污染物净化和生物栖息的重要区域,其退化不仅减少了生态服务功能,还加剧了水体的污染和生态失衡。随着城市化进程加快,湿地面积逐年缩减,原有的生态功能难以恢复,导致湖泊周边生态环境更加脆弱。

综合来看,东平湖的生态环境现状显示出严峻的挑战,亟须采取有效的治理措施,以恢复其生态功能,保护生物多样性,确保可持续发展。

2.2 东平湖当前治理措施及成效

东平湖的综合治理措施在近年来得到了显著的实施与发展,涵盖了生态修复、水质改善、资源管理等多个方面。这些措施的推行旨在解决东平湖面临的环境问题,提升生态功能,促进经济发展。

(1)水质改善是当前治理措施的核心

通过引入先进的水处理技术,东平湖的水质监测和治理工作得到了有效加强。例如,采用了生物滤池和生态浮床等技术,利用自然生态系统的自我修复能力,逐步降低了湖水的氨氮和总磷含量。这些措施的实施,使得东平湖水质逐年改善,部分水域的水质已达到了地表水Ⅱ类标准。

（2）生态修复工程的开展也取得了显著成效

在湖区周边开展了湿地建设与恢复项目，重新引入了多种水生植物。这些植物不仅能够吸收水中的污染物，同时也为水鸟等生物提供了栖息环境，促进了生物多样性的恢复。具体来说，东平湖周边的湿地面积增加了20%以上，成为重要的生态保护区。

（3）治理措施中还包括了对周边污染源的严格管控

通过对沿湖居民生活用水、农业面源污染等进行监管，执行相关的法律法规，限制了不当排污行为。地方人民政府通过建立污染源清单，定期开展环境执法检查，确保各项治理措施落到实处。

（4）综合治理得益于社会公众的积极参与

每年组织多次环保宣传活动，提高了居民的环保意识。通过志愿者活动，动员社会力量参与湖泊清理和生态恢复，形成了全民共治的良好局面。

通过这些综合治理措施的实施，东平湖的生态环境逐步得到改善，生态功能显著提升，成为区域内的生态安全屏障。同时，治理措施所取得的成效也为经济改革创新提供了基础支撑，推动了东平湖周边地区的可持续发展。

3 深化东平湖综合治理策略探讨

3.1 基于生态优先原则的综合治理策略

基于生态优先原则的综合治理策略应充分考虑东平湖的生态特性与环境承载能力，以实现生态环境保护与经济发展的双赢。

1）生态优先原则强调在资源利用与环境保护之间找到平衡点，优先考虑生态系统的健康与稳定，确保生态系统的服务功能不被破坏。例如，在东平湖地区，水体的净化与生态修复是综合治理的重要内容。通过实施湿地恢复工程，利用自然的自我净化能力，能够有效提升水质，改善生态环境。

2）推动生态农业的发展是实施生态优先战略的关键一环。东平湖周边地区可以借助生态友好的农业技术，推广有机农业和循环农业，减少化肥与农药的使用。这不仅有助于保护土壤和水源，还能够提升农产品的质量与市场竞争力。具体措施可采取建立生态农场、发展农田水利设施等，提升农业生产的可持续性。

3）生态保护与区域经济发展相结合的模式应得到重视。通过制定严格的生态保护政策，限制高污染、高能耗产业的入驻，引导资金与技术向绿色产业倾斜。例如，引导沿湖企业向绿色科技、清洁生产转型，实现经济效益与生态效益的双重提升。

4）公众参与和教育是实施生态优先原则的重要方面。通过开展生态环境保护的宣传与教育活动，提高居民的环保意识，激发社会各界对生态保护的参与热情，形成全社会共同参与的良好氛围。这种参与不仅有助于提高治理效果，还能够增强公众对综合治理措施的理解与支持，形成良性互动。

综上所述，基于生态优先原则的综合治理策略，强调生态保护与经济发展的协同推进，旨在实现可持续发展，保护东平湖的生态环境，促进区域经济的创新与转型。

3.2 推动区域协同治理机制建设

区域协同治理机制的建设在东平湖综合治理中具有重要意义。当前，东平湖周边地区面临着生态环境退化、资源利用不均衡等多重挑战，单一的治理措施难以取得理想效果。因此，构建有效的区域协同治理机制成为推动综合治理的重要途径。

区域协同治理机制首先应明确各参与方的职责与角色。政府、企业、社区及科研机构等多方应在治理过程中形成合力。政府作为主导，需制定相关政策法规，明确各方的职能和义务。企业可以通过技术创新和资金投入，参与生态修复和资源管理。社区则应发挥其在地方治理中的优势，积极参与环境保护和资源利用的实践。此外，科研机构应为治理提供技术支持和科学依据，推动治理措施的实施与评估。

区域协同治理还需要建立信息共享平台。各参与方通过信息平台实现数据的共享与交流，及时掌握东平湖的生态环境变化和治理进展。这种透明的信息流动不仅增强了各方的互动与合作，还有助于形成公众参与的良好氛围。利用大数据和云计算技术，可以实时监测东平湖水质、湿地状况等重要生态指标，为决策提供科学依据。

区域协同治理机制需要结合地方特色和实际情况。以东平湖周边的农业、渔业和旅游业为例，制定相应的区域协同发展规划，推动不同产业之间的资源共享与联动发展。比如，通过发展生态农业，在提升土地利用效率的同时，保护水源和生物多样性。促进渔业与旅游的结合，发展生态旅游项目，吸引游客的同时，为渔民提供稳定的收入来源。

区域协同治理机制还应注重公众参与与社会动员。通过组织环境宣传活动、志愿者服务和社区治理等形式，提高公众的生态意识，鼓励居民参与到东平湖的保护与治理中。形成全民共治的良好局面，使生态治理成为社会各界共同的责任和使命。

总之，推动区域协同治理机制建设，不仅能够有效提升东平湖的综合治理效果，更为区域经济的可持续发展提供了新的动力。通过多方协作、信息共享和公众参与，形成合力应对生态挑战，实现生态与经济的双赢。

3.3 强化科技支撑与智慧管理

科技支撑与智慧管理在东平湖的综合治理中发挥着重要作用。随着信息技术的飞速发展，利用大数据、物联网、人工智能等新兴技术手段，为水体治理提供了强有力的技术支撑。通过建立智能监测系统，实现了对东平湖水质、生态环境及周边人类活动的实时监控，能够及时发现并解决潜在的环境问题。

智慧水务管理平台的建设是推动东平湖综合治理的重要举措。该平台整合了水质监测、流域管理、污染源监控等多个模块，通过数据采集与分析，提供科学决策支持。例如，利用水质在线监测设备，可以实时获取东平湖水体的pH值、溶解氧、浊度等指标，确保湖泊水质处于良好状态。同时，数据分析可以识别污染源，帮助治理部门精确处理。

在实施智慧管理的过程中，公众参与也不可或缺。通过移动应用程序或网站，当地居民可以随时查看东平湖的生态状况，反馈环境问题，参与治理措施的评估。这种透明化的管理方式，不仅提高了公众的环境意识，也增强了治理工作的社会支持。

科学研究与技术创新是强化科技支撑的另一关键环节。鼓励高校和科研机构与地方政府、企业合作，开展针对东平湖生态治理的研究项目，推动新技术的应用。例如，研发新型水处理材料和技术，提升水质净化效率，降低治理成本。

综合来看，强化科技支撑与智慧管理对于东平湖的可持续发展至关重要。通过构建完善的科技体系和管理平台，不仅能提升治理效率，还能为生态保护和经济发展提供有力保障，实现生态与经济的双赢局面。

4 东平湖综合治理助推经济改革创新的路径探索

4.1 促进绿色产业发展模式构建

东平湖地区的绿色产业发展模式构建，旨在通过整合生态环境保护与经济发展，推动区域可持续发展。绿色产业不仅是应对环境问题的有效手段，也是实现经济转型和升级的重要途径。当前，东平湖周边的产业结构以传统农业和部分低效工业为主，急需转型以适应新形势下的可持续发展要求。

在绿色产业发展模式构建中，首先要明确绿色产业的核心理念，即以资源的高效利用和环境的低影响为基础，发展出与生态环境相协调的产业。对于东平湖而言，发展绿色产业应注重以下几个方面。

（1）发展生态农业

通过推广有机种植、绿色养殖等方式，减少化肥和农药的使用，提升农产品的质量和市场竞争力。例如，东平湖地区可以借鉴其他成功案例，如浙江的有机农业示范区，采用生态循环农业模式，形成良性的生态链。

（2）推动清洁能源产业

东平湖可以利用丰富的水资源和光照条件，发展水能、太阳能等可再生能源项目。

例如，建设小型水电站和光伏发电设施，不仅能满足区域的能源需求，还能为地方经济提供新的增长点。

（3）发展生态旅游业

东平湖的自然风光和丰富的生态资源为发展生态旅游提供了良好的基础。可以通过规划生态旅游线路、建设生态景区，将自然资源与旅游相结合，吸引更多游客，促进地方经济发展。同时，应注重旅游发展对环境的影响，确保生态环境的可持续性。

（4）鼓励环保科技创新

政府应设立专项资金，支持绿色技术研发和应用，推动企业进行技术改造，提升生产过程的环境友好性。例如，引入先进的水处理技术和废物回收利用技术，减少对水体的污染和资源的浪费。

（5）加强政策引导

政府在促进绿色产业发展过程中需要加强政策引导，建立完善的激励机制，鼓励企业和农户积极参与绿色产业的建设。同时，推动产学研结合，依托科研机构和高校，开展绿色产业相关的技术研究与推广，提升区域整体的绿色发展水平。

通过以上措施的实施，东平湖能够有效促进绿色产业的发展，为经济改革创新注入新的活力，实现生态保护与经济发展的双赢局面。

4.2 推进生态旅游与休闲农业融合发展

生态旅游与休闲农业的融合发展是推动东平湖综合治理的重要路径之一。该区域得天独厚的自然资源和人文环境为生态旅游的开展提供了良好的基础，而休闲农业则为游客提供了参与感和互动体验，二者结合能够实现资源的优化配置和经济效益的提升。

在推进生态旅游与休闲农业融合发展过程中，具体措施如下。

（1）明确目标市场

针对不同的游客群体，设计多样化的旅游产品。例如，针对家庭游客，可以推出亲子互动的农事体验活动，如采摘、喂养动物等；对于城市中青年游客，则可以提供生态徒步、骑行等活动。通过市场细分，确保各类游客都能找到适合自己的旅游体验。

（2）完善基础设施

东平湖周边地区需要提升交通、住宿及配套服务设施的建设，确保游客能够方便地到达各个景点。同时，发展农家乐、生态酒店等绿色住宿选项，可为游客提供更贴近自然的体验，增强他们的满意度和回头率。

(3) 传递生态价值

在产品设计方面，生态旅游与休闲农业的结合应注重生态价值的传递。通过开展生态教育活动，让游客了解生态保护的重要性，增强他们的环保意识。例如，可以组织生态讲座、农作物种植知识普及等活动，使游客在享受旅游的同时，提升对自然环境的认知。

(4) 强化政策支持

政府在政策支持方面应发挥积极作用，通过制定鼓励生态旅游和休闲农业融合发展的政策，提供财政补贴和税收减免，吸引更多的投资。同时，建立生态旅游和农业的评估机制，确保发展过程中的可持续性，避免过度开发对环境造成的负面影响。

综上所述，推进生态旅游与休闲农业的融合发展，不仅能够提升东平湖的旅游吸引力，还能为当地经济改革创新提供新的动力。通过市场细分、基础设施建设、产品设计和政策支持等多方面的努力，东平湖的生态旅游与休闲农业将实现可持续发展。

4.3 加强水资源可持续利用技术创新

水资源的可持续利用是实现东平湖综合治理与经济改革创新的重要环节。东平湖及其周边地区面临着过度开发以及水资源配置不合理等困境，必须加强技术创新，以提升水资源的管理效率和利用效率。因此，采用先进技术手段来推动水资源的可持续利用显得尤为重要。

(1) 发展水资源监测与管理技术是关键

利用物联网技术和大数据分析，构建全面的水资源监测系统，实时获取水质、水量等数据，从而提高水资源管理的科学性和精准性。例如，安装水质监测传感器，可以实时监测东平湖的水质变化，及时发现污染源并采取相应的治理措施。此外，运用无人机技术对水体进行巡查，可以大幅提升水资源管理的效率，减少人力成本。

(2) 推广节水技术和设备的应用

农业是东平湖周边的重要用水领域。通过引入滴灌、喷灌等高效节水灌溉技术，可以显著降低水资源的消耗，提高水的使用效率。同时，鼓励企业和家庭使用节水型器具，如节水马桶、节水龙头等，减少日常用水量。政府可通过政策引导和资金扶持，促进这些技术和设备的普及应用。

(3) 创新污水处理和再利用技术

通过建设先进的污水处理厂，采用膜分离、反渗透等高效处理技术，能够将污水转化为可再利用水源。例如，经过处理的污水可以用于农业灌溉、景观用水等，既满足了用水需求，又减少了对水体的污染。此外，发展雨水收集与利用系统，能够有效缓解水资源短缺问题，尤其是在干旱季节。

（4）建立水资源管理的技术创新平台

建立水资源管理的技术创新平台，促进科研机构、高校和企业之间的合作，推动水资源管理技术的研发和应用。在东平湖地区，可以通过政府主导，吸引社会资本的方式，打造技术创新示范区，集中力量攻克水资源管理中的技术难题。

通过以上措施，东平湖地区的水资源可持续利用技术创新将为经济改革创新提供强有力的支撑，推动区域经济的高质量发展。

黄河水文化的保护与传承研究

徐贝贝　刘　勇

东平湖管理局防汛石料供应处

摘　要：探讨了黄河水文化的保护与传承，在"十四五"水文化建设规划的指导下，分析黄河水文化的内涵，研究当前保护与传承的现状、面临的挑战，并提出相应的对策建议。通过综合分析，强调了黄河水文化保护与传承的重要性，并为"十四五"期间的相关工作提供参考。

关键词：黄河文化；水文化；保护与传承

黄河，中华民族的母亲河，不仅滋养了一片肥沃的土地，也孕育了悠久灿烂的文化。黄河水文化，作为黄河文化的核心组成部分，贯穿于中华民族的历史长河之中，见证了华夏文明的起源与发展。从大禹治水的传说，到历代先民在与黄河灾害的斗争中积累下的治水智慧和技术，再到黄河流域丰富的非物质文化遗产，包括艺术创作、传统工艺，以及舞蹈、音乐等表现形式，黄河水文化展现了人与自然和谐共生的美好愿景。它不仅是中国传统文化的重要组成部分，更是中华民族精神的重要载体，承载着深厚的历史底蕴和时代价值。然而，随着经济社会的快速发展，黄河水文化面临着前所未有的挑战。一方面，黄河水生态环境的恶化威胁到了水文化遗产的完整性；另一方面，现代社会生活方式的变化使得年轻一代对黄河水文化的认知逐渐淡化。加之黄河水文化资源的整理系统性不强、保护措施不到位以及体制机制不完善等问题，使得黄河水文化的保护与传承工作变得尤为迫切。

习近平总书记在黄河流域生态保护和高质量发展座谈会上指出，要深入挖掘黄河文化蕴含的时代价值，讲好"黄河故事"，延续历史文脉，坚定文化自信，为实现中华民族伟大复兴的中国梦凝聚精神力量[1]。"十四五"水文化建设规划为此提供了重要的政策指导和支持。本文将在这一背景下，通过对黄河水文化的内涵分析，探讨黄河水文化保护与传承的现状、面临的挑战及对策建议。以期在新时代背景下，为黄河水文化的保护与传承提供一些思路，更好地促进黄河流域生态保护和高质量发展。

1 黄河水文化内涵

1.1 概念界定

水文化是在水与人们生活和社会生活的各个方面发生联系的过程中，人们在各种水事活动中创造的财富总和[2]。黄河文化是黄河流域广大人民在长期的社会实践活动中适应当地的自然地理环境、认识和利用当地的发展条件所创造的物质财富和精神财富的总和[3]。黄河水文化是黄河文化的核心组成部分，是中华民族依托黄河几千年形成的水文化体系。它不仅涵盖了物质层面的文化遗产，如水利工程、治水工具、水工技术等，还包括非物质层面的文化遗产，例如与黄河相关的思想观念、价值理念、风俗习惯、宗教仪式、社会关系、法律法规等。黄河水文化渗透到黄河水事的维度，体现了人类治理黄河的创造性活动和思想精神。

1.2 主要表现形式

（1）在文学艺术方面

黄河水文化表现为大量的诗歌、散文、小说、戏剧等文学作品，其中不乏以黄河为背景，描绘其自然景观、人文风情的作品。例如，《诗经》中就有不少篇章描绘了黄河两岸的风土人情，唐诗宋词中也有很多赞美黄河壮观景象的佳作。此外，还有以黄河为主题的绘画、雕塑等艺术品，这些作品不仅展示了黄河的壮丽景色，还传递了人们对黄河的情感和敬畏之情。

（2）在民俗活动方面

黄河水文化中的民俗活动形式多样，包括但不限于各种节日庆典、祭祀活动等。例如，在每年的农历正月初九，黄河流域的一些地区会举行"黄河祭"活动，通过祭祀祈求黄河安宁、丰收吉祥。此外，黄河两岸的居民还会有各种与水相关的民俗活动，如端午节的赛龙舟比赛，不仅是为了纪念屈原，也是一种祈求平安的仪式。

（3）在宗教信仰方面

黄河水文化中包含了许多与水相关的神话传说和宗教仪式。例如，大禹治水的故事不仅是中国历史上著名的治水英雄事迹，大禹也被赋予了宗教和哲学意义，成为人们崇拜的对象。此外，黄河流域还存在着对河神的信仰，人们通过祭祀河神来祈求黄河的安宁和丰饶。

（4）在社会制度与法律法规方面

黄河水文化体现在一系列与水相关的管理规定和法律条文中。从古代的《周礼》到现代的《中华人民共和国黄河保护法》，无不体现出对水资源管理和利用的重视。这些法律法规不仅规定了水资源的使用原则，还明确了治理黄河的责任和方法，为维护黄河的生态平衡和水资源的安全提供了制度保障。

可以看出，黄河水文化是一个内涵丰富、形式多样的文化体系，它不仅记录了黄河流域人民与水共生的历史，也体现了中华民族在治理黄河过程中的智慧和精神追求。这些文化表现形式不仅丰富了中华文化的内涵，也为水利事业的发展提供了宝贵的启示。

1.3 黄河水文化的价值

黄河水文化的价值体现在多个层面，不仅限于其在经济、社会、生态和文化领域的贡献，而且在这些领域的相互作用中展现出独特的综合价值。

（1）经济价值

黄河水文化为沿黄地区的经济发展提供了坚实的支撑。通过挖掘黄河水文化遗产的经济潜力，如水利设施的旅游开发、水文化主题公园建设、水文化产品的创意设计等，不仅可以吸引游客，促进当地旅游业的发展，还可以带动相关产业的繁荣，如餐饮、住宿、手工艺品制造等。此外，黄河水文化还能激励技术创新，如在水资源节约集约利用、水生态环境保护等领域，促进新技术的研发和应用，从而推动经济增长。

（2）社会价值

黄河水文化在社会层面的作用也不可小觑。它是连接过去与未来的桥梁，通过保护和传承黄河水文化遗产，可以增强人民群众的文化认同感和自豪感，促进社会和谐稳定。同时，黄河水文化还能促进地区之间的文化交流和互动，增进不同地区人民群众之间的理解和友谊，形成共同的价值观和行为准则，这对于构建和谐社会具有重要意义。

（3）生态价值

在生态文明建设的背景下，黄河水文化强调人与自然和谐共生的理念。通过恢复和保护黄河流域的水生态环境，如湿地保护、生物多样性维护等，不仅能够改善水环境质量，还能为野生动植物提供栖息地，保持生态平衡。此外，通过推广水文化的生态教育，提高公众的环保意识，可以有效减少人类活动对水生态系统的负面影响。

（4）文化价值

黄河水文化作为中华文化的瑰宝，承载着丰富的历史文化信息和民族精神。它不仅是一种文化资源，更是一种文化资本。通过水文化的传播与教育，能够增进民众对传统文化的了解和尊重，促进文化多样性的保护和发展。同时，黄河水文化还能激发创意灵感，为现代艺术创作和文化产业的发展提供源源不断的素材。

黄河水文化的价值是多维度的，它不仅促进了经济的增长和社会的和谐，还对生态环境的保护和文化的传承起到了重要作用。因此，在推动黄河水文化发展的同时，应当综合考量这些价值，采取综合性措施，实现经济、社会、生态和文化价值的协调发展。

2 黄河水文化保护与传承的现状

黄河水文化作为中华文明的重要组成部分，承载着深厚的民族记忆和文化价值。近年来，随着国家对文化遗产保护工作的日益重视，黄河水文化的保护与传承工作取得了显著进展。国家及地方人民政府相继出台了一系列政策法规，旨在加强黄河水文化遗产的保护与传承。例如，水利部印发的《"十四五"水文化建设规划》，明确提出加强水利遗产保护、提升水利工程建设的文化品位、丰富水文化公共产品和服务等目标，为黄河水文化的保护提供了政策指引和支持。

具体保护措施方面，各级政府和相关部门采取了多种措施，以确保黄河水文化遗产得到有效保护。这些措施包括开展黄河水文化遗产的普查与评估工作，确保全面了解遗产的现状；加强对重要治河遗迹遗址的保护，如古堤防、古渡口、重大决口堵口遗迹等，确保这些具有重要历史价值的水文化遗产得以妥善保存；同时，推动黄河水文化和旅游、教育等行业的融合发展，通过建设黄河文化公园、水利风景区等方式，既保护了文化遗产，又促进了地方经济的发展；此外，还通过举办各类文化活动，如黄河文化节、水文化论坛等，提升公众对黄河水文化的认知度和参与度，进一步加强了黄河水文化的传承与弘扬。

可以看出，当前黄河水文化的保护工作已经取得了一定的成绩，但仍面临着诸多挑战，如遗产保护意识不统一、资金投入不足、专业人才短缺等问题。因此，进一步加强政策法规支持、加大资金投入、培养专业人才、创新保护措施等，对于持续推动黄河水文化的保护与传承至关重要。

3 黄河水文化保护与传承面临的挑战

3.1 自然环境变化的影响

黄河水文化深受自然环境变化的影响。随着全球气候变化的加剧，黄河流域的降水模式和径流状况发生了显著变化，对黄河水文化的保护构成了挑战。例如，极端天气事件的增多导致了洪水频发和干旱加剧，这不仅威胁到沿黄地区人民的生命财产安全，也直接影响到与黄河相关的文化遗产的保护。此外，黄河水位的变化和河床的抬升使得一些重要的水文化遗产处于潜在的淹没风险之中。例如，由于黄河三角洲湿地生态系统脆弱，极端天气导致的洪水和干旱不仅影响了湿地生态系统的稳定性，还威胁到了一些与水文化相关的遗址和传统活动。

3.2 经济发展带来的冲击

随着黄河流域经济社会的快速发展，工业化和城市化进程加速，对黄河水文化产生了直接和间接的冲击。一方面，土地开发、水资源开发利用和水环境污染等问题对黄河水文化遗产的自然环境造成了破坏，许多与水相关的自然景观和生态系统受到了威胁。另一方面，快速的城市化导致传统生活方式和习俗逐渐消失，这直接影响到了非物质水文化遗产的传承和发展。一些传统的水事活动和民俗节日等面临着被遗忘的风险。例如，城市扩张和工业发展对开封市的黄河水文化遗产造成了直接冲击。一些古河道和古代水利工程因城市建设而被填埋或改建，原有的水文化景观遭到破坏。此外，传统的水事活动如"放水灯"等民俗活动也因城市化进程中生活方式的变化而逐渐淡出人们的视野。

3.3 社会变迁中的问题

社会变迁对黄河水文化构成了新的挑战。随着新一代年轻人的成长，他们对传统文化的认知和兴趣呈现出多样化的特点，给黄河水文化的传承带来了一定的难度。此外，随着信息技术的快速发展，新媒体的普及丰富和改变了人们获取信息的方式，这也对传统水文化传播方式提出了新的要求。例如，如何利用数字技术更好地记录、展示和传播黄河水文化遗产，成为一个亟待解决的问题。

综上所述，黄河水文化在自然环境变化、经济发展以及社会变迁等多重因素的影响下面临着多重挑战。为了有效应对这些挑战，需要采取综合性的保护措施，包括加强法律法规的建设、利用数字化手段进行保护和传承、拓展黄河水文化的传播路径等。通过这些措施，可以更好地保护和传承黄河水文化，使其在未来继续发挥其独特的社会和文化价值。

4 黄河水文化保护与传承的发展策略

4.1 完善相应法律法规

黄河作为中华民族的母亲河，其水文化承载着深厚的历史积淀和丰富的文化遗产。面对自然环境变化、经济发展带来的冲击以及社会发展中的问题，保护与传承黄河水文化显得尤为重要。为了确保黄河水文化的可持续发展，需要从法律法规层面入手，采取一系列切实可行的措施来加强保护力度。

在立法层面，要进一步丰富和完善相关法律法规，明确黄河水文化遗产的定义、分类、保护范围、保护措施等内容，为黄河水文化的保护与传承提供坚实的法律基础。具体来说，可以在法律中增设专门章节，详细规定不同类型文化遗产（如水利设施、灌溉系统、传统技艺等）的具体保护标准和方法。同时，考虑到非物质文化遗产的重要性，法律还应当包含非物质文化遗产的保护措施，例如传统知识、民间艺术和习俗等。

在地方层面，鼓励地方人民政府根据本地实际情况，制定具体的保护条例和实施细则，确保法律法规能够有效地适应地方特点。地方人民政府可以根据文化遗产的具体情况，制定有针对性的保护政策，比如设立特别保护区、制定修复计划以及提供财政支持等。

为了确保这些法律法规得到有效实施，还需要建立健全黄河水文化遗产保护名录制度，对具有重要历史、科学、艺术价值的水文化遗产进行登记保护。这一体系应当包括定期更新名录、评估文化遗产状况以及制定紧急保护措施等。

4.2 利用数字赋能，打造黄河水文化智慧平台

当前，数字化技术的发展为黄河水文化的保护和传承提供了新的技术支持，通过实施水文化数字资源共享工程，搭建水文化数字应用平台，可以更好地对黄河水文化遗产进行保护和传承。

（1）建设数字化档案

建立黄河水文化遗产的数字化档案，通过高清摄影、三维扫描等技术手段收集和整理文化遗产的信息资料，确保珍贵的文化遗产得到永久保存。数字化档案不仅便于长期存储，还能方便快速检索和分享。

（2）搭建互联网智慧平台

利用社交媒体、官方网站等互联网平台，发布黄河水文化遗产的相关信息和研究成果，提高公众的认知度和参与度。通过水文化数字资源共享工程，可以对水文化资源进行全面掌握，并与其他地区建立连接，分享保护进展和成功案例。同时，以"一条母亲河、一幅水系图、一张智联网"为抓手，系统构建"云游黄河"智慧文旅平台，推进黄河水文化全媒体整合传播，打造黄河水文化智慧场景，让黄河水文化资源能够"看得见、听得到、可参与"。[4]

（3）开发在线教育资源

开发在线课程和虚拟博物馆等教育资源，让公众尤其是青少年群体能够通过互联网便捷地学习和了解黄河水文化。这些资源可以包括互动式展览、游戏化学习模块等，旨在激发年轻一代的兴趣和好奇心，培养他们成为未来的文化遗产守护者。

通过采用现代科技手段，不仅可以提高黄河水文化遗产保护与修复的工作效率，

还可以拓宽文化传播的渠道,让更多人参与到黄河水文化的保护与传承中来。这些策略的应用将有助于构建一个更加全面、高效和可持续的保护与传承体系,确保黄河水文化能够在现代社会中得以延续和发展。

4.3 提高社会参与,广泛传播黄河水文化知识

社会参与是黄河水文化保护与传承不可或缺的一环。为了营造全社会共同参与的良好氛围,促进黄河水文化的持续发展,可以通过以下几种方式来实现这一目标:

(1)提高公众意识

首先,可以通过媒体宣传、专题讲座、展览等形式开展宣传教育活动,向公众普及黄河水文化的知识,增强人们对黄河水文化遗产的认识和尊重。其次,实施参与计划,鼓励人民群众参与到文化遗产的保护工作中来,如组织志愿者参与清洁河流、修复古迹等活动,以提高人民群众的参与感和责任感。最后,在学校教育中加入黄河水文化的相关课程和实践活动,从小培养学生的文化自豪感和环保意识。

(2)文旅融合,创新形式

习近平总书记在党的二十大报告中指出,坚持以文塑旅、以旅彰文,推进文化和旅游深度融合发展[6]。可以结合当地特色,开发具有黄河水文化特色的文化旅游产品和服务,如黄河文化主题公园、民俗体验活动等。同时,设计多元化的文化旅游线路,串联起具有代表性的黄河水文化遗产点,丰富游客的体验内容。此外,创新黄河水文化传播形式,设计一些舞台剧、音乐剧、文化展馆体验等形式来提高群众对黄河水文化相关内容的了解。

这些策略不仅能够增强公众的文化认同感,还能为黄河水文化遗产的保护提供持续的人力资源和经济支持,从而确保黄河水文化的长久发展。

5 结语

黄河水文化不仅是中华文明的重要组成部分,也是人类共同的宝贵财富。其保护与传承对于维护生物多样性、促进经济社会可持续发展、增强民族凝聚力等方面具有不可替代的作用。在经济全球化快速发展的背景下,保护与传承黄河水文化不仅能够保留历史的记忆,还能为当代乃至未来的社会发展提供启示与指导。

通过实施上述措施,期望黄河水文化的保护与传承在未来能够取得显著成就。尽管前进道路上可能会遇到各种挑战,但通过不断的努力和创新,黄河水文化将能够更好地传承下去,为子孙后代留下宝贵的遗产。

参考文献

［1］习近平.在黄河流域生态保护和高质量发展座谈会上的讲话［J］.中国水利，2019（20）：1-3.

［2］韩红，卢本琼，姜雪.水文化遗产保护的传承与创新［J］.智库时代，2019（45）：251-252.

［3］张占仓.黄河文化的主要特征与时代价值［J］.中原文化研究，2021，9（6）：86-91.

［4］段金锁.黄河水文化时代价值挖掘与传播创新研究［J］.新闻爱好者，2023（12）：98-100.

［5］张玉双，张刚.加快推进黄河水文化建设的思路及对策［J］.山东水利，2024（5）：74-76.

［6］高举中国特色社会主义伟大旗帜 为全面建设社会主义现代化国家而团结奋斗［N］.人民日报，2022-10-17（002）.

经济新常态下黄河东平湖水文化建设探究

刘 静 李 萌

山东黄河河务局东平湖管理局

摘 要：水文化作为人类历史进程中不可或缺的一部分，与水利工程紧密相连，共同见证了人类与自然和谐共生的智慧与实践。基于黄河东平湖水文化建设，研究了经济新常态下水文化与水利工程的融合现状、水文化市场的构建情况等，以期为黄河东平湖水文化的全面建设和发展提供参考。

关键词：经济新常态；黄河东平湖；水文化建设

保护和传承弘扬黄河水文化是黄河流域生态保护和高质量发展重大国家战略的重要内容。习近平总书记指出："黄河文化是中华文明的重要组成部分，是中华民族的根和魂。要推进黄河文化遗产的系统保护，守好老祖宗留给我们的宝贵遗产。要深入挖掘黄河文化蕴含的时代价值，讲好'黄河故事'延续历史文脉，坚定文化自信，为实现中华民族伟大复兴的中国梦凝聚精神力量。"自黄河形成伊始，治黄文化便与黄河治理保护相辅相成、协同发展、共同进步，在中国大地上形成一条孕育中华民族发展壮大、永续发展的母亲河，在亿万华夏儿女心中形成一条厚德载物、自强不息的文化长河。保护传承弘扬黄河文化永远都是治黄事业的重要组成部分。为加快推进东平湖水文化建设步伐，对东平湖管理局水文化建设情况进行了广泛深入的调查，多次与泰安市文旅局同志座谈交流，多次到基层了解工作情况，征求了离退休同志、在职职工等的意见建议，并结合近几年文化建设情况进行了深入思考研究。

1 黄河东平湖水文化与水利工程的融合现状

东平湖管理局党组始终高度重视治黄文化建设，秉持"坚持以文化人，增强文化自信；保护文化遗产，延续历史文脉；深化河地融合，凝聚治黄合力；注重社会效益，推动文化发展"的建设目标，着力推动治黄文化建设走深走实，彰显治黄成绩，引导治黄实践，凝聚治黄智慧，塑造黄河形象，各项工作得以稳步推进。

1.1 唤醒历史文化，彰显治黄成就，建成黄河东银铁路文化展馆

山东黄河东银铁路是 20 世纪七八十年代山东黄河上游防汛物资运输的大动脉，始建于 1972 年，总体设计全长 242km，上起河南省兰考县东坝头，下迄山东省梁山县银山镇（现属东平县），建设运营二十多年，共运输防汛石料 93 万 m³，各类建材 13 万 m³，扭转了山东黄河上游长期以来石料运输紧张、备防石不足的被动局面，为山东黄河的抗洪抢险、防洪工程建设以及地方经济发展做出了不可磨灭的贡献。东银铁路于 1995 年拆除后，这段黄河石料运输历程被记录在治黄历史里。为唤醒这段承载防汛供应丰功伟绩的历史，展示黄河人奉献黄河、不畏艰险的精神，东平湖管理局党组研究决定按照"修旧如旧，忠于历史"的原则建设黄河东银铁路文化展馆，以历史为依据，以现代多媒体结合创新的展示手法，再现东银铁路二十多年来的风雨历程与辉煌成果。该馆于 2018 年 11 月开工，2019 年 9 月建成，2020 年完成提升建设，是目前黄河系统内唯一以防汛物资运输专线为主题的文化展馆。建筑面积 1360m²，分主副两个展区，有各类文物、史料 130 余件，照片资料 200 余件。2019 年 12 月被山东河务局评为"山东黄河文化建设示范点"。2020 年被水利部、黄委分别列入"水工程与水文化融合示范点""治黄工程与黄河文化融合示范点"建设项目，并通过水利部验收。2021 年 3 月被泰安市委评为"红色党性教育基地"。入选第一批黄河水利基层党建示范带"党员教育基地"，成为黄河东平段一处宣传治黄文化的核心点，发挥了极其重要的宣传辐射作用，黄河文化引导性和影响力有效增强。

1.2 复盘治黄实践，展示黄河形象，打造梁山黄河明珠广场

通过文化场馆建设，展现治黄历史，发掘治黄文化，宣扬治黄精神，深化社会各界对治黄工作的了解、理解，并产生影响力，从而优化塑造黄河人形象，让黄河走向社会，让黄河走进人民群众的心灵，热爱黄河、奉献黄河，这是建设梁山黄河明珠广场的最初目标。梁山黄河明珠广场最重要的特点是由职工自行设计、自行施工、自行完善，自行解读，尤其是展馆内的"老物件"多为职工自愿捐献，是建设职工群众心灵深处的文化场所，不但节约了大量资金，而且蕴含着职工的智慧和汗水，是职工群众自己的文化展馆。展馆建成于 2021 年 5 月，占地 16 亩，分为文化展厅、法治广场和党建长廊三大部分，展示 1946 年以来中国共产党领导人民治黄取得的治黄功绩和治黄文化等，形成集黄河精神、党性教育、文化传承、普法教育等功能于一体的综合性教育基地。先后荣获黄河水利委员会（以下简称"黄委"）"法治文化示范基地""黄河水利党建示范带党员教育基地""山东黄河文化建设示范点""济宁市法治文化建设示范基地""济宁市直机关党性教育基地""梁山县党员教育基地现场教学基地"等称号，并被纳入梁山县旅游部门黄河游览线路。

1.3 传承治河技艺，深化河地融合，完善戴村坝文化核心

戴村坝枢纽工程位于山东东平县大汶河下游，始建于明永乐九年（1411年），其主要历史功能是引汶济运，确保大运河的南北贯通，其整体调水布局和建设工艺是中国水利历史上的典范之作。文化核心内容包括3个部分：一是水利工程建设巧用土、木、石混合结构，内部衔接紧密，工程技艺高超，历经多次大洪水考验，虽多次维修，但总体结构保持原始状态。二是戴村石坝传承中国历代"疏而不堵"的治水方针，利用各段的不同高程和长度巧妙调节大汶河分水流量，在保证航运、灌溉、阻沙等基本功能的前提下，根据大汶河洪水流量分道畅流，水满则溢、不滞不堵，顺畅泄洪，既保证了来水按照设计者意志分流，又保证了工程安全，被誉为"江北都江堰"。三是戴村坝枢纽整体布局科学巧妙。戴村石枢纽工程分为戴村石坝、窦公堤和灰土坝。戴村石坝承担调水主责，窦公堤缓解大流冲击，灰土坝实为溢洪坝，当洪水过大时，通过灰土坝溢洪，减轻戴村石坝的压力。四是中国水利人的担当意识和责任感。建造过程中的每根木桩都印有供应者的名字。

2001年8月，大汶河流域突发洪水，戴村坝枢纽中的乱石坝冲决约130m，其他坝段亦损坏严重。为保护古老水工程，传承优秀治水技艺，2002—2003年，经黄委批复，重修乱石坝，增建下游消能防冲设施，并对滚水坝、玲珑坝、窦公堤、灰土坝和南北引堤进行了必要的整修和加固处理。戴村坝修复完成至今，先后经历了12年洪水考验，始终如同大汶河上一颗闪耀的明珠，熠熠生辉，传承着传统治水文化，发挥着缓流固沙的重要作用。2009年,戴村坝被黄委命名为"黄河爱国主义教育基地"。2011年，被水利部命名为"国家级水利风景区"；2014年6月，作为大运河的重要节点成功入列世界遗产名录；2015年11月，被山东省委宣传部命名为"山东省爱国主义教育基地"；2016年，被评为"国家水情教育基地"，系山东省首家国家级水情教育基地。

为保护传承戴村坝枢纽古老水利工程，东平湖管理局深化河地融合，配合东平县政府建成戴村坝博物馆。博物馆由序厅、运河之心、戴坝修筑、科学治水、治水名人、运兴东平以及3D影院组成。在这座仿古建筑内，保存有戴村坝坝体建筑图片、碑刻拓片，戴村坝附近征集的石杵、夯石，坝体上的铁扣及镇水兽等许多珍贵的物品与资料。

2 黄河东平湖水文化市场构建

习近平总书记指出，一个民族、一个国家，必须知道自己是谁，是从哪里来的，要到哪里去。保护传承黄河文化，让世人了解治黄事业的过去、现在和未来，是当

今治黄人的职责所在。

2.1 深入挖掘治黄历史，建设东平湖遗产保护线

利用文化场馆收集整理治黄遗产，同时有效保护现有历史物件，立于民国十五年的黄花寺堵复合龙碑得到发掘，并进行了有效保护，现保存于梁山黄河河务局黑虎庙管理段，将这段沉入历史烟海中的治黄历史展现在世人面前；2019年9月东平河务局发掘出承载人民群众团结抗洪、保家卫国功绩的"段公治黄功德碑"，立于十里堡险工53坝。

2.2 打造东平湖黄河文化传承线，编辑出版《东平湖历史演变与文化传承》

该书是以黄河历史文化为题材的历史资料性和文化传承性书籍，约45万字，300余幅插图，展示了东平湖区域水系变迁、东平湖历史演变的过程，记述了人民治黄以来黄河东平湖保护治理的辉煌成就，全面反映了东平湖范围内的治黄历史和治黄文化变迁，具有存史、资治、弘扬黄河文化的重要价值。该书通过黄委治黄著作出版资金专业评委会评审，入选2022年度资助出版名录，获得治黄著作出版资金资助并出版发行。

2.3 打造东平湖黄河文明建设线

弘扬新时代水利精神、黄河精神，讲好黄河故事，挖掘、选树、宣传治黄先模人物和先进事迹，凸显治黄传统的时代价值；推进更高层次文明单位创建和文化活动阵地建设，形成与时共进的东平湖黄河文明建设线。

2.4 规划建设文化标识高地，打造东平湖特色文化阵地

根据山东河务局黄河文化标识高地建设决策部署，依托东平湖国家级水利风景区，在东平湖石洼、林辛、十里堡等3座大型进湖闸和黄河堤防等水利工程基础上，融合东平湖黄河文化、大运河文化、水浒文化、古汶水文化及儒家文化、齐鲁文化、红色文化等，建设东平湖黄河文化展馆、黄河水闸文化主题公园和三闸水利工程文化生态景观带，形成集"闸、堤、坝、馆、园、院"于一体的"东平湖进湖闸水利风景区"，打造"东平湖黄河文化标识高地"。

3 对黄河文化建设的几点认识

习近平总书记指出，一个国家、一个民族的强盛，总是以文化兴盛为支撑的，中华民族伟大复兴需要以中华文化发展繁荣为条件。钱穆在《中华文化十二讲》中讲道：文化是指某一大群人经过长期的生活积集而得到的结晶。此项结晶，成为此一群人各方面生活之一总体系，其中必然有他们共同的信仰与理想，否则不能成其

集体性与传统性。无论是治国，还是治河，都必须有文化的强力支撑，必须增强文化自信，围绕举旗帜、聚民心、育新人、兴文化、展形象建设社会主义文化强国。

治黄事业源远流长、任重道远。在推动黄河流域生态保护和高质量发展的新发展阶段，必须贯彻新发展理念，构建治黄事业新发展格局，治黄文化建设作为凝心聚魂的基础工作，必须构建起文化建设的总体框架，明确长远发展目标，落实具体措施，一以贯之、持之以恒地推进治黄文化长远发展、不断丰富，发挥凝聚人心、增强定力、强化支撑、服务人民的重要作用。

加快发展治黄文化建设，一是把握总体目标，发挥好治黄文化建设为国家立心、为民族立魂的重要作用。任何意识形态的东西，都具备阶级性；建立共同的信仰和价值观，让中华民族永续发展是中华文化的职责所在。治黄文化发展的总目标就是凝聚中华儿女的共识与智慧，为母亲河长治久安提供精神支持。二是把握总体要求，让治黄文化深入人心。任何精神层面的东西，都需要通过某种方式，塑造坚强的灵魂，树立共同的信仰，服务于人类和社会的发展。治黄文化建设也需要通过灵活多样的形式，深入人心，渗透灵魂，树立为治黄事业奋斗的精气神。三是要从历史文化中汲取养分。我们只有继承好传统文化，才能更好地发展、更好地进步。四是要积累现代文化。历史文化由先人积累总结沉淀升华，现代文化需要我们这代人创造发展。

4 加快黄河文化建设设想

水文化建设是一项长期而艰巨的任务，要根据东平湖黄河文化建设调查情况，深入思考文化建设总体目标和发展路径。

4.1 继续完善东平湖黄河文化建设核心点

治黄文化核心点是集中展现宣传和引导文化建设的标志物，是培养信仰与信念，提升文化素养，增进文化觉悟，增强文化自信与行业自信的场所，对于传承保护弘扬黄河文化、提升全面文化自信、塑造黄河人形象、促进河地融合、争取社会各界普遍关注和最大支持至关重要。一是要把文化平台搭起来，把握住文化建设的基础抓手。发挥现有"文化人"研究传播能力，建立文化建设研究机构（兼职），确立文化建设课题，按照循序渐进、逐步提高的途径，深入挖掘现有文化元素。联合地方文旅部门专业力量，共同研究探讨涉及治黄文化发展课题，逐步形成文化积累，从中提炼黄河文化元素。做好东平湖志书编撰，认真书写东平湖历史文化。二是把现有文化展馆管理好、作用发挥好。当前，东平湖现有两处文化展馆，一处是戴村坝历史工程展馆。管理利用好现有展馆，是东平湖当前现实任务。下步工作中，要将按照"规范管理、完善设施、科学利用、提高影响力"的愿景目标，管理好、利用好三处文化建设阵地。三是加大黄河文化宣传。协调社会媒体资源，建立健全沟通合作机制，通过座谈会、联合采访、宣传合作、拍摄专题片、开展文化活动等多种形式，充分利用各类媒体平台，普及黄河文化知识，宣扬黄河文化精神实质和价值功能；支持与地方合作建设黄河文化主题公园，支持建设黄河文化科普馆，发挥引导、传播、教育功能，展示黄河文化对促进流域社会经济发展的作用和价值，引导全社会更多地关注黄河文化，投身黄河保护，支持黄河事业。

4.2 保护好、利用好东平湖黄河文化遗产

黄河东平湖水文化遗产丰富，收集整理及保护任务重。一是保护好现有文化遗产。首先是实物类遗产，按照现代科学方式予以保护，减少自然减损与人为破坏，将"黄花寺合龙碑""段公碑"，以及戴村坝等现有历史文物保护好。二是收集整理碑文，将遗留的文化内容保护好。三是继续探寻遗落在民间的治黄文物，采取多种方式予以保护。四是联合地方人民政府查找治黄文化文物。五是尽快出版《东平湖历史演变与文化传承》图书。同时，积极鼓励传承单位和个人依法开展传承活动，重点围绕治河传统技术、传统工艺发力，加强传统技术和工艺的研究、影像资料的录制保存；开展传统技术和工艺的培训演练，在实践中保护传承，在传承中不断发展。

4.3 着力做好东平湖黄河文化传承

一是妥善保护现有水利工程实物，保持各类防洪工程的完整性和连贯性；将文化要素纳入工程规划设计、建设管理各环节、全过程，体现文化内涵，发挥教育传播功能；在黄河、东平湖生态廊道建设中，适当融入文化元素，形成点线结合的自然文化景观带，让沿黄、沿湖群众共享黄河生态文化建设成果，将黄河工程打造成为展示行业形象、传播黄河文化的窗口。

二是扩大沿黄交流合作。积极服务和融入黄河流域生态保护及高质量发展国家战略，加强与地方党委政府的沟通，主动当好参谋，参与相关规划的制定与实施，争取地方支持，合作建设管理好黄河、东平湖水利风景区和文化园区。

4.4 推进治黄文化融合发展

一是大力弘扬新时代黄河精神。以"黄河东平湖"微信公众号为主阵地，充分利用现有的系统内媒体平台，大力宣传推进黄河文化建设的意义和作用，营造重视关心黄河文化建设的浓厚氛围。创新运用微视频、人物专访、回忆录等形式，讲好老一辈治黄人艰苦奋斗的故事、治黄英模无私奉献的故事、治黄职工平凡感人的故事，通过讲述治黄故事，涵养家国情怀，激发文化自觉，增强文化自信，为治黄事业凝聚正能量。

二是扎实抓好精神文明创建工作。以创建高层次文明单位为目标，深入研究和把握新时代黄河系统精神文明建设的特点和规律，加强检查指导，规范内部管理，提升文明创建水平。大力开展文明工地、星级段所、文明处室、文明家庭、青年文明号等群众性精神文明创建活动，着力培育和践行社会主义核心价值观，把文明创建与治黄中心重点工作紧密结合，在推进治黄事业发展中巩固文明创建成果，努力保持全局文明创建工作的良好发展态势。

三是提升黄河爱国主义教育品牌影响力。巩固戴村坝水利工程黄河爱国主义教育基地建设成果，不断丰富文化内涵，发挥品牌引领作用，以此为基础，继续挖掘整合展示红色人文景观所承载的治黄历史、英雄事迹和黄河精神，打造更加多元、立体的爱国主义教育品牌。

四是发挥黄河文化阵地作用。以各级现有的图书室、资料室、阅览室、活动室等文化设施为平台，组织开展丰富多彩的职工群众性文化活动，定期开展巡回演讲、征文、书法、绘画、摄影等比赛，鼓励职工参与创作。以研究会、协会等为载体，邀请社会各界专家学者考察黄河、研究黄河，开展文学艺术创作，多渠道弘扬黄河文化。

数字孪生水利建设在山东黄河区域的实践探索与理论研究

毛语红　李　俊

山东黄河河务局东平湖管理局

摘　要：深入探讨了数字孪生技术在山东黄河区域水利建设中的创新应用与实践，结合孪生流域、孪生水网、孪生工程及孪生灌区建设等关键领域，全面分析了其对区域生态、环境及经济的深远影响。通过引入人工智能、数字经济等前沿科学技术与发展理念，构建了一套将理论与实践紧密结合的分析框架，旨在揭示数字孪生技术如何助力山东黄河区域水利建设的智能化、精细化和高效化。具体而言，关注数字孪生技术在水利建设中的具体应用和实施效果，进一步探讨其如何通过优化资源配置、提升管理效能和推动技术创新等途径，为山东黄河区域的水利现代化提供科学支撑和战略指导。期望通过系统性的分析和研究，为智慧水利建设提供新的理论视角和实践路径，推动山东黄河区域水利事业的高质量发展，并为其他地区的水利建设提供有益的参考和借鉴。

关键词：孪生数字技术；孪生流域；孪生水田；孪生灌区；黄河区域；山东

1　研究背景与研究意义

随着数字化转型和产业升级的加速推进，智慧水利已成为推动水利高质量发展的重要途径。在这一背景下，数字孪生技术作为新一代信息技术的集大成者，通过构建物理世界的虚拟映像，实现了对现实世界的实时监控、模拟预测和优化调度。山东黄河作为黄河流域的重要组成部分，其水利建设面临着防洪减灾、水资源管理、生态保护等多重挑战。传统的水利管理方式已难以满足当前复杂多变的水利需求，而数字孪生技术的引入为解决这些问题提供了全新的思路和解决方案。

本文通过系统分析数字孪生技术在山东黄河区域水利建设中的应用实践，深入探讨其对区域生态、环境及经济的深远影响。这不仅有助于揭示数字孪生技术在水利领域的创新潜力和应用价值，还为智慧水利建设提供了理论支撑和实践指导。同时，结合人工智能、数字经济等前沿技术，本文提出数字孪生水利建设的创新路径和发展策略，旨在推动山东黄河区域水利事业的高质量发展。此外，本文还期望为其他地区的水利建设提供有益的参考和借鉴，推动智慧水利在全国范围内的广泛应用和推广。

2 数字孪生水利建设理论基础

2.1 数字孪生技术概述

数字孪生技术是一种集成了物联网、大数据、云计算、人工智能等新一代信息技术的前沿理念，其核心在于对物理实体或系统进行全面、精准、动态的数字化映射，形成与物理世界同步运行的虚拟世界。这一技术通过实时监控、模拟预测和优化调度等手段，实现了对物理实体的全方位管理和优化。在水利领域，数字孪生技术的应用前景广阔，可以应用于流域管理、水资源调度、水利工程运维等多个方面，为水利行业的智能化、精细化和高效化提供有力支撑。数字孪生技术不仅仅是一个技术概念，更是一种全新的管理和决策模式，它通过数字化的方式，将物理世界的信息和过程进行抽象和模拟，使得人们可以在虚拟世界中对物理实体进行实时监测、分析和优化，从而提高管理效率和决策科学性。

2.2 数字孪生水利建设的关键技术

数字孪生水利建设涉及多项关键技术，这些技术的综合应用构成了数字孪生水利系统的核心架构。

倾斜摄影与实景建模技术。通过无人机、地面激光扫描等设备采集高精度三维数据，构建流域地形地貌的虚拟模型，为数字孪生水利系统提供基础的地形数据支撑。这一技术的应用，可以更加准确地模拟和预测流域的水文过程，为防洪减灾和水资源管理提供更加精准的数据支持。

数值仿真与流体动力学模型。利用 MIKE 等水动力模型进行洪水演进、水资源调配等数值模拟，实现对水利过程的精准预测和模拟，为防洪减灾和水资源管理提供科学依据。这些模型的应用，可以帮助人们更好地理解和预测水利系统的行为，为制定科学的水利管理策略提供有力支持。

BIM 与 GIS 技术：结合建筑信息模型（BIM）和地理信息系统（GIS），实现水利工程的精细化管理和空间分析，提高水利工程的运维效率和管理水平。BIM 技术的应用，使得我们可以对水利工程进行全生命周期的管理，从设计、施工到运维，都可以实现信息的共享和协同，提高工程的管理效率和质量。

人工智能与大数据分析技术：运用机器学习、深度学习等算法，对海量水利数据进行挖掘分析，提取有价值的信息和知识，为水利决策提供智能化支持。这些技术的应用，可以帮助人们更好地理解和利用水利数据，发现数据中的规律和趋势，为制定科学的水利管理策略提供有力支持。同时，人工智能技术的应用还可以实现水利系统的自主运行和智能优化，提高系统的运行效率和稳定性。

综上所述，数字孪生水利建设的关键技术涵盖了数据采集、模型构建、智能化分析等多个方面。这些技术的综合应用构成了数字孪生水利系统的核心架构，不仅提高了水利管理的效率和科学性，还为水利行业的现代化发展提供了新的动力和方向。

3 山东黄河区域数字孪生水利建设实践

3.1 孪生流域建设实践

在山东黄河区域，数字孪生流域建设已取得显著进展。通过倾斜摄影与实景建模技术，构建了高精度的三维地形地貌模型，为流域管理提供了基础数据支撑。同时，结合数值仿真与流体动力学模型，实现了对洪水演进、水资源调配等水利过程的精准预测和模拟。在此基础上，进一步开发了智能预警系统，通过实时监测和数据分析，能够及时发现并预警潜在的洪水风险，为防洪减灾提供了有力支持。

为了进一步提升孪生流域的建设水平，需要加强数据融合与共享，打破信息孤岛，实现跨部门、跨区域的数据互通，同时，还应深化人工智能技术的应用，提高预警系统的准确性和时效性，确保在紧急情况下能够迅速做出响应。

3.2 孪生水网建设实践

在孪生水网建设方面，运用 BIM 与 GIS 技术，实现了对水利工程的精细化管理和空间分析。通过构建水利工程的三维模型，可以实时监测工程的运行状态，及时发现并解决潜在的问题。同时，结合大数据分析技术，对水资源的供需关系进行了深入研究，为水资源的合理调配提供了科学依据。

为了进一步提升孪生水网的建设水平，需要加强水利工程的智能化改造，引入更多的传感器和监测设备，提高数据采集的准确性和实时性。同时，我们还应加强与其他行业的合作，如农业、工业等，实现水资源的跨行业优化配置。

3.3 孪生工程及孪生灌区建设实践

在孪生工程及孪生灌区建设方面，结合物联网技术和智能传感器，实现了对水利工程和灌区的全面感知和动态监测。通过实时监测工程结构和灌区的土壤、气象等参数，可以及时发现潜在的安全隐患，并采取相应措施进行修复和预防，同时，结合人工智能算法，对灌区的灌溉计划进行了优化，提高了水资源的利用效率。

为了进一步提升孪生工程及孪生灌区的建设水平，需要加强物联网技术的研发和应用，提高传感器的精度和稳定性，同时，还应加强对灌区土壤、气象等参数的深入研究，为灌溉计划的制定提供更加精准的数据支持。此外，还应推广智能灌溉技术，如精准灌溉、智能控制等，提高灌区的现代化管理水平。

综上所述，山东黄河区域的数字孪生水利建设实践已经取得了显著成果，但仍需进一步提升建设水平。应加强技术创新和研发，引入更多的前沿技术，如深度学习、大数据分析等，提高数字孪生系统的智能化水平，同时，还应加强与其他行业的合作与交流，共同推动数字孪生水利建设的发展与应用。

4 数字孪生水利建设的经济影响分析

4.1 提升防洪减灾能力，减少经济损失

数字孪生水利建设在山东黄河区域显著提升了防洪减灾能力，进而有效减少了因洪水灾害带来的经济损失。通过构建高精度的洪水演进模型，数字孪生系统能够提前预测洪水路径、洪峰流量等关键信息，为防汛决策提供科学依据。这种精准预测能力使得防洪措施能够提前部署，有效避免或减轻洪水对基础设施、农田、居民区等的破坏，从而显著降低灾后重建和恢复生产的成本。

为了进一步提升防洪减灾的经济效益，山东黄河区域需要继续加强数字孪生系统的建设和优化。一方面，应加大对先进监测设备和传感器的投入，提高数据采集的精度和实时性；另一方面，应深化人工智能和大数据技术的应用，提升洪水预测模型的准确性和可靠性。此外，还应加强与其他相关部门的协同合作，形成防洪减灾的合力，共同应对洪水挑战。

4.2 优化水资源配置，促进经济可持续发展

数字孪生水利建设在山东黄河区域还通过优化水资源配置，促进了经济的可持续发展。通过实时监测和分析流域内的水资源供需状况，数字孪生系统能够精准预测水资源短缺风险，并提前制定应对措施。这种精准调配能力使得水资源能够得到有效利用，避免了浪费和污染，同时也保障了农业、工业等关键行业的用水需求。

为了进一步提升水资源配置的经济效益，山东黄河区域需要继续完善数字孪生系统的功能和应用。一方面，应加强对水资源供需数据的收集和分析，提高数据的质量和完整性；另一方面，应深化智能调度算法的研究和应用，实现水资源的智能化、精细化调配。此外，还应加强节水技术的推广和应用，提高全社会的节水意识和水资源利用效率。

4.3 推动产业升级转型，增加就业机会

数字孪生水利建设不仅提升了水利管理的效率和水平，还推动了相关产业的升级转型和就业机会的增加。随着数字孪生技术的不断发展和应用，水利行业对高素质人才的需求日益增加，从而带动了教育、培训等相关产业的发展。同时，数字孪生技术的广泛应用也催生了新的业态和商业模式，为经济增长提供了新的动力源泉。

为了进一步扩大数字孪生水利建设对经济的正面影响，山东黄河区域需要加强对数字孪生技术的研发和推广力度。一方面，应加大对科研机构和企业的扶持力度，鼓励其开展数字孪生技术的创新和应用；另一方面，应加强对数字孪生技术人才的培养和引进工作，建立健全的人才培养和激励机制。此外，还应加强与国际先进技术的交流与合作，引进和吸收国际先进经验和技术成果，推动山东黄河区域数字孪生水利建设的持续健康发展。

5 挑战与对策

5.1 技术挑战与对策

在数字孪生水利建设的过程中，山东黄河区域面临着多方面的技术挑战。

首先，数据整合与处理技术挑战显著。由于水利数据涉及多个部门和领域，数据格式、标准和质量存在差异，导致数据整合和处理面临困难。为了应对这一挑战，需要采取一系列措施。一方面，要建立统一的数据标准和规范，促进不同部门和领域之间的数据整合和共享，确保数据的准确性和一致性。为此，山东黄河区域应设立专门的数据管理部门，负责数据的收集、整合、处理和分析工作，确保数据的质量和可靠性。另一方面，要研发更高效的数据处理算法和技术，提高数字孪生系统的数据处理能力和准确性，以更好地支持决策和分析。为此，可以加强与高校和研究机构的合作，共同研发适用于山东黄河区域的数据处理技术，提高数据处理效率和质量。

其次，模型构建与仿真技术更新迅速。数字孪生技术涉及多个前沿领域，如物联网、大数据、人工智能等，这些技术中的模型构建与仿真部分更新换代迅速，需要持续投入资金和资源进行研发和应用。为了应对这一挑战，应加大技术研发和投

入力度，推动技术创新和应用。具体而言，可以设立专项研发基金，支持数字孪生技术的持续创新和应用，确保技术的领先地位。同时，积极与国际先进技术接轨，引进和吸收国际先进经验和技术成果，加强与国际同行的交流与合作，共同推动技术发展。山东黄河区域可以积极寻求与国际知名企业和研究机构的合作，共同研发适用于该区域的数字孪生技术，提高技术水平和应用能力。

为了进一步提升数字孪生水利建设的技术水平，山东黄河区域还需要加强人才培养和引进工作。建立健全的人才培养机制，加强与高校和研究机构的合作，培养更多具备数字孪生技术专业知识的人才。同时，积极引进国内外优秀人才，为数字孪生水利建设提供强有力的人才支撑。

5.2 经济成本与对策

数字孪生水利建设还面临着经济成本方面的挑战。然而，通过科学合理的经济对策，可以有效应对这些挑战，推动数字孪生水利建设的持续健康发展，并为山东黄河区域带来显著的经济影响。

首先，初期投资成本高昂是数字孪生水利建设面临的一大经济挑战。为了降低初期投资成本，可以采取多元化融资策略，吸引政府、企业和社会资本的共同参与，分担投资风险。政府可以出台相关政策，鼓励企业和社会资本投入数字孪生水利建设，并提供一定的财政支持和税收优惠。同时，积极争取政策扶持和资金补贴，为数字孪生水利建设提供财政支持。山东黄河区域可以积极争取国家和地方政府的资金支持，降低初期投资压力。

其次，运维成本持续较高也是数字孪生水利建设面临的经济挑战之一。为了降低运维成本，可以优化系统架构和设计，提高系统的稳定性和可靠性，减少故障率和维护次数。同时，通过引入市场竞争机制，降低设备和服务采购成本，选择性价比高的产品和服务。此外，加强与金融机构的合作，探索创新的融资模式和服务，为数字孪生水利建设提供长期稳定的资金支持也是降低运维成本的有效途径。山东黄河区域可以积极与金融机构合作，探索适合该区域的融资模式和服务，降低运维成本。

数字孪生水利建设对山东黄河区域的经济影响也是显著的。通过提高水资源的管理效率和防洪减灾能力，数字孪生水利建设可以有效减少水资源浪费和洪涝灾害带来的经济损失。同时，数字孪生水利建设还可以促进相关产业的发展和就业机会的增加。因此，在应对经济成本挑战的同时，也应充分考虑到数字孪生水利建设带来的经济效益和长期利益。

5.3 安全风险与对策

在数字孪生水利建设的过程中,安全风险同样不容忽视。这些风险包括数据泄露、系统被恶意攻击以及误操作等,都可能对水利系统的正常运行和数据的准确性造成严重影响。

为了应对这些安全风险,需要采取一系列对策。

首先,加强数据安全管理,建立完善的数据加密和访问控制机制,确保数据在传输和存储过程中的安全性。同时,定期对系统进行安全检查和漏洞修复,防止黑客利用系统漏洞进行攻击。

其次,提高系统的抗攻击能力。可以采用分布式架构和冗余设计,确保系统在面对恶意攻击时能够保持稳定运行,同时,加强对系统操作人员的培训和管理,防止因误操作导致系统故障或数据丢失。

最后,建立应急响应机制。在发生安全事件时,能够迅速响应并采取措施进行处置,最大限度地减少安全事件对数字孪生水利建设的影响。为此,需要制定详细的应急预案,并定期进行演练和培训,确保相关人员能够熟练掌握应急处置流程。

综上所述,山东黄河区域在推进数字孪生水利建设的过程中,需要同时关注技术挑战、经济成本挑战以及安全风险挑战。通过制定科学合理的应对策略,可以逐步克服这些挑战,推动数字孪生水利建设的持续健康发展,并为山东黄河区域带来显著的经济和社会效益。

6 结论与展望

6.1 结论

通过本文的探讨,可以得出以下结论。

首先,数字孪生水利建设在提升水资源管理效率、防洪减灾能力以及促进可持续发展等方面具有显著优势。这一新兴技术通过实时模拟、监控和优化水利系统,为水资源管理和防洪减灾提供了新的解决方案。

其次,山东黄河区域作为水利建设的重要区域,面临着诸多挑战,如技术难题、经济成本以及安全风险等。然而,通过制定科学合理的应对策略,如建立统一的数据标准和规范、研发高效的数据处理算法和技术、加大技术研发和投入力度、采取多元化融资策略、优化系统架构和设计、引入市场竞争机制以及加强数据安全管理和应急响应机制建设等,可以逐步克服这些挑战,推动数字孪生水利建设在山东黄河区域的持续健康发展。

最后,数字孪生水利建设在山东黄河区域的应用前景广阔。通过进一步的技术研发和创新，可以期待数字孪生技术在水利领域的更广泛应用，为山东黄河区域的水资源管理和防洪减灾带来更大的效益。

6.2 展望

展望未来，数字孪生水利建设在山东黄河区域的发展将呈现以下趋势。

首先，技术创新将持续推动数字孪生水利建设的发展。随着物联网、大数据、人工智能等技术的不断进步，数字孪生技术的模拟精度和实时性将进一步提升，为水资源管理和防洪减灾提供更精准、更及时的决策支持。

其次，数字孪生水利建设将与山东黄河区域的实际情况更紧密地结合。在未来的发展中，需要充分考虑山东黄河区域的地理、气候、水资源等实际情况，针对性地研发和应用数字孪生技术，以更好地服务于该区域的水资源管理和防洪减灾工作。

最后，数字孪生水利建设将促进山东黄河区域的可持续发展。通过提高水资源管理效率和防洪减灾能力，数字孪生水利建设将促进保障山东黄河区域的水资源安全和生态环境平衡，为该区域的可持续发展提供有力支撑。

综上所述，数字孪生水利建设在山东黄河区域具有广阔的发展前景和重要的应用价值。在政府、企业和社会各界的共同努力下，数字孪生水利建设将在山东黄河区域取得更大的成功，并为该区域的水资源管理和防洪减灾事业做出更大的贡献。同时，期待数字孪生技术在未来的水利领域发挥更大的作用，为全球的水资源管理和防洪减灾事业带来更多的创新和突破。

新质生产力助力黄河中下游经济发展课题研究

谌业敏　吕振锋

东平湖管理局东平黄河河务局

山东黄河河务局东平湖管理局

摘　要：探讨了新质生产力在黄河中下游地区经济发展中的作用和影响。通过对该区域的历史数据和案例分析，发现新质生产力的提升对于产业结构优化、技术创新、环境保护以及社会经济可持续发展具有显著推动效果。黄河中下游地区凭借丰富的自然资源和优越的地理位置，借助新质生产力的发展，成功实现了经济增长模式的转变，提高了经济效益。同时，新质生产力的引入也促进了环保技术的应用，改善了生态环境，为实现绿色经济提供了有力支持。然而，仍需面对如何平衡经济发展与资源环境的问题，以及如何进一步提高新质生产力的扩散和应用效率等挑战。

关键词：新质生产力；黄河中下游；经济发展；产业结构；可持续发展

1　研究背景与意义

随着中国经济进入新常态，黄河高质量发展成为核心议题。黄河中下游区域在中国经济社会发展中占据重要地位，承载着丰富的历史文化和资源禀赋。然而，该区域也面临着生态环境脆弱、产业结构不合理、经济增长方式粗放等问题。新质生产力，作为科技进步和创新的产物，是推动经济转型升级、实现绿色可持续发展的关键驱动力。它涵盖了信息技术、新能源、新材料、生物技术等前沿领域，能够显著提升生产效率，改善生态环境，促进经济社会全面进步。

近年来，黄河中下游地区在新质生产力方面取得了一定的进展，但总体上仍存在应用不足、创新能力弱、产业链条不完善等问题。因此，深入探究新质生产力如何有效促进黄河中下游地区的经济发展，对于优化区域经济结构、增强可持续发展能力、保障国家粮食安全、改善民生福祉具有重大理论价值和实践意义。本文旨在通过系统分析新质生产力的现状、影响机制及发展策略，为相关政策制定提供科学依据，助力黄河中下游地区实现创新驱动的高质量发展。

2 研究方法与框架

本文采用理论分析与实证研究相结合的方法，深入探讨新质生产力对黄河中下游地区经济发展的作用。理论层面运用现代经济学的创新驱动发展理论，分析新质生产力如何通过技术创新、知识资本积累和人力资本提升等方面推动区域经济发展。

在实证研究方面，运用定量分析工具，以黄河中下游各城市的经济统计数据为样本，检验新质生产力指标（如研发投入、高技术产业产值等）与经济增长之间的关系。采用案例研究法，选取黄河中下游具有代表性的城市，如郑州、济南等，深入剖析其新质生产力发展的具体实践、成功经验和存在问题，以期提供微观视角的实证证据。

研究框架上，本文首先介绍新质生产力的理论基础，然后分析黄河中下游地区的经济现状及新质生产力应用情况。通过理论分析与实证模型构建，揭示新质生产力的影响机制。最后，根据研究结果提出促进新质生产力发展的策略建议，并对未来研究进行展望，以期为相关政策制定提供科学依据和参考。

3 黄河流域新质生产力现状分析

3.1 黄河中下游地区经济发展概况

黄河中下游地区作为中国重要的经济带之一，其经济发展呈现出显著的区域特色与活力。该区域涵盖了河南、山东、山西、陕西等省份的部分或全部，拥有丰富的自然资源和深厚的文化底蕴，是中国农业、工业、能源和交通的重要基地。近年来，随着国家西部大开发、中部崛起等战略的实施，黄河中下游地区的经济增速持续高于全国平均水平，产业结构逐步优化升级，高新技术产业、现代服务业和现代农业等新兴领域快速发展，成为推动区域经济增长的新引擎。

从具体数据来看，黄河中下游地区生产总值总量稳步增长，其中第二产业尤其是制造业贡献突出，第三产业比重逐年上升，显示了经济结构向服务型转变的趋势。以河南省为例，作为农业大省，通过现代农业技术的应用，不仅提升了粮食产量，还促进了农产品深加工和品牌化建设，有效增加了农民收入和农村经济活力。山东省则依托其强大的工业基础，大力发展高端装备制造、新能源、新材料等战略性新兴产业，形成了具有较强竞争力的产业集群。

此外，黄河中下游地区还积极融入"一带一路"建设，加强与共建国家的经贸合作，推动对外贸易和投资快速增长。同时，该区域内的多个城市如郑州、西安等，凭借区位优势和政策支持，建设了国家级新区、自由贸易试验区等开放平台，吸引了大量国内外资本和技术，进一步加速了经济转型升级的步伐。

然而，黄河中下游地区在快速发展的同时，也面临着资源环境约束加剧、产业结构调整难度大等问题。因此，如何在保持经济增长的同时，实现可持续发展，成为该区域面临的重大课题。

3.2 新质生产力在黄河中下游的应用现状

黄河中下游地区作为我国经济的重要组成部分，近年来在新质生产力的推动下展现出了强劲的发展势头。新质生产力，包括但不限于高新技术产业、数字经济、绿色能源、智能制造等，正在重塑这一地区的产业结构和经济增长模式。高新技术产业园区如雨后春笋般涌现，不仅吸引了大量国内外投资，还培育了一大批具有自主知识产权的高新技术企业，涵盖了电子信息、生物医药、新材料等多个前沿领域。以河南省郑州市为例，其高新技术产业开发区已经成为全国重要的电子信息产业基地之一，集聚了诸如富士康、华为等知名企业，形成了完整的产业链条，极大地促进了当地经济的转型升级。

数字经济方面，黄河中下游地区充分利用互联网、大数据、云计算等技术，加速了传统行业的数字化转型。山东省济南市依托其在软件和信息技术服务业的优势，打造了"数字济南"，推动了电子商务、智慧物流、在线教育等新业态的快速发展，有效提升了区域经济的运行效率和服务水平。

绿色能源和智能制造是黄河中下游地区新质生产力的另一大亮点。河北省利用丰富的风能和太阳能资源，大力发展风电、光伏等可再生能源项目，为区域经济发展提供了清洁、可持续的能源支撑。同时，通过引进和自主研发，区域内多家企业实现了从传统制造向智能制造的转变，提高了生产效率，降低了能耗和排放，展现了绿色低碳发展的新路径。

新质生产力在黄河中下游地区的广泛应用，不仅显著增强了区域经济的竞争力，还促进了经济社会的全面协调可持续发展，为实现高质量发展目标奠定了坚实基础。

3.3 案例分析：典型城市新质生产力发展实例

作为黄河中下游的重要城市，郑州市在新质生产力的发展上展现出显著的成效。近年来，郑州市大力发展高新技术产业，积极推动信息化与工业化深度融合，形成了一批具有核心竞争力的企业集群。例如，郑州宇通客车股份有限公司通过引入智能化生产线，实现了生产过程的自动化和信息化，大幅度提升了生产效率，降低了成本，同时也提升了产品质量，这是新质生产力在制造业中的应用实例。

另一方面，郑州市在智慧城市建设方面也取得了突破。通过大数据、云计算等先进技术的应用，构建了智慧城市管理系统，有效提升了城市管理效能和服务水平。例如，郑州市的"互联网+政务服务"平台，简化了行政流程，提高了公共服务效率，为市民提供了便捷的办事环境，体现了新质生产力在公共服务领域的贡献。

此外，郑州市还积极推动绿色能源的发展，如风能、太阳能等可再生能源项目，既体现了新质生产力对传统能源结构的改造，也为实现绿色发展提供了动力。例如，郑州市郊的大型光伏电站项目，不仅提供了清洁电力，还带动了相关产业链的发展，成为新质生产力驱动绿色经济发展的典范。

郑州市在新质生产力的实践过程中，成功地将科技、信息、环保等元素融入经济社会发展中，为黄河中下游地区的经济发展提供了鲜活的案例，展示了新质生产力的巨大潜力和影响力。

4 新质生产力对黄河中下游经济发展的影响机制

4.1 理论分析：新质生产力与经济增长的关系

理论分析表明，新质生产力作为创新驱动的核心要素，与经济增长之间存在显著正相关关系。新质生产力不仅涵盖了传统意义上的资本、劳动和技术进步，更强调知识、信息、数据等非物质生产要素的作用，以及创新、效率和可持续性的发展理念。在黄河中下游地区，新质生产力的提升主要通过以下途径促进经济增长。

（1）科技创新驱动产业结构升级

高新技术产业和战略性新兴产业的兴起，如新能源、新材料、生物技术、信息技术等，为区域经济注入了新的活力。以河南省为例，近年来该省大力发展智能制造和绿色制造，推动制造业向高端化、智能化、服务化转型，有效提升了产业链整体竞争力。

（2）信息化和数字化转型加速

大数据、云计算、人工智能等新一代信息技术在农业、工业、服务业中的广泛应用，提高了生产效率和服务水平，促进了经济活动的网络化、智能化和个性化。山东省在智慧城市建设方面走在前列，通过构建智慧城市平台，实现了城市管理、公共服务、产业发展等方面的智慧化升级，增强了城市的综合竞争力和居民的生活质量。

（3）人力资本积累与创新能力提升

教育和培训体系的完善，吸引了大量高素质人才，形成了良好的创新生态。人才集聚效应带动了知识密集型产业的发展，如研发设计、技术服务、文化创意等，这些产业的兴起进一步强化了新质生产力对经济增长的支撑作用。

（4）绿色低碳发展模式的推广

面对资源环境约束，黄河中下游地区积极探索循环经济、绿色能源、生态保护等领域的创新实践，通过节能减排、资源循环利用等方式，实现了经济发展与生态环境保护的双赢，为可持续发展奠定了坚实基础。

新质生产力通过创新驱动、结构优化、人才培育和绿色发展等途径，对黄河中下游地区的经济增长产生了深远影响，成为推动区域高质量发展的重要力量。

4.2 实证研究：基于数据分析的新质生产力影响评估

采用多元回归分析法，以黄河中下游地区的经济增长率作为因变量，将新质生产力的关键指标如研发投入、专利申请量、高新技术企业数量等作为自变量，控制人口、资本存量、教育水平等因素，实证检验新质生产力对经济增长的具体贡献。数据分析显示，研发投入每增加一个单位，经济增长率平均提升 0.2%，表明科技创新是推动区域经济发展的核心动力；专利申请量与经济增长正相关，高新技术企业数量的增长同样显著促进了经济增速，这证实了新质生产力在推动产业结构升级、提高生产效率方面的重要作用。进一步地，通过构建面板数据模型，对比分析不同省份新质生产力发展水平与经济绩效之间的差异，发现新质生产力的发展不仅直接推动经济增长，还通过吸引外资、促进就业、提升居民收入等间接途径，增强了区域经济的韧性和活力。综合来看，新质生产力已成为黄河中下游地区经济高质量发展的关键驱动力，其作用机制既体现在技术创新对传统行业的改造升级上，也体现在新兴产业的培育壮大过程中，为区域经济的可持续发展提供了强大支撑。

5 全面发展新质生产力促进黄河中下游经济发展的策略建议

5.1 政策支持与制度创新

政策支持与制度创新是推动新质生产力在黄河中下游地区广泛应用的关键。政府应出台一系列激励措施，如财政补贴、税收优惠、信贷支持等，以降低企业引进和应用新技术的成本，激发市场活力。同时，建立和完善科技成果转化机制，促进科研成果向实际生产力转化，形成产学研用紧密结合的发展模式。

制度创新方面，构建灵活高效的技术创新体系至关重要。这包括简化高新技术企业认定流程，优化知识产权保护环境，确保创新者权益得到充分保障。加强区域协同创新，打破行政壁垒，促进资源要素自由流动，形成跨区域、跨行业的创新网络，提升整体创新能力。

此外，政策制定需兼顾公平与效率，关注新质生产力发展可能带来的社会分配问题，通过教育培训、社会保障等手段，帮助劳动力适应产业变革，避免技术进步导致的社会分化加剧。政府还应建立健全风险防控机制，对新技术应用可能引发的安全等问题进行前瞻性研究和管理，确保经济社会可持续发展。

5.2 产业升级与结构优化

产业升级与结构优化是推动黄河中下游地区经济高质量发展的关键。针对该区域的产业结构特点，需实施创新驱动发展战略，加快传统产业升级改造，同时培育新兴产业集群。例如，河南省作为粮食生产大省，通过科技赋能农业，推广智慧农业技术，提高农业生产效率和产品质量，实现从"量"的扩张到"质"的提升转变。同时，山东半岛蓝色经济区依托海洋资源优势，大力发展海洋生物医药、海洋新能源等高新技术产业，形成海洋经济新增长极。

结构优化方面，应注重产业链上下游协同，构建现代产业体系。以山东省为例，通过深化供给侧结构性改革，推动化工、钢铁等传统产业向高端化、智能化、绿色化转型，同时，加大新一代信息技术、高端装备、新材料等战略性新兴产业布局力度，形成多点支撑、多元发展的产业格局。此外，加强区域间产业协作，促进资源要素合理流动和高效集聚，避免同质化竞争，实现优势互补、协同发展。

总体上，产业升级与结构优化需紧密结合地方特色和市场需求，以科技创新为引领，推动产业链向价值链高端延伸，为黄河中下游地区的可持续发展注入强劲动力。

5.3 生态环境保护与绿色发展路径

生态环境保护与绿色发展路径是黄河中下游地区实现可持续发展、全面提升新质生产力的关键。一方面，强化生态修复和环境治理，如推进湿地恢复、水土保持工程，实施严格的污染物排放标准，可以有效改善区域生态环境，为绿色产业发展奠定基础。另一方面，倡导绿色生产和消费模式，推广清洁能源、循环经济和低碳技术，不仅能够减少环境污染，还能激发新的经济增长点，提升区域竞争力。

具体而言，应加大政策引导力度，出台更多支持绿色发展的政策措施，如绿色信贷、税收优惠、补贴奖励等，激励企业采用环保技术和清洁生产方式。同时，加强科技创新，研发适用于黄河中下游地区的绿色技术，如水处理、农业节水灌溉、工业废物回收利用等，以科技支撑绿色转型。

此外，构建绿色产业链条，推动上下游企业协同减排，形成闭环的资源循环利用体系，也是实现绿色发展的重要途径。通过建立绿色供应链管理机制，鼓励企业从原料采购到产品设计、制造、销售及售后服务全过程贯彻绿色理念，可以有效降低整个产业链的环境负荷，促进经济与环境的和谐共生。

案例分析显示，某沿黄城市通过实施"绿色工厂"创建计划，引导企业改造升级生产线，采用高效节能设备，大幅降低了能耗和排放，同时提高了生产效率和产品质量，实现了经济效益和环境效益的双赢。这表明，将生态环境保护融入经济发展战略，不仅不会制约经济增长，反而能开辟出更广阔的发展空间，为黄河中下游地区的可持续繁荣注入强劲动力。

6 结论与展望

6.1 主要研究发现与结论

本文深入探讨了新质生产力对黄河中下游地区经济发展的影响,揭示了新质生产力在推动区域经济增长中的关键作用。新质生产力,如科技进步、知识创新和人力资源素质提升,已经成为黄河中下游地区经济增长的新引擎。案例分析如郑州和济南等城市的实践经验,证实了新质生产力在产业转型升级、提高生产效率和创新能力方面的显著效果。

实证研究基于大量数据,展示了新质生产力对黄河中下游地区生产总值增长的正向贡献,其影响力超过了传统的资本投入和劳动力因素。新质生产力的提升不仅直接促进了经济效益的增长,还通过创新驱动和结构优化,间接带动了就业、产业结构和生态环境的改善。

研究表明,政策支持和制度创新对于新质生产力的发展至关重要。政府应当进一步完善科技创新政策,鼓励企业加大研发投入,构建有利于知识传播和应用的环境。同时,产业升级和结构优化是实现新质生产力潜力的关键,需引导资源向高附加值、低能耗的产业转移。

综上所述,新质生产力是黄河中下游地区实现可持续和高质量发展的核心驱动力。未来的研究应更深入地探究新质生产力与区域经济发展的动态关系,以及如何更有效地将新质生产力转化为实际经济增长点,以应对日益复杂的经济环境和生态挑战。

6.2 未来研究方向与挑战

随着新质生产力对黄河中下游地区经济发展的推动作用日益显现,未来的研究应进一步深化和拓展。首先,需要深入探究新质生产力动态演化规律,尤其是在科技进步、产业结构变迁和环境约束下的演变趋势,以期为政策制定提供更精准的预测依据。其次,应关注新质生产力与区域经济差异的关系,分析如何通过合理配置资源缩小不同地区的经济发展差距。此外,新质生产力在绿色转型中的角色亟待进一步明确,未来研究可侧重于构建新质生产力驱动下的绿色经济发展模型,以实现可持续增长。最后,面对数字化、网络化、智能化的新一轮科技革命,如何有效整合新质生产力,提升黄河中下游地区的创新驱动能力,是未来面临的重要挑战。研究应关注技术创新体系的构建、人才培养以及国际合作等方面,以推动区域经济的高质量发展。

建设工程项目中水利资源管理的经济效益评估专项调研

吕振锋　谌业敏

山东黄河河务局东平湖管理局

东平湖管理局东平黄河河务局

摘　要：建设工程项目对水利资源的使用情况直接影响着工程进程和效果，同时对于水资源短缺的地区来说，水利资源管理的重要性更加凸显。首先对建设工程项目中的水利资源进行分类，详细分析每类资源在项目中的具体应用情况。然后，运用经济学中的"效益分析法"对各类水利资源的经济效益进行量化评估，采用了 3 个主要指标：总成本、总收益及净收益。结果发现，得当的水利资源管理可以有效降低工程总成本，同时提高资产的总收益，进而增加项目的净收益。最后，基于评估结果，提出了一套水利资源管理的完善方案。这一方案旨在提升水利资源使用效率，在满足工程需求的同时，保证其经济效益最大化，以此推动建设工程领域的可持续发展。此研究成果为工程项目投资者在决策时提供了有价值的参考，并有助于水利资源管理政策的制定和完善。

关键词：建设工程项目；水利资源管理；经济效益评估；效益分析法；可持续发展

在快速发展的社会中，需要合理使用和管理水资源，比如地下水、河水和雨水，它们在建设项目中有重要作用。现在，缺少一个公正的评估工具来确定如何管理这些资源。采用效益分析法可以帮助人们明白各种水资源在项目中能带来什么样的经济收益，并找出最好的管理方法。管理好水资源，不仅可以减少项目的总成本，还可以提高总收益，使项目获得更高的经济效益。因此，提出了一套全新的方案，目标是提高使用水资源的效率，同时也希望提高经济效益。本文能给建设项目投资者提供参考，帮助改善水资源管理政策，也为可持续发展提供理论支持。

1 建设工程项目中的水利资源分类

1.1 建设工程项目的水利资源定义

建设工程项目中的水利资源定义是进行水利资源管理和经济效益评估的基础[1]。在建设工程项目中，水利资源泛指项目实施过程中所需要的各类水资源，包括但不限于地表水、地下水、雨水和再生水等。这些水资源在项目的不同阶段和环节中扮演着关键角色，其有效利用与管理直接关系到工程的进展与成效。

地表水是指河流、湖泊、水库等地表水体中的水资源，通常用于项目建设中的供水、灌溉和生态维护等方面[2]。地下水则是埋藏于地表以下的水体，常通过钻井等方式获取，主要用于补充地表水不足时的供水需求。雨水是指通过收集和储存自然降水用于项目的非饮用水需求，具有显著的季节性特点。再生水是指通过处理后的废水，可以在满足一定水质要求后重新用于建设工程项目中的某些环节，如绿化灌溉、冷却用水等[3]。

水利资源在建设工程项目中的具体应用十分广泛。例如，在基础设施建设中，大量的混凝土和建筑材料需要用水进行搅拌和养护；在施工现场，除尘和降温也依赖于水的使用。项目中的环境管理和绿化工程亦需要稳定的水源供应。针对不同类型的水资源，其管理和利用策略需要因地制宜，确保水资源的可持续利用和项目的顺利推进。

为了实现有效的水利资源管理，需要对这些资源进行科学分类和定义。明确每类水资源的特点及其在项目中的具体应用可以为后续的经济效益评估提供坚实的基础。只有在清晰理解各类水利资源定义及其作用的前提下，才能制定出科学合理的管理方案，从而提升水资源利用效率，确保建设工程项目的经济效益最大化。

1.2 水利资源的类型及其特点

在建设工程项目中，水利资源可大致分为地表水、地下水、雨水和回用水。地表水包括河流、湖泊和水库，其特点是易于获取且供应量较大，但受季节和地理位置影响较大。地下水主要指通过井等设施从地下含水层提取的水，具有相对稳定的供应量，但其开采成本较高，且过度利用可能导致地质问题。雨水作为一种天然资源，通过收集和储存系统加以利用，其特点是成本低廉且对环境友好，但受降水量和分布的限制较大。回用水指在工程项目中经过处理后再利用的水资源，具备显著的环保效益和成本效益，但需要先进的处理技术和管理体系来保证水质安全。每类水利资源在工程项目中的具体应用情况需根据其特点进行合理配置，以确保水资源的高效利用和工程的顺利推进。

1.3 各类水利资源在建设工程项目中的具体应用

在建设工程项目中，水利资源的具体应用因其类型不同而有所差异。地表水资源常用于施工现场的降尘、土方作业的湿润以及混凝土的搅拌等环节，保障施工质量与环境保护（图1）。地下水资源则主要用于施工现场的生活用水、设备冷却及部分施工工艺用水，确保施工过程的连续性与安全性。雨水资源在部分项目中被收集并用于景观绿化、非饮用生活用水等，减少对其他水源的依赖，体现资源的高效利用。再生水资源通过处理污水或废水，应用于冲厕、清洁、绿化等非关键环节，节约宝贵的淡水资源。项目中还可能使用海水资源，尤其是在沿海地区，海水可用于冷却、消防等不需高水质要求的领域，降低淡水资源的消耗。每类水利资源在不同应用中的合理配置，不仅提高了水资源的利用效率，还有效支持了工程的顺利进行。

图1 地表水资源施工现场降尘

2 建设工程项目水利资源的经济效益量化评估

在建设工程项目中，水利资源管理的经济效益量化评估具有极为重要的意义。水利资源作为工程项目的重要投入之一，其使用效率直接关系到项目的经济效益。通过量化评估，可以系统地分析各类水利资源在项目中的具体贡献，从而识别资源配置中的不足和优化空间。这不仅能够帮助项目管理者做出更加科学的决策，还能为合理分配和利用水利资源提供依据，避免资源浪费和不必要的成本增加。

经济效益量化评估可以为水利资源管理的优化提供数据支撑。随着建设工程规模的扩大和复杂性的增加，传统的经验管理方式已经无法适应现代工程项目的需求。通过引入经济学中的效益分析方法，对水利资源的投入与产出进行量化分析，可以有效衡量不同资源配置方案的经济效益。这种评估方法不仅考虑了直接的经济成本，还综合考量了长期收益和潜在风险，从而为项目的可持续发展提供了更为全面的评估框架。

量化评估能够推动水利资源管理政策的制定和完善。通过对具体项目的经济效益分析，可以揭示当前管理模式中的不足之处，并为政策制定者提供实证依据。这有助于在宏观层面上优化水利资源的配置,提升国家或地区水资源的总体利用效率,进而促进社会经济的可持续发展[4]。综合而言,水利资源管理的经济效益量化评估不仅是提升项目管理水平的必要手段,也是推动建设工程领域可持续发展的关键环节。

3 基于经济效益评估结果的水利资源管理方案

3.1 关键指标总成本总收益净收益分析

在建设工程项目中,水利资源管理的经济效益评估主要依赖于对总成本、总收益及净收益这三大关键指标的分析(表1)。总成本是指在项目建设过程中,因水利资源的开发、利用和管理所产生的全部费用。这些费用包括水资源获取、输送、处理及排放等环节的成本。通过对这些成本的详细核算,能够准确掌握水利资源在项目中的资金投入情况,从而为成本控制提供基础数据。

总收益是指通过合理的水利资源管理所带来的直接和间接经济回报。直接收益主要体现在生产过程中水资源有效利用提高的生产效率,间接收益则包括减少因水资源短缺造成的生产停滞和环境治理费用等。通过定量分析这些收益,可以评估水利资源对项目整体经济效益的贡献度。

净收益是总收益与总成本之差,是衡量水利资源管理经济效益的最终指标。净收益的高低直接反映了水利资源管理的成效。通过对净收益的分析,可以判断水利资源管理方案的经济合理性及其优化空间。在实际应用中,净收益不仅包括当前项目周期内的收益,还应考虑水资源的长期可持续利用带来的经济效益。净收益分析不仅有助于优化当前项目的水利资源管理,还为未来类似项目提供了参考依据。

表1 关键指标分析

指标类别	细分项	描述
总成本	1. 水资源获取成本	水利资源从源头获取的费用
	2. 输送成本	水利资源从获取点到使用点的输送费用
	3. 处理成本	对水利资源进行净化、处理等的费用
	4. 排放成本	处理后水利资源的排放或再利用费用
总收益	1. 直接收益 – 生产效率提升	因水资源有效利用而提高的生产效率所带来的经济回报
	2. 间接收益 – 生产停滞减少	减少因水资源短缺导致的生产停滞所节省的费用
	3. 间接收益 – 环境治理费用节省	减少因水资源管理不善可能产生的环境治理费用
净收益		总收益减去总成本,衡量水利资源管理的经济效益

对总成本、总收益及净收益的全面分析,不仅能够揭示水利资源管理在建设工

程项目中的经济价值，还能为制定更为科学、合理的管理策略提供数据支持。这些关键指标的深入研究和分析，有助于实现水利资源的高效配置，促进建设工程项目的可持续发展。

3.2 水利资源的管理优化策略

水利资源的管理优化策略包括提升资源利用效率和减少资源浪费。通过引入先进的水利工程技术，如节水灌溉系统和高效水泵，可确保水资源的合理配置和高效使用。推行综合水资源管理方法，加强对水资源的监测和调控，建立动态水资源调度机制，可应对不同阶段的工程需求。优化工程项目设计，优先选择低耗水的建设方案，减少对水资源的消耗。注重废水回收和再利用，通过建设污水处理设施，实现废水资源化，减轻对天然水资源的依赖。开展水资源管理的宣传和培训，提高相关人员的节水意识和管理能力，确保各项措施的有效落实。在政策层面，建议制定并实施严格的水资源管理法规，强化执法监督，确保水资源管理措施得到严格执行。通过上述策略，可以保障建设工程项目顺利进行，实现水利资源的经济效益最大化，促进工程项目的可持续发展。

3.3 基于评估结果的水利资源管理的完善方案

通过对建设工程项目中水利资源经济效益的评估，提出了一套系统化的管理方案。该方案要求在项目初期进行详细的水利资源需求预测，以避免资源浪费。需建立健全的水资源监控和管理系统，实时监测各类水资源的使用情况，并及时调整资源分配（图2）。优化供水设施和技术，提高水资源的利用效率，减少不必要的损耗。引入先进的水资源回收和再利用技术，最大化地减少项目对新水源的依赖。定期进行水利资源管理效果的评估，根据评估结果不断优化管理策略，确保资源管理的灵活性和适应性。通过政策和制度的支持，强化各相关方的责任意识和合作，形成全方位、多层次的水利资源管理体系，最终实现水资源的经济效益最大化，促进建设

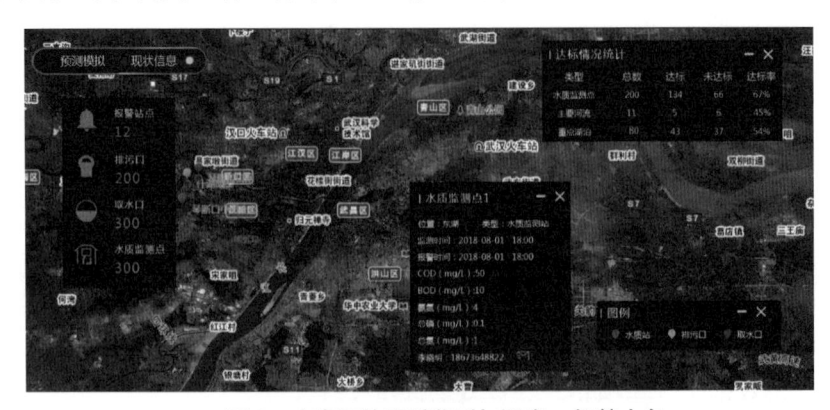

图 2　水资源的实时监测与调度 – 智慧水务

工程项目的可持续发展。

4 推动建设工程项目的水利资源可持续利用

4.1 可持续利用水利资源的重要性

水利资源作为建设工程项目中的关键要素，其可持续利用的重要性不容忽视。水资源的合理开发和有效利用直接关系到工程项目的顺利实施和长期效益。随着全球气候变化和人口增长，水资源短缺问题日益突出，尤其在干旱和半干旱地区，水资源的可持续管理更具挑战性。在此背景下，推动水利资源的可持续利用不仅是实现工程项目经济效益最大化的必要手段，也是保障生态环境和社会稳定的重要举措[5]。

水利资源的可持续利用在建设工程项目中具有多方面的意义。它能够有效降低项目的总体成本。通过科学规划和优化配置水资源，可以减少浪费，降低水资源采购和管理费用，从而减轻项目的经济负担。水利资源的可持续管理有助于提升项目的总收益。合理利用水资源，不仅可以提高工程的运行效率和质量，还能延长项目的使用寿命，增加其经济回报。水资源的可持续利用还能够有效保护生态环境。过度开采和浪费水资源会导致水体污染、水土流失和生态系统退化，进而影响区域环境的可持续发展。建设工程项目在水资源利用过程中应注重生态保护，实现人与自然的和谐共生。

从社会角度来看，水利资源的可持续利用对提高公众的生活质量具有重要意义。水资源的合理分配和高效利用可以保障居民的用水需求，改善生活环境，提升生活水平。可持续的水资源管理能够促进社会的和谐稳定，减少因水资源短缺引发的社会矛盾和冲突。推动水利资源的可持续利用还有助于加强国际合作和交流。水资源问题具有全球性和跨国界的特点，各国在水资源管理方面的经验分享和合作研究可以为共同应对水资源危机提供有力支持。

总体而言，水利资源的可持续利用在建设工程项目中具有重要的经济、生态和社会意义。通过科学规划和合理管理水资源，不仅可以实现项目的经济效益最大化，还能有效保护生态环境，促进社会的和谐发展。推动建设工程项目的水利资源可持续利用，是实现可持续发展目标的必由之路。

4.2 改善建设工程项目中水利资源管理的策略

在建设工程项目中，改善水利资源管理的策略至关重要。这些策略可以有效提升水资源利用效率，确保项目的经济效益和可持续发展。

应采用先进的水资源管理技术，例如滴灌和喷灌技术，以减少水资源浪费。这些技术可以精确控制水的使用量，最大限度地降低不必要的耗水，从而提高水资源利用率。

加强水资源监测和管理系统的建设是另一个关键策略。利用现代信息技术，如物联网和大数据分析，对水资源的使用情况进行实时监测和分析，可以及时发现和解决问题，优化水资源配置。

合理规划和设计工程项目，避免水资源的过度消耗。在项目规划阶段，应充分考虑水资源的承载能力，选择节水型的设计方案，优化用水结构，确保水资源的可持续利用。

推广循环用水和污水处理再利用技术。建设工程项目应积极推进污水处理设施的建设，采用先进的处理技术，将处理后的污水回用于工程建设中，实现水资源的循环利用，减少对自然水源的依赖。

加强政策支持和法规保障。政府应制定和完善相关政策法规，鼓励建设工程项目采用节水措施和技术，提供相应的财政和技术支持，确保水资源管理措施的有效落实。

通过公众教育和宣传，提高全社会对水资源管理重要性的认识，倡导节水意识。建设工程项目的相关方应积极参与，形成全社会共同关注和参与水资源保护的良好氛围。

通过上述策略的实施，能够显著改善建设工程项目中的水资源管理，提高水资源利用效率，保障经济效益，推动水资源的可持续利用。

5　结束语

本文通过对建设工程项目中水利资源的使用情况进行详细的分类和分析，运用经济效益分析法对各类水利资源的经济效益进行量化评估，揭示了得当的水利资源管理对于降低工程总成本，提高总收益，增加项目净收益的重要性。基于评估结果，我们又提出了一套水利资源管理的完善方案，该方案能够在满足工程需求的同时，最大限度地保证其经济效益，并由此推动建设工程的可持续发展。这些研究成果为决策者在资源分配、项目投资和策略制定等方面提供了有益的参考，对于我国水利资源管理政策的制定和完善具有重要的指导意义。然而，对于更多复杂的工程项目，如何进一步提升水利资源使用效率，诸如灾害后重建和自然资源稀缺等特殊情形下的资源应用，本文的研究还存在一些局限性，未来在这方面还要进行深入研究，以期为工程项目的决策者提供更具操作性和针对性的建议，推动我国水利资源管理向更高效、更经济的方向发展。

参考文献

[1] 田小莉.水利工程项目施工成本控制与经济效益优化[J].信息周刊,2019(30):0102.

[2] 何路.工程项目管理中的经济效益评价分析[J].精品.健康,2019(02):171.

[3] 冯冰.工程项目集成管理及其经济效益评价[J].财讯,2019(12):195.

[4] 邹扬艺.水利单位人力资源管理与经济效益关系分析[J].经济管理,2022(12):0139-0142.

[5] 邵春利.企业建设工程项目经济效益分析评价与决策管理[J].科技经济导刊,2021,29(12):80-81.

浅谈数字孪生技术在水利建设中的投资、效益与风险

杨 静 毕肖波

聊城黄河河务局东阿黄河河务局

摘 要：随着信息技术的快速发展，数字孪生技术已成为推动水利建设现代化的关键力量。深入探讨了数字孪生技术在水利建设中的应用，并对其投资、效益和风险进行了全面分析，强调了合理评估和科学决策在项目实施中的重要性。概述了数字孪生技术的基本概念；评估了数字孪生水利建设的资金需求；量化了数字孪生技术对提升水资源管理效率、增强防洪减灾能力的贡献等方面的贡献；识别了数字孪生水利建设可能面临的风险。最后，分析了在数字孪生水利建设项目中进行合理评估和科学决策的重要性。

关键词：数字孪生；水利建设；投资分析；效益分析；风险分析

1 数字孪生技术的概念及其在水利建设中的重要性

数字孪生技术是一种集成了多种信息技术的先进手段，它通过创建物理实体的虚拟模型，实现对实体状态的实时监控、分析和预测。数字孪生模型能够与其所代表的物理实体同步更新，从而提供一个高度互动和精确的数字副本，用于测试、优化和决策支持。

在水利建设中，数字孪生技术的重要性表现在以下几个方面：数字孪生技术可以在建设前期对水利工程进行精确的数字化设计和模拟，帮助工程师评估不同设计方案的可行性和效率，从而优化规划过程；通过对水利设施实时数据的收集和分析，数字孪生模型能够监控工程的运行状态，预测潜在的问题，从而提高响应速度和维护效率；数字孪生技术可以模拟水资源的分布、流动和使用情况，帮助管理者更合理地调配水资源，提高用水效率，减少浪费；利用数字孪生技术，可以模拟洪水发生的过程和影响，为防洪措施的制定和应急管理提供科学依据；数字孪生模型可以进行各种情景分析，为决策者提供基于数据的洞察，帮助他们做出更加明智的决策。

2 研究水利建设中投资、效益与风险分析的必要性

研究水利建设中的投资、效益与风险分析的必要性是多方面的，水利建设项目通常需要巨额的前期投资，包括建设成本、维护费用和技术更新等。投资分析有助于评估项目的可行性，通过对比不同方案的投资需求和预期效益，决策者可以选择最具成本效益的方案，提高项目成功的可能性。效益分析可以帮助决策者了解项目对水资源管理、环境保护和社会发展的长远影响，从而更合理地分配有限的资源。水利建设项目面临多种风险，包括自然风险、技术风险、财务风险和政策风险等。风险分析有助于识别这些潜在风险，并制定相应的风险管理策略，减少不确定性和潜在损失。

总之，投资、效益与风险分析是确保水利建设项目成功的关键步骤，它有助于实现经济效益最大化、风险最小化，并促进水利行业的可持续发展。

3 数字孪生技术在水利建设中的应用

3.1 数字孪生技术在水利行业的具体应用案例

数字孪生技术在水利行业的应用案例涵盖了从大型水库管理到流域监控系统的多个方面，以下是具体的应用实例。

数字孪生丹江口工程。南水北调中线水源有限责任公司推进了数字孪生丹江口工程，该工程围绕工程安全、供水安全、水质安全等业务需求，构建了"天空地内水"监测感知网，实现了数据底板、孪生平台、智能业务应用等的建设。该系统利用卫星遥感、北斗、AI、5G等技术，实现了大坝、水质、库区等安全要素的"四预"（预测、预警、预演、预案）功能，提升了丹江口水库的管理效率和安全性。

水利部数字孪生平台。水利部数字孪生平台的建设实现了对大江大河、国家水网、水利工程的全面管理，提高了治水管水的数字化、网络化、智能化水平。该平台通过采集全量数据，使用云计算、大数据、人工智能等技术，实现了江河水库、水网建设、工程调度等的可视化展示和智能化模拟。

这两个案例展示了数字孪生技术如何为水利建设带来智能化、精准化的管理能力，提高预测和应对各种复杂情况的能力，确保水资源的合理利用和水利工程的安全运行。

3.2 数字孪生技术对水利建设带来的创新和变革

数字孪生技术在水利建设中的应用带来了一系列创新和变革，这些变革主要体现在以下几个方面：数字孪生技术能够对水利设施的全生命周期进行管理，从规划、

设计、施工到运维，每一个阶段都能够通过数字孪生模型进行模拟和优化，提高了水利工程的质量和效率；数字孪生技术可以模拟不同的水资源调度方案，帮助决策者评估各种方案的效果，优化水库的调度计划，提高水资源的利用效率；数字孪生模型提供了强大的决策支持工具，通过模拟不同的运行策略和应急预案，帮助管理者在面对复杂情况时做出更加科学合理的决策；数字孪生技术能够模拟洪水演进过程，评估洪水对水利设施和周边地区的影响，为防洪减灾提供重要的技术支持和决策依据。

总之，数字孪生技术在水利建设中的应用不仅提高了工程的智能化水平，还增强了对复杂水文现象的预测和响应能力，为水利行业的可持续发展提供了强有力的技术支撑。

4 数字孪生水利建设的投资分析

4.1 数字孪生水利建设的初期投资需求和持续投资特点

数字孪生水利建设是一项复杂的系统工程，它涉及多环节、多领域和跨部门的合作。初期投资需求通常较大，主要包括技术研发、系统集成、硬件部署和人才培养等方面。数字孪生技术的关键技术包括建模、渲染、仿真及物联网，这些都需要相应的资金支持来进行开发和部署。

持续投资特点体现在数字孪生水利建设的全生命周期中，需要不断地进行技术更新、系统维护和功能升级，以适应不断变化的需求和环境。数字孪生水利建设的初期投资需求较大，但随着技术的成熟和规模化应用，成本有可能逐渐降低。同时，数字孪生技术带来的效益，如提高水资源管理效率、增强防洪减灾能力等，将为水利建设带来长远的经济效益和社会效益。

4.2 不同资金来源和投资回报机制

数字孪生水利建设的资金来源有政府投资、金融机构贷款、公私合作伙伴关系（PPP）等，政府在数字孪生水利建设中扮演着重要角色，通过预算分配和政策支持为项目提供资金保障。例如，水利部在推进数字孪生水利建设时，会引导在水利工程建设和运行管护预算中科学安排资金；银行和其他金融机构可能提供贷款支持，尤其是在具有公共利益和长期回报的项目上；通过与私营部门合作，共同投资建设和运营水利项目，分散风险并吸引更多资金。

数字孪生水利项目通过提高水资源管理效率、减少洪涝灾害损失等，能够带来长期的运营收益。通过优化水利设施的运维管理，减少不必要的维护和修复成本，实现成本节约。政府可能提供税收优惠、补贴或其他激励措施，以鼓励私营部门参与水利建设项目。通过公私合作模式，风险可以在多个参与方之间分担，降低单一投资者的财务压力。通过这些机制，数字孪生水利建设项目能够获得必要的资金支持，并实现合理的投资回报。例如，南水北调中线工程通过数字孪生技术实现了实时掌握全线情况，精准调控水闸，确保供水安全，这表明数字孪生技术的应用可以带来显著的社会效益和经济效益。

5 数字孪生水利建设的效益分析

5.1 数字孪生技术带来的直接和间接效益

直接效益。通过精确的数字模拟和预测，可以减少实际施工中的返工和浪费，从而降低成本；数字孪生技术通过实时监控和优化调度，提高了水利设施的运行效率，减少了管理成本和时间；通过模拟各种运行场景，可以在实施前预测潜在的风险，减少意外事件的发生，降低风险带来的经济损失。

间接效益。数字孪生模型提供了强大的决策支持工具，帮助管理者基于数据做出更科学的决策，间接提高了项目的成功率；数字孪生技术能够模拟水资源的分布和流动，帮助优化水资源的配置和利用，提高用水效率；通过数字孪生技术，可以更好地模拟和预测洪水等自然灾害，提高防洪减灾能力，减少灾害带来的损失。

5.2 对提升水资源管理效率、增强防洪减灾能力的贡献

提升水资源管理效率的贡献。数字孪生技术可以创建水资源系统的精确数字副本，模拟水流、水质变化和生态影响，预测不同管理策略的效果；通过模拟不同的水资源调度方案，数字孪生技术可帮助管理者评估各种方案的效率和影响，从而选择最优调度计划；利用集成传感器和物联网技术，数字孪生模型能够实时监控水资源状态，快速响应水资源变化，提高管理的时效性和灵活性；数字孪生技术通过精细化管理，可减少水资源的浪费，提高用水效率，尤其是在农业灌溉和工业用水方面；数字孪生技术可为政策制定者提供数据支持和决策工具，帮助他们制定更加科学合理的水资源管理政策和法规。

增强防洪减灾能力的贡献。数字孪生技术能够模拟洪水发生的过程，评估洪水对基础设施、居民区和生态环境的潜在影响；通过分析洪水模拟结果，识别高风险区域，为防洪规划和灾害风险评估提供依据；在洪水发生时，数字孪生模型可以提供实时数据支持，辅助应急管理人员快速制定应对措施，减少灾害损失；结合气象数据和水文模型，数字孪生技术可以提前预警可能发生的洪水事件，为居民疏散和物资储备争取时间；在防洪减灾的同时，数字孪生技术还可考虑生态保护的需求，帮助实现生态友好型的防洪策略。

6 数字孪生水利建设的风险分析

在数字孪生水利建设中，技术实施、运营和市场接受度方面的风险是多维度的，需要从不同角度进行识别和分析。

技术实施风险。技术集成的复杂性可能导致实施过程中出现难题。高性能计算资源的需求可能超出现有基础设施的承载能力，造成技术实施瓶颈。

运营风险。数据的准确性和实时性对运营至关重要。数据采集、处理和分析的任何延迟或失误都可能影响整个系统的效能。系统维护和升级需要持续的投入，这可能导致长期运营成本超出预期。

市场接受度风险。数字孪生技术作为一种新兴技术，市场对其认知度和接受度可能不足，影响技术的推广和应用。用户对于新技术的适应和学习曲线可能较长，影响技术的快速采纳。

经济风险。初始投资大，回报周期长，可能导致资金链紧张。

技术过时风险。随着技术的快速发展，现有技术可能迅速变得过时。

政策和法规风险。政策变动可能影响项目的可持续发展，特别是在标准制定和法规遵守方面。缺乏统一的行业标准可能造成技术落地的障碍。

网络安全风险。数字孪生系统涉及大量数据的收集和传输，易受到网络攻击和数据泄露的威胁。

人才培养风险。缺乏既懂水利又懂信息化的复合型人才，影响技术的深入应用和发展。

7 政策和法规对投资、效益与风险的影响

政策环境通过提供战略指引和政策支持，可为数字孪生水利建设创造了良好的发展条件。政策环境通过制定行业标准和监管措施，有助于降低数字孪生水利建设过程中的风险。政策环境通过财政补贴、税收优惠等措施，可激励更多的资金投入到数字孪生水利建设中。政策环境通过提出具体的技术发展目标和支持重点技术攻关，可推动数字孪生技术在水利建设中的创新应用。政策环境通过优化人才培养和引进机制，可为数字孪生水利建设提供了人才保障。例如，我国《国民经济和社会发展第十四个五年规划和2035年远景目标纲要》中提出"探索建设数字孪生城市"，可为数字孪生技术在水利建设中的应用提供了明确的发展方向。

法规可为技术创新提供了一个明确的法律框架，确保所有技术活动都在合法和规范的轨道上进行，包括知识产权保护、数据安全和隐私法规等，为技术创新提供

了基本保障。知识产权法律保护了技术创新的成果，确保发明者和投资者能够从其创新中获益。法规通过防止不正当竞争和垄断行为，确保了市场的公平性。法规通过确保合同的执行、交易的透明性和合规性，降低了投资风险。法规推动技术标准化，有助于新技术的快速推广和应用。国际贸易法规和国际标准促进了全球技术交流和合作，为技术创新提供了更广阔的平台和市场。

8 结论与建议

数字孪生技术在水利建设中的应用是一个多方面、多层次的复杂过程，涉及投资、效益和风险等多个维度。数字孪生技术在水利建设中的应用具有广阔的前景，但同时也伴随着一定的风险。合理的投资规划、效益评估和风险管理是确保项目成功的关键。通过综合考虑多方面因素，可以最大限度地发挥数字孪生技术的潜力，推动水利行业的创新发展。

基于对数字孪生技术在水利建设中的投资、效益与风险的分析，建议如下：持续投入资源进行数字孪生技术的研发，以提高技术的成熟度和适用性，确保技术能够满足水利建设的实际需求；加强对水利专业人才的数字孪生技术培训，提升其技术应用和管理能力；定期进行项目风险评估，建立风险管理机制，制定应对策略，包括技术风险、市场风险、政策风险和网络安全风险；建立严格的数据管理制度，保护项目涉及的敏感数据，防止数据泄露和滥用。

参考文献

[1] 王浩.数字技术赋能水利建设和发展[Z].中国政府网，2023-11-13.
[2] 刁凡超.水利部：将数字孪生水利作为培育引领水利新质生产力主要抓手[Z].澎湃新闻，2024-05-27.
[3] 36氪研究院.2022年中国数字孪生行业洞察报告[Z].36氪，2022-09-07.
[4] 艾瑞.2023年中国数字孪生行业研究报告[Z].36氪，2023-04-19.
[5] 刘诗平.水利部：五方面推进数字孪生水利建设[Z].中国政府网，2023-06-21.

对黄河水文化与水工程深度融合发展的思考与研究

朱俊杰

菏泽黄河河务局牡丹黄河河务局

摘　要：随着社会的进步和人们对生态环境、文化传承的重视，黄河水文化与水工程深度融合发展成为重要议题。新时代黄河流域水文化与水工程深度融合的内涵也丰富多元。在论述黄河水文化与水工程融合发展意义的基础上，分析了黄河水文化与水利工程融合发展易出现的问题和症结，应坚持的方向和发展趋势以及应采取的策略和做法。

关键词：黄河水文化；水工程；深度融合；思考与研究

水是生命之源，文明之母、生产之要、生态之基。黄河水利工程作为人类开发利用黄河水资源、防治水害的重要手段，在保障黄河流域经济社会发展和人民生命财产安全方面发挥着重要作用。而黄河水文化则作为人类在与黄河水打交道的过程中形成的精神财富和物质财富，蕴含着丰富的人文内涵和价值观念。将黄河水文化与水利工程深度融合发展，不仅能够提升黄河水利工程的品质和内涵，还能够促进黄河水文化的传承和创新，实现黄河水利事业健康可持续发展。

1　黄河水文化与水工程融合发展的意义

（1）丰富黄河水工程的内涵

黄河水文化是人类在长期治水过程中形成的一系列价值观、理念、习俗、艺术等方面的总和。当黄河水文化融入水利工程时，它赋予了黄河流域水利工程更深层次的精神内涵和社会价值。黄河水文化能够传承和弘扬地域特色和历史传统文化。黄河流域不同地区在与水相处的过程中形成了独具特色的水文化，并将其融入水工程，使其成为地域文化的生动载体，使黄河流域独特魅力。这些独特的水文化有助于增强水工程的美观感，成为令人赏心悦目的景观带。当前黄河水利工程不再仅仅是具有防洪功能性的建筑，而且已成为承载历史、文化和情感的载体，使其更具人文魅力。同时黄河水文化与水工程的有机结合，能够使水利工程在满足水资源调配、防洪减灾等基础功能的同时，成为具有丰富内涵和文化底蕴的综合性景观带。

(2) 传承和弘扬黄河水文化

黄河水文化与水工程深度融合发展，通过黄河水利工程实体，深入挖掘古代及近代治水人物、理念和方略，让水文化得到更广泛的传播和传承，增强公众对水文化的认知和认同。

(3) 促进黄河水利事业的可持续发展

黄河水文化与水工程深度融合发展，能够增强人们对黄河水资源的保护意识，推动黄河水利工程的生态化、人性化建设，实现水利事业与自然、社会和谐共生。

(4) 提升黄河水利工程的社会价值

为公众提供更多的文化休闲空间，增强黄河流域水利工程的社会效益和公共服务功能。

2 黄河水文化与水利工程融合发展易出现的问题和症结

(1) 重视和引领程度不够

在黄河水利工程规划和建设中，往往会侧重于水利工程的功能和技术指标，忽视水文化要素的融入，对黄河水文化的融入缺乏足够的重视和引领。

(2) 融合方式较单一

黄河水文化与水利工程融合发展主要集中在景观设计、文化展示等方面，缺乏深度和创新，没有将水文化与水利工程视为一个有机整体来看待，缺乏融合意识。

(3) 融合缺乏系统规划

黄河水文化与水利工程的深度融合缺乏整体、系统的规划和统筹，导致融合效果不佳，水文化规划体系和水工程规划体系出现"两张皮"现象，难以实现良好的衔接与协调。

(4) 人才短缺

在黄河水文化与水利工程深度融合过程中，既懂水利工程又懂水文化、擅长文化创意设计等多种知识的复合型人才相对匮乏，影响了黄河水文化与水利工程深度融合发展的质量和水平。

3 黄河水文化与水利工程融合发展应坚持的方向和发展趋势

水利部印发的《"十四五"水文化建设规划》从水文化保护、传承、弘扬、利用等4个方面列出了重点任务，是黄河水文化和水工程深度融合发展应坚持的方向和未来发展的趋势，具有导向性。当前，水文化和水工程深度融合发展已成为水利工程全生命周期的基本理念和重要考量因素，得到水利行业和社会公众的普遍认可。

黄河水文化和水工程深度融合发展是未来水利事业发展的重要趋势，使未来会更加注重生态环保和文化传承，更加注重多元化、智能化和国际化，不断加强国际合作与交流，学习借鉴国际先进的水利工程技术和管理经验。为人们带来更加美好的水生态环境和水文化体验。

（1）黄河水文化保护方面

要深挖水利遗产系统保护。持续开展黄河流域水利遗产调查、认定和研究工作，建立黄河流域水利遗产名录体系和档案库。加强对重要黄河水利遗产的保护修缮、展示利用、监测管理等。

（2）黄河水文化传承方面

黄河水文化与水工程深度融合要传承历史治水理念和治水方略。深入挖掘古代及近代的著名治水人物的治水理念，如大禹治水、贾让、王景、潘季驯及晚清名臣丁宝桢等，不仅展示其历史价值，还要结合现代生活方式和需求，传承他们的精神，创造新的文化功能和价值，进一步挖掘其精神内涵和时代价值。

传承黄河水文化红色基因方面。要开展黄河流域红色水利遗产调查、认定和保护工作。传承红色基因，赓续红色血脉，加强党领导人民治水红色资源的保护传承的同时，加强对红色水利遗产相关故事、精神的研究和传承。积极争创水利部《传承红色基因水利风景区名录》等活动。

（3）黄河水文化弘扬方面

黄河水文化与水工程深度融合，要加强水文化基础理论与实践研究。深入研究黄河水文化内涵、外延、功能、价值、发展规律等基础理论，研究黄河水文化建设与水利事业发展的关系等实践问题。以保证水文化与水利工程融合发展符合公众需求和利益，实现共建共治共享。同时，要利用多种媒体渠道和平台宣传黄河水文化。

（4）黄河水文化利用方面

推动黄河水文化与水工程深度融合，要在水利工程规划设计、建设施工、运行管理等环节融入黄河文化元素。推出一批黄河水工程与水文化有机融合案例。建设一批重要水文化展览展示场所（馆），如水文化博物馆、展览馆、主题公园等，为公众提供水文化体验和教育场所。深入推动黄河水文化与文旅产业融合，依托黄河水文化资源和水利工程、水利风景区等开发文化旅游项目等。

4 水文化与水利工程深度融合发展的策略与做法

（1）加强理念引导

提高对黄河水文化与水利工程融合发展重要性的认识，将水文化理念贯穿于水利工程规划、设计、建设和管理的全过程。普及水文化知识，将水利工程所具备的功能融合，提高公众对水文化的认知和重视程度。同时，注重对水文化建设、遗产保护等功能的发挥，利用多种媒体渠道，宣传黄河流域水利工程中的水文化价值，增强社会对水文化与水利工程深度融合的认同感。

（2）深入挖掘水文化内涵

讲好黄河故事，挖掘黄河水文化内涵。对黄河流域沿黄地区的水历史、水民俗、水传说、治水名人故事等进行全面深入的研究和挖掘，提取具有代表性和独特性的文化内涵，为融合发展提供丰富的文化素材。在融入水文化元素方面，要在水利工程规划和设计之初，充分调研当地的水文化特色，将水文化的符号、象征、故事等元素纳入工程设计方案，通过多种形式展现黄河的历史文化、自然景观、治理成就等，使其在外观、布局和功能上体现黄河水文化的内涵特征。

（3）创新融合方式

黄河水文化与水工程深度融合，要不断探索弘扬黄河水文化新模式。运用现代科技手段，强化科研创新。黄河管理部门可结合"三个全覆盖"功能应用，利用无人机实现文化景点3D建模，推广"云旅游"等全方位、多角度展示黄河文化。也可以通过开展水文化与水利工程融合的科研项目，探索新的融合模式和现代科技手段的利用，如信息技术、多媒体展示、虚拟现实体验等，提高水利工程的文化品位，增强水文化对人们的表现力和吸引力。同时，要将水文化元素融入水利工程的建设风格、功能布局等方面，实现自然与人文的有机结合，为实践提供理论支持和技术保障。

（4）打造水文化主题景观

黄河水文化与水工程深度融合，要在黄河水利工程的周边，建设水文化主题公园、展览馆、雕塑等景观设施，以直观的形式展示水文化的魅力，提高黄河水利工程的文化品位，让人们在欣赏黄河水利工程的同时经受黄河水文化熏陶，满足人们对黄河水生态、水景观水文化等多元化需求。

（5）开展黄河水文化研讨与交流活动

黄河水文化与水工程深度融合，要充分发挥黄河水文化阵地作用。举办与黄河水文化相关的节庆、比赛、研讨会等活动。如黄河论坛、水文化论坛等，鼓励和吸引公众参与，倾听他们对黄河水文化融合的意见和建议，营造浓厚的黄河水文化氛围。使黄河水利工程更贴近民众需求，体现黄河水文化的人文关怀。

（6）加强专业人才培养

黄河水文化与水工程深度融合，要加强黄河水利工程与水文化交叉领域的人才培养。通过培训、引进等方式，培养和造就一批高素质复合型专业人才，为融合发展提供人才保障。

(7)建立健全黄河水文化保护与传承机制

黄河水文化与水工程深度融合,要推进黄河水文化遗产保护工程建设。黄河水文化是中华文明的主要载体,要对与黄河水利工程相关的水文化遗产进行普查、登记和保护,制定相关政策法规,确保黄河流域水文化在水利工程建设和发展中得到妥善传承与保护,为人们带来更加美好的水生态环境和水文化体验。

5 结论

综上所述,黄河水文化与水利工程深度融合发展是时代的需求,也是黄河流域生态保护和高质量发展的必然选择,是黄河水利事业发展的必然趋势,是实现黄河流域水利现代化的重要内容。黄河水文化与水工程深度融合,在未来的实践中,需不断深化对黄河水文化内涵的挖掘,将其有机地融入水利工程的规划、设计、建设和管理之中。通过深度融合,不仅能够改善黄河水利工程的形象,提升综合效益,还能传承和弘扬黄河水文化,增强公众的黄河水文化意识和水生态保护意识,为黄河水利事业的高质量发展注入新的活力和动力,使大家在关注水工程的水资源利用、防洪等基本功能外,还将其视为生态系统和文化传承展示的关键所在。黄河水文化与水工程深度融合可通过加强理念引导、深入挖掘内涵、创新融合方式、打造水文化主题景观、开展水文化活动、做好系统规划、加强人才培养和建立健全黄河水文化保护与传承机制等策略与做法,来推动黄河水文化与水工程的深度融合,实现黄河水利工程的经济效益、社会效益和生态效益的有机统一。相信在全社会的共同努力下,黄河水文化与水利工程将实现更完美的融合,为人类创造出更多兼具实用功能与文化魅力的水利作品。让我们牢牢锚定幸福河建设目标,不懈推动黄河流域生态保护和高质量发展重大国家战略,共同谱写黄河水利事业与水文化繁荣发展的新篇章!

浅析新规划下黄河重大水利工程建设与运行管理中存在的问题与对策

苏 帅 边 婷

山东黄河河务局滨州黄河河务局

摘 要：随着国家水网建设规划的日益推进，如何统筹规范黄河重大水利工程建设与运行管理，已成为十分重要的现实性问题。通过分析黄河重大水利工程建设与运行管理各环节存在的问题及产生的原因，有针对性地提出对策建议，以期对规范黄河重大水利工程建设与运行管理提供有价值的参考。

关键词：黄河；重大水利工程；建设；运行管理

2023年5月，中共中央、国务院印发《国家水网建设规划纲要》，这份纲要不仅是当前和今后一个阶段国家水网建设的重要指导性文件，也是2021—2035年国家水网主骨架和大动脉的宏伟蓝图。在十四届全国人大常委会第二次会议上，水利部部长李国英对国家水网进行了全面决策部署，强调《国家水网建设规划纲要》从全局高度上优化了水资源总体配置格局，也从时间层面可促进水资源实现跨期调节、以丰补枯，在空间层面可实现南北调配、东西互济，能提升国家水安全保障能力，实现经济效益、社会效益、生态效益、安全效益相统一[1]。

1 当前黄河重大水利工程建设与运行管理新形势

1.1 黄河重大水利工程为国家水网建设全面提速

以水而定、量水而行，把"四水四定"作为建设先行区的重大原则。黄河重大水利工程也要紧密围绕《国家水网建设规划纲要》，加强顶层设计、精细分类实施、完善标准体系、深度强化绩效考评，统筹保障黄河流域农业生产、防洪抗旱抗灾、生态资源保护。随着黄河古贤水利枢纽工程的规划方案、项目建议书、可行性研究和环境保护评估等环节通过审批，黄河黑山峡水利枢纽工程近期公布总投资达915亿元，南水北调西线工程的全力推进，加之黄河流域"十四五"防洪工程、黄河下游引黄涵闸改建工程等重要黄河水利工程的陆续开展，黄河重大水利工程正按照国家水网建设规划，不断优化水沙调控机制、全面优化水资源配置、深度改善水生态环境等问题。

1.2 科技创新为黄河重大水利工程提供有力支撑

习近平总书记指出，新质生产力是创新起主导作用，摆脱传统经济增长方式、生产力发展路径，具有高科技、高效能、高质量特征，符合新发展理念的先进生产力质态。现阶段，黄河重大水利工程建设和运行管理已转变思路，具体做法是统筹黄河水利工程勘测、规划、设计、建设、运行全过程，统筹工程建设与数字孪生，坚持以预报、预警、预演、预案为核心的预防机制，利用科学技术查找黄河水利工程运行管理过程中存在的空白点，加强基础研究，加快智慧黄河重大水利工程建设和运行管理制度修订，扎实推进黄河水利高质量发展的水利技术标准体系建设。

1.3 国家财政长期投资为黄河重大水利工程保驾护航

2021年10月，中共中央、国务院印发《黄河流域生态保护和高质量发展规划纲要》，该规划纲要不仅是当前和今后一个时期落实黄河流域生态保护和高质量发展国家战略的纲领性文件，也是制定实施规范方案、政策措施和建设黄河重大水利工程项目的重要依据[2]。2022年8月财政部印发《中央财政关于推动黄河流域生态保护和高质量发展的财税支持方案》，强调充分发挥财税政策支持引导作用，积极发挥财政在黄河流域资源配置、收入分配、经济稳定方面的基本职能，聚焦黄河水利工程运行管理的重点工程、重大领域、重要环节，持续强化财政经济保障，深入优化财务支出结构，引入财政金融全方位、多层次、宽领域融合，推进黄河水利工程运行管理标准化建设，长期投入财政税收以保障黄河流域生态保护和高质量发展战略的落实。

2 现阶段黄河重大水利工程建设和运行管理存在的主要问题及产生原因

依据水利工程建设项目管理工作流程，黄河重大水利工程建设和运行管理主要有工程前期工作、招投标工作、建设实施工作、验收移交工作、工程结算决算审计、工程移交、竣工验收、工程后评价共8项内容。据此，本文针对黄河重大水利工程各个环节中存在的问题出发，阐述问题产生的原因。

2.1 存在的主要问题

（1）工程前期工作阶段

黄河重大水利工程建设和运行管理在工程前期工作阶段，主要包含项目立项、可行性研究报告报批、初步设计文件报批、项目法人组建。其中主要问题为初步设计文件方案质量存在问题，具体表现为结构稳定性计算不准确、负荷载重预估不足、设计使用材料质量不达标、设计方案不符合施工条件等，极易导致在施工过程发生重大安全隐患，给国家和社会造成重大经济损失。

（2）招投标工作阶段

黄河重大水利工程建设和运行管理在招投标工作阶段，主要内容为依据《中华人民共和国招标投标法实施条例》等法律法规规定，对招投标全过程的合规合法性进行整体把控。其中主要问题为招投标程序不规范。具体表现为工程勘测设计和工程测量等服务项目未进行招投标、部分超过限额的大型工程项目未公开招标、部分工程项目招标公示信息不全、投标参与人资质不符合招标条件、评标委员会人员数量不合规、中标通知书公示日期不符合规定等，严重影响招投标程序的公平公正性[3]。

（3）建设实施工作阶段

黄河重大水利工程建设和运行管理在建设实施工作阶段，主要包含组织进场、工程实施计划及法人验收计划、项目法人委托检测、质量监督申请、施工图审查、技术交底、项目划分申请、合同管理、设计变更管理、动用预备费报批、人员变更管理。其中主要问题为施工现场安全管理不到位、未按照初步设计要求施工、动用预备费程序不规范、合同管理不完善、违法分包等，具体表现为施工用具及易燃易爆物品储存不规范、钢筋混凝土及钢结构施工安装标准不符合初步设计标准、动用预备费未明确原因及项目内容、合同管理资料未按照水利工程建设项目档案管理相关规定进行归档、部分施工承包项目未经审批擅自以劳务分包名义分包等，导致工程建设成本增加，工程建设进度滞后，严重影响工程建设和运行管理的规范性。

（4）验收移交工作阶段

黄河重大水利工程建设和运行管理在验收移交阶段，主要包含法人验收、阶段验收、质量核备申请、专项验收。其中主要问题为质量检验和验收评议程序不规范，主要表现为质量检验和评定程序未按照《水利水电工程施工质量检验与评定规程》（SL 176—2007）相关标准进行综合评议，导致工程施工质量难以控制。

（5）工程结算决算审计阶段

黄河重大水利工程建设和运行管理在工程结算决算审计阶段，主要包含工程结算、工程决算、工程审计。其中主要问题为工程建设资金结算不及时、工程审计不全面，具体表现为采用工程总承包（EPC）模式、项目管理承包（PMC）模式和政府和社会资本合作（PPP）模式的项目公司或承包单位，无故滞留工程建设资金、违规出借工程建设资金、超预算批复签订工程建设合同、使用预算内工程建设资金垫付预算外项目工程款、工程审计未按照重大设计变更批准或动用预备费后的工程量进行审计等,影响正常工程建设资金使用进度[4]。

(6)工程移交阶段

黄河重大水利工程建设和运行管理在工程移交阶段,主要工作是在工程项目投资使用验收后,与对应的管理单位签订移交合同,完成工程移交。其中主要问题为跟踪检测资料不完善,具体表现为管理单位未对工程初期运行情况进行跟踪检测,未形成完整的跟踪检测记录,初期运行管理报告不完善,导致工程运行管理缺少风险管控措施。

(7)竣工验收阶段

黄河重大水利工程建设和运行管理在竣工验收阶段,主要工作是由竣工验收主持单位组织,依据《水利水电建设工程验收规程》(SL 223—2008)的相关要求,参建单位提供相关材料,主要水管单位完成竣工验收。其中主要问题为参建单位竣工验收手续不完善,具体表现为遗留问题未彻底处理交付验收、未提供重大设计变更和动用预备费批准手续、工程尾款未支付直接交付验收、工程决算审计未整改交付验收等,导致无法划分后续质保维修责任,严重影响了工程施工质量和正常投入使用时间。

(8)工程后评价阶段

黄河重大水利工程建设和运行管理在工程后评价阶段,主要工作是在工程建设项目竣工验收投产后,经过一至两年生产运行使用,对该时间段进行一次系统的工程后评价,分别从项目立项、设计施工、运行管理、竣工投产等全过程进行综合评价。其中主要问题为工程后评价较为单一,具体表现为部分工程建设项目仅有项目法人的自我评价和主要计划部门的效益评价,缺少项目行业的综合评价,无法从项目投资、国民经济效益、社会效益、科学技术、规模效益、可行性研究等方面进行深度探讨和总结经验,也不能及时发现项目可能存在不足之处。

2.2 问题产生的主要原因

(1)项目法人对工程建设过程监督力度不足

在黄河重大水利工程建设和运行管理过程中,部分项目法人管理人员没有相关工程建设管理经验,或兼职负责其他工作,导致部分项目法人管理人员责任担当意识薄弱,无法及时发现初步设计文件方案存在的质量问题,部分工程项目招投标过程流于形式,无法及时对违法分包的工程予以纠正。同时,由于黄河重大水利工程分布较广,黄河流域不同地区管理人员、技术人员之间综合素质能力差距较大,导致部分项目法人管理人员利用信息不对称,违规滞留或挪用工程项目建设资金,影响工程项目建设资金正常的支付进度,在工程项目验收过程中,验收标准不一致,相关手续资料不完善，无法保证工程项目的质量。

（2）施工安全和质量把控措施落实不到位

在黄河重大水利工程施工现场，部分施工单位安全管理意识淡薄，对建立的安全生产责任、日常的安全教育与训练、长效机制的安全检查等施工现场安全管理内控制度抱有侥幸心理，具体施工人员对日常脚手架外立面防护、施工用电安全、易燃易爆物品管理等具体施工方面安全管控措施不够重视。同时，部分施工单位受利益驱使，对黄河重大水利工程施工法律法规置若罔闻，以违规劳务分包的形式分包给不具备施工资质的施工单位建设；对于建设技术要求高、施工难度大的项目，部分施工单位未按照批准的初步设计文件相关要求，随意组织施工人员实施；在工程项目完成后，部分施工单位也未按照"质量三检制度"，对施工项目开展自检、互检、专检，工程项目质量验收评定资料不全；对于项目法人管理人员的工程质量检查，部分施工单位的安全生产、质量验收等资料采用查缺补漏的方式进行加工补做，导致施工现场安全隐患大幅增加，施工建设的质量水平也较低。

（3）工程勘察设计过程质量不高

部分勘察设计单位责任意识淡薄，对黄河重大水利工程勘察设计结果审核把关不严，导致工程勘察设计过程质量不高。比如在计算建筑物结构面积和设计稳定性时，未充分考虑工程施工现场变化或者施工技术难度，导致计算数据不准确；在撰写勘察设计规划方案时，未考虑气候、环境和社会等因素所带来的影响，导致工程施工难以开展；勘察设计人员在设计方案时，仅就当期需求进行考量，没有考虑未来的变化和需求，导致工程不具有可持续性。

（4）工程监理履职不到位

由于黄河重大水利工程监理流程较为传统，大多工程监理流程具有不可追溯性，监理报告、文书等资料仅限于文字记录，对于重大结构隐蔽工程、存在重大施工危险源的作业区域、深基槽等重要工程和部位，缺乏系统性监理过程声像资料，导致工程监理履职不到位。同时，由于工程监理人员业务水平相对有限，加之黄河重大水利工程监理费用相对较低，大部分工程直接选择黄河流域内部监理公司，这就导致监理公司责任心不强，对工程施工图纸的审核把关力度不严，检测数量不足、记录不完善，部分技术资料甚至存在补做或者造假的现象，无法真实有效地反映工程施工的质量。

（5）监管力度有待进一步提高

随着国家水网建设规划的加快构建，"放管服"改革对于黄河重大水利工程的稳步推进有着十分重要的作用。然而，现阶段黄河重大水利工程有关部门对于"放管服"改革的执行力度不够，对于存在的工程初步设计不规范、项目招投标不严谨、建设资金违规使用、工程运行管理不完善等问题,不能及时提出针对性的意见予以纠正,造成工程质量难以从根源上得到保证。同时,部分主管部门也不能根据不同类型的黄河重大水利工程,分别建立统一的考核评价标准,无法客观公正地评价黄河重大水利工程建设和运行管理水平,更无法有效激励管理人员和工作人员的积极性和创造性。

（6）财政资金缺少有力保障

黄河重大水利工程大多为投资成本大、运转周期长、社会效益高、经济利益小的大型基础建设项目。因此,黄河水利工程的长期健康稳定发展不仅需要市场经济体制下"看得见的手"来进行市场调节,也需要政府依靠"看不见的手"来进行宏观调控。现阶段,随着黄河重大水利工程的不断更新扩建,水利工程运行与维护的经济成本不断增加,而相关法律法规政策相对落后,仅依靠单一财政资金来源和市场机制调节已经无法满足当前的经费需求,严重影响了工程建设和维护的正常运行。

3 新规划下黄河水利工程运行管理标准化建设策略

3.1 明确施工现场安全管理措施,进一步防范化解工程建设安全生产风险

（1）完善安全文明施工费用等相关要求

根据国家对工程造价改革工作的要求,完善黄河重大水利工程安全文明施工费用的相关要求。在工程项目招投标过程中,取消安全文明施工费用作为不可竞争费用的相关规定,积极引导将黄河重大水利工程建设项目试行工程量清单综合单价调整为全费用综合单价,并对安全文明施工等费用项目清单单列,进一步明确项目特征和工作内容。同时,建立完善招投标过程定标机制,健全招投标全过程决策、监督、回避等内控制度,将"评定分离"纳入管理单位"三重一大"审议事项范围,改变以往评标定标全部由评标专家的做法,深化国家"放管服"改革机制,进一步维护黄河重大水利工程的经济效益。

（2）加强基层安全生产培训教育

黄河重大水利工程施工现场管理人员、一线工程施工人员和基层技术人员不仅是最基层的工作人员,也是负责工程施工质量最关键的人员。因此,要进一步加强基层"三类人员"的安全生产培训教育,真正让基层了解安全生产的必要性和重要性,提高安全生产操作技能,更加明确自身的职责,以更加自觉的行动遵守规章制度和工作纪律。同时,也要不断提升施工现场管理人员沟通交流水平和管理责任意识,利用现代化管理理念和方式不断提升管理效率和质量,如团队目标管理、团队合作建设等,全面提升基层安全生产管理力量。

（3）加大违反安全生产行为的处罚力度

对于黄河重大水利工程施工单位，应进一步修订完善安全生产违规行为的具体认定标准及处罚条例，定期对施工现场进行安全生产检查，对违反安全生产相关责任主体进一步加大处罚力度。针对施工现场频繁出现且整改不彻底的单位，应对其主要负责人在一定范围内进行通报批评，问责追责其监督不到位的行为。同时，根据黄河重大水利工程不同地域的施工特点，建立完善现场施工安全生产问题台账，通过横向对比，总结和发现解决问题的办法，从根源上解决存在的难题。

3.2 规范工程建设和运行管理关键环节，建立工程质量长效管理监督机制

（1）优化关键环节审核把关力度

对于黄河重大水利工程建设和运行管理的关键环节，主管单位应进一步明确责任主体和监督管理责任。对于工程前期工作和建设实施工作阶段，应建立工程初步设计审查和工程施工图纸审查机制，明确黄河流域内工程勘察设计的监督管理职责，把控好工程初步设计和工程施工的质量。对于验收移交工作和阶段竣工验收阶段，聚焦原材料、半成品、施工设备等物料、设施的进场验收，紧盯施工单位是否按照初步设计要求和规范进行工程施工，严格要求施工单位落实"质量三检制度"，切实保证工程项目质量[5]。

（2）明确工程项目质量终身责任制

随着黄河流域近期古贤水利枢纽、黑山峡水利枢纽和南水北调西线工程等重要基建项目的全面推进，加之黄河流域"十四五"防洪、黄河下游引黄涵闸改建等重要黄河水利工程的陆续开展，黄河重大水利工程主管单位也应明确工程项目质量终身责任制，建立工程项目责任单位、项目负责人工程项目质量终身责任信息档案，并与水利工程市场主体诚信体系、市场准入要求全面挂钩，全面提升黄河重大水利工程建设质量。

3.3 全面推进"属地融合"管理，保障黄河重大水利工程落实落地

（1）加强"属地融合"服务管理机制

黄河重大水利工程建设和运行管理的快速持续推进，不仅需要黄河流域内水管单位的规范运行，更需要黄河流域内水管单位不断加强与地方人民政府沟通协调，积极探索建立地区流域属性的黄河重大水利工程财政资金、建设用地等重要环节的快速审批通道，积极争取财政、税收优惠政策，优化地方人民政府和黄河流域机构对相关审批环节的程序，快速推进地方财政资金、移民迁占安置、防洪设施配置等环节的工作进度。对于黄河重大水利工程涉及的公路、铁路、油气管线、征地移民、文物保护等难以单独协调处理的问题，水管单位也应积极与地方政府沟通交流，快

速推动黄河重大水利工程的平稳开展。

（2）建立"属地融合"联合监督制度

由于地方财政资金直接影响黄河重大水利工程施工进度和建设质量，因此，黄河流域内水管单位要积极对接地方政府，对地方投资的财政资金和项目批复后资金落实管理情况进行全过程联合综合考核评价，为黄河重大水利工程的快速建设提供资金保障。同时，对于施工现场安全生产管理、设计方案质量、工程项目质量检验和验收评审等关键环节，黄河流域内水管单位也应与地方政府开展联合监督检查，并对查出的问题分别从不同角度提出可行性建议，真正有效提高工程建设的监督质量。

3.4 深化工程项目管理制度，加快黄河流域生态保护和高质量发展

（1）完善项目法人管理实施细则

在黄河重大水利工程建设和运行管理过程中，进一步细化项目法人组建、项目法人管理职责、项目法人违规处罚条例等具体内容，逐步建立健全项目法人考核和奖惩细则。对于黄河流域内特殊的重大水利工程，项目法人应由地方政府或部门相关人员组建，配备充足的项目法人力量，压实压紧项目法人责任，提升履职尽责能力，保障黄河重大水利工程建设和运行管理规范。

（2）细化新型工程建设和运行管理的模式研究

针对现阶段黄河重大水利工程建设和运行管理的新模式，特别是工程总承包（EPC）模式、项目管理承包（PMC）模式和政府和社会资本合作（PPP）模式，黄河流域内水管单位与地方人民政府要有针对性地提出指导意见，明确具体人员的工作职责，细化风险管控、实施意见、监管要求，加强对工程建设资金、工程概算、经济效益的控制，充分发挥新模式下黄河重大水利工程的独特优势，全面提升黄河重大水利工程建设运行管理的质效。

（3）加强项目管理和监理人员培训

依托黄河流域电子化大数据培训平台，明确项目法人、项目主要技术负责人、财务负责人、施工项目部负责人和监理人员每年完成后续培训学习内容，不断深化黄河流域项目管理人员互相轮训、交流学习等业务指导，全面提升黄河重大水利工程建设和运行管理水平。同时，针对黄河重大水利工程监理工作，应建立内部资格考试和相关评审工作的内控制度，适当提高监理费用标准，避免出现低价中标、降低履职职能的情况。

4 结语

习近平总书记强调,"十四五"是推动黄河流域生态保护和高质量发展的关键时期,要抓好重大任务贯彻落实,力争尽快见到新气象。黄河重大水利工程作为我国"两新一重"建设的重要工作内容,具有财政投入大、建设周期长、社会效益高、就业机会多等特点,直接影响我国经济发展,对现阶段国家水网建设规划下建设和运行管理水平也提出了更高的要求。本文通过阐述现阶段国家水网建设规划下黄河重大水利工程面临的新形势,结合水利工程建设管理工作流程存在的问题,找出问题产生的原因,并结合现阶段黄河重大水利工程实际,分别提出明确施工现场安全管理措施、规范工程建设和运行管理关键环节、全面推进"属地融合"管理、深化工程项目管理制度的对策,以期对规范黄河重大水利工程建设与运行管理提供有价值的参考。

参考文献

[1] 中共水利部党组.加快构建国家水网为强国建设民族复兴提供有力的水安全保障[J].山西水利,2023(7):4-7.

[2] 金凤君.黄河流域生态保护与高质量发展的协调推进策略[J].改革,2019,309(11):34.

[3] 吴风波.当前建设工程招投标存在的问题与对策分析研究[J].大众标准化,2023(1):60-62.

[4] 龙厚祥.基层水闸工程运行管理标准化探析[J].山东水利,2023(8):75-76.

[5] 徐典保.水利工程运行管理中存在的问题分析与优化策略分析[J].农业开发与装备,2023(7):115-117.

新阶段数字孪生山东黄河建设探究

朱晶晶　刘　瑾

山东黄河河务局滨州黄河河务局

摘　要：围绕数字孪生技术在山东黄河建设中的应用，详细分析了山东黄河河务局在推进"数字孪生流域"和"数字孪生黄河"建设中的实践与成效。首先阐述了数字孪生流域建设的背景与重要性，接着介绍了水利部、黄河水利委员会及山东河务局在数字孪生黄河建设中的具体措施与成效。详细描述了当前数字孪生山东黄河建设的现状，包括顶层设计、基础设施体系、算据算法算力、数字化场景应用等方面，并分析了存在的问题。提出了针对性的建议与下一步工作方向，以期为山东黄河的高质量发展提供有力支撑。

关键词：数字孪生；山东黄河；智慧水利；四预功能；数据共享

随着科技的飞速发展，数字孪生技术作为一种新兴的信息技术，正逐步应用于水利领域，成为推动水利高质量发展的重要力量。山东黄河河务局积极响应水利部、黄河水利委员会（以下简称"黄委"）的号召，全面推进数字孪生山东黄河建设，旨在通过数字化、网络化、智能化手段，提升流域保护治理能力。山东黄河河务局全面贯彻落实水利部、黄委"数字孪生流域""数字孪生黄河"建设要求，以"需求牵引、应用至上、数字赋能、提升能力"为指引，结合山东黄河工作实际，聚力推进数字孪生山东黄河建设，数字孪生整体架构基本构建，数智引领效能得到发挥，提升了流域保护治理数字化网络化智能化水平。本文旨在深入分析数字孪生技术在山东黄河建设中的应用现状、成效及存在的问题，并提出相应的对策建议。

1　数字孪生流域建设的背景与重要性

1.1　背景

党的十八大以来，习近平总书记对加快建设科技强国，实现高水平科技自立自强作出了一系列重大决策部署。强调科技创新是核心，抓住了科技创新就抓住了牵动我国发展全局的牛鼻子，并提出了提升流域设施数字化、网络化、智能化水平的明确要求。建设数字孪生流域，是水利系统落实党中央决策部署的具体行动，是推动新阶段水利高质量发展"六条实施路径"之一，也是全面提升水安全保障能力的迫切需要。水利系统积极响应，将数字孪生流域建设作为落实党中央决策部署、推动水利高质量发展的重要举措。

1.2 重要性

建设数字孪生流域，不仅有助于提升流域设施的数字化、网络化、智能化水平，还能为流域保护治理提供科学决策支持，全面提升水安全保障能力。对于山东黄河而言，数字孪生建设更是推动其高质量发展的关键一环。

2 数字孪生山东黄河建设的实践

2.1 水利部与黄委的高位推动

2022年以来，水利部先后出台《数字孪生流域建设技术大纲（试行）》《数字孪生水网建设技术导则（试行）》《数字孪生水利工程建设技术导则（试行）》《水利业务"四预"基本技术要求（试行）》《数字孪生流域共建共享管理办法（试行）》等5个文件，细化明确了数字孪生流域、数字孪生水网、数字孪生水利工程建设等要求，为各级水利部门智慧水利建设提供了基本技术遵循。

2022年3月黄委正式颁布《数字孪生黄河建设规划（2022—2025）》，编制完成了《"十四五"数字孪生黄河建设方案》。两份纲领性文件都明确提出黄河流域数字孪生平台建设是数字孪生黄河建设的重要组成部分，并明确"十四五"期间数字孪生黄河平台的建设目标、范围及内容规模。系统总结了"十三五"以来"三条黄河"建设取得的成效，深刻分析了面临的形势和问题，在水利部数字孪生流域整体框架下，研究提出了数字孪生黄河建设框架、规划目标、建设任务、重点工程及组织实施、保障体系等，为"十四五"时期数字孪生黄河建设提供了重要依据。

2.2 山东河务局的落实措施

山东河务局全面落实水利部党组、黄委党组关于智慧水利、智慧黄河的决策部署，站位黄河重大国家战略，锚定全面提升国家水安全保障能力目标，推动物联网、大数据、人工智能等新一代信息技术与治黄业务的深度融合，加快数字孪生山东黄河建设，全面提升山东黄河治理管理的数字化、网络化、智能化水平。在顶层设计、基础设施体系、算据算法算力、数字化场景应用等方面取得了显著成效。

3 当前建设情况

近年来，山东河务局紧跟业界前沿动态，结合工作实际，积极推进数字孪生山东黄河建设，聚焦"先进+实用""体系+特色""宏观+微观""信息化+人工智能""安全+可靠"精准发力，按照数字孪生流域建设标准和要求，以"需求牵引、应用至上、数字赋能、提升能力"为要求，以数字孪生山东黄河建设为抓手，集各方之力、融全局之智，加速推进云计算、大数据、AI等新一代信息技术与治黄业务深度融合，整合提升各业务系统功能，系统布局重点区域、重点河段数字孪生先行先试，初步构建"一网一平台一系统一支撑"的云黄河（山东）框架体系。实现数字化场景、智慧化模拟、精准化决策，初步建成具有"四预"功能的智慧水利体系，赋能水旱灾害防御、水资源集约节约利用、水资源优化配置，为新阶段水利高质量发展提供有力支撑和强力驱动。

3.1 顶层设计基本完成

依据水利部《数字孪生流域建设技术大纲（试行）》等标准规范，结合山东治黄发展现状和实际需求，山东河务局编制完成信息化"十四五"建设规划、数字孪生平台优化升级方案。

3.2 基础设施体系全面构建

强化信息感知网、通信传输网和基础运行环境。建成天空地河一体化信息感知网，"天"——获取中高精度卫星遥感资源，实现河道水边线提取、主溜线解译。"空"——配备无人机219架，覆盖8个市局、30个县局及121个基层段所。"地"——接入视频监控点2898路，覆盖山东黄河堤防、险工等。"河"——采集济南段重点位置和东平湖全域水下地形数据。实现了对中高精度卫星遥感资源的获取、无人机数据的采集，以及对视频监控点、水下地形数据的全面收集。与实力厂商签订战略合作协议，保证了系统设施设备标准和型号的一致性，稳定了设备价格，保障了供货；通过新增专网信道、优化站点分布、深化与运营商合作，改善了"最后一公里"的通信保障。扩容网络带宽，提升了干线传输能力。至今已初步建成天空地河一体化的物理流域监测感知网，为数字孪生建设提供了数据感知手段。

3.3 构建具有"四预"功能的数字孪生平台

（1）数字孪生平台初具规模

数字化场景方面。围绕数据底板建设，组建航拍飞手、三维建模处理专业团队，自主采集构建三维模型、激光点云等数据成果；与省自然资源厅等单位加强协作，获取大尺度、中精度地理空间数据。

截至目前，已建成山东黄河干流等1.7万 km^2 L2级数据底板。获取济南段区域、东平湖与黄河干流连接区域、济南建邦大桥以西河段、滨州惠民标准化堤防等4处精细化数据；完成 14 处闸站精细化实景建模。正在处理有关区段重点部位三维场景，按照防洪重点先行先试的原则，不断融合形成 L3 级底板。同时，与工程属性数据、工程监测数据相互关联，推进实现虚实互动。

智慧化模拟方面。建立算法管理平台，以解决具体问题为要，多次深入基层段所，力求通过人工智能方式解决实际工作中耗费精力、危险性大等巡查问题，提升基层人员工作效率。根据不同算法检测内容，技术人员逐个对视频监控现场勘探、标定、测试及验证。研发了冰凌检测、浮桥拆除、坝岸坍塌、垃圾倾倒、水位识别等 9 套视频智能识别算法。5 套成熟算法已与防汛、水政等业务系统打通，自动推送识别数据，提升应用系统智能化水平。建立模型平台，以防洪四预为突破口，构建干流洪水过程预报、干流洪峰预报、东平湖调洪演算、大汶河降雨产流预测、二维水动力、二维水沙动力和水沙冲淤 7 个水利专业模型。实现模型评估、调用，为防汛洪水要素分析、河势变化分析等功能提供支撑。

精准化决策方面。搜集整理省市县三级预报方案、业务规则、历史场景等知识库和知识图谱，初步构建山东黄河数字孪生知识平台，提高知识检索精准化、智能化水平。

（2）虚实联动，构建典型场景

研发数字孪生三维仿真引擎，驱动水利模型与三维场景动态耦合模拟，重点提升防洪业务"四预"能力。

构建东平湖、济南段典型场景。贯通干流、东平湖、大汶河 L2 级底板，构建群闸 L3 级底板，集成关键水利要素，打造典型数字化应用场景。基于调洪演算模型，科学调度大汶河洪水和黄河分滞洪运用，实现干流河道洪水变化、人口迁移安置、围堰/坝体破除、闸门启闭调度、湖水位变化等全过程模拟。

融合济南段关键水利要素信息，实现重点区域全局态势的精准立体掌控。实现区域内不同洪水量级的"四预"应用。预报关键洪水要素，预警直达一线，预演洪水水位、流量、流场，实时分析漫滩风险、淹没情况，匹配预报洪水量级下的处置预案。

3.4 研发"2+N"业务应用系统

以防洪、水资源调度为研发突破点，同步研发水政、安监、工程管理、工程建设及政务、党建、科技、人劳、财务、综合业务门户、态势感知，以及"云黄河山东"APP、"智巡"APP 等，初步形成"2+N"智能业务应用系统。立足"需求精准、功能实用"，快速响应问题，不断修改提升，逐步打造可应用、可推广、具有自主知识产权的品牌体系。

3.5 加速建设支撑保障体系

一是部署智慧云平台。为人工智能、大数据三维仿真渲染提供可靠"算力"支撑。二是搭建大数据中心。建设山东黄河水利对象统一编码、数据资产体系，实现各类数据汇聚治理、存储、计算、管理和价值钻取。三是升级山东黄河一张图。实现山东河务局全局水利地理空间数据整合、专题服务，综合呈现黄河干支流21个基础图层，5个专题图层，3类15个水利对象的详细信息"一屏可视、一图感知"。四是建设视频监控管理平台。实现全局视频监控统一管理、分级应用、一键巡河。五是建设无人机巡检平台。实现在线多机直播、飞行数据管理、远程多端监管、历史数据备份回放及正射图像快拼，扩展了工程巡查手段。六是建设物联网管理平台。实现全域视频监控、水位计、在建工地监测点等终端设备监测数据、设备状态等高效采集、有效整合、数据共享。七是建设应用支撑中枢。实现一站式登录、统一用户管理、权限分级部署。八是构建网安预警体系。实现山东河务局全局覆盖、全域共享、全程可控的全天候动态网络安全监测预警体系，为云黄河（山东）建设提供安全的运行环境。

3.6 协同机制初步构建

山东河务局各单位部门细化措施、部署落实，数字孪生建设协同机制初步构建。信息中心强化系统研发，构建了云黄河（山东）平台。设计院建成了引黄涵闸BIM模型数据库、长平滩区入黄支流洪水淹没分析、工程基础信息数据库。河口管理局部署6座无人机机场，集成视频监控系统，实现一键巡河。东平湖管理局构建大汶河洪水预报及东平湖调度模型，建成大汶河流域信息共享平台。济南河务局建设根石监测预警平台和全河首座物联网水位站，利用无人机建设部分河段三维模型。菏泽河务局开展重点区域精细化实景建模，实现数据与场景有机结合。聊城河务局增设视频监控设备电子围栏等功能，实现水事违法行为实时感知预警。德州河务局对重点河段进行3D建模，实时查看工程运行现状、遥测水位数据。滨州河务局联合研发黄河空中巡查监管交互系统，实现大型无人机智能化巡航。淄博河务局对重点控导工程三维建模，自主构建高精度三维数字场景。

3.7 先行先试重点任务

以东平湖和济南段为典型应用场景，开展先行先试重点任务建设，取得了阶段性成果。

（1）数字孪生黄河济南段典型场景

综合运用倾斜摄影、激光点云、测量船等技术设施采集济南典型河段L3级（含水下地形数据）数据底板。主要对原济南段闸站、桥梁等水利工程建模，可实时获取视频监控、水文站、水位站、涵闸在线监测等数据。根据山东黄河防洪和水资源管理与调配等业务特点，研发特色模型库。构建了干流洪水过程预报、干流洪峰预报、东平湖调洪演算、大汶河降雨产流预测和二维水动力等5类水利专业模型。初步构建山东黄河知识平台，拆解各类方案、预案为结构化内容，建立知识引擎，构建调度方案库、历史规律库、专家经验库、业务规则库。研发了主溜线视频智能识别算法，基于视觉测流技术和遥感影像技术，识别河道主溜线，为山东黄河济南段河势预测和洪水控制提供支撑。集成智能算法，对河势变化、违法行为、工程安全等各类业务进行日常监测，构建虚实结合"现在时"，促进各治黄主业业务协同；基于"三个全覆盖"，研发智能算法，实现从"技防"到"人防"的防汛和巡查新模式，减轻了基层工作强度，提升服务效能。

（2）数字孪生东平湖典型场景

建设由倾斜摄影、正射影像、水下地形、断面数据、三维可视化仿真模型组合得到的多要素数据底板，包含黄河干流与东平湖连接区域的三维倾斜摄影数据；基于卫星遥感影像获取的分辨率优于2m的DEM数据、分辨率优于0.2m的DOM数据；大坝、水位站、重点出入湖闸的三维可视化仿真模型。平台全真还原了山东黄河东平湖区域地形地貌、水利工程的实际分布情况，在高精度区域接入了工程、视频、水文等相关数据，构建全要素场景，完成实时渲染，提供交互工具，实现空间分析，保障数据应用。将经过数据治理的基础数据、监测数据、地理空间数据映射到全要素场景底板中，支撑调度流程模拟。研发模型库，构建了东平湖调洪演算、大汶河降雨产流预测和二维水动力等3类水利专业模型。基于数字孪生仿真平台，结合东平湖中精度实景三维场景，还原物理场景，同步水情信息，实现湖区数据全天候监测；利用东平湖调洪演算模型，研判是否需要利用东平湖蓄滞黄河或大汶河洪水，调用模型计算结果，预演人口迁移安置、金山坝破除等分洪前准备措施，预演黄河干流、大汶河洪水向东平湖流入演进过程等情况。

4 存在的问题

4.1 沟通机制不够畅通

山东河务局通过建立"半月报"制度，综合掌握各市局数字孪生建设和网信工作进展，但基层直接反馈渠道还不畅通，一线操作人员遇到问题层层上报，问题信息归集不准确，时效性差。山东河务局对基层研发建设的系统掌握不及时、不全面，不能及时指导和规范。

4.2 业务系统集成度、协同度不高

各业务系统虽集成到云黄河（山东）界面上，但业务流程、数据并未集成融合。各要素信息散状分布于不同系统，需要反复登录验证，直观感受不智能，体验不友好。水利部、黄委建设的系统平台，局属各单位自主建设的业务应用系统，尚未集成到云黄河（山东）平台，部分业务存在按照不同系统要求，信息重复上报的情况。

4.3 业务系统应用深度广度不足

部分业务系统存在设计、建设、应用各层次的欠缺和不足，工作效能发挥不显著。业务应用智能化水平仍需提高，实际业务需求和应用融合还需要进一步提升。

4.4 数据采集与共享不够

各单位结合工作需求自行研发的部分系统，在数据底板、智能算法、三维模型等方面与省局统一构建的平台标准、参数均不一致，数据对接存在困难。各单位数据存储介质均不一致，未实现集中管理，未统一界定和规范存储的范围、时限、位置、标准、等级等。有些单位采集的数据不能共享互通，存在信息孤岛、重复采集等问题。

5 建议及下一步工作

健全推进机制。要充分发挥数字孪生山东黄河建设领导小组职责作用，顶层统筹，制定目标规划，督导方案实施，建立上下沟通联动机制，协调共享整合数据资源。

完善提升"三算"，为智慧山东黄河建设提供全面的"算据""算法""算力"。不断扩大感知网信息采集能力，丰富扩展重点工程、重点河段相关数据，打造多级融合的数据底板。根据业务工作需求推进模型和算法研发，在使用过程中不断优化已有算法。在综合利用机房现有服务器、存储等资源的基础上，建成既具有高速的数据计算能力又具有安全的数据存储能力的云平台。

优化系统，深化应用。持续加大云黄河（山东）平台及移动端App等系统使用力度，提升应用广度和深度，实现全要素、全流程、全员参与。在使用过程中不断优化完善、改进系统流程、功能、程序。优化地面监测、及时更新数据底板，推进监测系统高频乃至在线运行，实现物理流域与数字流域之间的动态、实时信息交互，提升数据精准性。对水尺识别、垃圾倾倒等智能算法和防洪调度等专业模型不断修正完善，提高模拟仿真平台准确性。

推动共建共享。建立覆盖全局的数字孪生资源共享平台，加强数据底板、模型、算法跨单位、跨部门、跨层级的统筹管理、整合归集，做好系统间数据的共享共用，实现"一数一源""一数多用"。整合各系统到云黄河（山东）平台电脑端和手机

移动端，实现用户一键登录后访问权限内所有系统。

保障资金投入。要积极争取国家投资与上级政策扶持，在水利工程建设、运行管护预算中科学安排数字孪生建设资金和运维资金。

推进科技创新。推进山东黄河科创中心建设并依托科研项目，推动"黄河空天数据应用工程研究中心"等科创平台充分发挥效能，持续开展数字孪生关键技术问题研究，推动重大科技项目落地，加快科技成果转化应用。

强化人才培养与正向激励。持续优化人才引进培养与激励政策，结合山东黄河"1248"创新团队体系建设，为数字孪生山东黄河建设提供多层次人才队伍保障。整合全局创新人才，组建数字孪生山东黄河建设团队。依靠"数字孪生"专栏交流研发经验和成果，通过数字孪生项目建设和应用，锻炼队伍培养一批有技术、能实操、知大势的信息化技术精兵。

参考文献

[1] 徐永国，于佳. 数字孪生：行业未来发展的新引擎［N］. 中国石化报，2024-07-29.

[2] 陈胜，等. 数字孪生滹河建设实践与思考［J］. 中国水利，2024（13）：1-7.

[3] 罗斌，周超，张振东. 数字孪生水利专业模型平台构建关键技术及应用［J］. 人民长江，2024，55（6）：227-233.

[4] 李仁俊，密玲. 数字孪生黄河水利工程安全智能分析预警技术［C］// 河海大学，江苏省水利学会，浙江省水利学会，上海市水利学会.2024（第十二届）中国水利信息化技术论坛论文集. 黄河水利委员会上游水文水资源局，2024.

[5] 胡锴星，王磊. 数字孪生技术在黄河水利工程运行管理中的分析［C］// 河海大学，江苏省水利学会，浙江省水利学会，上海市水利学会.2024（第十二届）中国水利信息化技术论坛论文集. 黄河水利委员会上游水文水资源局，2024.

[6] 赵英琦. 数字孪生水利工程安全智能分析预警技术应用分析［C］// 河海大学，江苏省水利学会，浙江省水利学会，上海市水利学会.2024（第十二届）中国水利信息化技术论坛论文集. 黄河水利委员会上游水文水资源局，2024.

黄河水文化的数字化传播与现代媒体应用策略研究

安亚菲　张晓静

濮阳黄河河务局经济发展管理局
濮阳黄河河务局第一黄河河务局

摘　要：黄河水文化有着浑然天成的多样性、深刻性、独特性。系统探讨了黄河水文化在现代媒体和技术手段背景下的数字化传播策略，旨在通过多媒体内容制作、互动式数字体验和社交媒体营销等方法，提升黄河水文化的影响力和传播效果，从而实现黄河水文化的广泛传播和持续传承，为中华文化的保护和发展做出重要贡献。

关键词：黄河水文化；数字化传播；现代媒体

1　概述

1.1　研究依据

黄河，被誉为中华文明的摇篮，孕育了中国古代灿烂的文化和辉煌的历史。黄河流域不仅是中国重要的经济带和生态屏障，也是独特而丰富的水文化发源地。黄河水文化涵盖了丰富的历史记忆和文化遗产，形成了独具特色的文化传统，对中华民族精神和文化认同具有深远影响。然而，随着社会的快速发展和现代化进程的推进，黄河水文化面临着传承与发展的双重挑战。

近年来，国家高度重视黄河流域的生态保护和高质量发展，并在政策层面提出了一系列措施。《"十四五"规划纲要》中明确指出，要加强水文化建设，推动水文化与水利工程深度融合，构建水文化市场，保护和利用水利遗产。这一系列政策为黄河水文化的传承与发展提供了坚实的保障和广阔的前景。与此同时，随着信息技术的快速发展，现代媒体和技术手段在文化传播中的作用愈加重要。数字化平台和社交媒体不仅改变了信息传播的方式，也极大地拓宽了文化传播的渠道和受众范围。通过现代媒体和技术手段推广黄河水文化，不仅有助于增强公众对黄河水文化的认知和认同，还能够推动黄河流域经济的可持续发展，促进区域文化旅游产业的繁荣。

然而，尽管现代媒体和技术手段在文化传播中具有显著优势，但在实际操作中仍然面临诸多挑战。例如，如何制作富有吸引力的多媒体文化内容，如何设计互动性强的数字体验，如何通过社交媒体精准推广等，都是亟须解决的问题。因此，深入研究通过现代媒体和技术手段推广黄河水文化的策略，不仅具有理论价值，更具有重要的实践意义。

1.2 研究意义

首先，本研究有助于丰富水文化建设的理论体系。通过探讨现代媒体和技术手段在黄河水文化传播中的应用，可以为水文化传播研究提供新的视角和方法，促进水文化建设理论的不断完善和发展。

其次，本研究对提升黄河水文化的社会影响力具有重要作用。利用现代媒体和技术手段，可以实现黄河水文化的广泛传播和互动参与，增强公众对黄河水文化的认知和认同。这不仅有助于提升黄河水文化的社会影响力，还能增强民族文化自信，促进文化多样性的发展。

此外，本研究对于推动区域经济的可持续发展也具有积极意义，可以将黄河文化资源转化为经济资源，带动当地文旅产业发展，实现文化与经济的双赢，助力黄河流域的高质量发展。

最后，本研究可以为相关政策的制定和实施提供参考依据。当前，国家高度重视黄河流域的生态保护和文化建设，本研究通过对黄河水文化数字化推广策略的探讨，可以为政府和相关部门提供科学的决策依据，促进政策的有效落实。

综上所述，本研究不仅具有重要的理论价值，还具有显著的社会效益和经济效益。通过现代媒体和技术手段推广黄河水文化，不仅能推动文化传承与创新，还能为区域发展注入新的动力，具有广泛而深远的影响。

2 黄河水文化的内涵与特点

2.1 黄河水文化历史沿革

黄河流域是中国古代农业文明的发源地之一。从远古时期开始，黄河两岸的人们就在这片肥沃的土地上繁衍生息，创造了辉煌的农耕文明。距今5000多年的仰韶文化和龙山文化，就是黄河流域早期文明的代表。这一时期的先民们利用黄河水资源进行农业生产，并逐步形成了与水密切相关的生活方式和文化传统。

随着时间的推移，黄河流域逐渐成为中国古代重要的政治、经济和文化中心。夏商周时期，黄河流域的灌溉工程和防洪设施不断完善，水利技术得到显著发展。回顾中华民族的历史长河，涌现出了无数治理黄河的英雄人物。例如，大家耳熟能详的大禹治水，便是中国人治理水患的决心与智慧的缩影。

进入现代，黄河流域的水文化在保护与发展的过程中面临新的挑战和机遇。改革开放以来，黄河流域的经济社会发展迅速，现代化进程不断加快。各地也积极探索和实践黄河水文化的保护与传承。例如：河南省通过举办黄河文化旅游节，推广黄河水文化，吸引了大量游客；山西省则通过修缮和保护古代水利工程，推动黄河水文化的传承与利用。这些实践不仅丰富了黄河水文化的内涵，也为黄河流域的经济社会发展注入了新的活力。在数字化高速发展的当下，利用现代媒体和技术手段推广黄河水文化，便显得更有重要性和必要性。

2.2 黄河水文化的独特性

黄河水文化作为中华文明的重要组成部分，具有独特的历史背景、地理特征和文化内涵，其独特性表现在多个方面。

（1）历史积淀的深厚性

黄河流域是中国古代文明的发源地之一，拥有悠久的历史和丰富的文化积淀。自古以来，黄河就被视为中华民族的"母亲河"，孕育了灿烂的古代文明。从大禹治水的传说，到夏商周的政治中心，再到历代王朝的水利建设，黄河与中国历史的发展紧密相连。这种深厚的历史积淀，使黄河水文化具有独特的历史厚重感和文化传承价值。

（2）地理环境的多样性

黄河流域跨越中国北方多个省区，地理环境复杂多样。从青藏高原的源头，到黄土高原的中游，再到华北平原的下游，黄河流域的自然地理特征各异，形成了丰富多彩的区域文化，既有"面朝黄土背朝天"的黄土高原农耕文化，也有"鲙下玉盘红缕细"的华北平原地区渔业文化，其鲜明的对比性与互补性自不用多言。

（3）文化内涵的多层次性

黄河水文化有丰富的文化内涵，既包括物质文化层面的水利工程、农业灌溉、渔业生产等，也包括非物质文化层面的民间传说、习俗风情、宗教信仰等。黄河水文化不仅反映了人类对水资源的利用和管理智慧，还体现了人们对自然的敬畏和崇拜。

（4）民俗传统的独特性

黄河流域的民俗传统丰富多彩，充满地方特色。从古代的"河图洛书"到现代的黄河大合唱，黄河流域的民俗文化涵盖了音乐、舞蹈、戏剧、文学等多个方面。这些民俗传统不仅是黄河水文化的重要组成部分，也是当地居民生活方式和精神面貌的真实写照，充分体现了黄河流域人民的生活智慧和审美情趣。

（5）生态文化的特殊性

黄河流域的生态环境对其文化产生了深远的影响。黄河的奔流和多变的水文状况，塑造了流域内独特的生态系统和生物多样性。这种生态文化的特殊性，使得黄河水文化具有与自然环境紧密相连的特点。例如，黄河滩涂的湿地文化、黄河三角洲的渔猎文化，都是黄河生态环境与人类文化互动的产物。这种生态文化的特殊性，强调了人与自然和谐共生的重要性，为现代生态文明建设提供了宝贵的文化资源和思想启迪。

由此可见，"黄河文化蕴含了丰富的精神内涵，民族认同感和凝聚力以及包容开放的精神"[1]，挖掘和弘扬这些独特性具有强烈的时代价值，也是实现中国梦的大势所趋。

3 现代媒体和技术手段在文化推广中的作用

随着融媒体时代的来临，"全媒体功能、传播手段乃至组织结构等核心要素的结合、汇聚和融合，是信息传输渠道多元化下的新型运作模式。"[2]利用现代媒体和技术手段可以使黄河文化传播的空间得到扩大并深化文化自身的感染力和渗透力，有助于黄河文化经营，推动产业化发展。

3.1 数字化平台

数字化平台是现代文化传播的重要工具，包括网站、移动应用、虚拟博物馆和在线教育平台等。通过数字化平台，可以实现黄河水文化的数字化呈现、互动交流和多维传播。

（1）数字化呈现

数字化平台可以将黄河水文化的丰富内涵通过数字化手段进行生动呈现。例如，通过高分辨率图片、视频和音频等多媒体内容，展示黄河流域的自然风貌、水利工程和民俗活动，使用户能够直观感受到黄河水文化的魅力。此外，数字化平台还可以利用虚拟现实（VR）和增强现实（AR）技术，提供沉浸式的文化体验。例如，通过VR技术，用户可以"亲临"黄河沿岸的历史遗迹，感受古代治水工程的宏伟和壮观。

（2）互动交流

数字化平台不仅提供文化内容的展示，还可以通过互动功能增强用户参与感。例如，在线论坛和评论区可以让用户分享观感和体验，交流对黄河水文化的理解和感悟。通过互动交流，可以促进文化知识的传播和共享，提升用户对黄河水文化的认知和认同。此外，数字化平台还可以开展线上活动和比赛，如黄河文化知识竞赛、摄影比赛等，吸引更多用户参与到黄河水文化的推广中来。

（3）多维传播

数字化平台可以实现文化内容的多维传播，通过跨平台整合和多渠道推广，扩大文化传播的覆盖面和影响力。例如，官方网站可以与社交媒体、视频平台、新闻网站等合作，进行联合推广和内容共享，实现文化传播的联动效应。

3.2 社交媒体

"社交媒体作为一种工具、一种载体、一种物质资源，属于社会公器，理应具有独立性、公正性、平等性、批判精神、人文关怀和社会责任感。"[3]传播与推广黄河水文化离不开社交媒体的助力。

（1）社交媒体平台的特点

社交媒体平台种类繁多，具有不同的功能和特点。例如，微博和微信是中国最流行的社交媒体平台，具有用户基数大、信息传播快、互动性强等优势；抖音和快手等短视频平台，则以其生动有趣的短视频内容吸引了大量年轻用户。这些平台的多样性为黄河水文化的推广提供了丰富的选择和渠道。

（2）内容创作与传播

社交媒体平台的成功推广离不开高质量的内容创作。针对黄河水文化的独特性，可以制作多种形式的文化内容。例如，可以通过短视频平台发布黄河流域的美景、民俗活动和文化故事，利用图文并茂的方式介绍黄河水文化的历史背景和现状。此外，还可以邀请文化专家和名人进行直播讲解，增强内容的权威性和吸引力。

（3）互动营销

社交媒体平台的互动性使得文化推广不仅限于单向传播，而是可以通过互动营销增强用户参与感和认同感。例如，设置有奖竞猜、话题讨论等活动，鼓励用户在黄河沿岸的文化景点拍照打卡，分享他们的旅行体验和文化感悟，形成广泛的传播效应。

通过数字化平台和社交媒体，可以实现文化内容的生动呈现、广泛传播和深度互动，提升公众对黄河水文化的认知和参与度，有助于实现文化与科技的有机融合。

4 黄河水文化数字化推广策略

针对黄河水文化的数字化推广，可以从多媒体内容制作、互动式数字体验和社交媒体营销三方面入手，从而达到文化传播复合效益最大化。

4.1 多媒体内容制作

4.1.1 视频制作

视频是一种直观生动的传播媒介，能够全面展示黄河水文化的独特魅力。视频制作应注重内容的丰富性和视觉效果的精美。

（1）文化纪录片

制作关于黄河流域历史、文化、风景、民俗的纪录片，深入挖掘黄河水文化的内涵。例如，可以拍摄《大禹治水》《黄河之旅》等专题片，展现黄河水文化的历史故事和现代传承。

（2）短视频

利用抖音、快手等短视频平台，制作1~3分钟的短视频，内容可以包括黄河美景、地方风俗、传统技艺等，采用动态镜头、音乐配乐等手段增加吸引力。

4.1.2 图文内容制作

图文结合的内容形式适合在网站、微信公众号、微博等平台发布，便于用户阅读和分享。

（1）文化故事

撰写关于黄河流域历史事件、民间传说、重要人物的文化故事，并配以高质量的图片，增加内容的可读性和趣味性。例如，讲述黄河沿岸古村落的故事，结合现代图片和古代绘画进行对比展示。

（2）文化指南

编写黄河文化旅游指南，介绍黄河沿岸的旅游景点、文化遗产和特色活动，并提供详细的旅行攻略和实用信息，帮助游客深入了解和体验黄河水文化。

4.1.3 动画和互动图像

动画和互动图像可以增强用户的参与感和互动性。

（1）动画短片

制作关于黄河文化的动画短片，适合儿童和青少年观看。例如，可以用动画形式讲述黄河的形成、流域文化以及重要历史事件，让观众在轻松愉快的氛围中了解黄河水文化。

（2）互动图像

利用HTML5技术制作互动图像，让用户可以通过点击、滑动等操作，探索黄河流域的文化元素。例如，制作黄河流域的互动地图，展示各地的文化遗产、历史事件和自然景观。

4.1.4 文化产品设计

文化产品的设计和推广，可以将黄河水文化融入日常生活。

（1）文创产品

设计和开发以黄河水文化为主题的文创产品，如明信片、书签、手账、纪念品等，既具有实用价值，又能传播文化。例如，制作印有黄河风景和历史图案的明信片，让游客在旅行中带走一份文化记忆。

（2）数字产品

开发黄河水文化相关的数字产品，如电子书、有声读物、文化APP等，方便用户随时随地了解和学习黄河水文化。

4.2 互动式数字体验

4.2.1 虚拟现实（VR）体验

虚拟现实技术可以为用户提供沉浸式的文化体验。

（1）VR博物馆

建设黄河水文化虚拟博物馆，展示黄河流域的历史文物、文化遗产和自然风光。用户可以通过VR设备，身临其境地参观博物馆，了解黄河水文化的方方面面。例如，虚拟博物馆可以展现黄河沿岸的重要水利工程和古代治水技术，让用户体验古代劳动人民的智慧和创造力。

（2）VR旅游体验

制作黄河流域的VR旅游体验项目，用户可以通过VR设备"游览"黄河沿岸的名胜古迹、自然景观，感受黄河流域的壮美和文化魅力。例如，可以制作黄河壶口瀑布的VR体验，让用户身临其境地感受瀑布的壮观景象。

4.2.2 增强现实（AR）应用

增强现实技术可以将虚拟信息与现实场景结合，增强用户的文化体验。

（1）AR导览

开发黄河水文化的AR导览应用，用户在参观黄河沿岸景点时，可以通过手机或平板设备，获取景点的历史背景、文化故事和相关信息。例如，在参观黄河大堤时，可以通过AR应用了解大堤的建设历史和防洪功能，增强游客的参观体验。

（2）AR互动游戏

设计黄河水文化主题的AR互动游戏，吸引青少年用户参与。例如，可以设计一款"寻宝"游戏，用户在黄河流域的实际场景中，通过AR技术寻找隐藏的文化宝藏，了解黄河流域的历史和文化。

4.2.3 在线互动活动

通过在线互动活动，增强用户的参与感和文化认同。

（1）在线讲座和直播

邀请文化专家、历史学者和黄河流域的地方名人，开展黄河水文化主题的在线讲座和直播，分享他们对黄河水文化的研究和见解，与观众互动交流。

（2）文化挑战和竞赛

举办黄河水文化相关的在线挑战和竞赛，激发用户的参与热情。例如，可以组织"黄河文化知识竞赛"，通过在线问答的形式，测试用户对黄河水文化的了解，颁发电子证书和奖品，增加活动的吸引力。

4.2.4 社区建设和用户参与

建设黄河水文化的在线社区，鼓励用户参与和互动。

（1）文化论坛

创建黄河水文化的在线论坛，用户可以在论坛上分享自己的文化体验、旅游心得和历史见解，形成互动交流的社区氛围。

（2）用户生成内容（UGC）

鼓励用户创作和分享黄河水文化的相关内容，如文章、照片、视频等，丰富文化传播的形式和内容。例如，举办"我的黄河故事"征文活动，邀请用户投稿，分享他们与黄河的故事和感悟，评选优秀作品进行展示和推广。

4.3 社交媒体营销

4.3.1 精准定位与内容策划

在社交媒体平台上推广黄河水文化，首先需要精准定位目标受众，并制定相应的内容策划。

（1）目标受众分析

根据黄河水文化的特点，确定主要受众群体，如文化爱好者、历史研究者、旅游爱好者、青少年等。通过用户画像分析，了解受众的兴趣爱好和信息需求，制定针对性的内容策略。

（2）内容策划

根据不同社交媒体平台的特点，制定内容策划方案。例如，在微博上发布简洁有趣的文化故事和热点话题，在微信上推送深度解读和文化专题，在抖音和快手上发布短视频和直播内容，吸引不同平台的用户关注和参与。

4.3.2 视觉营销与品牌塑造

视觉营销是社交媒体营销的重要手段，通过精美的视觉内容和品牌形象，提升黄河水文化的吸引力和辨识度。

（1）视觉内容制作

制作高质量的图片、视频和图文，展示黄河水文化的独特魅力。例如，通过航拍视频展示黄河的壮丽风景，通过图片展示黄河沿岸的文化遗产和民俗活动，吸引用户的视觉注意力。

（2）品牌塑造

建立黄河水文化的品牌形象，制定统一的品牌标识和视觉风格，增强品牌辨识度和影响力。例如，设计黄河水文化的LOGO和主题色彩，制作统一风格的宣传海报和视频片头，打造具有鲜明特色的文化品牌。

4.3.3 社交互动与粉丝运营

社交互动和粉丝运营是提升用户黏性和参与度的关键。

（1）互动活动

通过有奖问答、投票互动、评论回复等方式，增强用户的参与感和互动性。例如，在微博上发布"黄河文化知识问答"，邀请用户参与答题，抽取幸运用户赠送纪念品，增加活动的趣味性和吸引力。

（2）粉丝运营

建立和维护黄河水文化的粉丝社群，定期发布优质内容和互动活动，增强粉丝的归属感和忠诚度。例如，在微信上建立"黄河文化粉丝群"，定期推送粉丝专属内容和福利，举办线上线下粉丝见面会，增强粉丝的互动和交流。

4.3.4 数据分析与效果评估

数据分析和效果评估是社交媒体营销的重要环节，通过数据分析了解营销效果，优化内容策略和推广方式。

（1）数据监测

通过社交媒体平台的数据监测工具，实时了解内容的曝光量、点击量、互动量等关键指标，评估内容的传播效果和用户反馈。例如，利用微博的粉丝通和微信的公众平台数据统计功能，分析每篇内容的阅读量、点赞量、分享量等数据[4]。

（2）效果评估

根据数据分析结果，评估社交媒体营销的整体效果和存在的问题，提出改进方案和优化措施。例如，针对数据分析中发现的内容传播不足、互动效果差等问题，调整内容策略和推广方式，提高内容的吸引力和传播效果。

5 黄河水文化推广中的挑战与对策

5.1 面临的挑战

利用新媒体来推广黄河水文化任重道远，其中也不乏诸多挑战。主要表现在以下四个方面：一是由于黄河水文化博大精深，在数字化和可视化过程中，在兼顾创意的基础上如何保持文化真实性与完整性值得深思。二是不同受众群体对文化内容的接受度和兴趣点存在较大差异，如何针对不同受众群体进行精准推广，满足其多样化的需求，是一个重要的挑战。三是文化资源的保护及数字化推广需要大量的资金和技术支持，对于资金和技术资源相对匮乏的地方，难以有效开展这项工作。四是新技术、新平台不断涌现，及时掌握和应用新的技术手段，是一个持续的挑战。

5.2 对策

（1）提升数字化能力和创意设计水平

为了克服文化内容数字化和可视化难度，首先需要提升文化推广团队的技术能力和创意设计水平。可以通过与专业的数字化公司合作，引入先进的技术和创意设计理念，提升数字化内容的质量和表现力。同时，加强团队内部的技术培训和能力建设，鼓励团队成员学习和掌握新的数字化工具和方法。

（2）精准定位受众，制定多样化推广策略

针对不同受众群体的接受度差异，制定多样化的推广策略，满足各类受众的需求。例如，对于学术研究者，可以制作深入分析和详细解读的学术文章和报告；对于普通游客，可以制作生动有趣的短视频和图片故事；对于青少年，可以开发互动性强的数字游戏和AR体验。同时，在推广过程中，可以根据用户反馈不断调整和优化内容，提升推广效果。

（3）加强文化资源保护与合理利用

黄河水文化的推广离不开政策支持和社会共建。为了解决文化资源获取和保护的难题，需要加强对黄河流域文化遗产的保护和合理利用。例如，建立文化遗产保护基金，吸引社会资金和资源，支持文化遗产的修复和保护工作。与此同时，可以合理利用这些文化资源，通过数字化展示和互动体验，让更多人了解和参与到黄河水文化的保护中来。

（4）紧跟技术发展，灵活应用新媒体

可以通过建立技术监测和评估机制，及时跟踪和分析新技术和新媒体的发展趋势，灵活应用这些新兴手段进行文化推广。例如，可以利用短视频和直播平台进行文化活动的实时直播和互动，让更多人参与和关注黄河水文化。同时，可以开发文化类的移动应用和小游戏，吸引年轻用户的关注和参与，提高文化推广的效果和覆盖面。

6 结论

随着融媒体时代的快速发展，黄河水文化的推广将迎来更多的机遇和挑战。未来，黄河水文化的数字化推广将进一步融合现代科技和创新思维，以更广泛的传播和更深层次的文化认同为基石，为中华文化的传承和发展做出黄河人的重要贡献。

参考文献

［1］ 梁雨薇. 新时代传承弘扬黄河文化问题研究［D］. 郑州：河南财经政法大学，2022.

［2］ 温怀疆，何光威，史惠，等. 融媒体技术［M］. 北京：清华大学出版社，2016.

［3］ 侯洋. 社交媒体的传播研究［D］. 重庆：重庆工商大学，2015.

［4］ 姜飞鸿. 新媒体时代我国主流意识形态传播策略研究［D］. 曲阜：曲阜师范大学，2023.

数字孪生技术赋能水利工程建设管理路径

张彦甫　许腾飞

濮阳第二河务局

摘　要：传统的水利工程建设管理依赖于经验和规范，而数字孪生技术则通过实时数据和模型反馈，使管理决策更加科学和精准。水利工程的不同阶段管理相对独立，而数字孪生技术能够整合各个阶段的数据和管理需求，实现全过程的一体化管理。针对目前数字孪生技术存在的数据支撑能力不足、缺乏规范政策支持、信息安全、投融资体制改革需求等问题，探索了数字孪生赋能水利工程建设管理的技术路径，以推动数字孪生技术在水利工程建设管理中的应用。

关键词：数字孪生；水利工程建设；赋能；管理路径

在当前水利工程建设中，尽管数字信息化技术已经得到广泛应用，但仍然存在一些挑战和困境。水利工程涉及复杂的地理环境和大量数据，数据来源多样且质量参差不齐，对于建模和预测的准确性有一定影响。不同阶段的水利工程建设管理系统通常由不同的技术平台支持，存在数据整合和系统兼容性的问题，影响信息流通和决策效率。水利工程的运营和维护需要长期的持续性管理，如何在数字化管理下实现长期的系统性运作和维护成为挑战。在"十四五"规划中，构建智慧水利体系被提出作为重要目标，为此水利部制定了《数字孪生水利工程建设技术导则（试行）》[1]，旨在引导大型和重要中型枢纽工程的数字孪生水利工程建设。数字孪生技术结合了感知、计算、通信和控制技术，通过集成各类传感器、数据处理和分析平台，构建水利工程的数字孪生模型。这些模型不仅可以准确反映工程的物理结构和运行状态，还能够实时更新和优化，支持管理决策的智能化和精准化。

1 水利工程建设管理历史沿革分析

1.1 传统水利工程建设管理趋于制度化

在历史上，水利工程建设管理从简单的人工开挖到今天的高度技术化运作，经历了制度化的演变过程。古代以人工和简单工具进行水利工程建设，管理更多依赖于地方性社会组织和传统规范。例如，中国古代的大运河和黄河等水利工程，多由地方官员或工匠进行管理和维护，缺乏现代意义上的制度化管理体系。随着政治和社会组织的发展，水利工程逐渐由封建王朝和帝国统一规划和管理。例如，中国古代在水利工程建设上，明确了负责人和管理体制，开始有了比较明确的管理制度和职责划分。

1.2 水利工程建设管理逐步信息化

随着科技进步和信息技术的发展，水利工程建设管理逐步实现信息化，引入计算机辅助设计（CAD）和地理信息系统（GIS）等技术，计算机辅助设计（CAD）在水利工程中的应用，提升了工程设计的精确度和效率。CAD软件能够帮助工程师们绘制精确的工程图纸，优化设计过程，减少设计错误和重复工作。地理信息系统（GIS）用于管理、分析和展示空间数据，对于水利工程的地理空间信息尤为重要。通过GIS技术，可以实现对地形地貌、水资源分布、环境影响等数据的集成和分析，为工程决策提供科学依据。使用项目管理软件可对水利工程的建设进度进行全面管理和控制。这些软件能够帮助规划项目时间表、资源分配和成本预算，确保项目按计划进行并及时调整。引入实时监控系统，通过摄像头、传感器和数据采集设备，可实时监测施工现场的进度、安全状态和环境影响。这些系统能够帮助管理者及时发现问题、优化资源利用，并提高施工效率和安全性。引入企业资源规划（ERP）系统，可对水利工程项目中的人力、物资、财务等资源进行统一管理。ERP系统整合了各个部门的信息流和业务流程，可提高资源的配置效率和成本控制能力[2]。

1.3 数字孪生成为水利建设核心部分

水利工程涉及多种要素，包括设计、建设、监测、预警、调度和维护等，而数字孪生技术能够跨越这些不同阶段和功能，提供全面的数据支持和操作指导。例如，通过实时监测和预测，能够及时应对变化的水情和工程状态，从而有效提升管理效率和工程安全性。通过数字孪生技术，水利工程的建设管理得以从静态规划向动态优化转变。这种变革不仅可以提高工程的响应速度和决策效率，还能够减少人为错误和资源浪费，推动水利工程管理朝着更精准、更高质量的方向发展。现代水利工程管理已经不仅仅局限于建设和维护，数字化技术成为其核心部分，结合物联网（IoT）和大数据分析，可实现水利工程的数字孪生模型。通过虚拟仿真和实时数据更新，可提升工程运营和维护的效率和可靠性。引入人工智能（AI）和自动化技术，如智能水闸、智能灌溉系统等，可提升水资源的管理和利用效率。基于大数据分析和预测模型，优化水资源调度策略，预测洪水和干旱等自然灾害，提高应对灾害的能力和效率。在《数字孪生水利工程建设技术导则（试行）》的指导下，构建了数字孪生水利工程系统结构，如图1所示。感知层包括各类传感器和数据采集设备，负责实时获取水利工程各项数据，如水位、水质、结构健康状况等。集成先进的计算技术和通信设施，用于数据处理、模型计算和实时通信，确保数据传输的高效和安全。基于数字孪生模型进行实时监测、预测和决策支持，实现对水利工程运行状态的智能化管理和控制。应用层为水利工程的各类管理活动提供直接支持，包括设计优化、施工管理、风险预警、应急响应等，通过可视化界面和智能算法优化管理决策[3]。

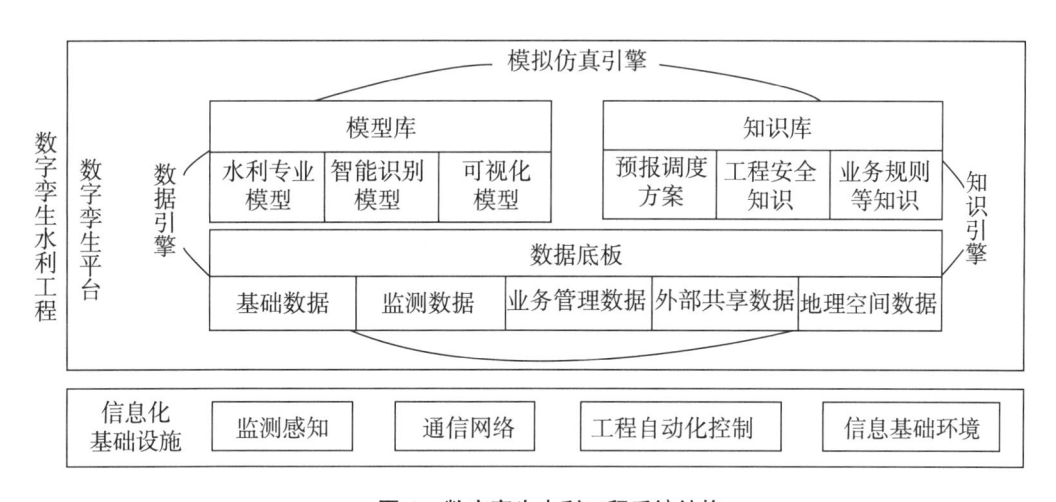

图 1 数字孪生水利工程系统结构

2 数字孪生赋能水利工程建设管理的现实困境

2.1 数据支撑能力不足

在数字孪生平台建设中，数据支撑能力不足是一个重要问题。数字孪生依赖于大量的实时数据来进行模拟和预测。如果数据来源不稳定或数据质量不高，会影响到孪生模型的准确性和可靠性。水利工程涉及多个部门和单位，数据可能分散在不同的系统和平台中，导致数据整合困难。此外，数据共享的标准和机制缺乏统一规范，进一步加剧了数据支撑的难度。处理大规模实时数据所需的计算和存储资源可能超出传统系统的能力范围，需要投入更多的技术和资源来建设强大的数据基础设施。

2.2 缺乏规范政策支持

数字孪生技术在水利工程建设中缺乏明确的规范政策支持，缺乏统一的技术标准和建设指南，导致各地在数字孪生平台建设过程中可能出现技术和应用上的混乱。缺乏相关政策和法规保护数据的安全和隐私，可能会阻碍数字孪生技术在敏感信息处理和共享方面的应用。没有健全的监管和审批机制，可能导致数字孪生技术在应用中的风险管控不足，增加管理的不确定性。

2.3 信息安全

数字孪生技术在应用过程中面临多方面的安全问题：数字孪生平台的联网性和开放性增加了遭受网络攻击和数据泄露的风险，特别是对于关键基础设施的安全影响可能极为严重。数据被篡改或丢失可能影响到孪生模型的准确性和实用性，对水利工程的管理决策产生不利影响。数字孪生技术依赖于先进的计算和通信技术，系统故障或技术落后可能带来运行风险，影响工程的可靠性和安全性。

2.4 投融资体制改革需求

数字孪生技术的广泛应用需要充足的投融资支持和改革，数字孪生平台建设和维护需要大量资金投入，而其长期效益和回报可能难以直接量化和实现，需要吸引长期投资。政府在政策上需要提供更多的支持和激励措施，促进数字孪生技术在水利工程中的广泛应用，同时引导市场资金投入。建立合理的投资回报机制和盈利模式，吸引私营部门和资本市场参与，推动数字孪生技术在水利工程中的可持续发展和应用。

3 数字孪生赋能水利工程建设管理的技术路径探索

3.1 水利工程数字化映射实现智能感知与信息监测

水利工程的数字化映射是指利用先进的测绘技术和遥感技术，对水利工程的地理空间信息进行精确获取和分析。这些技术能够获取到地形地貌、土地利用、植被覆盖等基础信息，为后续的水利工程设计和管理提供准确的地理信息基础。部署传感器网络和物联网技术，可对水利工程中的各种要素进行实时感知和数据采集。例如，监测水位、流量、水质、结构物状态等关键参数。传感器网络的建设可以覆盖整个工程范围，实现数据的全面收集和实时传输，并对从传感器和监测设备中获取的大量数据进行收集、存储和处理。这些数据可能涉及多个时间点和空间位置的多维度信息，包括历史数据和实时数据。利用人工智能和机器学习技术对大数据进行分析和挖掘，可提取隐藏在数据中的模式和规律。通过算法的学习和优化，可以实现对水利工程运行状态的预测、优化和决策支持。建立基于数字化映射和数据分析的实时监测系统，能够及时捕捉到水利工程运行中的异常情况和变化，包括结构物的变形、水位的变化、水质的波动等。在监测到异常或者趋势变化时，系统能够自动发出预警信号，并提供相关的分析报告和决策建议，为管理者和决策者提供科学依据，帮助他们迅速响应和调整运维策略。数字化映射技术的应用使得水利工程管理能够更加智能化和高效化。通过实时监测和数据分析，能够减少事故风险、提高运行效率，同时为水资源的合理利用和环境保护提供技术支持。推广应用这些技术不仅能够提升水利工程的整体管理水平，还能够促进相关技术的进步和创新，推动整个行业向着数字化和智能化方向发展[4]。

3.2　水利工程建设管理体系实现统一协调、高效管理

为了提升水利工程建设管理的效率和质量，要建立统一的信息平台，整合水利工程建设过程中涉及的各种数据和信息资源，包括地理信息系统（GIS）数据、工程设计文件、监测数据、施工进度等，确保不同部门和层级之间的信息共享和协同工作。通过统一的数据标准和平台，减少信息孤岛，提高决策效率和准确性。实现信息实时更新和即时反馈机制，使管理者能够基于最新数据快速做出决策。这包括实时监测系统的数据集成和分析，以及预警机制的建立，帮助管理者及时调整和优化工程进展。使用专业的项目管理软件，如 Primavera、Microsoft Project 等，对水利工程的进度、资源分配、成本预算等进行全面管理和控制。这些软件能够帮助规划进度、制定工作计划、跟踪工程执行情况，并进行实时的项目状态更新和报告生成。利用虚拟仿真技术，如建模与仿真软件、3D 可视化工具等，可对水利工程的设计方案进行模拟和评估。通过仿真可以预测工程施工过程中的潜在问题，优化设计方案，提高工程质量和效率。同时，虚拟仿真技术也有助于培训工程人员、模拟复杂施工场景，减少现场风险和成本。建立统一的信息平台和管理系统，应用项目管理软件和虚拟仿真技术，能够显著提升水利工程建设的管理效率和质量。通过信息共享和实时监测，可以快速响应问题和调整计划，避免因信息不对称而导致的决策滞后。同时，虚拟仿真技术的应用可以在设计阶段发现和解决问题，减少工程施工中的风险和成本。这些技术的推广应用不仅适用于大型水利工程项目，也有助于中小型工程的管理优化，促进整个水利工程行业向数字化和智能化转型[5]。

3.3　水利工程运维管理体系实现综合管理、高效防控

水利工程运维管理的关键在于维护和防控，整合水利工程运维管理所涉及的各类数据，包括设备监控数据、维修记录、运行日志、环境监测数据等。建立统一的

数据存储和管理系统，确保数据的完整性、可靠性和安全性。实现对水利工程设施从设计建设到运行维护的全生命周期管理。通过建立档案和资料库，记录设施的历史数据和重要事件，为长期的运营和维护提供支持。利用数据分析、机器学习和人工智能技术，分析历史数据和实时监测数据，预测设施的维护需求和潜在故障风险。基于预测性模型，制定定期维护计划和优化方案，避免因突发故障而造成的停工和损失。部署传感器网络和监控设备，实现对水利工程设施各项关键参数的实时监测，如水位、水压、温度、结构物变形等。确保数据的实时更新和异常情况的即时响应，提升设施的安全性和稳定性。水利工程运维管理体系的综合管理和高效防控，不仅能够提升设施的可靠性和安全性，还能有效降低维护成本和运营风险。通过预测性维护和实时监控技术的应用，可以最大限度地减少设施故障对工程运营的影响，保证工程的长期稳定运行。

3.4 水利工程基础设施建设实现数字化、网络化、智能化

数字孪生技术是一种结合了物理系统与数字模型的创新技术，旨在通过实时数据采集、模拟建模和数据分析，创建物理实体的精确数字副本。这种技术使得实体物体、过程或系统能够在数字环境中进行虚拟仿真，从而实现更高效的监控、预测和优化。数字孪生技术通过建立精确的物理模型和仿真环境，可以实时模拟物理系统的运行状态。这些模型基于实时数据更新，反映了物理实体的真实行为，帮助分析和预测系统的运行表现。借助于实时数据的输入，数字孪生技术可以持续监控物理系统的运行状况，并提供即时的反馈和分析。这使得操作人员能够快速响应问题、优化设备使用和资源分配，提高系统的效率和可靠性。为了提升水利工程基础设施的效率和安全性，使用建筑信息模型（BIM），对水利工程建设过程进行数字化管理和优化。BIM可以整合设计、施工和运营阶段的数据，提高设计精度、减少冲突和误差，优化工程进度和成本控制。建立数字化工程管理平台，整合BIM模型和其他关键数据资源。这样的平台可以实现实时的项目进度监控、资源分配优化，以及与相关方的协同工作，提高管理效率和响应速度。部署物联网设备和传感器，将水利工程设施连接到互联网。通过物联网技术，实现设施运行状态的实时监测和数据采集，包括水位、水质、流量等关键参数。这些数据可以用于远程监控、智能调度和预测性维护。将采集到的大量数据存储在云平台上，并利用大数据分析技术进行处理和分析。通过数据挖掘和机器学习算法，识别设施运行中的潜在问题，优化设施管理策略和运营效率。引入智能化控制系统，例如智能泵站控制系统、智能灌溉系统等。这些系统能够根据实时数据和预设条件自动调节设备运行参数，优化能耗、减少人工干预，提高设施的运行效率和安全性。采用自动化设备和机器人技术，执行重复性任

务和危险操作,减少人为因素对设施运行的影响。例如,自动化监测设备可以实时监测设施的健康状况,减少维护时间和成本。通过实现水利工程基础设施的数字化、网络化和智能化,可以显著提升设施的效率、安全性和可靠性,同时降低运营成本和环境风险。

4 结论与建议

综上所述,数字孪生技术通过实时监测和预测性维护,能够有效降低水利工程设施的运行风险,减少维护成本和停工时间,提升设施运维的效率和安全性。引入数字化映射和建模技术,可以在设计、施工和监管过程中实现数据的共享和实时更新,从而优化建设管理流程,提高项目管理的效率和质量。借助大数据分析和人工智能技术,数字孪生技术能够为决策者提供可靠的数据支持和智能化的决策分析,帮助优化水利工程的规划、运营和维护策略。数字孪生技术能够提升水资源管理的科学性和效率,有助于实现水资源的可持续利用和生态环境的保护,对于实现可持续发展目标具有积极的推动作用。建立统一的数字孪生平台,整合各类传感器数据、监测信息和管理系统数据,实现全面的数据集成和管理。这可以帮助实现水利工程全生命周期的数字化管理和智能化决策支持。加强水利工程领域与信息技术的交叉融合,培养具备数字孪生技术应用能力的专业人才。同时,推动技术研发与实际应用的结合,促进新技术在水利工程管理中的快速落地和应用。在推广数字孪生技术应用过程中,应关注数据安全和隐私保护问题。建立健全的数据管理和安全保护机制,确保敏感数据不被非法获取和滥用,保障水利工程信息系统的安全性和稳定性。水利工程建设管理是一个动态发展的领域,要保持技术持续创新和更新。鼓励企业和科研机构加强技术研发,推动数字孪生技术在水利工程中的不断演进和应用,以应对未来挑战和需求。数字孪生技术在水利工程建设管理中的应用将为行业带来深远的影响,提升管理效率、优化资源利用、增强安全性和可持续性,是推动水利工程现代化的重要技术路径。通过这些技术路径的探索和应用,数字孪生技术能够有效地赋能水利工程建设管理,提升管理效率、降低运营成本,从而实现更可持续的水资源利用和管理。

参考文献

[1] 水利部办公厅."十四五"智慧水利建设规划[R].北京:中华人民共和国水利部,2021.

[2] 蒋亚东,石焱文.数字孪生技术在水利工程运行管理中的应用[J].科技通报,2023,

35（11）：5-9.

［3］张冰，李欣，万欣欣.从数字孪生到数字工程建模仿真迈入新时代［J］.系统仿真学报，2022，31（3）：369-376.

［4］卞晓燕，嵩文正.水利工程智慧化运行管理方式分析［J］.工程建设与设计，2021（8）：165-166.

［5］高兴，张莹，周旭东.水利工程智慧化运行管理方式分析［J］.中国设备工程，2022（3）：253-254.

新乡黄河水文化保护传承弘扬的研究

于 帆 赵 真 李留刚

河南黄河河务局新乡黄河河务局

摘 要：从新乡沿黄地区的黄河水文化资源的探索与开发着手，分析当前推动新乡黄河水文化在保护传承弘扬方面存在的堵点淤点及难点，以问题为导向，以保护传承弘扬黄河水文化为目标，立足新乡黄河工程、黄河水文化现状，深入剖析其原因，探索如何更好地保护传承弘扬黄河水文化，为促进新乡黄河流域生态保护和高质量发展提供坚强的文化支撑和精神动力。

关键词：新乡；黄河水文化；保护传承弘扬

1 新乡黄河及工程概况

新乡黄河河段地理位置特殊，上接武陟，下连濮阳，流经平原示范区、原阳县、封丘县、长垣市。东坝头以上系明清故道，东坝头以下系1855年铜瓦厢决口后形成的由西向东折向东北的转弯段，河道宽、浅、散、乱，是典型的游荡性河道，素有黄河"豆腐腰"之称。

历史上，该区域灾害严重，为黄河下游河道变迁最为频繁的河段之一，在黄河下游26次大改道中，决口地点直接发生在这一地区的就有8次，有"黄河之险险在河南，河南之险险在新乡"之说。

当前，新乡黄河流域河道长约165km，堤防长度218km，现有河道工程17处，坝、垛805道。引黄工程有涵闸11座，虹吸2处，黄河滩区涉及23个乡镇、635个村庄。

2 新乡沿黄区域文化现状

新乡历史底蕴深厚，是《诗经》重要发源地之一，国风的四分之一源自新乡；原阳历史上的宰相名人多达16位，被誉为宰相之乡，有着深厚的历史文化渊源和成语典故文化底蕴，以大事多、名人多、成语典故多而著称于世。由原阳重大的历史事件和众多的历史名人而衍生出来的成语典故多达300余条，原阳也因此被誉为"成语之乡"。封丘的陈桥兵变开启了历史上宋朝300多年的历史，成就了封丘县的宋源文化，青堆村的韩凭与息氏成为我国忠贞爱情的始祖、梁祝化蝶的源头，被誉为"中国相思文化的起源地""中国爱情圣地"。此外，封丘还是豫剧祥符调发祥地，100多年来，在这块古老的土地上，戏剧薪火相继；长垣子路在此治理，被孔子三称其善，它还是豫菜主要发源地之一，因其厨师众多，名吃、名菜荟萃，"正宗豫菜源头，华夏烹饪之乡"是对长垣菜归属的定语，长垣在2003年被正式命名为"中国厨师之乡"。

新乡名流文人云集，孔子讲学于杏坛、高适主政于封丘，岳飞驻营于新乡，七贤竹林高卧，孙登长啸百泉，李白、苏轼等遍访新乡名胜，留下了千古佳话和不朽华章；新乡文物古迹众多，现有省级以上非物质文化遗产项目35个，国家级文物保护单位22处，省级文物保护单位52处，各类馆藏文物20余万件套。

3 新乡沿黄地区黄河水文化资源

新乡沿黄地区黄河水文化资源丰富，留存有丰富的黄河历史文化资源。这些资源是历史上黄河在新乡奔腾不息的印记。还在历朝历代治河过程中涌现出了很多卓越的治河人物和数之不尽的无私奉献的治河工作者，这些优秀的治河人物不仅推动了各类治河技术的创新，为中国水利事业做出重要贡献，还为后人留下了厚重的精神寄托；此外，在新时代黄河流域生态保护和高质量发展的背景下，新乡治黄者也在不断加强黄河流域的生态建设，本着原有的初心和使命，誓将"中华忧患"的千年害河变为造福人民的幸福河。

3.1 黄河历史文化资源

原阳县白庙黄河博物馆展示了黄河、沁河在阳武县境内黄河故道的交汇及变迁；封丘县李庄境内的黄河大堤上，矗立着一座"铜瓦厢纪念碑"，这座纪念碑是黄河变迁史上最后一次自然大改道的历史印记；长垣市临黄堤与太行堤在两堤交汇处共同使用一个"零千米"起点，这个"零千米"不仅是太行堤、临黄堤的交汇，更是明、清两朝治黄人民穿越过四百年岁月尘烟的一次握手，见证了黄河大堤无数次被冲毁重建的过程，也是长垣人民努力奋斗、百折不挠、保护家园的缩影。此外，在延津北部依旧保留着现今新乡境内古黄河流经时间最长、面积最大、保存最为完整的黄河旧道；自武陟木栾店向东北经获嘉县、新乡县、卫辉市沿古河道入滑县、浚县境，现在还有黄河金堤（即古阳堤）的堤形；原阳县福宁集镇坝寨、秦庄一带有黄河金堤遗址……

3.2 优秀的治河人物

原阳县官厂乡柳园村，黄河大堤114+977处，有一处纪事广场，该广场是为纪念清代传奇治河名臣栗毓美创造性提出以砖代埽筑坝护堰的方法而建。该项堤防工程技术对我国古代水利事业做出了重要贡献，《清史稿》评价治河之功时，称栗毓美为"当世河臣之冠"。封丘治河工人靳钊用钢丝锥在黄河滩区寻找泥下煤炭块的经验，创新性提出用钢丝锥查找大堤隐患，为增强大堤的抗洪能力做出了积极贡献。长垣市芦岗乡后马寨村东杨埂坝的人物雕塑，表达了人们对杨庆坤和耿高生两位河兵抗洪救灾的英雄事迹的深切缅怀和崇高敬意。

3.3 黄河水生态建设

封丘县依托百年曹岗险工，在黄河流域生态保护和高质量发展的背景下打造的集"教育性、观赏性、互动性、实效性"于一体的曹岗黄河文化苑，已经成为宣传沿黄生态文明建设的一张靓丽"名片"。长垣依托境内的黄河自然状貌、堤防和淤背区、控导工程、引黄涵闸、天然文岩渠及其营造的自然生态景观，建设了长垣黄河国家水利风景区，为长垣黄河滩区移民迁建、滩区综合治理开发、防洪抢险与迁安救护、水利工程保护、引黄供水设施完善、水生态文明与水景观建设、黄河文化、厨乡文化与长垣创业文化的弘扬与传播带来良好的社会效益；在封丘和长垣境内，利用部分黄河滩涂、背河洼地建成的新乡黄河湿地鸟类国家级自然保护区，有效地保护了黄河下游特有的湿地生态系统，同时也为珍稀候鸟提供了栖息繁衍地；长垣太行堤与临黄堤交界处临河侧融入历史文化、鸟类科普等元素建有一处九龙湿地公园……

4 保护传承弘扬黄河水文化的建设情况

为进一步加强黄河水文化的保护传承和弘扬，新乡黄河河务部门联合新乡市人民政府及相关单位，从多方入手进行投资建设。

（1）着眼合作共赢，打造高端文化论坛

新乡黄河河务部门助力新乡市人民政府成功举办三届"黄河保护与发展"论坛。在文化论坛上，众多国内外专家学者围绕黄河流域高质量发展、黄河文化保护传承等话题，开展系列演讲、交流研讨，为黄河流域生态保护和高质量发展提供智力支持。

（2）立足开放治河，强化河地融合建设

积极推动将黄河水文化建设纳入地方文旅规划，联合文旅部门开展新乡市黄河流域不可移动文物调查统计。其间，平原示范区投资5000余万元建设了黄河明清故道生态廊道；长垣投资上亿元连通原有湿地公园，建设环城水系；原阳县人民政府规划依托沿黄生态廊道建设桃园驿站、铁军驿站、绿盛驿站、薰衣草庄园等项目；封丘政府计划投资千万元，用于曹岗黄河文化苑、禅房39道坝田园休闲度假区等建设。

（3）聚力打造亮点，提升文化名片效应

深入挖掘黄河水文化的时代内涵，积极谋划并建设新乡治黄文化展厅。强化与上级和政府文旅部门的沟通，推出具有新乡黄河特色的文创产品，征集推广新乡黄河吉祥物，提升新乡黄河水文化吸引力、传播力和感染力。聚力打造新乡黄河水文化产品，精心编写《新乡黄河大事记》《新乡黄河故事》《新乡黄河工程遗产名录》等文化书籍。讲好新乡黄河故事，挖掘整理老河工口述资料和历史文献，积极收集黄河文化物件、碑拓碑文，做好明清大堤、贯孟堤、太行堤非遗申报前期准备工作，培育具有新乡黄河特色的文化名片。

（4）立足生态建设，上足黄河文化底色

立足高标准打造黄河生态廊道，与政府共同完成《新乡沿黄生态带建设规划》编制，紧紧围绕沿黄生态大道和堤防道路，开展绿化美化，选择高档苗木、优质景观树种更新110km堤防行道林，累计植树百余万株，为黄河文化的宣传上足了生态底色。

（5）抓好对外宣传，提高黄河文化魅力

联合新乡市委宣传部开展新乡治黄系列宣传，制定《保护传承新乡黄河文化工作方案》，精心组织"喜迎党的二十大"相关系列宣传、演讲、视频创作等活动，成立视频制作兴趣小组和治黄宣传小组，配合央视完成《江河奔腾看中国》及河南广播电视台《飞阅黄河》《非凡十年·出彩中原》等专题片录制。

（6）突出治黄主业，打造复合宣传阵地

主动将新时代水利精神、黄河精神、工匠精神、法治宣传等融入黄河水文化宣传，激励职工拼搏奉献、爱岗敬业、遵法守纪。先后打造了封丘曹岗黄河文化苑、长垣周营上延文化广场、原阳栗毓美纪事广场等一大批复合型文化宣传阵地。完成原封堤防交界文化基地和封丘倒灌区文化标志建设，建设红旗闸文化苑、石头庄闸文化展室和双井控导工程生态路等，全力助推新乡黄河流域生态保护和高质量发展再上新台阶。

5 新乡黄河水文化保护传承弘扬存在的主要问题

（1）黄河水文化项目建设规划多头管理问题较为突出

因黄河水文化覆盖范围较广、区域面积大、牵涉行业多等因素，近年来，各地黄河水文化项目在建设规划管理上存在规划、河务、环保、文旅等部门多头管理、多头建设规划、各自为政的现象，区域之间较难协调，行业之间较难统筹，无论在建设上还是规划上，都存在一定重复规划、重复建设的现象，致使黄河水文化与地方文化融合深度不够，地域特色不够凸显，各自资金、资源难以有效发挥，项目较为单一，品位档次较低，内涵深度不够，从一定程度上影响了黄河水文化的宣传效果。

（2）黄河水文物保护较为困难

新乡黄河历史文物多、分布广，比较散乱，其中人类发源类文物保护单位24处，占该市黄河文物资源总数的4.7%；文明历程类文物保护单位77处，占该市黄河文物资源总数的15%；生产生活类文物保护单位64处，占本市黄河文物资源总数的12%；水利遗产类文物保护单位10处，占本市黄河文物资源总数的1.9%；水陆交通类文物保护单位4处，占本市黄河文物资源总数的0.8%。这些文物受资金、人力、分布范围等因素影响，保护较为困难，特别是新发掘的黄河文化遗产，由于大多处在野外，保护更为困难。

（3）工程景点建设管理机制亟待完善

为提高黄河工程品位，传播黄河水文化，讲好黄河故事，近年来，特别是习近平总书记2019年9月18日在黄河流域生态保护和高质量发展座谈会讲话后，沿黄政府及河务部门都加大了对黄河生态、工程景点的建设投资，规划修建工程景观，开展绿化美化，这些工程小景点的修建，从一定程度上对提高工程整体面貌、档次和品位起到了积极的促进作用，但是，还普遍存在重当前、轻长远，重建设、轻管理等问题，亟待建立完善的长效管理运行投资机制。

（4）新时代黄河精神融入不够

黄河水文化是中华文化的重要组成部分，要从"中华民族治理黄河的历史也是一部治国史"的高度做好黄河水文化的保护传承和弘扬，不仅要加强黄河水文化遗产的保护，挖掘黄河水文化基因，更要站在时代的高度，将黄河水文化的传承弘扬与中华民族精神的传承弘扬有机结合起来、与宣传中国共产党治党治国成就结合起来，深入研究总结治黄与治河的内在联系，系统研究历代治河方略和治河技术，深入挖掘中华民族治理黄河坚韧不拔的斗争精神，站在发展的高度，与时俱进地做好新时代黄河精神的宣传。

6 加强黄河文化保护传承弘扬的建议

（1）坚持规划先行

各级政府积极行动，从生态保护、高质量、工程体系完善、生态廊道建设、滩区综合治理、引黄供水发展、泥沙治理、黄河文化保护与传承等多个方面进行了深入的调研和研讨，提出了很多有建树的建议，开展了全面的规划，特别是在文旅项目上，原阳黄河文化博物馆、黄河文化综合展示绿廊、官渡黄河湿地公园、封丘黄河河工研学基地、青龙湖湿地鸟类文化博物馆、铜瓦厢黄河博物馆、红旗闸引黄灌溉研学基地，长垣黄河景观廊道、黄河水利风景区提升项目、明清堤纪念广场等项目陆续被提上日程。但是这些项目大多是在《黄河流域生态保护和高质量发展规划纲要》发布前被决定的，目前，规划纲要已经下发，建议加强地方、河务等相关的沟通，结合有关的法律法规，对相关规划重新审核，确保相关规划的合理合规，提高规划的可操作性。

（2）突出地域特色

新乡沿黄文化悠久，原阳为宰相之乡、成语之乡、诗词之乡，封丘为戏曲之乡、相思之乡，有宋源文化，长垣为君子之乡、三善之地，这些文化大多与黄河有关，在相关黄河水文化项目建设规划中，在宣传黄河水文化的过程中，应进一步融入地方文化元素，抓好结合，才能够突出地方特色，赢得更大的地方支持，减少项目建设中的雷同。

（3）做好黄河遗产保护

针对新乡黄河历史文物多、分布广、比较散乱的实际，在做好相关项目调查、登记的同时，要结合项目的不同特点，因地制宜地做好项目的管理保护。要明确责任，在资金、人力上给予倾斜，站在黄河水文化长远传承弘扬的角度，做好相关项目、遗产的保护工作。

（4）抓好区域结合

在相关黄河水文化项目的规划建设上，不仅要结合地域文化，还要充分结合美丽乡村建设、乡村振兴战略、郑新融合加速、沿黄生态带建设等做好项目的规划和建设，减少项目的无序建设和无序投资。

（5）突出建设重点

在新乡黄河水文化项目建设规划中，要尽量避免"撒豆"弊端，结合好地域文化的同时，要紧紧围绕堤防、沿黄生态景观大道"两条线"，选择文化底蕴深厚、环境优美、社会关注度高的工程为重点开展规划和建设，以"点"带"线"，以"线"带"面"，推动整个区域黄河文化建设。

（6）抓好"窗口"提升

在工程建设中应抓住上级和政府加大黄河工程投入的契机，积极争取各方资金，有计划地打造工程亮点，提高工程整体管理水平；进一步加大与上级部门的沟通，深度融入地方发展，科学规划景区景点建设，多方争取管护资金，形成长效的建设、管理、养护和资金投入机制；在一线班组建设中，要站在展示黄河水文化、黄河形象的"窗口"和"名片"的高度，结合郑新一体化、沿黄生态廊道建设和美丽乡村建设，按照"一班一品"要求，结合驻地文化特色，考虑政府规划需求，突出黄河文化元素，提升班组建设品质。

（7）打造文化游学专线

临黄河而知中国。要依托黄河特色防洪工程、黄河水利风景区、黄河文化展厅、法治教育基地、党建教育基地等基础设施，将这些景点串点成线，精心打造"黄河文化千里研学之旅"文化品牌。把握机遇，积极打造"黄河文化千里研学之旅"新乡实践基地，突出自身历史文化优势、区位优势、资源优势，推进治河工程与黄河水文化深度融合，引领社会公众认识黄河、感悟黄河，在沉浸式体验中深化对黄河水文化价值的认知认同，更好地弘扬民族精神、延续历史文脉、增强文化自信。

（8）深入挖掘文化内涵

黄河水文化博大精深，涵盖面广，与多种文化都有着千丝万缕的联系，在黄河水文化的保护传承弘扬过程中，一是要深入挖掘黄河水文化与地方民族文化、战争文化、大米文化、宰相文化、宋源文化、创业文化、君子文化、戏剧文化等之间的内在联系，找好结合点、共同点，搭建好平台；二是要深入挖掘好民间传说、古渡口、古村落、古地名、古遗址、古物件中蕴含的黄河文化，做好黄河水文化的宣传；三是要深入挖掘栗毓美事迹、埽工技术、黄河号子、古河道、古口门、溢洪堰遗址、古堤防、太行堤、贯孟堤所蕴含的不折不挠的民族奋斗精神，做好黄河水文化的传承；四是要深入挖掘串沟治理、河道治理、滩区治理、黄河之最、铜瓦厢决口处、靳钊事迹、引黄供水工作中蕴含的时代价值，宣传好黄河河情、黄河水文化和治河成就，打造国家水情教育基地、法治文化教育基地、党建文化教育基地。

（9）持续办好黄河保护与发展论坛

自黄河流域生态保护和高质量发展重大国家战略确立后，沿黄各级政府陆续出台相关政策、规划，重大涉河项目相继上马。新乡市委、市政府高度重视黄河保护治理，连续承办三届"黄河保护与发展论坛"，众多行业知名专家、学者聚焦黄河流域生态保护和高质量发展国家重大战略建言献策，共同交流黄河保护与文化发展的好经验。应该利用黄河保护与发展论坛这一契机，汇集各方智慧，持续围绕加快推动黄河流域生态保护和高质量发展建言献策，充分吸纳大家的良言、良计、良策，共聚让母亲黄河永葆生机活力的强大合力。

参考文献

[1] 中共中央党史和文献研究院.十九大以来重要文献选编中[M].北京：中央文献出版社，2021.

[2] 张筱婧,喻新杭,张盛威.大运河沿线地区红色文化资源保护与开发研究[J].中国集体经济,

2022（4）：133-137.

［3］ 曾俊钦，翁远新.保护利用红色资源 传承弘扬红色文化［N］.闽西日报，2022.08，（004）.

［4］ 汪安南.深入推进黄河流域生态保护和高质量发展战略努力谱写水利高质量发展的黄河篇章［J］.人民黄河，2021，43（9）：1-8.

［5］ 纪红云，唐丽娟，润化两岸 逐水而歌——山东黄河文化建设工作纪实［J］黄河黄土黄种人，2021（9）：48-51.

基于风险因子的水利基础设施 REITs 的定价方法研究

杜 捷 李京阳

黄河水土保持绥德治理监督局（绥德水土保持科学试验站）

黄土高原水土保持野外科学观测研究站

新南威尔士大学商学院

摘 要：为应对挑战，建议将多因子模型引入贴现现金流（DCF）模型，结合市场风险、政策风险、自然灾害风险和运营风险等因子的调整，以提高水利基础设施 REITs 的定价准确性。同时，利用长短期记忆网络（LSTM）对风险因子进行预测，增强模型的动态适应能力和预测精度。预计这些改进将为水利基础设施 REITs 的定价提供更为精准和可靠的支持，促进水利基础设施投资的健康发展，并推动资本市场的创新与增长。

关键词：REITs；水利基础设施；DCF 模型；风险因子

1 推动水利基础设施 REITs 的必要性和迫切性

1.1 推动水利基础设施 REITs 的必要性

首先，水利基础设施建设需要大量资金，传统的政府财政拨款和银行贷款难以满足需求。REITs 作为一种金融工具，可以通过发行证券募集社会资本，缓解资金压力。通过 REITs，将原本非流动性的水利基础设施资产转变为流动性较强的证券资产，便于投资者买卖，提高资金使用效率[1]。同时，REITs 可以吸引各类投资者，尤其是机构投资者和个人投资者参与水利基础设施投资，扩大投资主体范围，推动社会资本参与公共基础设施建设。而且，引入市场化机制，通过专业管理团队运营和管理水利基础设施项目，可以提高项目的运营效率和经济效益，确保项目长期稳定运行。此外，推进水利基础设施 REITs，也有助于增强市场对基础设施项目投资的信心，稳定投资预期，促进资本市场健康发展。

1.2 推动水利基础设施 REITs 的迫切性

随着经济社会的发展，水资源管理、防洪抗旱等水利基础设施需求不断增加，加上近年来气候变化带来的极端天气和自然灾害频发，提高水利基础设施的建设和维护水平，增强防灾减灾能力，成为保障人民生命财产安全的紧迫任务。但现有的融资渠道和资金规模无法满足这些需求，急需探索新的融资方式，而 REITs 可以在一定程度上满足日益增长的基础设施需求。

同时，推进水利基础设施建设是实现国家发展战略的重要组成部分，包括乡村振兴、区域协调发展和生态文明建设等，迫切需要多元化融资支持。尤其是当前财政支出压力较大，通过 REITs 引入社会资本参与水利基础设施建设，可以减轻财政负担，优化财政支出结构，使财政资金能够更多用于民生和其他紧急领域。

总体而言，推进水利基础设施 REITs 具有重要的现实意义和迫切性，有助于解决当前水利基础设施建设和运营中的资金瓶颈问题，促进基础设施的可持续发展和社会经济的协调发展。

1.3 水利基础设施 REITs 在我国的进展

2021 年 6 月，国家发展改革委发布了《关于进一步做好基础设施领域不动产投资信托基金（REITs）试点工作的通知》，将具备供水和发电功能的水利设施纳入了试点范围。为推动这一工作，水利部开展了多轮培训、调研和协调，旨在帮助各地推进水利基础设施 REITs 试点，并建立水利基础设施现有资产与新投资之间的良性循环。随后湖南、宁夏、贵州、浙江、陕西、云南和福建等省区先后积极响应这一政策，相继提出了多个水利基础设施 REITs 项目的意向。其中，宁夏银川都市圈城乡西线供水工程、浙江绍兴汤浦水库及湖南湘水发展等项目，已经取得了显著进展[2]。

2 发展水利基础设施 REITs 目前面临的困难

2.1 资产评估与定价问题

资产评估与定价是发展水利基础设施 REITs 中的核心难题。首先，水利基础设施具有长期使用性和多功能性，这使得其资产评估极为复杂[3]。这些设施通常具有几十年的使用寿命，其经济效益往往在长期内逐步显现，这要求评估过程结合复杂的预测和假设。同时，缺乏类似资产的市场交易数据和历史参考，使得对其价值的准确评估变得困难。传统的资产评估方法，如成本法和收益法，可能不完全适用于这种特殊类型的资产，需要引入结合工程技术、运营数据和财务预测的新方法。此外，未来现金流预测受到环境和气候变化等不确定因素的影响，进一步增加了评估的复杂性。

定价困难则源于市场定价机制的不成熟和资产收益的波动性[4]。水利基础设施的收入受自然因素的影响，如降雨量和气候变化，导致其收入的稳定性较差，进而影响资产的定价。同时，政策和法规的变动对资产价值和收益产生重大影响，增加了定价的不确定性。为解决这些问题，建议建立完善的数据管理系统和市场研究机制，积累类似项目的评估和定价数据，优化定价机制，根据市场和资产表现动态调整定价策略，从而提高资产评估与定价的准确性和合理性。

2.2 项目风险与收益稳定性

项目风险与收益稳定性是水利基础设施 REITs 中的关键问题，主要体现在自然灾害、政策变动以及运营维护等方面。水利基础设施项目通常受到自然因素的显著影响，例如降雨量的变化、气候变化引发的极端天气等，这些因素可能导致收入的不稳定性。降雨量不足或过多都可能影响水资源的供应，从而影响项目的运营收入。此外，水利基础设施的维护和运营成本也可能因自然灾害和意外事件而大幅波动，增加了收益的不确定性。为了应对这些风险，必须建立全面的风险管理机制，包括气象监测、灾害预警和应急响应计划，以减少自然风险对收益的冲击[5]。

另外，政策和法规的变动也对项目的收益稳定性构成威胁。政府的政策调整、环境保护法规的变化或税收政策的修改都可能影响项目的收入和运营成本。例如，新的环保法规可能要求更高的维护标准，增加了运营成本，或者政策调整可能改变水利设施的收费标准，影响项目的现金流。为了提高收益的稳定性，建议在项目规划和投资决策中充分考虑政策风险，进行政策敏感性分析，并与政府部门保持良好的沟通，确保项目能够适应政策变化。此外，建立灵活的合同条款和稳定的收入来源，以及制定合理的风险分担机制，也有助于增强项目的收益稳定性。

2.3 市场接受度与投资者信心

市场接受度和投资者信心是推动水利基础设施 REITs 成功的重要因素，直接影响其发展和稳定性。首先，水利基础设施 REITs 作为一种新兴的投资工具，其市场接受度受到投资者认知度的影响。许多投资者对这种资产类别的运作模式和潜在收益仍缺乏足够了解，特别是对其长周期、低流动性的特性感到陌生。为了提高市场接受度，需要加强对水利基础设施 REITs 的宣传和教育，提升投资者对其优势和运作机制的认识。此外，市场推广活动可以通过行业研讨会、投资者教育和案例分析等方式，帮助投资者了解水利基础设施 REITs 的实际表现和投资价值，从而提高其市场接受度。

其次，投资者信心的建立对于水利基础设施 REITs 的成功至关重要。水利基础设施项目通常涉及长期投资和运营，其收益稳定性和风险管理能力直接影响投资者的信心。由于这些项目通常面临自然风险、政策变动以及运营挑战，投资者对项目的信心需要通过透明的信息披露和稳定的收益表现来建立。为此，必须建立健全的信息披露机制，确保投资者能够获取准确、及时的项目进展和财务状况报告。此外，制定明确的风险管理策略和稳健的收益分配方案，也是增强投资者信心的重要措施。通过加强项目管理和风险控制，确保项目能够按照预期运营，逐步建立起投资者的长期信任，从而推动水利基础设施REITs的健康发展。

3 水利基础设施REITs的定价方法研究

3.1 引入风险因子至DCF模型中

构建一个多因子模型，在贴现现金流（DCF）模型的基础上引入一些风险因子，可以提高对水利基础设施REITs的定价准确性。在引入风险因子的贴现现金流（DCF）模型中[5]，我们需要对标准的DCF公式进行扩展，以考虑各种风险因子的影响。标准的DCF模型公式为：

$$DCF=\sum_{t=1}^{T}\frac{CF_t}{(1+r)^t}$$

其中，CF_t是第t年的现金流；r是折现率（通常为加权平均资本成本，WACC）；T是预测期的总年数。

为了引入风险因子，可以对折现率r和现金流CF_t进行调整。具体公式如下：

$$\text{REITs Value}=\sum_{t=1}^{T}\frac{CF_t^{\text{adj}}}{(1+r^{\text{adj}})^t}$$

折现率可以通过添加风险溢价来调整。假设基础折现率为r，风险因子r^{adj}的调整可以表示为：

$$r^{\text{adj}}=r+\sum_{i=1}^{n}Risk\_Adjustment_i$$

其中：$Risk\_Adjustment_i$是第i个风险因子的风险溢价。

基于水利基础设施会面对的风险，建议引入4个风险因子。

1）市场风险溢价（例如，经济波动、利率变化）：$Risk\_Adjustment_1$。

2）政策风险溢价（例如，法规变动）：$Risk\_Adjustment_2$。

3）灾害风险溢价（例如，气候变化影响）：$Risk\_Adjustment_3$。

4）运营风险溢价（例如，技术故障、维护成本波动）：$Risk\_Adjustment_4$。

首先，市场风险因子的确定涉及利率风险和经济周期风险。利率风险可以通过分析历史利率数据以及市场预期来评估，通常结合历史回归分析与利率相关的经济指标,如通胀率和央行政策,来进行估算。经济周期风险则需要利用宏观经济数据(如GDP增长率和失业率)及经济周期模型,以评估其对未来现金流的潜在影响。

其次,政策风险因子的评估需要关注政策变动风险和补贴风险。政策变动风险可以通过研究政策变化的历史数据、政府公告及相关法规文献来确定。这包括政策对税收、补贴或法规变化可能对项目现金流的影响。补贴风险的分析则应集中在历史补贴变动对项目财务表现的影响,以预测未来可能出现的变化。

再次,自然灾害风险因子的评估涉及气候变化和灾害频率。气候变化风险可以基于气候模型、历史气候数据(如降水量和温度变化)及自然灾害统计数据来进行评估。这种评估有助于预测气候变化对项目运营的长期影响。灾害频率则通过历史自然灾害数据(如洪水和干旱的发生频率)来估算未来可能的灾害风险。

最后,运营风险因子的确定包括维护成本波动和技术风险。维护成本波动的分析需要关注设施维护和修理的历史数据,以评估未来成本的波动情况。技术风险的评估则需考虑技术更新的速度和设备故障的历史记录,这些因素对设施运营的稳定性和财务状况可能产生显著影响。

3.2 基于 LSTM 计算风险因子

为了有效捕捉和预测风险溢价,采用长短期记忆网络(LSTM)作为计算工具具有显著优势。LSTM 模型通过其独特的门控机制,能够处理时间序列数据中的长期依赖关系,从而在识别和预测风险因子的变动趋势方面表现出色[6]。具体而言,LSTM 的遗忘门、输入门和输出门共同作用,使模型能够动态调整对历史信息的记忆和更新。这一特性使得 LSTM 能够在面对市场波动、政策变动以及自然灾害等多种风险因素时,提供更加精准的风险溢价预测。因此,将 LSTM 应用于风险溢价的计算中,可以显著提高对水利基础设施 REITs 的定价精度,为投资决策提供更为可靠的支持。这一方法的引入不仅补充了传统风险评估方法的不足,还为优化定价模型提供了先进的技术手段[7]。

长短期记忆网络(LSTM,参见图 1)是一种特殊类型的递归神经网络(RNN),设计用来解决标准 RNN 在处理长期依赖关系时遇到的梯度消失或梯度爆炸问题。LSTM 在处理时间序列数据时表现特别优秀,能够有效地捕捉序列中的长期依赖关系。

LSTM 网络由多个 LSTM 单元(或称为记忆单元)组成。每个 LSTM 单元包含 3 个主要组件[8]:遗忘门(Forget Gate),输入门(Input Gate),输出门(Output Gate)。

这些门控机制共同作用于 LSTM 的内存单元,从而控制信息的存储和更新。

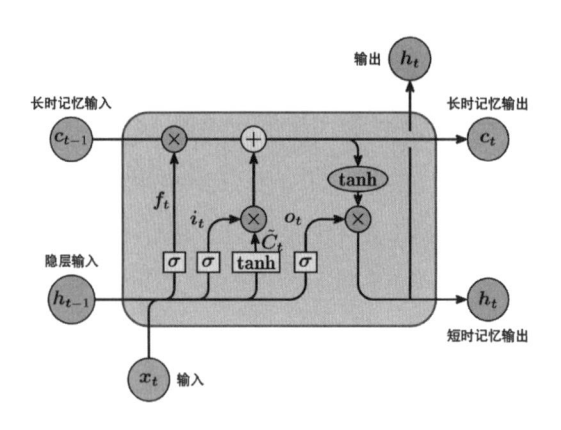

图 1　LSTM 网络结构

遗忘门决定了前一个时间步的记忆内容有多少需要被丢弃。

$$f_t = \sigma(w_f \cdot [h_{t-1}, x_t] + b_f)$$

其中，f_t 是遗忘门的输出，表示当前记忆单元应该遗忘的程度（值介于 0 和 1 之间）；w_f 是遗忘门的权重矩阵；h_{t-1} 是前一个时间步的隐含状态；x_t 是当前时间步的输入；b_f 是遗忘门的偏置；σ 是 sigmoid 激活函数，将输出映射到 0 和 1 之间。

输入门决定了当前输入信息多少应被写入到记忆单元中。

$$i_t = \sigma(W_i \cdot [h_{t-1}, x_t] + b_i)$$

$$\widetilde{C}_t = \tanh(W_C \cdot [h_{t-1}, x_t] + b_c)$$

其中，i_t 是输入门的输出，表示当前输入的影响程度；$\widetilde{C}_t$ 是当前候选记忆单元，表示对新记忆内容的提议；W_i 和 W_C 是输入门和候选记忆单元的权重矩阵；b_i 和 b_c 是偏置；

tanh 是双曲正切函数，用于生成新的候选记忆内容。

记忆单元的状态更新考虑了遗忘门和输入门的输出。

$$C_t = f_t \cdot C_{t-1} + i_t \cdot \widetilde{C}_t$$

其中，C_t 是当前时间步的记忆单元状态；C_{t-1} 是前一个时间步的记忆单元状态。

输出门决定了记忆单元的内容有多少将传递到下一个时间步作为隐含状态。

$$O_t = \sigma(W_o \cdot [h_{t-1}, x_t] + b_o)$$

$$h_t = O_t \cdot \tanh(C_t)$$

其中，O_t 是输出门的输出，表示当前记忆单元的内容将对最终输出的影响程度；h_t 是当前时间步的隐含状态，将作为下一个时间步的输入；W_o 是输出门的权重矩阵；b_o 是输出门的偏置。

3.3 调整后的 REITs 定价模型

通过 LSTM 模型来对 4 个风险因子进行预测，再结合调整后的 DCF 模型，应该会有一个比较好的定价效果。综合风险调整后的 DCF 模型公式为：

$$\text{REITs Value} = \sum_{t=1}^{T} \frac{CF_t \times \left(1 - \sum_{i=1}^{m} Risk\_Adjustment_i\right)}{\left(1 + r + \sum_{i=1}^{n} Risk\_Adjustment_i\right)^t}$$

4 定价模型中可能还会面临的问题

在水利基础设施 REITs 的定价模型中，面临的数据质量与可得性问题是基础性挑战。首先，数据的准确性至关重要，因为模型的预测精度依赖于高质量的数据。如果数据存在误差或不准确，将导致对风险的错误评估，从而影响定价结果。此外，数据的完整性也十分关键，缺失的数据可能影响对风险因子的全面理解，而数据更新的频率也需保证及时，以确保模型能够反映市场和经济条件的最新变化。

模型的复杂性与计算成本同样对定价过程构成了显著的挑战。引入多因子分析和深度学习模型使得模型复杂度显著增加，这可能导致模型结果的解释性降低，进而影响对各个因子的理解和应用。同时，复杂模型特别是深度学习模型需要大量的计算资源，这不仅提升了计算成本，还可能导致较长的训练时间，从而影响模型的实际应用效率。

风险因子间的相关性以及市场行为的非理性进一步复杂化了定价模型的应用。因子之间的高度相关性，如政策变动与经济周期风险的交互效应，需要在模型中有效处理，以避免多重共线性问题。而市场情绪和短期波动可能引发价格偏离模型计算值，这些非理性行为往往难以量化和预测，对模型的准确性构成挑战。

此外，政策和法规的变动、模型的过拟合与泛化能力以及人力资源的专业知识需求也是重要的考虑因素。政策变动可能对水利基础设施的运营产生重大影响，这些变化有时难以预测并纳入模型中。复杂模型的过拟合问题需通过有效的正则化方法和交叉验证来解决，以保证模型的泛化能力。模型的开发和维护需要大量的专业知识和经验，缺乏足够的人才可能限制模型的有效应用。此外，复杂模型的结果解释性问题也需得到关注，以提升决策者对模型预测结果的信任度。

5 结语

构建基于 DCF 模型的多因子定价模型，结合风险因子的调整，预计将对水利基础设施REITs的定价产生显著贡献。首先，通过系统化地引入市场风险、政策风险、自然灾害风险和运营风险等多维度风险因子，该模型有望提供更加全面和精准的资产价值评估。这种多因子风险评估的框架将帮助投资者更好地理解水利基础设施资产的风险特征和潜在回报，从而减少投资决策中的不确定性，并优化投资组合的风险收益比。

其次，采用LSTM模型进行风险因子的预测，预计将进一步提升定价模型的准确性和动态适应能力。LSTM的应用能够有效捕捉时间序列数据中的长期依赖性和复杂的风险因子变动趋势，从而实现更精准的风险溢价预测。通过这种深度学习技术，模型将能够更好地应对市场波动、政策变动和环境变化等实际挑战，为水利基础设施REITs的定价提供更加可靠和前瞻性的支持。

此外，优化后的定价模型在实践中有望显著提高决策支持的质量。通过综合考虑各类风险因子的影响并动态调整折现率，该模型将为政策制定者和投资者提供更加科学的资产价值评估依据。这种改进的定价方法将促进水利基础设施REITs市场的发展，提升投资者对资产的信心，并推动更多的社会资本参与水利基础设施投资。

总体而言，这一改进的定价模型预计将在理论和实践中产生重要贡献。通过引入多因子风险调整和先进的预测技术，模型将为水利基础设施REITs的定价提供更为精准和动态的支持，进而推动水利基础设施投资的可持续发展和资本市场的健康成长。

参考文献

［1］ 樊新中.贵州构建水利新格局的战略思考［J］.中国水利，2021（23）：15-17，14.

［2］ 严婷婷，罗琳，庞靖鹏.水利基础设施投资信托基金（REITs）试点进展与推进思路［J］.中国水利，2023（13）：69-72.

［3］ 国家发展和改革委员会.关于进一步做好基础设施领域不动产投资信托基金（REITS）试点工作的通知［Z］.2021.

［4］ 中国证券监督管理委员会.公开募集基础设施证券投资基金指引（试行）［Z］.2020.

［5］ 杨明.金融工程与金融风险管理［M］.北京：科学出版社，2016.

［6］ Hochreiter S, Schmidhuber, J. Long short–term memory［J］.Neural Computation, 1997, 9(8), 1735–1780.

［7］ Pascanu R, Mikolov T, Bengio Y. Understanding the difficulty of training deep feedforward neural networks［C］//.Proceedings of the 30th International Conference on Machine Learning（ICML-13），2013，1310–1318.

［8］ 丁锋，孙晓.基于注意力机制和BiLSTM-CRF的消极情绪意见目标抽取［J］.计算机科学，2022，49（2）：223-230.

完善水资源刚性约束体系的思考

卞雨霏　胡文才　李　智

沂沭泗水利管理局

沂沭泗水利管理局水文局（信息中心）

摘　要：当前水资源供需矛盾日益加剧，水资源实行刚性约束，通过设定一系列约束条件，对水资源开发利用进行严格限制，但在实践过程中，存在诸多问题。在梳理近些年水资源刚性约束体系建设研究成果的基础上，分析当前水资源刚性约束体系面临的问题和挑战，包括指标不全面、监管不到位、制度不完善等，并提出相应的对策建议。研究结果表明，立足新形势新要求，数字化技术可为水资源刚性约束体系现存问题提供解决路径。通过建立健全水资源刚性约束体系，加强水资源论证和用水许可管理，推动水资源管理信息化建设，完善水资源刚性约束体系，为实现高质量发展保驾护航。

关键词：水资源刚性约束；指标体系；信息化建设；高质量发展

随着经济的快速发展和人口的增长，水资源供需矛盾日益加剧，出现了水位下降、水生态退化、地下水超采等问题。在新的发展阶段，水资源问题已成为制约我国社会经济发展的瓶颈，完善水资源刚性约束体系是解决缺水问题的必然选择。习近平总书记在多次重要讲话中强调以水而定、量水而行，坚持"四水四定"原则，"把水资源作为最大的刚性约束"。在党的十九届五中全会中更是直接要求"建立水资源刚性约束制度"，为高质量发展下的水资源约束体系提出了具体要求。

近年来，围绕水资源刚性约束体系建设的实施路径和具体要求的文章屡见不鲜。陈茂山等[1]提出区域层面和取水层面的水资源刚性约束判断指标；贺华翔等[2]构建由用水总量控制、耗水总量控制、水资源开发利用程度控制、河流生态需水控制等4个指标的水资源刚性约束体系；马睿等[3]从4个方面构建水资源刚性约束指标体系，并将其应用到甘肃省不同水平年份，结果表明该体系具有较好的适用性；王喜峰等[4]认为应建立水资源刚性水源分行业约束下的自然环境资源和社会经济增长的动态联系；杜丙照等[5]在分析对水资源刚性约束认识的基础上，提出了落实建议；孙宇飞等[6]分析了把水资源作为最大刚性约束的哲学思维，并提出了落实措施的建议。

笔者在前人研究的基础上,通过对约束体系、现状指标进行分析,剖析当前水资源刚性约束体系存在的问题,提出新形势下进一步完善水资源刚性约束体系的对策建议,推动经济社会人口与水资源均衡发展[7]。

1 水资源刚性约束体系及指标现状

1.1 水资源刚性约束体系概述

水资源刚性约束体系,源于对水资源可持续利用的深刻认识,它是指在法律法规和政策体系下,通过一系列强制性措施和制度安排,构建的一种全面而严格的水资源管理框架[8]。这一体系的"刚性"体现在其不可逾越的约束力上,要求所有水资源管理活动都必须在此框架内进行,确保水资源的开发利用不会对生态环境和社会经济造成不可逆转的影响。该体系的核心在于,它以水资源的自然属性和生态功能为基础,确立了一系列不可动摇的约束性指标,这些指标贯穿于水资源的整个生命周期,从源头到使用再到回收再利用。

具体而言,水资源刚性约束体系涵盖水资源管理的多个层面。首先,水资源总量控制是体系的基础,它通过设定区域内的水资源开发利用上限,防止水资源的过度开发和浪费。其次,用水效率控制强调在保障生产生活用水的同时,提高水资源的利用效率。水功能区限制纳污是刚性约束体系的重要组成部分,它通过对水功能区的划分,明确不同水域的环境功能和质量要求,进而限制污染物的排放,保护水环境质量。最后,地下水超采治理针对我国部分地区地下水超采的严峻形势,通过实施地下水水位控制、回灌补给等手段,恢复地下水资源,维护地下水生态平衡[9]。

1.2 水资源刚性约束体系指标现状

目前,对水资源刚性约束的研究尚处于起步阶段,诸多学者围绕约束水资源需求、约束水资源开发利用、约束水行为等多个方面,建立了一系列明确清晰的指标体系,详见表1。

表1　水资源相关文献中涉及的指标体系内容

指标类型	单位	依据来源
基本生态用水保障		《水资源刚性约束指标体系构建及应用》
经济社会发展用水控制		
分行业用途管制		
用水效率控制		

续表

指标类型	单位	依据来源
用水总量控制 *	亿 m³	《水资源刚性约束指标体系与管控路径研究初探》
耗水总量控制	亿 m³	
水资源开发利用程度控制 *	%	
河流生态需水控制	亿 m³	
地表水水质优良（达到或好于Ⅲ类）比例		《美丽中国建设评估指标体系及实施方案》
地表水劣Ⅴ类水体比例		
地级及以上城市集中式饮用水水源地水质达标率		

* 系指多年平均。

水资源刚性约束指标体系，通过一系列精心设计的指标，对水资源的开发利用、节约保护、配置调度等关键环节进行量化评估，为水资源管理提供了科学、直观的衡量标准。它不仅体现了水资源管理的全面性和系统性，而且通过量化指标，实现了对水资源状态的快速诊断和政策效果的即时反馈，有效支撑了水资源管理决策的科学化和精准化，推动了节水型社会建设和生态文明的持续进步[10]。

2 水资源刚性约束体系存在的问题

目前，水资源刚性约束体系正在构建，取得了一定的成效，但也凸显了一些问题。水资源刚性约束体系规模宏大，涉及层面广泛，操作复杂，这对现有的管理机制和执行能力提出了更高的要求。本文将水资源刚性约束体系面临的挑战归纳为以下3个方面。

2.1 水资源刚性约束体系指标不全面

水资源刚性约束指标体系在构建时，需要综合考虑多种因素，为水资源的精细化管理制定明确的标准。目前的刚性约束指标体系，存在诸多问题，这些问题不仅影响指标体系的科学性和实用性，也在一定程度上制约了水资源管理的效果。

首先，刚性约束体系缺乏个性化需求，这一点在实践中的应用尤为突出。在工业用水方面，不同行业对水质和水量有着不同的要求，如高污染行业与精密制造业的水质需求存在显著差异。在农业用水方面，季节性和气候条件对灌溉需求的影响较大，干旱与丰水季节的用水量波动明显，导致农业用水管理缺乏灵活性和适应性。同时，随着城市化加快，生活用水需求增长，尤其是城市居民对水质的要求提高，但体系在保障生活用水质量方面存在不足。

水资源刚性约束指标体系未能体现地区差异，我国水资源分布呈现南北差异，北方干旱与南方湿润地区的水资源管理策略应有所不同[11]。例如，北方地区需重视水资源的节约和高效利用，而南方则应关注水资源的合理开发与保护。这种忽略地区特性的做法，导致了水资源管理策略的单一化，不利于实现水资源利用的整体最优化。特别是在城乡方面，水资源管理应与城乡发展规划相结合，确保水资源在城市与农村地区的均衡分配，推动区域协调发展。

2.2 水资源刚性约束体系监管不到位

当前的水资源刚性约束体系在监管机制上存在不足，主要表现在以下几个方面：监管力度不足，监管体系不完善，技术支撑不足[12]。首先，监管力度不足是一个突出问题。在水资源刚性约束体系的实施过程中，监管机制不够健全，导致一些地区和部门在水资源开发利用、节约保护等方面未能严格遵守规定。例如，部分企业和个人在用水过程中，由于监管不力，存在浪费水资源的行为，而相关部门未能及时采取有效措施进行制止和处罚。

其次，监管体系不完善，缺乏有效的监督和考核机制。在水资源刚性约束体系的监管中，缺乏对各级政府和部门履行职责情况的定期评估和考核，导致责任落实不到位。同时，监督信息的透明度不足，公众参与水资源保护的渠道不畅，使得监管工作难以形成有效的社会合力。

最后，技术支撑不足也是监管不到位的一个重要原因。水资源刚性约束体系的监管需要依赖于先进的技术手段，如遥感监测、大数据分析等，但这些技术的应用尚不广泛，导致监管效率低下。例如，在水资源监测方面，由于监测站点覆盖不足和技术装备落后，难以实现对水资源的实时监控和精准管理[13]。

2.3 水资源刚性约束体系制度不完善

水资源刚性约束体系在制度层面尚存在诸多不足，这些缺陷在一定程度上影响了体系的运行效率和效果。在制度设计之初，就存在一些漏洞，未能全面覆盖水资源管理的各个环节，部分重要领域和关键环节缺乏明确的制度规定，导致在实际操作中出现管理盲区。例如，对于水资源应急管理和风险防控等方面的制度规定不够细化，难以应对突发的水资源事件。

其次，制度之间的协调性不足，影响了体系的整体效能。水资源刚性约束体系涉及多个部门和领域的协同合作，现有的制度之间缺乏有效的衔接和配合，导致在实际工作中出现各自为政的局面。这种制度上的不协调，限制了水资源管理工作的整体推进。制度创新不足更是水资源刚性约束体系制度不完善的一个重要表现。随着社会经济的快速发展，水资源管理面临的新情况和新问题不断涌现，但现有的制度未能及时跟进和适应这些变化，导致制度与现实需求之间存在差距。

3 对策建议

针对前述水资源刚性约束体系存在的问题，立足新形势新要求，笔者提出以下进一步完善的对策建议，推动新阶段水利高质量发展。

3.1 建立健全水资源刚性约束指标体系

水资源刚性约束指标体系是水资源管理的核心工具，它通过一系列具有强制性的指标来规范水资源的管理行为。为了实现水资源的合理开发、高效利用和有效保护，在制定指标体系时，应充分考虑区域水资源状况和经济社会发展需求，以确保指标体系的科学性、合理性和可行性。这包括对区域水资源承载能力、水资源开发利用、水资源需求及用水行为等方面进行深入研究和分析，以确定关键指标和目标值。

在实际操作中，需要根据水资源管理的实际需求，合理设置指标。这包括对工业、农业、生活等不同领域的水资源利用情况进行评估，以及对节水技术应用和节水措施的实施情况进行评估。同时，在指标的定义、计算方法和应用范围等方面，应科学分配指标权重，确保关键指标得到充分重视。优化指标设置可以提高指标的可操作性和针对性，使水资源管理更加精准和高效。我国水资源分布具有明显的地区差异，因此还需要考虑区域差异性，制定差异化的指标体系。这包括充分考虑不同地区的自然条件、经济发展水平、水资源状况等因素，制定符合当地实际情况的指标体系。

3.2 加强水资源论证和用水许可管理

在取水、用水项目立项前，应进行充分的水资源论证，确保项目符合水资源刚性约束要求。同时，加强用水许可管理，严格审批程序，确保用水单位依法依规取水、用水。

水资源论证是水资源管理的重要环节，对于确保水资源的合理开发、高效利用和有效保护具有重要意义。通过提高水资源论证的标准化和规范化，制定和完善水资源论证的标准和规范，明确水资源论证的内容、方法和程序，提高水资源论证的科学性和可操作性；同时强化水资源论证的责任和义务，明确水资源论证的主体和责任，确保水资源论证的质量和效果。通过水资源论证，可以有效评估水资源开发利用的可行性和合理性，确保水资源管理的科学性和有效性[14]。

用水许可管理是水资源管理的关键环节，对于保障水资源的合理分配、高效利用和有效保护具有重要意义[15]。建立健全水资源许可管理机制，加强水资源开发利用、需求及用水行为的监督检查。对违法违规取水、用水行为，依法依规进行查处，确保水资源刚性约束制度得到有效执行。加强用水许可管理主要包括以下几个方面：建立和完善用水许可制度，明确用水许可的申请、审批、监管等环节，确保用水许可管理的规范性和有效性。加强对用水许可的监管和执法力度，确保用水许可的合规性和合理性。对于违反用水许可规定的行为，依法予以处罚和追究责任。将用水许可作为水资源管理的重要手段，广泛应用于水资源开发、利用、保护和分配等方面。通过用水许可，可以有效规范用水行为，促进水资源的合理利用和有效保护。

3.3 推动水资源管理信息化建设

随着信息技术的快速发展，信息化已成为现代水资源管理的重要手段。在当前水资源供需矛盾日益突出的背景下，需要推动水资源管理信息化建设，建立完善的水资源管理信息系统。通过信息化手段，实时监测、分析水资源开发利用、需求及用水行为，为水资源刚性约束提供数据支撑。对于保障水资源的合理分配、高效利用和有效保护具有重要意义。水资源管理信息化建设可以提高水资源管理的效率和水平，实现水资源管理的科学化和精细化。

水资源管理信息化建设主要包括以下几个方面：建立水资源监测信息系统，利用现代信息技术，建立水资源监测信息系统，实现对水资源状况的实时监测和分析。通过监测信息系统，可以及时掌握水资源的水量、水质、水位等关键指标，为水资源管理提供数据支持。建立水资源管理信息系统，利用现代信息技术，建立水资源管理信息系统，实现对水资源开发、利用、保护和分配等环节的全面管理。通过管理信息系统，可以实现对水资源管理的精细化和科学化，提高水资源管理的水平和效率。建立水资源应急管理系统，利用现代信息技术，建立水资源应急管理系统，实现对水资源突发事件的快速响应和处理。通过应急管理系统，可以及时应对水资源突发事件，降低水资源风险，保障水资源的可持续利用。

4 结论

完善水资源刚性约束体系是实现水资源可持续利用的关键。本文在分析水资源刚性约束内涵及指标现状的基础上，针对当前水资源刚性约束的问题，提出建设性的建议对策。通过建立健全水资源刚性约束指标体系、加强水资源论证和用水许可管理以及推动水资源管理信息化建设等措施，可以有效约束水资源开发利用、需求及用水行为，提高水资源利用效率，促进水资源可持续利用。

本文是对水资源刚性约束控制体系的初步探索，未来应充分考虑不同流域或区域水资源条件、经济社会发展与产业结构等的差异性，解决实际水资源管理问题，进一步研究不同区域水资源刚性约束体系的适用性，为实现经济社会可持续发展提供有力支撑。

参考文献

[1] 陈茂山,陈金木.把水资源作为最大的刚性约束如何破题[J].水利发展研究,2020,20(10):15-19.

[2] 贺华翔,王婷,谢新民,等.水资源刚性约束指标体系与管控路径研究初探[C]//第十九届中国水论坛论文集.北京:中国水利水电出版社,2022.

[3] 马睿,李云玲,邢西刚,等.水资源刚性约束指标体系构建及应用[J].人民黄河,2023,45(4):76-80.

[4] 王喜峰,姜承昊.水资源刚性约束下黄河流域高质量发展研究进展[J].水利经济,2023,41(2):18-24,32,93-94.

[5] 杜丙照,齐兵强,常帅,等.强化水资源刚性约束作用[C]//适应新时代水利改革发展要求 推进幸福河湖建设论文集.水利部水资源管理司,2021.

[6] 孙宇飞,肖恒.把水资源作为最大刚性约束的哲学思维分析和推进策略研究[J].水利发展研究,2020,20(4):11-14.

[7] 曹武.从严从细管好水资源[N].长春日报,2024-03-22(004).

[8] 张丹,王境,王艺璇,等."以水定产"的经验、问题及建议[J].水利经济,2021,39(2):82-85,98.

[9] 吴强,马毅鹏,李淼.深刻领会、全面落实习总书记"把水资源作为最大的刚性约束"指示精神[J].水利发展研究,2020,20(1):6-9.

[10] 郭孟卓.对建立水资源刚性约束制度的思考[J].中国水利,2021(14):12-14.

[11] 吴强,刘汗.建立水资源刚性约束制度的几点思考[J].水利发展研究,2024,24(3):9-12.

[12] 许继军,吴江.长江流域建立水资源刚性约束制度的关键问题与对策研究[J].中国水利,2024(9):34-38.

[13] 吕彩霞,王海洋.落实水资源刚性约束加强水资源监督管理——访水利部水资源管理司司长杨得瑞[J].中国水利,2020(24):11-13.

[14] 魏长升,陈艺贞.基于黄河流域生态保护视角的绿色税制优化研究[J].水利经济,2024,42(3):8-13.

[15] 魏晓雯.健全"四水四定"制度体系强化水资源刚性约束引领[N].中国水利报,2023-06-01(005).

融合前沿科技数字孪生的可持续水利与基础设施管理

刘 鑫 陈 彬

山东黄河河务局供水局

摘 要：数字孪生技术的兴起，正在为水利建设和管理带来革命性的变化。数字孪生通过创建与现实世界相对应的虚拟模型，使得水利系统的设计、监控和优化达到了前所未有的精度和效率。水利与基础设施领域的数字孪生应用不仅涉及大量资金的投入和技术的应用，还关系到经济效益的最大化和资源利用的优化。因此，从经济角度对这些领域进行了深入分析和探讨，以期为政策制定者和工程实施者提供重要的理论支持和实践指南。

关键词：数字孪生；水利；经济

1 数字孪生水利建设概述

1.1 数字孪生技术概述

数字孪生是一种通过构建物理实体的数字化虚拟模型，实现对物理实体的全生命周期管理和实时监控的技术。数字孪生首先由美国航空航天局（NASA）在其太空项目中用于模拟和预测航天器的行为和状态[1]。随着物联网（IoT）、大数据、云计算和人工智能等技术的快速发展，数字孪生技术逐渐应用于制造、城市管理、医疗等多个领域。

1.2 数字孪生水利建设的意义

（1）提高水利工程的管理和决策效率

数字孪生技术在水利建设中的应用，可以实时监控水利工程的运行状态，通过数据分析和模型预测，及时发现潜在问题，优化管理决策。例如，在水库管理中，数字孪生技术可以通过监测水库水位、流量、降雨量等数据，预测未来水情，优化调度方案，提高水资源的利用效率[2]。

（2）促进水资源的优化配置和高效利用

通过数字孪生技术，可以实现对流域内各类水资源的全面监控和精细化管理，合理调配各区域的水资源，减少浪费，提高水资源的利用效率。例如，在灌溉系统中，数字孪生技术可以根据实时的气象数据和土壤湿度数据，智能调节灌溉量，确保农作物的生长需要，同时节约用水[3]。

（3）保障防洪减灾的科学性和精准性

在防洪减灾领域，数字孪生技术可以通过对流域内水情、工情和雨情的实时监测，构建精准的防洪模型，预测洪水的发生和发展，制定科学的防洪预案，提高防洪决策的准确性和及时性，减少灾害损失。例如，在洪水预警系统中，数字孪生技术可以通过模拟洪水的演进过程，提前发布预警信息，指导公众和政府部门进行防灾减灾。

2 孪生流域与水网建设

2.1 孪生流域与水网的定义及其构建

（1）孪生流域与水网的概念和基本框架

孪生流域是利用数字孪生技术将流域内的自然要素（水文、水资源、生态）和社会要素（经济、人口、基础设施）进行数字化建模，通过虚拟模型与真实流域的双向互动，实现对流域的全面、动态和精准管理。孪生流域的基本框架包括数据采集与处理、模型构建、模拟分析、监测与预警等模块。

孪生水网是指在一个区域内利用数字孪生技术对河流、湖泊、水库、灌溉渠等水利设施进行数字化建模，构建一个虚拟水网系统，通过实时监测和数据分析，实现对水网系统的智能化管理。其基本框架包括水资源监测、设施管理、调度优化、应急响应等功能模块。

（2）构建孪生流域与水网的技术路线和实施步骤

构建孪生流域与水网的技术路线和实施步骤包括以下几个关键步骤。首先，利用物联网传感器、遥感技术和大数据平台实时采集流域和水网内的水文、水质、气象、生态等数据，并进行初步处理和存储。其次，基于数据采集结果，利用专业软件和算法构建流域和水网的数字孪生模型，包括水文模型、水资源模型、生态模型等。随后，利用构建的数字孪生模型进行模拟分析，包括水资源分配、洪水预测、生态保护等方面的分析和预测。通过实时监测流域和水网系统，及时发现和预警可能存在的问题，如洪水、干旱、污染等，并提供科学的决策支持。最后，根据监测和模拟分析结果，实时调整和优化流域和水网系统的管理策略，以确保系统的高效、安全和可持续运行。

2.2 孪生流域与水网的经济效益分析

（1）提高水资源管理效率带来的经济效益

数字孪生技术通过对流域和水网系统的全面监测和模拟分析，可以显著提高水资源的管理效率。例如，通过精确的水资源分配和调度，减少水资源浪费，提高农业灌溉和工业用水的效率，从而降低用水成本，增加经济效益。

（2）孪生流域与水网在防洪减灾中的经济价值

利用数字孪生技术，可以实现对洪水的精准预测和预警，提前采取有效的防洪措施，减少洪水灾害造成的经济损失。例如，通过实时监测水位和降雨量，及时发布预警信息，疏散受影响区域的居民，减少人员伤亡和财产损失，降低救灾成本。

（3）长期经济效益与可持续发展的关系

数字孪生流域和水网建设不仅具有短期的经济效益，更有助于实现长期的可持续发展。通过科学的水资源管理和生态保护，改善流域和水网系统的生态环境，提升区域的生态承载力，为社会经济的可持续发展提供坚实的基础。同时，数字孪生技术的应用还可以促进科技创新和产业升级，带动相关产业的发展，创造更多的就业机会和经济效益。

3 孪生工程与灌区建设

3.1 孪生工程与灌区的概念与应用

孪生工程与灌区建设是一种在水利工程中应用的策略，旨在通过建设两个或多个相似但独立的关键组成部分来提高系统的可靠性和安全性。这种方法可以广泛应用于各类水利设施，例如水库、灌溉渠道和泵站等。

一个典型的应用案例是双水库系统。在水资源充足的地区，可以同时建设两个相似的水库系统。即使其中一个水库需要维护或发生故障，另一个仍能继续向灌区供水，确保灌溉需求得到持续满足，保障农作物的生长和发展。

另一个例子是复制的灌溉渠道网络。通过设计和建设两套相同的灌溉渠道网络，可以应对可能的渠道破损或堵塞问题。即使一套系统出现问题，另一套仍能保证农田及时供水，提高农作物的产量和质量，确保灌溉系统的稳定运行。

总之，孪生工程与灌区建设通过复制关键设施并使其相互独立运行，不仅提高了水利设施的可靠性和安全性，还有效应对了可能出现的故障和损坏，从而保障了水资源的有效利用和农业生产的持续发展。

3.2 孪生工程与灌区的构建方法和技术工具

在设计复制与同步运作的水利工程中,关键步骤包括确保两个系统在工程设计阶段尽可能相似。这涵盖了结构设计、尺寸规格、管道直径等方面,以确保在需要时能够无缝切换或同时运行。通过这种设计方法,可以在一个系统需要维护或出现故障时,另一个系统能够立即接管并继续运行,确保水资源供给的连续性和稳定性。

另一关键措施是采用智能监控与数据采集系统。利用现代化的监控技术和广泛布置的传感器网络,可以实时监测两个系统的运行状态和效率。这些监测设备能够实时收集关键的运行数据,包括水流量、水质参数、压力变化等。通过对数据的持续分析和比较,可以及时识别潜在的运行问题,如管道堵塞、设备故障或能源消耗异常,从而及时进行调整和维护,确保系统的高效运行和长期可靠性。

综上所述,设计复制与同步运作的水利工程需要在设计阶段确保系统的相似性,并配备先进的智能监控与数据采集系统。这样一来,不仅能够在紧急情况下实现无缝切换,还能通过数据驱动的运营管理提高系统的整体效率和可靠性,促进水资源的有效利用和管理。

3.3 孪生工程与灌区的经济效益评估

(1)对建设成本和维护成本的影响

对于孪生工程的建设成本和维护成本影响方面,初始建设阶段可能会增加投资成本,包括设备、劳动力和材料成本。然而,这些额外的投资可以通过提高系统的可靠性和降低未来维护需求来节省长期运营费用。例如,孪生系统通过提供实时监测和预测能力,能够减少由于设备故障或未预期事件引起的生产中断和维修成本。因此,尽管孪生系统可能需要额外的运营和维护投入,但其冗余性和可替代性将显著减少潜在的经济损失,从而为长期运行的经济效益提供支持。

(2)提高工程寿命和效益的经济分析

提高工程寿命和效益的经济分析显示,孪生工程在延长水利工程寿命方面可发挥关键作用。通过减少单个组件的频繁使用以及提高整体系统的稳定性,孪生工程有效降低了更换和维修的频率与成本。这种寿命延长不仅节省了未来维护和替换的支出,还保障了系统的持续运行。

此外,孪生工程提高了系统的可靠性和稳定性,确保了持续的水资源供应,特别是对农业生产的稳定性和效率提升具有显著影响。通过优化水资源利用和灾害管理,孪生工程不仅降低了生产中断和损失的风险,还为经济效益的提升创造了有利条件。

（3）在风险管理中的经济效益

在风险管理中，孪生工程带来的经济效益主要体现在以下两个方面：首先，孪生工程能够显著降低灾害风险，有效减少因灾害或突发事件导致的系统中断和生产停滞的风险。通过实时监测和预警系统，孪生工程能及时预测并应对洪水、干旱等灾害，从而减少因灾害带来的经济损失和社会成本。其次，孪生工程保障了农业生产和经济的稳定性，通过稳定的水资源供应，有助于农业生产的持续发展和增产。稳定的水资源供应不仅降低了农业生产中因水资源短缺或不稳定性而引起的经济波动，还提升了农业生产的效率和可持续发展能力。

因此，孪生工程在风险管理中的经济效益体现在减少灾害风险和保障农业生产稳定性方面，为社会经济的可持续发展提供了坚实的支持和保障。

4 孪生城市水利系统建设

4.1 孪生城市水利系统的定义与构建

（1）孪生城市水利系统的概念和建设目标

孪生城市水利系统是指在城市水利设施建设中，通过设计和建设两个或多个相似但独立的关键组成部分，提高城市水资源管理的效率、可靠性和安全性。其目标包括增强城市对自然灾害（如洪水、干旱等）的抵御能力，优化水资源利用，保障城市的持续发展和居民的生活品质。

（2）构建孪生城市水利系统的技术手段和实施方案。

通过复制与同步设计关键组成部分如供水管网、污水处理厂和雨水排放系统，确保系统的冗余和备份能力。这些系统应具备相同的功能和性能，以便在一个系统发生故障或需要维护时，另一个系统能够无缝接替其功能，保障城市水利服务的连续性。

引入智能监控与管理系统，利用现代化的传感器技术、物联网和数据分析，实现对孪生系统运行状态的实时监测和管理。通过预测性维护和实时调整，提高系统的运行效率和响应速度，从而降低运营成本和减少对环境的负面影响。

可持续性考量在设计和建设过程中至关重要。应采用可再生能源、节水技术和绿色材料，以减少系统对资源的消耗和对环境的影响，提升系统的生态可持续性，并符合城市可持续发展的战略目标和环保要求。

通过以上技术手段和实施方案，孪生城市水利系统能够在提高运行稳定性的同时，实现资源的有效利用和环境的保护，为城市水利基础设施的未来发展奠定坚实基础。

4.2 孪生城市水利系统的经济效益与挑战

孪生城市水利系统在提高城市水利管理效率方面带来了显著经济收益。首先，通过提升系统的运行效率和稳定性，孪生系统有效降低了日常维护和修复的成本，同时优化了水资源利用，节约了运营开支，从而增强了长期的经济效益。其次，孪生系统的备份设计和快速响应能力提升了城市的抗灾能力，尤其是在防洪排涝系统的应用中，显著减少了因灾害而导致的经济损失，进一步巩固了城市的安全性和可持续性。

孪生城市水利系统还对城市防洪排涝和水资源管理产生重要贡献。在防洪排涝方面，系统的双重备份设计确保了在一套系统发生故障或遭遇灾害时，另一套系统能够及时启动，有效保障城市区域内的排水和防洪需求，降低洪水灾害带来的社会经济影响。通过智能监控和管理，孪生系统能够精确调控水资源的供应和分配，提升水资源的利用效率和保护水质的能力，为城市水资源管理带来新的技术和方法。

在实施过程中，孪生城市水利系统面临技术与经济挑战。技术挑战主要包括确保系统间的互操作性和同步性，以避免因切换或故障恢复而导致的系统延迟或数据丢失。经济挑战则涉及初始建设成本较高和长期投资回报分析的需要，以确保系统的经济效益和社会收益的最大化。因此，有效的技术解决方案和经济管理策略是实现孪生城市水利系统成功的关键因素，为城市可持续发展提供了重要支持。

综上所述，孪生城市水利系统通过复制和备份关键水利设施，提高了城市水资源管理的韧性和可持续性，同时面临着技术和经济层面的挑战，需要综合考虑各方面的因素进行有效的实施和管理。

5 人工智能与数字经济在数字孪生水利中的应用

5.1 人工智能技术在数字孪生水利中的应用

（1）AI 在水资源预测、管理和优化中的应用实例

通过大数据分析和机器学习算法，AI 能够进行准确的水资源预测和模拟。利用历史数据和气象预报，AI 可以预测未来一段时间内的水流量、水位和水质情况，为决策者提供科学依据，帮助其制定合理的水资源管理策略和应对措施。

AI 在实时监测和数据分析方面可发挥关键作用，优化水资源的分配方案。特别是在干旱或水资源短缺的情况下，AI 能够根据实时的需求和供应情况，调整水库放水策略或灌溉系统的运行模式，以最大化利用有限的水资源，确保城市和农业的水资源供应的有效性和可持续性。

这些技术的应用不仅提升了水资源管理的精确度和效率，还显著降低了资源浪

费和环境压力，为数字孪生水利的推广和应用带来了实质性的贡献。

（2）机器学习在水质监测和预警中的应用

在数字孪生水利中，人工智能技术的应用包括以下两个关键方面。

智能监测与预警系统利用机器学习算法分析实时水质监测数据，能够精确识别异常水质情况并提前预警。这种系统能够监测水体的污染物浓度、微生物含量等指标，及时发现问题并采取措施，有效防止水质恶化，从而保障公共供水的安全性和可靠性。

趋势分析与决策支持通过机器学习分析长期的水质监测数据，可以识别出水质变化的趋势及可能的影响因素。这些分析可为政府和环保部门提供重要的决策支持，帮助其制定针对性强、有效的水质管理政策和措施，以提升水质保护和环境管理的效果。

综上所述，人工智能在数字孪生水利中的应用不仅提升了水质监测和预警的精确度和时效性，还为决策者提供了强大的数据支持，有助于保障公共水资源的安全性和可持续性管理。

5.2 数字经济对数字孪生水利建设的推动作用

（1）数字经济背景下的数据共享和合作机制

在数字经济背景下，数据开放与共享对水利领域的重要性不可忽视。这种趋势促进了水文、气象、水质等各类数据的互联互通，使得政府、科研机构和企业能够共同利用数据资源，推动水资源管理和灾害防治的智能化和精准化。通过数据开放，不同利益相关者能够更有效地合作，共同应对水资源管理中的挑战，从而提高整体的决策质量和执行效率。

此外，在数字经济的环境中，跨部门的协同与合作机制也显得尤为重要。政府部门、科研院校和技术企业可以通过合作形成有机的联合体，共同推动孪生水利系统的建设和应用。这种跨界合作能够充分发挥各方的专业知识和技术优势，提高系统的整体效能和应对灾害的能力，为水资源管理和环境保护提供全面的支持和解决方案。

因此，数字经济时代下的数据开放与跨部门协同合作不仅促进了孪生水利系统的创新和应用，也为解决复杂的水资源管理问题提供了更为可持续和有效的路径。

（2）数字经济在水利工程投资和回报中的影响

数字经济技术的应用对提升投资效率具有显著作用。首先，智能化监控和预测系统能够有效降低水利工程的建设、运营和维护成本。通过实时数据分析和预测，系统能够及时识别问题并进行预防性维护，减少了因故障和未预期事件而导致的损失和维修费用，从而提高了工程的长期投资回报率。

其次，数字经济的推动促进了水利领域市场机制的发展。各类技术企业和创新机构借助数字化技术和数据驱动的业务模式，为孪生水利系统的建设提供了新的商业机会和解决方案。这种市场机制的发展不仅推动了技术创新，还促进了服务模式的多样化，为水资源管理和应对灾害提供了更为灵活和高效的解决途径。

因此，数字经济技术的广泛应用不仅在技术层面上提升了水利工程的效率和可靠性，同时也在市场机制和创新驱动方面为孪生水利系统的发展注入了新的动力和活力。这些发展趋势为未来水利领域的可持续发展和智能化管理打下了坚实的基础。

人工智能和数字经济的应用对数字孪生水利系统的发展具有重要推动作用。通过智能化技术的应用和数据资源的共享，能够提升水资源管理的效率和精准度，同时降低系统运行成本和风险，为城市和农村的水利建设带来更多的社会效益和经济效益。

6 理论与实践探讨

6.1 数字孪生水利建设的理论研究

（1）当前研究的热点问题和前沿进展

当前研究在数字孪生水利系统领域主要集中于3个方面。

首先，数据集成与模型精度是关键研究方向之一。研究致力于有效整合多源数据，如气象、水文、水质等数据，通过先进的数学建模和仿真技术提升数字孪生系统的模型精度和可靠性。这种集成可以提供全面的数据视角，帮助决策者更准确地理解和预测水资源系统的动态变化，从而有效应对各种水文灾害和资源管理挑战。

其次，智能决策支持系统的研发是另一个重要方向。利用人工智能、机器学习和大数据分析技术，研究如何实现智能化的决策支持，优化水资源调度、灾害预警和应急响应能力。这种系统能够通过实时数据分析和预测，提供精准的决策建议，帮助管理者在复杂和快速变化的环境中做出有效决策，最大化水资源的利用效率和安全性。

最后，多尺度耦合模拟技术的应用是数字孪生系统研究的关键内容之一。研究探索系统在不同空间和时间尺度上的耦合模拟，从局部到整体、从短期到长期，实现水资源系统的全面管理和优化。这种多尺度模拟能够综合考虑地表水和地下水的相互作用、自然过程和人为干预的影响，为水资源管理决策提供更为全面和精确的支持。

（2）数字孪生水利建设的理论框架和模型构建

数字孪生水利建设的理论框架涵盖多个关键环节，旨在通过数字化技术和数学模型实现对水资源系统的全面仿真与管理。

首先，数据获取与处理是框架的基础，包括利用地理信息系统（GIS）、遥感技术和传感器网络实时采集和处理水文、水质等多源数据。这些数据不仅用于模型构建，还用于验证和优化系统的运行状态和预测能力。

其次，模型构建是数字孪生水利系统中的核心环节之一。模型的建立需要考虑物理过程的复杂性和不确定性，通过整合 GIS、遥感技术和传感器网络，构建精确、实时的水文、水质模型。与此同时，引入机器学习和优化算法可以有效提高模型预测的精度和响应速度，使系统能够更快速地对变化作出反应，并支持智能决策的制定。

6.2 数字孪生水利建设的实践案例分析

（1）国内外典型数字孪生水利项目案例

首先，中国南水北调中线工程利用数字孪生技术实现了从南方水源地到北京等北方城市的水资源调度和管理优化。这包括水库调度、供水管网管理等方面。通过实时数据采集和分析，系统可以精确预测和模拟水流量、水质变化等，为决策者提供优化调度方案，确保水资源的高效利用和稳定供应，从而满足北方城市日益增长的用水需求。

其次，挪威的数字孪生水利项目应用于水电站的管理和运营中。这些项目利用数字孪生技术精准监控和预测水力发电过程，提高了能源的利用效率和设备的运行稳定性。通过实时数据监测和智能分析，系统能够快速识别潜在问题并实施预防性维护，减少了停工时间和维修成本，同时优化了发电效率，为挪威的清洁能源生产做出了重要贡献。

这些实例显示了数字孪生技术在全球范围内在水资源管理和水利工程中的广泛应用前景。通过整合先进的数据采集、模型建立和智能决策支持系统，数字孪生技术为提升水资源利用效率、优化工程运行管理、应对自然灾害等提供了强大的工具和解决方案。随着技术的进一步发展和应用场景的扩展，数字孪生水利项目将在全球范围内继续发挥重要作用。

（2）数字孪生水利项目的成功经验和存在的问题展示了这一领域在技术应用和管理实施中的双重挑战与机遇

成功经验表明，数字孪生水利项目能够整合先进技术和管理理念，实现从实时监测到智能决策的闭环管理。通过实时数据采集、大数据分析和人工智能技术的应用，这些项目有效提升了水资源的利用效率，降低了灾害风险和运营成本。例如，通过精确的模型预测和智能化决策支持，项目能够快速响应变化的水文条件和市场需求，确保系统稳定运行并实现资源的最优分配。

数字孪生水利项目仍面临诸多挑战。其中包括技术成熟度不足，特别是在数据标准化、模型验证和实时决策支持能力方面仍需进一步提升。此外，数据安全性和隐私保护问题是另一个重要挑战，特别是在涉及敏感数据的收集、存储和共享时，需要制定严格的安全政策和技术措施。同时，跨部门协同机制不完善也限制了数字孪生水利项目在政府、科研机构和企业间的合作和信息共享。

未来发展数字孪生水利项目需要在技术创新、政策支持和跨部门协同等方面持续努力。通过加强技术研发和应用、完善数据安全和隐私保护措施，以及建立有效的跨部门合作机制，可以进一步推动数字孪生水利项目的发展，实现更高效、更安全、更可持续的水资源管理和利用。

综上所述，数字孪生水利建设不仅在理论研究方面有深入的探索和进展，同时也在全球范围内涌现出多个成功的实践案例。然而，要实现数字孪生水利系统的广泛应用和持续发展，仍需克服技术和管理上的诸多挑战，并不断优化理论框架和实践经验。

7 结论

总结来看，数字孪生水利建设作为将现代数字技术与传统水利工程相结合的新兴领域，具有重要的战略意义和广阔的应用前景。通过数字化技术的应用，可以实现水资源的智能管理、预测和优化调度，从而提高水资源利用效率和管理精度。数字孪生水利系统不仅能够有效应对水资源管理中的挑战和复杂性，还能够提升灾害预警和应急响应能力，保障城市和农村的水安全和可持续发展。

未来的研究方向应集中在几个关键领域。首先是发展跨尺度模型和数据集成，实现从微观到宏观的全面仿真和优化，以更好地理解和管理水资源系统。其次，需要加强智能决策支持与优化算法的研究，提升系统的智能化水平，使决策更加科学和精准。同时，解决数字安全与隐私保护问题也是关键，确保数据在采集、存储和分享过程中的安全性和完整性，增强公众对技术应用的信任。

在实践建议方面，政府应加大对数字孪生水利建设的政策支持和资金投入，为技术研发和应用提供良好的政策环境和资金保障。同时，需要激励企业和科研机构的参与，推动技术创新和成果转化。国际合作与经验交流也至关重要，可以借鉴和吸收国际先进经验，共同应对全球水资源管理挑战。此外，推动技术应用示范和推广是验证技术可行性和经济效益的重要手段，有助于数字孪生水利技术在实际中的广泛应用和普及。

未来，随着科技的进步和社会需求的不断增长，数字孪生水利建设将成为解决水资源管理难题和实现可持续发展的重要手段和路径。需要多方合作，共同推动技术创新和应用，以实现水资源的有效利用和保护，为未来世代提供清洁、安全的水资源。

<h2 style="text-align:center">参考文献</h2>

[1] Schrotter G, C Hürzeler. The Digital Twin of the City of Zurich for Urban Planning [J]. Pfg–Journal of Photogrammetry Remote Sensing and Geoinformation Science, 2020, 88（1）: 99–112.

[2] Moshood T D, et al. Digital Twins Driven Supply Chain Visibility within Logistics: A New Paradigm for Future Logistics [J]. Applied System Innovation, 2021, 4（2）: 29.

[2] Chaux J D., et al. A Digital Twin Architecture to Optimize Productivity within Controlled Environment Agriculture [J]. Applied Sciences–Basel, 2021, 11（19）: 8875.

浅析黄河文化在大型水闸工程中的融合与发展

——以渠村分洪闸为例

曹亚闯 常笑寒 赵明港

濮阳黄河河务局渠村分洪闸管理处

摘 要：黄河是中华民族的摇篮。黄河文化是中华文明的根脉，它源远流长，博大精深，是全球四大文明发祥地之中唯一传承至今的大河流域文化。以渠村分洪闸为例，立足工程载体探察其在黄河文化中彰显的独特内涵价值与时代风采，并引发对黄河文化进一步发展的思考和展望。

关键词：黄河中下游；黄河文化；融合应用；发展

1 概述

黄河作为中华民族的母亲河，承载着丰富的历史、文化和精神内涵。黄河文化是中华民族的重要组成部分，它代表了中华民族的智慧、勇气和创造力，对于增强民族认同感和凝聚力，推动国家发展和社会进步具有重要意义。习近平总书记提出，要深入挖掘黄河文化蕴含的时代价值，讲好"黄河故事"。从黄河保护治理的角度来看，水文化是黄河保护治理历程的重要体现和黄河治理方略制定的重要支撑，保护、传承和弘扬黄河文化，要以水文化为重要抓手，阐释黄河文化发展的历史脉络，宣传黄河保护治理的辉煌历程，凝聚"让黄河成为造福人民的幸福河"的精神动力，真正把中华民族的"根和魂"守护好、发展好。新时期，黄河文化的传承与创新面临着诸多难题。一方面，传统黄河文化的传承方式单一、传播渠道有限，难以适应现代社会的需求；另一方面，如何在保护传统文化的基础上进行创新，让黄河文化焕发新的生机和活力，也是一大挑战。

党的十八大以来，习近平总书记对保护传承弘扬利用黄河文化、长江文化、大运河文化以及继承发扬伟大抗洪精神、红旗渠精神等作出一系列重要指示批示，为水文化建设提供了根本遵循和行动指南。水利部深入学习贯彻习近平文化思想，挖掘水文化蕴含的时代价值，推进水文化建设不断取得新进展新成效。其中，以水利工程为依托，采取"工程 + 文化"等形式传承弘扬水文化，成为一种重要形式。渠村分洪闸是当黄河花园口出现 22000m³/s 以上特大洪水时，向北金堤滞洪区分滞洪水的大型水利工程。其建设是黄河治理历史上的一大里程碑，它见证了人类与黄河水患斗争的艰辛历程，体现了人类对自然环境的认识、适应和改造，是黄河文化中的重要部分。本文以渠村分洪闸为例，浅析黄河文化在大型水闸工程中的融合与发展。

2 黄河文化与渠村分洪闸的时代价值

2.1 象征意义

黄河文化在多个文化和传统中具有深远的象征意义，这些意义跨越了地域、宗教和时代的界限。黄河是中华民族的母亲河，黄河文化是中华文化的核心和主干，是中华民族的根和魂。黄河文化内涵博大，包括以裴李岗文化、仰韶文化、龙山文化为代表的考古学文化，以中原文化、关中文化、齐鲁文化为代表的区域文化，以及源远流长的农耕文化，这些文化共同构成了中华民族丰富多彩、独特鲜明的文化体系。渠村分洪闸作为黄河中下游的重要水利工程，是黄河防洪体系中的关键设施。其设计和建设都体现了黄河文化的象征意义。近年来，随着黄河流域生态保护和综合发展工作的加强，渠村分洪闸也开始在生态治理方面发挥作用。它不仅是一座防洪工程，更成为黄河流域生态治理的重要组成部分。渠村分洪闸见证了中华民族对于黄河治理的历程和成就，它不仅是人类与水和谐相处的象征，也是人类智慧和勇气的体现。渠村分洪闸的宏伟壮观，展现了人类对水的敬畏和尊重，同时也体现了人类与水共生的文化理念。

2.2 教育功能

渠村分洪闸作为一个具有历史和文化价值的工程，其教育和宣传作用不可忽视，其建设体现了人类与黄河水患斗争的艰辛历程，展现了中华民族勤劳、智慧、坚韧不拔的精神风貌。2021 年 11 月，渠村分洪闸被河南省人民政府批准为第八批河南省重点文物保护单位，2022 年 12 月入选河南省首批"黄河文化千里研学之旅"实践基地。2023 年以来，濮阳河务局渠村分洪闸管理处配合省、市文物局着手开展渠村分洪闸申报中国世界文化遗产（河南部分）工作，目前该闸已进入河南省申报中国世界文化遗产备选名录。通过参观渠村分洪闸，人们可以了解到黄河的历史、文化和治水经验，从而增强对水资源保护和水文化传承的意识。此外，渠村分洪闸还作为广大学生了解黄河、认识黄河的爱国主义教育基地，可帮助他们更好地理解和传承中华水文化，从而凝聚社会共识，推动社会的和谐稳定发展。

2.3 旅游价值

渠村分洪闸的雄伟壮观和历史文化价值吸引了大量游客前来参观游览。通过旅游开发，渠村分洪闸不仅为当地带来了经济效益，也促进了黄河文化的传播和普及。游客在游览过程中可以感受到黄河文化的魅力，见证人类与黄河水患斗争的历程。游客在参观过程中，可以了解到黄河治理的历史和文化、水利工程的基本知识和原理，了解黄河治理的重要性和紧迫性。这对于提高公众的环保意识和水资源保护意识，促进生态文明建设具有重要意义。

2.4 融合应用

习近平总书记发表"9·18"重要讲话以来，濮阳河务局渠村闸管理处依托渠村分洪闸这一宏伟工程和黄河自然景观，联合地方有关部门，持续开展景区改造提升工作，推动工程与文化融合，进一步完善了四大水面景观、闸室文化长廊，共同打造了濮阳黄河水利风景区一心两展翼、三点三片区的整体格局，成为集旅游观光、休闲娱乐、弘扬文化、宣传教育等功能于一体的靓丽生态风景区，体现了水文化的实践应用价值。通过渠村分洪闸的运行和管理，人们可以更加深入地了解水文化的内涵和价值，从而更好地保护和利用水资源，渠村分洪闸与黄河文化的融合应用得到了进一步拓展。

2.5 发展前景

渠村分洪闸不仅是一个水利工程，更是一个承载着黄河文化的重要历史遗迹，是一个集观赏、教育、旅游开发于一体的综合性旅游资源。黄河文化在渠村分洪闸的应用不仅体现在分洪闸的象征意义和教育功能上，还体现在分洪闸旅游价值和实践应用上。通过加强对水文化的传承和弘扬，可以更好地保护和利用水资源，推动人与自然的和谐共生。游客在参观过程中，可以了解到黄河的地理、历史、文化等方面的知识，增强对黄河文化的认识和了解。同时，渠村分洪闸的建设和运行也体现了人类对于自然灾害的防范和应对能力，对于培养人民的环保意识和安全意识具有重要意义。

3 渠村分洪闸对当地文化的影响

3.1 增强防洪意识与安全意识

渠村分洪闸的建设初衷是为了应对黄河的洪水威胁，确保下游人民的生命财产安全。这一工程的建成，不仅体现了我国在水利工程方面的实力和技术水平，更为黄河的防洪工作提供了重要保障。渠村分洪闸自建成以来，虽然尚未实际使用过，但其存在本身就是一种强大的保障，使黄河的洪水得到了有效控制。同时，它也成为广大人民群众了解黄河、认识黄河的爱国主义教育基地，每年都有大批游人前来参观游览。渠村分洪闸的建设是黄河治理和防洪工作的需要，它的建成对于保障黄河的安全、促进沿岸地区的经济和社会发展具有重要意义。它的存在时刻提醒着当地居民和游客，黄河虽然滋养了这片土地，但也带来了潜在的灾害风险。因此，渠村分洪闸成为增强防洪意识和安全意识的重要象征。当地居民和游客在参观和学习过程中，深刻认识到防洪工作的重要性，从而更加关注并参与到防洪工作中来。

3.2 丰富文化旅游资源

渠村分洪闸不仅是一座水利工程，更是一座具有深厚文化底蕴的旅游景点。通过植树植草和优化水面活动，提高所辖区域的绿化覆盖率，改善生态环境，使得所辖区域的绿化覆盖率达到了98%以上，打造了生态工管的典范。这不仅有助于提升工程的整体形象，也为当地居民提供了一个优美的休闲场所。它吸引了大量游客前来参观和学习，成为当地文化旅游的重要组成部分。游客们可以在这里了解黄河文化的博大精深和中华民族与自然灾害斗争的历史，感受人类智慧和创造力的结晶。同时，渠村分洪闸周边的自然风光也为游客提供了独特的旅游体验。

3.3 弘扬团结协作精神

渠村分洪闸的建设过程是一个充满挑战与智慧的工程实践，凝聚了无数人的智慧和汗水。从设计、施工到维护，每一个环节都需要各方面的协作和努力。面对工程难度大、时间紧、任务重等挑战，建设队伍坚定信心，以真的行动、硬的作风、实的成效，积极深入开展工作，他们组织集中学习、制订详细计划、定期进行督导，确保工程按时按质完成。这种团结协作的精神不仅保障了工程的顺利进行，也为后续的管理和维护奠定了坚实的基础。这种团结协作的精神在当地得到了广泛传承和弘扬。无论是在日常生活中还是在工作中，当地居民都更加注重团队合作和集体利益，形成了良好的社会风尚。

3.4 提升地区知名度和美誉度

渠村分洪闸作为"亚洲第一分洪闸"，其雄伟壮观的外观和重要的防洪功能，使其在濮阳的文化和旅游中占据了重要地位。这不仅为当地带来了更多的游客和商机，也提升了地区的整体形象和品牌价值，极大地提升了地区的知名度和美誉度。这一工程不仅为当地居民提供了安全保障，还成为展示地区形象和魅力的重要窗口。

3.5 促进文化传承与创新

渠村分洪闸作为一座具有深厚历史底蕴和显著防洪功能的水利工程，在促进文化传承与创新方面发挥着重要作用。在建设和管理过程中，融入了大量的文化元素和创新理念。例如，在除险加固工程中，注重保护历史遗迹和文化遗产；在旅游开发过程中，注重挖掘和展示黄河文化的独特魅力。这些举措不仅促进了文化的传承和弘扬，也推动了文化的创新和发展。当地居民和游客在参与和体验过程中，会更加关注和支持黄河文化事业的发展。未来，渠村分洪闸将继续在促进黄河文化传承与创新方面发挥重要作用。随着黄河流域生态保护和高质量发展战略的深入实施，渠村分洪闸更加注重生态保护和绿色发展理念的融入，推动水利文化与生态文化的深度融合，为黄河流域乃至全国的文化传承与创新事业做出贡献。

4 对黄河文化在渠村分洪闸进一步发展的思考

4.1 建立水文化教育基地

挖掘黄河文化丰富的内涵元素，扩大和提升文化产品供给规模与质量，从历史的发展脉络中挖掘与黄河文化相关的人物、事件和资料，形成黄河文化现代转化的要素资源，通过展示图片、模型、历史文献等方式，向公众介绍渠村分洪闸的历史背景、设计原理、建设过程及其在防洪、灌溉等方面的作用。设立展厅，分为历史沿革、设计原理、建设过程、作用意义等展区，每个展区通过图文、视频、模型等多种方式展示。在教育基地内设置互动体验区，如模拟洪水演示、水资源管理小游戏等，让参观者通过亲身体验感受水文化的重要性。设立专门的教育讲解员，负责向参观者介绍渠村分洪闸的历史背景、文化内涵以及水资源的保护知识。这样可以让人们更直观地了解渠村分洪闸的重要性和水文化的价值，对于打造黄河品牌、设计精品线路、推广文化元素具有重要作用。

4.2 开展水文化主题教育

定期组织学校、社区、企事业单位等前来参观学习，开展水文化主题教育。通过专家讲解、互动体验等方式，让参与者深入了解水文化的内涵，增强对水资源保护的意识。针对不同年龄段的人群，设计不同难度的水文化教育活动，如小学生可以进行简单的水资源保护知识问答，中学生可以进行实地考察和实验探究。结合当地的自然环境和文化特色，设计具有地方特色的水文化教育活动，如黄河水文化讲座、黄河湿地生态考察等。邀请水利专家、文化学者等作为活动嘉宾，与参与者进行互动交流，分享他们的专业知识和见解。

4.3 结合旅游开发传承水文化

渠村分洪闸作为一处具有历史文化价值的景点，可以结合旅游开发来传承水文化。通过设计水文化主题的旅游线路、开发特色旅游产品等方式，吸引更多游客前来参观游览，同时传播水文化。在旅游线路设计中，将渠村分洪闸作为重要景点之一，并设计与之相关的水文化主题旅游线路。开发具有水文化特色的旅游产品，如渠村分洪闸模型、水文化主题明信片、黄河水文化书籍等。在旅游景点内设置水文化宣传栏、标语等，向游客普及水文化知识和水资源保护的重要性。渠村分洪闸作为黄河水文化的重要载体，通过旅游开发的方式将其蕴含的水文化元素传播给更广泛的受众。游客在游览过程中不仅能够欣赏到壮丽的自然风光和宏伟的水利工程，还能够深入了解黄河水文化的历史、现状和未来发展趋势。

4.4 加强水文化宣传

利用媒体、网络等渠道，加强对水文化的宣传力度。通过制作宣传片、发布新闻稿件、开设微信公众号等方式，让更多人了解水文化的重要性，增强保护水资源的意识。设立水文化研究基金或项目，鼓励专家学者对渠村分洪闸及其背后的水文化进行深入研究。定期组织水文化学术研讨会或论坛等活动，邀请国内外专家学者进行交流和分享。加强与学校、社区等单位的合作与交流，与其他地区的水文化研究机构或组织建立合作关系，共同推动水文化的研究与发展。积极开展黄河保护治理研讨交流、水利科普讲座、水文化论坛等主题活动，弘扬黄河水文化。继续发挥"中国水周""世界水日""防汛防台日"的宣传教育作用，多角度宣传黄河水文化，让更多的人参与黄河水文化建设。提升公众对黄河水文化的认识和了解，推动水文化的传承与发展。

4.5 加强黄河文化研究与交流

深入研究渠村分洪闸的建设背景、历史变迁、设计理念和工程技术等，揭示其在黄河防洪历史中的重要地位和作用。整理相关历史文献、档案资料，形成系统的历史沿革研究报告，为黄河文化研究提供翔实的历史依据。鼓励专家学者对渠村分洪闸及其背后的水文化进行深入研究，并举办相关学术会议、研讨会等活动，促进水文化研究的交流与合作。挖掘渠村分洪闸所蕴含的治水文化、民族精神、科技创新等文化价值，展现中华民族在治理黄河过程中形成的独特文化景观，不断挖掘和丰富黄河文化的内涵，推动黄河文化的传承与发展。制作黄河文化宣传片，通过电视、网络等媒体进行广泛传播。在社交媒体平台上开设水文化专栏或账号，定期发布黄河文化相关的文章、图片和视频等内容。与其他媒体机构合作，共同策划黄河文化主题的新闻报道或专题节目，深入挖掘黄河文化内涵、推动黄河文化交流与合作。

4.6 建立水文化志愿者团队

招募对水文化感兴趣的志愿者，组建水文化志愿者团队。志愿者可以参与水文化教育活动的组织和实施、水文化宣传资料的制作和分发、水文化景点的维护和管理等工作。组织志愿者参与实际的水文化志愿服务活动，如水质监测、生态修复、文化宣传等，通过实践锻炼他们的能力和技能。通过志愿者的参与和贡献，推动水文化在渠村分洪闸的传承与发展。这些实施细节将有助于加强水文化在渠村分洪闸的传承工作，提高公众对水资源保护和水文化的认识和关注度。

5 结语

新阶段水利高质量发展也迫切需要水利部门加快提升水利工程文化内涵，探索黄河文化的历史与时代价值，推动其发展，深入挖掘黄河文化内涵，拓展黄河文化传播方式，建立教育协同发展机制，建设黄河文化发展高地，建设黄河智慧文化项目，充分发挥黄河文化能量，拓展文化软实力发展空间，在确保工程安全运行、发挥作用的同时，充分发挥水文化建设在促进工程建设管理、展现水利人精神风貌等方面的作用，真正实现水利工程与水文化的融合与发展。

参考文献

［1］ 徐腾飞，千析，王弯弯，等.加快推进黄河水文化建设的思路与措施［J］.人民黄河，2022，44（S01）：2.

［2］ 姜国峰.保护传承弘扬黄河文化的价值，困境与路径［J］.哈尔滨工业大学学报：社会科学版，2022，24（4）：5.

［3］ 高升.黄河文化的价值意蕴及其保护传承弘扬路径研究［J］.湖北经济学院学报：人文社会科学版，2023，20（5）：98-101.

黄河水利遗产保护发展的价值研究和实现路径浅析

——以郑州黄河为例

高璐瑶　李雅迪

郑州黄河河务局

摘　要：黄河是中华民族的母亲河，更是一条文化精神之河。在历史悠久的人民治河实践中，形成了历史悠久、内涵深刻、形式多样、璀璨夺目的黄河水利遗产资源，是中华文化传承的重要载体。黄河郑州段，地处中原地区，是中华文明诞生、成长、发展和鼎盛繁荣的核心区，也是中华文明的传播地与创新地之一。新时代黄河水利高质量发展对黄河文化建设提出了更高要求，加强黄河水利遗产的保护和利用，有助于提升黄河水利工程的文化品位，丰富其文化内涵和时代价值，更有益于满足广大人民群众日益增长的精神文化需求。围绕黄河水利遗产保护的价值研究和实现路径展开论述，以郑州黄河为切入点推进黄河文化遗产保护工作，深入挖掘郑州黄河文化蕴含的时代价值，讲好"郑州黄河保护治理故事"，为黄河永远造福中华民族不懈奋斗。

关键词：郑州黄河；黄河水利遗产；文化发展；保护传承

2019年9月18日，习近平总书记在河南郑州主持召开黄河流域生态保护和高质量发展座谈会上指出："黄河文化是中华文明的重要组成部分，是中华民族的根和魂""要推进黄河文化遗产的系统保护，守好老祖宗留给我们的宝贵遗产。要深入挖掘黄河文化蕴含的时代价值，讲好'黄河故事'，延续历史文脉，坚定文化自信，为实现中华民族伟大复兴的中国梦凝聚精神力量。"这次重要讲话，为黄河文化建设特别是黄河水利遗产建设工作的系统化、规范化发展指明了思路方向。作为黄河流域生态保护和高质量发展核心示范区、沿黄经济体量最大的国家中心城市，河南郑州兼具黄河文化发祥地、千年治黄主战场、幸福河建设示范区等优势元素，在黄河水利遗产建设工作中具有重要的历史意义和文化价值。贯彻中央指示精神，落实水利部部署要求，传承、保护、发展黄河水利遗产，是近年来郑州黄河文化建设的重要工作，也是贯彻落实习近平总书记重要讲话精神的具体举措。让更多的水利遗产"活起来",是当前摆在各级水利部门面前的重要任务,也是广大水利工作者义不容辞的责任。

1 黄河流域水利遗产概述

1.1 黄河水利遗产保护发展的环境背景及政策支持

2019年9月16日至18日,习近平总书记在河南考察时强调,要保护传承弘扬黄河文化,让黄河成为造福人民的幸福河。在2023年6月2日召开的文化传承发展座谈会上,习近平总书记指出,坚定文化自信,就是坚持走自己的路。推动黄河文化保护传承弘扬,不仅是铸牢中华民族的根和魂,也是增强文化自信自立自强的必然要求。黄河水利遗产不仅是黄河文化的重要组成部分,更是新时代水利事业的精神结晶。水利部办公厅在2021年下发的《水利部办公厅关于开展国家水利遗产认定申报工作的通知》文件中,明确提出启动国家水利遗产认定工作。仅隔一年,又印发了《"十四五"水文化建设规划》,提出"十四五"时期力争实现"水利遗产保护显著加强"的总目标。2023年5月25日,水利部召开水文化工作推进会,进一步强调了水利遗产保护、传承、利用在水利工作中的重要性。《"十四五"水安全保障规划》中提出要加大水利遗产保护和挖掘力度。《黄河流域生态保护和高质量发展水安全保障规划》中提出要对黄河流域水利遗产资源进行统计调查保护。2023年4月1日实施的《中华人民共和国黄河保护法》提出要加强对古河道、古堤防、古灌溉工程等水利遗产的保护。黄河水利遗产保护发展已经步入快车道,良好的环境背景正在形成,有力的政策支持逐渐完善,乘势而为,积极主动开展黄河流域重要水利遗产调查统计和保护,有利于逐步查清流域重要水利遗产现存数量、分布情况、保存使用等信息,基本掌握流域内重要水利遗产概况,有助于深入挖掘重要水利遗产蕴含的历史意义和时代价值,深入推动黄河文化保护传承弘扬,延续黄河文脉,讲好"黄河故事",进而为建设文化强国谱写新时代黄河篇章。

1.2 黄河水利遗产的内涵和特征

研究黄河水利遗产保护,首先要明确其内涵和特征。关于黄河水利遗产的概念与内涵,虽然尚未有统一界定,但仍可提炼出一些显著特征。经过查阅大量资料和实地调研,结合学术界及水利行业众多专家、学者的观点,本研究认为,黄河水利遗产应能展现历史文化意义及经济社会发展规律,而且具有重大保护价值与实际利用意义。归纳起来有如下突出特征:一是从文化发展的角度来说,黄河水利遗产要具有一定的社会延续特征,它在中国文化发展进程中,特别是水利发展历史中有显著的存在感,有助于推动社会发展稳定、体现民生福祉、促进人文发展及精神文明进步，具备文化传承的必要性，且对当时社会有较大影响力。二是体现水利特色和黄河特色。黄河水利遗产区别于其他文化遗产的最重要标志就是自身的元素定位。如能体现人与自然和谐相处的生态理念，能体现黄河是造福人类的幸福河的宏伟目标，同时蕴含黄河治理的各项重要工作，如水生态保护、水资源利用、水旱灾害防治、水景观构建等方面，在推动社会进步和黄河水利发展等方面具有重要意义。三是有保护的必要性和紧迫性。纳入黄河水利遗产的前提条件应包含两个基本要素，从保护的必要性来说，应具备良好的保护或利用基础，当地政府或水利部门应具备水利文化保护传承的意识，出台或意向出台保护建设规划，并可能纳入当地经济社会发展规划中。从保护的紧迫性来说，一部分黄河水利遗产虽然历史地位和文化价值较高，但面临自然灾害、经济发展、人为破坏等问题，现阶段存在消亡危险，甚至存世部分较少或面貌变化较大，急需抢救性保护。

基于黄河实际，结合以上内容及治河实际，本研究认为，黄河水利遗产应主要包括三部分内容：一是黄河流域沿黄市县（时间节点以1949年以前为宜，含1949年）的重要水利工程遗产，主要包括古堤防、古堰坝、古渡口等水工建筑和古河道、古灌区、古灌渠等水利工程体系、河道管理机关、河神祭祀等建筑物或水利文化历史实物；二是反映1946年中国共产党领导人民治黄事业发展历程之后，具有突出革命文化属性和历史价值的红色资源，主要包括防洪工程、灌溉工程、水土保持工程、水力发电工程、综合水利工程、人民治黄重要纪念地等（历史年限不少于50年为宜）；三是1949年以前（含1949年）以黄河治理为主题的史籍史料，主要包括治河专著、水利古籍、黄河河道图等非工程类的物质文化遗产。

2 黄河水利遗产保护发展的价值意义和功能延续

2.1 历史文化价值

黄河水利遗产作为文化遗产的一部分，历史文化价值是其最本质、最原始、最核心的价值。黄河水利遗产承载着黄河文化在黄河流域的不同历史时期、在各处区域环境下的水利文化特征，彰显了明显的时代特征，并与地域特色文化相互交融。它在人民治黄的历史长河中形成和发展，能体现水利工作者和流域沿黄人民多元化、特色化的价值观念。它不能单纯地归类为物质文化遗产或非物质文化遗产，而是有形实物与无形财富的融合，蕴含着人民在治河、管河、护河中留下的历史印记、文化积淀和情感表达等，是一个相对较为复杂的综合文化遗产系统，具有较高的历史文化价值。

2.2 人文社会价值

黄河水利遗产的人文社会价值，涵盖人文风物记载、精神文明传承、文化多样性融合等方面，伴随着时代更迭和社会发展，其人文内涵会随具体时期、不同地域、多个民族而更新迭代。在人文社会价值方面，侧重展现人民治河过程中，对水利工程的开发和建设、对水资源的保护和利用、对推动社会进步做出的努力和成就等。随着社会的不断进步，经济技术呈现多元化发展，一部分黄河水利遗产的功能也从有实际功能的水旱灾害防御、农业灌溉、民生供水、交通航运等转向文物保护、文化旅游、城市景观、公共服务等方面，黄河水利遗产的人文社会价值完成了与时俱进的更新，成为当地文化的标志[1]。例如，河南郑州段的黄河南裹头广场，近年来已成为郑州黄河的一张名片，是郑州后花园的水利风景亮点之一。

2.3 经济发展价值

作为一项最直观的价值表现形式，经济发展价值无疑是值得关注的。随着人民生活水平的提高，物质生活水平和精神文化水平逐渐提升，黄河水利遗产的经济价值也在逐步被挖掘，如何能从社会效益转化为经济效益，也是黄河水利遗产的发展方向和难点。从经济发展价值入手，可以通过对其摸底性调查，深度展现多样化视角下的黄河水利遗产，进而衍生出可具实体效益的经济发展价值。相关实践表明，近年来，越来越多的黄河水利遗产利用自身独特的资源优势，在区域旅游产业中形成了一定的经济效益，较好地带动了区域文化产业及公共服务产业的蓬勃发展。如宁夏青铜峡市的黄河大峡谷，以黄河为纽带，串联起一百零八塔、十里长峡、青铜峡水利枢纽、宁夏水利博览馆等众多自然和人文景观，是国家5A级旅游景区和全国重点文物保护单位，在传承弘扬黄河文化的同时，也为当地区域发展创造新的价值。

2.4 科学研究价值

黄河水利遗产的科学研究价值不仅体现在对历史文化的保护和传承上，还体现在对古代科技、管理智慧的挖掘上，以及对民族精神的弘扬上。主要体现在如下方面：一是黄河水利文化遗产的保护与修复。涉及对古堰坝、古堤防、古码头等重要遗产和遗址区域的考古调查发掘展示工作，对水利遗产及其附属设施、古桥、驿道等文化遗产保护修复关键技术攻关。二是历史演变与工程研究。通过考古调查发掘展示，可以客观再现水利历史成就，为研究黄河水利工程的建造技术、运行机制以及其对黄河治理的贡献提供重要资料。三是水利科技与管理研究。这对于理解古代社会的科技水平、管理方式以及黄河文化的形成与发展具有重要意义，对水利科技的不断创新发展具有重要的启发和借鉴作用。

2.5 黄河水利遗产功能延续

黄河水利遗产因具备历史文化价值、人文社会价值、经济发展价值及科学研究价值，加以开发利用，可以进一步为黄河流域内地区脱贫攻坚、西部大开发、中原振兴、乡村振兴等工作发挥作用，在保护传承中国传统文化的基础上，为区域社会经济发展做出贡献，产生良好的社会效果。现存的黄河水利遗产外延功能逐渐增加，特别是仍旧活态保存的黄河水利工程遗产，文旅深度结合的前景较好，黄河文化逐步成为文创产业关注的热点[2]。例如享誉国内外的黄河壶口瀑布，是以壶口瀑布为核心，秦晋峡谷为主体，集瀑布、峡谷、龙王辿、十里龙槽、孟门山、大禹庙、古渡口小镇、黄河大合唱实景演出等于一体的文化旅游景区，同时是国家5A级旅游景区、国家水利风景区、国家地质公园和地质遗迹保护区，已成为众多游客旅游观光的目的地，为区域经济社会发展提供了重要支撑，成为新时代持续讲好"黄河故事"的生动实例，加快实现黄河文化创造性转化、创新性发展。

3 郑州黄河流域水利遗产保护传承利用中存在的挑战

黄河流域水利遗产保护传承工作，既是深入贯彻落实习近平文化思想和关于保护传承弘扬黄河文化的重要讲话指示精神的具体举措，也是依法履行黄河保护法赋予的职责所在。经查阅大量资料及多次实地调研，笔者认为郑州黄河流域有着丰富的水利遗产资源，从黄河水利遗产的数量及质量来说，其在河南黄河流域中有着不容小觑的区位优势及现实意义。但近年来，郑州黄河流域水利遗产保护传承利用与其他地区有着相同的痛点，即在现代社会市场经济和工业文明的冲击下，部分水利遗产，特别是古代水利工程遗产在城镇化、现代化建设中受到不同程度的影响，若不加保护干涉，将影响黄河水利文化遗产的延续与传承。目前郑州黄河流域水利遗产保护工作主要存在以下几方面的问题。

3.1 规则层面，法律法规及保护实践还需完善

目前，黄河流域水利遗产的调查、保护、研究，主要由水利和文物两类机构负责。一般来说，地方政府文物部门的基本原则是保护文物原状，虽可在一定程度上减少人为干预产生的负面影响，但不利于促进黄河水利遗产，特别是现存的活态遗产的保护利用。基于郑州黄河流域水利遗产的现状分析，主要由郑州黄河河务局及其上级河南黄河河务局统筹规划，与地方政府的沟通及交流较少。郑州黄河流域水利遗产保护工作仍是以水利部门为主要牵头单位，侧重保障现有水利工程功能的有效发挥及防洪供水等安全。这在一定程度上也存在着重利用、轻保护的现象。此外，虽然《中华人民共和国黄河保护法》中规定了黄河文化发展的重要性，但目前我国

有关黄河水利文化遗产保护的相关法律尚未出台，而且缺少黄河水利遗产保护维修、改扩建等相关技术规范与细节标准，致使郑州黄河水利遗产保护工作的实施无从参考，在实际操作中容易产生一些问题，这也不利于黄河水利遗产保护工作。

3.2 管理层面，管理体制和经费支持不足

黄河水利遗产保护在管理层面的不足体现在管理体制和经费支持方面。郑州黄河水利遗产因其分布的区域具有分散性与集中性共存的特点，其保护管理常常会涉及多个部门，最主要的包括水利、环保、城建、文物、旅游等部门，部分黄河水利遗产虽已初步纳入统计范围，但实际属于多个部门兼管。"九龙治水"的困境体现在水利遗产保护上，这样的管理模式表现为相关方职能交叉，造成权责不明，不利于保护工作的开展落实[3]。一些小型黄河水利遗产一般由当地政府负责保护管理，但实地走访发现，部分遗址现存情况不容乐观。黄河水利遗产保护工作需要一定的财政支持和经费支撑，这是可持续发展的物质保障。如河南省郑州市巩义市河洛镇的河洛大王庙，属于郑州黄河水利遗产的古建筑类别，但笔者在2024年3次前往实地发现，该建筑虽属地方人民政府管辖，但因年久失修，经费迟迟不到位，得不到有效及时的保护，虽在年初进行过简单维修，但大王庙仍存在明显的建筑部件破损及雨毁侵蚀痕迹。作为河洛文化的重要代表性文物，河洛大王庙急需定期检查维护。其他黄河水利遗产也存在这方面的突出问题，经费投入不是突发性的，而是具备稳定性和长期性，没有相匹配的财政预算及专项资金，黄河水利工程遗产保护工作的现状将很难得到改善。

3.3 宣传层面，社会认知和文化教育宣传不够

黄河水利遗产是近年来文化遗产方面一个较新的领域，水利部在2021年下发的《水利部办公厅关于开展国家水利遗产认定申报工作的通知》文件中，明确提出启动国家水利遗产认定工作。黄河水利遗产具有较强的时代历史性和行业专业性，这使其区别于一般的文化遗产，难点有二：一是水利遗产性质和水利遗产构成难以界定；二是水利遗产真实性难以评估。作为一个新兴概念，目前黄河水利遗产的社会认知程度较低、社会存在感较弱、保护利用发展意识淡薄，特别是一些古代水利工程并未像地方古建筑和城市历史街区那样纳入城市规划保护管理范畴。一些历史遗迹已经在城市发展过程中遭到了建设性破坏，例如，郑州黄河水利遗产中，郑州市中牟县的青谷堆决口处、九堡决口处、赵口决口处、杨桥决口处及杨桥河神祠等黄河水利遗产目前已无痕迹留存，仅能从地方史志和史料记载上窥见一二，实属可惜。再者，黄河水利遗产保护方面的文化教育和新闻宣传较为薄弱，人们通过各种媒介很少能了解到黄河水利工程遗产的文化特性和重要价值。令人欣慰的是，2023年河南省正

式印发《黄河国家文化公园（河南段）建设保护规划》，围绕保护和传承好黄河文化，在省内 10.13 万 km^2 的范围内对"黄河国家文化公园"建设作出统一规划部署，这也为郑州黄河水利遗产的保护工作带来了发展机遇。

3.4 发展层面，文化传承和开发力度有待加强

从发展的层面来看，黄河水利遗产随着黄河治理的过程而出现，历史悠久、分布广泛、形式多样、内涵丰富且极具水利特色，有着很好的先天性发展基础。在黄河水利遗产保护工作中，应深度挖掘黄河文化的核心价值，进而提取具有地域特色的代表性元素，重塑黄河文化的独特灵魂，并对其加以保护、传承、利用，这是当前活化黄河水利遗产资源和讲好"黄河故事"所面临的挑战。以郑州黄河水利遗产为例，部分水利遗产存续性展示不足，文化内容物的展示形式较为单调。长期以来对水利遗产所在地的生态环境及社会环境关注不够，如河南省郑州市荥阳市孤柏嘴渡口已无历史遗存，只能通过史料展示，深入了解的渠道单一且受群体的文化水平差异影响较大，不利于郑州黄河文化的传承延续。同时，部分幸存的黄河水利遗产侧重于水利功能性开发，衍生功能闲置现象较为突出，水利遗产资源结构性浪费严重。此外，文化旅游融合度不高，遗产开发模式单一，比如郑州市惠济区花园口镇的花园口险工。黄河水利遗产的社会认可度较低，内涵有待进一步发掘，开发力度及社会影响力较小。

3.5 长远层面，融合保护和整体发展有待提升

黄河水利遗产作为中国传统文化遗产的重要组成部分，顶层设计和发展融合是至关重要的。黄河郑州段有得天独厚的区位优势和历史底蕴，如黄河中下游分界碑在郑州市荥阳市，花园口扒口处在郑州市惠济区花园口镇。郑州黄河水利遗产的自然环境、人文社会经济环境复杂多样，具有沿黄河线性分布和空间分散的特点。目前郑州黄河水利遗产保护发展的长远方向还不清晰，融合保护和整体发展模式还在探索之中，整合这些文化遗产的空间资源、区位资源、历史资源显得尤为重要。梳理郑州黄河文化发展脉络，做到空间串联、区域联动，探索多元化融合创新发展方式，实现整体一张图式的发展图景。同时，要注重文化的科学保护与开发治理的关系，在水利部门和地方人民政府之间找到工作的平衡点，实现保护与开发的有机融合，实现郑州黄河水利遗产的传承利用与区域社会经济协同发展。

4 推进郑州黄河水利遗产保护发展的实现路径

郑州黄河水利遗产的保护、传承与发展，是黄河流域生态保护和高质量发展重大国家战略在郑州落地的具体实践。结合流域实际和区域特色，围绕举旗帜、聚民心、

育新人、兴文化、展形象的使命任务，郑州黄河水利遗产以保护、传承、弘扬黄河文化为主线，以更好满足人民群众日益增长的精神文化需求和将黄河建设成为造福人民的幸福河为出发点和落脚点，积极探索保护发展的实现路径，力争建立健全黄河水文化工作体制机制，推动实现郑州黄河水文化创造性转化、创新性发展，担负起新时代新的文化使命，为新阶段黄河流域水利高质量发展凝聚郑州力量。

4.1 完善郑州黄河水利遗产制度体系

作为郑州黄河水利遗产的根基，应以流域实际和文化特色为抓手，统筹提出郑州黄河文化建设的制度标准。编制黄河水文化建设管理办法、黄河工程与文化融合建设实施意见及黄河流域水文化相关标准，在制度层面对黄河水利遗产的开发利用进行有效保障。开展郑州黄河水利遗产评价标准研究，及时传达各级部门的工作要求，构建符合郑州黄河实际的评价标准体系，对治河非物质文化遗产传承人进行认定，发挥"以文化人"的传承作用。为突出水利特色，可从水利工程入手，以黄河堤防、枢纽等为载体，根据各河段及工程特点，融合黄河水文化资源，将其改造为体现黄河水文化和治理文化的重要载体。同时结合社会热点趋势，与时俱进开展郑州黄河文化研学基地建设，实现水利、生态、文化、社会、经济融合共促。

4.2 推动黄河文化建设的公益属性

目前郑州黄河水利遗产工作正处于起步的关键阶段，结合郑州黄河文化建设的可操作性，本研究认为，在文化属性转化为经济属性方面，应重点坚持公益导向。一是推动郑州黄河文化元素文创产品研发。以现有的"郑州黄河记忆"IP为核心，依法依规使用好黄河标志和吉祥物，推动黄河标志和吉祥物在全流域深度普及应用，带动活化黄河水利遗产资源，开发一批有特色、能"出圈"的黄河水文化文创产品。二是以郑州黄河水利遗产为基础，开发精品研学路线。深入挖掘郑州黄河文化的深厚内涵和独家特色，强化"郑州黄河记忆"品牌塑造，打造一批具有区域特色的文化旅游线路，把文化内涵和文化元素融入文化建设的全过程。三是形成一批非物质文化项目，在郑州黄河水利遗产点位上定期进行治黄文化展示及水利知识科普，如黄河号子展演、传统防汛工具设备科普、新型防汛技术展示等，展示郑州黄河区域特色。

4.3 加强郑州黄河文化传播宣传矩阵

在郑州黄河水利遗产保护和发展过程中，新闻宣传工作是至关重要的一环，是民众直观方便接触信息的主要途径。新闻宣传工作应从传播学视角入手，以传播学"5W"模式（拉斯韦尔模式）分析研判郑州黄河水利遗产的传播与传承方向。实物展示、图文解说等静态体验方式已无法满足受众的精神文化需求，要创新多种形式的传播手段，除了使受众的体验感进一步得到满足外，对郑州黄河水利遗产内容的传播弘扬也有一定作用。要持续提升郑州黄河文化传播宣传矩阵实力，一方面，积极开展郑州黄河水文化进社区、进校园、进乡村活动。加深与社会媒体的接触程度，依托中央主流媒体、行业媒体及网络新媒体，广泛宣传郑州黄河水文化建设成果，通过多种形式，讲好黄河保护治理故事。另一方面，强化内部建设，加大对黄河网、黄河报及系统内新媒体等传播载体的投放力度，以《黄河 黄土 黄种人》为重点黄河文化刊物，以独具郑州特色的"黄小慧游黄河"系列短视频为优秀经验（此系列短视频已在"学习强国""郑州发布"等官方媒体宣发，取得良好效果），辐射郑州黄河水利遗产各点位，形成良好的舆论氛围。

4.4 创新郑州黄河水利遗产的开发模式

有一定的工作敏感度，及时传达学习有关黄河水利遗产的发展要求，围绕"黄河文化是中华民族的根和魂""中华民族治理黄河的历史也是一部治国史"这一核心主题，梳理郑州黄河水利遗产的发展脉络，整理挖掘古今黄河水文化优秀元素，适时开展人民治理黄河精神提炼研究。比如最近热度持续上涨的廉洁文化，可以开展郑州黄河廉洁文化建设研究，传承治黄能臣廉吏的廉洁文化。如加大黄河郑州段重要治黄方略、重大治黄事件、著名治黄人物及廉吏等的宣传力度。以历史治河名人为原型，通过群众喜闻乐见、生动通俗的形式，传播治河名人故事，传承弘扬科学治河理念和为民治河精神，增进文化认同，增强文化自信。挖掘整理郑州黄河治理历史资料。深入挖掘黄河治理的发展演变、精神内涵和时代价值，探索郑州黄河文化保护传承弘扬的方法策略。开展黄河法治、黄河治理、治河技术、水利灌溉等方面的研究，积极筹备《郑州黄河志》更新。积极组织黄河水利文学、书法、绘画、摄影专家走近郑州黄河实地、走进基层活动，推出一系列高质量文艺作品。

4.5 完善制度体系

树立整体意识和大局意识，探索郑州黄河水利遗产保护发展的长远方向及融合保护和整体发展模式，整合郑州黄河水利遗产的空间资源、区位资源和历史资源，坚持开门办文化，加强与地方宣传、文旅和发展改革部门的沟通衔接，抓牢黄河国家文化公园建设的良机，在水利遗产调查、科普教育、廉洁文化、研学教育培训基地建设等方面，探索共建共享新模式。加强与黄河文化研究机构、地方文旅部门、高等院校（郑州大学、河南大学等开设有黄河文化研究相关课题的院校）、新闻媒体（人民网河南频道、河南日报、郑州日报、大河报等省市重点媒体）联系沟通，共同做好郑州黄河水文化研究与传播，扩大社会公众参与度，凝聚起郑州黄河水文化建设的强大合力。从长远来看，郑州黄河水利遗产的科学发展离不开合理的财政支持和资金支撑，要持续探索破解郑州黄河水文化建设的资金难题，用活用好国家相关政策，推动后续郑州黄河水利建设项目增加水文化建设内容。可在政策允许范围内，引导公益资金和社会资本有序参与郑州黄河水文化建设，共同推动郑州黄河水文化繁荣发展。

参考文献

[1] 薛哈妮.文旅视域下水利遗产的传播与传承[J].水文化，2022（9）：13-20.

[2] 万金红.黄河流域水利遗产保护传承利用实施途径[C]//中国水利学会2020学术年会论文集，郑州：黄河水利出版社，2020.

[3] 赵雪飞，等.水利工程遗产保护策略探讨[J].东北水利水电，2017（12）：30-32，45.

国内外河流生态修复研究对黄河流域生态保护及修复的启发

盛子耀

郑州黄河河务局中牟黄河河务局

摘　要：河流生态修复作为改善和提升河流生态系统健康的重要手段，近年来在国内外得到了广泛的研究与实践。黄河作为中国的第二长河，其生态系统的健康与否直接关系到区域乃至全国的生态安全和社会经济发展。综述了国内外河流生态修复的相关研究进展，并探讨了这些研究对黄河流域生态保护的启示与指导意义。

关键词：河流生态修复；系统治理；生态护岸；生物多样性；生态工程技术

河流生态系统作为自然界的重要组成部分，不仅具有水资源供给、物质循环、生物多样性维护等生态服务功能，还在区域气候调节、防洪减灾等方面发挥着重要作用。然而，随着人类活动的不断加剧，河流生态系统面临着严重的威胁和破坏，如水质恶化、生物多样性下降、河流形态改变等。因此，河流生态修复成为解决河流生态系统问题的有效途径[1,2]。

国内外在河流生态修复领域的研究与实践积累了丰富的经验和成果，这些成果为黄河生态修复提供了宝贵的参考和借鉴。本文将从研究热点与方向、成功案例与经验等方面综述国内外河流生态修复的研究进展，并探讨其对黄河流域生态保护及修复的启示。

1　国内外河流生态修复的研究进展

1.1　研究热点与方向

国内外河流生态修复的研究热点主要集中在河流生态系统结构与功能恢复、河流生态护岸技术、河流生态修复效益评估、河流生态修复技术研究进展等方面[3,4]。

1.1.1 河流生态系统结构与功能恢复

河流生态系统结构与功能的恢复是河流生态修复的核心目标。国内外学者通过构建河流生态系统模型、分析河流生态系统演替规律等手段，深入研究河流生态系统的结构与功能关系，提出了多种恢复技术和方法[5]。例如，通过恢复河流的自然形态、构建湿地系统、增加生物多样性等措施，提升河流生态系统的自我维持和恢复能力。

1.1.2 河流生态护岸技术

河流生态护岸技术是河流生态修复的重要组成部分。传统的硬质护岸虽然具有一定的防洪功能，但往往对河流生态系统造成破坏[6,7]。国内外学者提出了多种生态护岸技术，如植被护岸、天然材料护岸、生态混凝土护岸等，这些技术既能满足防洪需求，又能保护河流生态系统，实现防洪与生态的双赢。

1.1.3 河流生态修复效益评估

河流生态修复效益评估是评价修复效果的重要手段。国内外学者通过构建评估指标体系、采用定量与定性相结合的方法，对河流生态修复的经济效益、生态效益和社会效益进行全面评估[8]。这些评估结果不仅为修复方案的优化提供了依据，还为后续修复工作的持续开展提供了参考。

1.1.4 河流生态修复技术研究进展

随着科技的不断发展，河流生态修复技术也在不断创新和完善。国内外学者在物理修复、化学修复、生物-生态修复等方面取得了显著进展。例如，通过调水补水、底泥疏浚、生态浮岛等措施改善河流水质；通过植被恢复、生物多样性保护等措施提升河流生态系统的稳定性和抵抗力[9]。

1.2 技术方法

河流生态修复技术方法多种多样，根据修复目标和具体条件的不同，可划分为物理修复、化学修复和生物-生态修复三大类[9,10]。每种技术方法都有其特定的应用场景和优缺点，合理地选择和组合这些技术方法是实现河流生态系统全面恢复的关键。

1.2.1 物理修复技术

物理修复技术主要通过物理手段直接改善河流环境，主要包括以下几种方法：

（1）调水补水

通过引水工程将清洁水源引入受污染的河流，增加河流水量，提高河流自净能力。这种技术适用于水量匮乏的河流，可以有效改善水质和生态环境。

（2）底泥疏浚

通过机械方法清除河流底泥中的污染物，减少内源污染。适用于底泥污染严重的河流，但需注意防止疏浚过程中二次污染的发生。

（3）生态护岸与河床修复

采用生态护岸技术，如生态混凝土、木桩护岸等，增强河岸的稳定性，同时保护生物多样性。河床修复则通过构建深潭－浅滩序列，恢复河流的自然形态和生态功能。

（4）机械除藻与曝气

机械除藻通过物理方法去除藻类，适用于藻类暴发的应急处理；河道曝气则通过向水体中充入氧气，提高水体的复氧能力，改善水质。

1.2.2 化学修复技术

化学修复技术通过向水体中投加化学药剂，与污染物发生化学反应，达到净化水体的目的。主要包括以下几种方法。

（1）化学絮凝

向水体中投加絮凝剂，使水中的悬浮物、胶体等污染物凝聚成较大颗粒，易于沉淀去除。适用于污染严重的封闭水体，但需注意药剂的二次污染问题。

（2）化学除磷

投加化学除磷剂，通过沉淀、吸附等方式去除水体中的磷元素。适用于富营养化水体，但需控制药剂用量，避免对生态系统造成负面影响。

化学修复技术通常见效快，但成本较高，且易产生二次污染，因此一般作为应急处理措施或辅助手段使用。

1.2.3 生物－生态修复技术

生物－生态修复技术利用水生生物和生态系统的自我净化能力，通过构建健康的水生生态系统来修复受损的河流环境[7]。主要包括以下几种方法。

（1）人工湿地

模拟自然湿地生态系统，通过植物、微生物和基质的协同作用，净化水质。适用于河流周边有可利用土地的区域，具有运行成本低、净化效果好等优点。

（2）生态浮岛

在水面上种植水生植物或放置浮床等载体，利用植物的根系吸收水体中的营养盐，净化水质。适用于富营养化及有机污染的河流，易于管理和维护。

（3）生物膜技术

利用附着在载体上的微生物降解水体中的有机污染物。适用于污染程度较轻的水体，具有处理效果好、占地面积小等优点。

（4）水生植被恢复

通过种植水生植物，恢复河流的水生植被群落，提高水体的自净能力和生物多样性。适用于河道断面较宽、水流速度适中的区域。

生物-生态修复技术具有环境友好、成本低廉、可持续性强等优点，逐渐成为河流生态修复的主流技术。在实际应用中，应根据河流的具体情况和修复目标，合理选择和优化组合各种技术方法，以实现河流生态系统的全面恢复。

1.3 成功案例与经验

国内外在河流生态修复方面涌现出许多成功案例，这些案例为黄河生态修复提供了可借鉴的经验和模式。

1.3.1 国内案例

北京市永定河平原段的生态修复是国内河流生态修复的成功案例之一[8]。其经验总结主要如下。

（1）科学规划与合理布局

在修复前进行详细的调查和评估工作，明确修复目标和重点任务。制定科学的修复规划和合理的布局方案，以确保各项修复措施的有效性和针对性。

（2）多元化生态修复技术

结合永定河平原段的实际情况和存在的问题，采用了多元化的生态修复技术。包括生态补水、河道清淤、生态护岸建设、植被恢复等措施，形成了综合施策的修复体系。

（3）强化监测与评估

在修复过程中注重监测和评估工作，通过定期监测水质、生态指标等参数，及时了解修复效果和问题所在。根据监测结果及时调整和优化修复措施，确保修复工作的科学性和有效性。

（4）公众参与与宣传教育

加强公众参与和宣传教育。通过举办宣传活动、发放宣传资料等方式提高公众对河流生态系统保护和修复的认识和支持度。同时鼓励公众参与到志愿服务等活动中，为修复工作贡献力量。

1.3.2 国外案例

国外的密西西比河、莱茵河等流域的生态修复工程也取得了显著成效。这些工程通过恢复河流自然形态、构建湿地系统、保护生物多样性等措施，有效提升了河流生态系统的健康和稳定性[11]。这些成功案例为黄河生态修复提供了有益的参考和借鉴。

（1）欧洲莱茵河的生态修复

莱茵河是欧洲著名的国际河流，其生态修复经验被广泛认可。莱茵河的生态修复始于20世纪中后期，针对河流水质恶化、生物多样性下降等问题，实施了多项综合治理措施。主要经验如下。

系统规划与综合治理。莱茵河的生态修复注重从流域尺度出发，制定系统的修复规划，综合考虑水文、水质、生物多样性和景观等多方面因素。通过跨部门、跨地区的协作，确保各项修复措施的协调一致。

生态工程技术应用。在莱茵河的修复过程中，广泛采用了生态浮岛、生态护岸、人工湿地等生态工程技术。这些技术不仅有效改善了河流水质，还提升了河流生态系统的稳定性和多样性。

公众参与与多方协作。莱茵河的生态修复得到了政府、企业、社区和公众的广泛参与和支持。通过宣传教育、信息公开和社会监督等手段，增强了公众的环保意识，形成了全社会共同参与河流生态修复的良好氛围。

长效管理机制建设。为了确保修复成果的持续有效，莱茵河建立了长效管理机制。通过定期监测、评估和维护等措施，及时发现和解决问题，确保河流生态系统的健康和稳定。

（2）美国密西西比河的生态修复

密西西比河是北美大陆的重要河流，其生态修复经验同样值得借鉴。密西西比河的生态修复注重以下几个方面。

生态流量保障。通过建设水利工程和调度水资源，保障河流的生态流量需求。这有助于维持河流生态系统的稳定性和多样性，保护水生生物的栖息地。

河岸带生态恢复。密西西比河的河岸带生态恢复工作得到了高度重视。通过植被恢复、土壤改良等措施，提升了河岸带的生态功能和服务价值。同时，注重保护河岸带的自然形态和连通性，为水生生物提供适宜的生存环境。

水质改善与污染物控制。针对密西西比河水质恶化的问题，实施了严格的水质管理和污染物控制措施。通过建设污水处理设施、加强工业排放监管等手段，有效控制了污染物的排放和扩散，逐步改善了河流水质。

多方合作与利益协调。密西西比河的生态修复涉及多个利益主体，包括政府、企业、社区和公众等。通过建立多方合作机制和利益协调机制，确保了修复工作的顺利进行和各方利益的均衡兼顾。

2 国内外河流生态修复对黄河流域生态保护修复的启发

黄河流域生态保护修复的重要性体现在其维护了国家生态安全,对于促进黄河流域的高质量发展具有重要意义。黄河流域的地理位置、气候条件和人类活动的影响都具有其自身的特殊性,这些因素共同导致了黄河流域生态环境面临多重挑战,如水资源短缺、泥沙淤积、生态功能退化等[12, 13]。因此,黄河流域的生态保护修复需要综合考虑这些因素,采取系统性、整体性的治理策略,以实现黄河流域生态环境的全面改善和生态系统的可持续发展。

2.1 强调系统性和综合性

河流生态修复是一项复杂而系统的工程,它不仅涉及河流本身的水质、水量、河床形态等要素,还关系到河流与周边环境的相互作用,包括流域内的植被、土壤、气候以及人类活动等多方面因素[5]。因此,在河流生态修复过程中,强调系统性和综合性是至关重要的。

系统性思维要求将河流生态系统视为一个整体,从全局和长远的角度出发,考虑各要素之间的相互关系和影响[4]。河流生态系统由多个子系统和组成部分构成,它们之间相互依存、相互作用,共同维持着整个系统的稳定和平衡[14]。在修复过程中,必须充分认识到这一点,避免片面追求单一目标而忽视其他要素的变化和影响。

首先,河流生态系统的修复需要综合考虑水质、水量、生态流量、河岸带植被、底栖生物等多个方面。这些要素之间紧密相连,任何一方的变化都可能对其他要素产生影响。例如,改善水质的同时也需要保证足够的生态流量,以维持河流生态系统的完整性和多样性;恢复河岸带植被不仅有助于稳固河岸、减少水土流失,还能为水生生物提供栖息地,促进生物多样性的恢复。

其次,河流生态系统的修复还需要考虑流域内的整体环境状况和人类活动的影响。流域内的植被覆盖、土壤侵蚀、气候变化等因素都会对河流生态系统产生影响;同时,人类活动如农业灌溉、工业排污、城市扩张等也会对河流生态系统造成破坏。因此,在修复过程中必须综合考虑这些因素,制定科学合理的修复方案,确保修复措施的有效性和可持续性。

2.2 注重生态过程与机制的研究

河流生态修复不仅仅是物理环境的改善或生物多样性的增加,更重要的是恢复河流生态系统的自然过程和机制,使其能够自我维持并应对外界干扰[9]。因此,在河流生态修复过程中,注重生态过程与机制的研究显得尤为重要。

2.2.1 理解河流生态系统的基本过程

河流生态系统是一个复杂的动态系统，包含水文循环、物质循环、能量流动和生物群落演替等多个基本过程。这些过程相互作用，共同维持着河流生态系统的稳定与平衡。

（1）水文循环

水文循环是河流生态系统的基础，包括降水、径流、蒸发、入渗等环节。水文条件的变化直接影响河流的水量、水质和生态状况。因此，在河流生态修复中，需充分考虑水文循环的自然规律，通过合理的水资源管理和调度，保障河流的生态需水量。

（2）物质循环

河流生态系统中的物质循环涉及碳、氮、磷等元素的转化和循环。这些元素是生物生长和繁殖的基础，其循环过程对河流生态系统的健康至关重要。通过研究和调控物质循环过程，可以有效控制水体富营养化等环境问题。

（3）能量流动

河流生态系统中的能量流动主要通过食物链和食物网实现。太阳能是河流生态系统的最初能量来源，通过光合作用进入生态系统，并在生物群落中逐级传递和消耗。了解和调控能量流动过程，有助于优化河流生态系统的结构和功能。

（4）生物群落演替

生物群落演替是河流生态系统发展变化的自然规律。不同生物种类在时间和空间上的分布和变化，反映了河流生态系统的动态平衡。在河流生态修复中，应注重保护和恢复关键物种及其栖息地，促进生物群落的自然演替过程。

2.2.2 揭示河流生态系统的关键机制

河流生态系统的关键机制包括水文调节机制、生物地球化学循环机制、生物间相互作用机制等。这些机制是河流生态系统自我维持和应对外界干扰的重要基础[3]。

（1）水文调节机制

水文条件是影响河流生态系统健康的关键因素之一。通过研究和揭示水文调节机制，可以掌握河流生态系统对水文变化的响应规律，为合理调度水资源和保障生态需水量提供科学依据。

（2）生物地球化学循环机制

生物地球化学循环机制揭示了河流生态系统中物质转化的规律和机制。通过研究这些机制，可以深入了解河流生态系统的物质循环过程，为控制水体污染和恢复水质提供技术支持。

（3）生物间相互作用机制

河流生态系统中的生物种类众多，它们之间通过捕食、竞争、共生等关系相互作用，共同维持着生态系统的稳定与平衡。揭示生物间相互作用机制，有助于制定科学合理的生物修复措施，促进河流生态系统的全面恢复。

2.2.3 强化生态监测与评估

生态监测与评估是了解河流生态系统状态和变化的重要手段。通过建立和完善生态监测网络，定期监测河流生态系统的各项指标和数据，可以及时发现和解决问题，确保修复措施的有效性和可持续性。

2.3 应用先进技术和方法

在河流生态修复领域，应用先进技术和方法对于提升修复效率、保障修复质量以及实现可持续发展目标具有重要意义。这些先进技术和方法的应用场景广泛，涵盖了水质净化、河床形态恢复、生态流量保障、生物多样性提升等多个方面[7, 15]。以下将详细描述这些技术的应用场景、技术特点以及可能带来的好处。

2.3.1 水质净化技术

（1）应用场景

适用于污染严重的河段，特别是富含营养盐、重金属或其他有害物质的水体。

（2）人工湿地技术

利用人工构建的湿地系统，通过土壤、植物和微生物的协同作用，有效去除水体中的氮、磷等营养盐及有机污染物。该技术具有处理效果好、运行成本低、维护简单等优点。

（3）生态浮岛技术

在受污染水体中设置浮岛，种植具有吸收净化能力的水生植物，通过植物根系和附着微生物的作用，削减水体中的污染物。该技术适用于富营养化及有机污染的河流，具有景观效果好、处理效率高等特点。

（4）膜处理技术

采用超滤、反渗透等膜分离技术，高效去除水体中的悬浮物、细菌、病毒及部分溶解性有机物。该技术净化效果显著，但成本相对较高，适用于对水质要求极高的场合。

2.3.2 河床形态恢复技术

（1）应用场景

适用于因河道硬化、采砂等活动导致河床形态破坏的河流段落[6, 16]。

（2）生态护岸技术

采用天然石材、木材或生态混凝土等材料，结合植被种植，构建具有自然形态和生态功能的护岸系统。该技术能够有效防止河岸侵蚀，促进水陆交错带的生物多样性恢复。

（3）生态补水与调度技术

通过合理调度水资源，向河流补充生态基流，维持河流在枯水期的生态需水量。同时，结合生态调度措施，模拟自然水文过程，促进河流生态系统的恢复和稳定。

（4）多自然型河道改造技术

借鉴自然河流的形态特征，通过拆除硬质护岸、构建深潭浅滩、设置生态岛屿等措施，恢复河流的蜿蜒性和纵向连通性。该技术有助于提升河流生态系统的复杂性和稳定性。

2.3.3 生物多样性提升技术

（1）应用场景

适用于生物多样性受损的河流段落，特别是水生生物种类减少、生态系统结构简化的区域[18]。

（2）水生植被恢复技术

通过种植本地适生的水生植物，恢复河流中的沉水植被、浮叶植被和挺水植被群落。这些植被不仅能够净化水质，还能为水生生物提供栖息地和食物来源。

（3）鱼类及底栖动物放流技术

根据河流生态系统的食物链关系，合理投放鱼类、虾类、螺蛳等水生动物及底栖动物，构建健康的水生生物群落。该技术有助于恢复河流生态系统的完整性和生物多样性。

（4）生态廊道构建技术

在河流与周边湿地、湖泊等生态系统之间构建生态廊道，促进生物种群的迁移和交流。这有助于增加河流生态系统的物种多样性和遗传多样性。

2.4 借鉴特定区域的生态修复经验

国内外在特定区域如滨海盐碱地、干旱半干旱区等的生态修复研究为黄河生态修复提供了有益借鉴。特别是针对黄河下游盐碱化区域的生态修复问题，可以借鉴国内外在盐碱地生态修复方面的成功经验和技术手段。例如，可以筛选和驯化耐盐碱植物进行植被恢复；采用先进的灌溉和排水技术降低土壤盐碱度；构建湿地系统净化水质等。这些措施将有助于改善黄河下游盐碱化区域的生态环境质量，提升区域生态服务功能[17, 19]。

2.5 关注生态修复的长期效益

国内外河流生态修复研究不仅关注短期内的修复效果,还注重长期效益的评估和维护。黄河生态修复应建立长效管理机制,确保修复成果的持续有效[20]。具体来说,应制定长期监测计划,定期对修复效果进行评估;同时,要加强后期的维护和管理工作,确保修复成果的稳定性和可持续性。此外,还应加强与滩区湿地利益相关者的沟通与合作,共同推动黄河生态系统的保护和恢复工作。

3 结论

综上所述,国内外河流生态修复的研究进展为黄河生态修复提供了宝贵的参考和借鉴。黄河生态修复应注重系统性和综合性、关注生态过程与机制的研究、应用先进技术和方法、关注生态修复的长期效益以及借鉴特定区域的生态修复经验。通过这些措施的实施,将有效提升黄河生态系统的健康和稳定性,为区域乃至全国的生态安全和社会经济发展提供有力保障。未来,随着科技的不断进步和社会各界的共同努力,黄河流域生态保护及恢复工作将取得更加显著的成效和更加广泛的应用价值。

参考文献

[1] 林俊强.河流生态修复的顶层设计思考[J].水生态学杂志,2018,39(2):1-7.

[2] 林超,于鲁冀.河流生态修复技术研究进展[J].环境科学与管理,2020,45(1):144-148.

[3] 陈兴茹.河流生态修复效益评估研究进展[J].水利水电科技进展,2016,36(6):1-8.

[4] 徐菲.河流生态修复相关研究进展[J].生态环境学报,2014,23(3):6.

[5] 张长滨.国内外近自然河道生态修复初探[J].森林工程,2013,24(4):45-49.

[6] 陈云飞.河道整治工程对河流生态环境的影响与对策[J].水土保持应用技术,2016(4):42-44.

[7] 梁开明.河流生态护岸研究进展综述[J].热带地理,2014,34(1):116-122.

[8] 任朋.北京市永定河平原段生态修复效果评价与技术适宜性研究[D].兰州:甘肃农业大学,2019.

[9] 杨俊鹏.河流生态修复研究进展[J].水土保持研究,2012,19(3):246-251.

[10] 柴朝晖.河流生态研究热点与进展[J].人民长江,2021,152(4):29-35.

[11] 刘福全.国内外河流生态系统修复相关研究进展[J].陕西水利,2021(9):3.

[12] 张红武.黄河流域保护和发展存在的问题与对策[J].人民黄河,2015,37(1):1-5.

[13] 张金良.黄河流域生态保护和高质量发展水战略思考[J].人民黄河,2020,42(10):1-8.

[14] 吴智洋.河流生态修复研究进展[J].河北农业科学,2020,14(6):69-71.

[15] 王文君,黄道明.国内外河流生态修复研究进展[J].水生态学杂志,2012,133(1):121-126.

[16] 穆长军.河道治理工程建设对环境的影响及对策分析[J].水土保持应用技术,2016(2):36-38.

[17] 于晓雯.半干旱区流域植被生态过程及其与水文的响应机制研究[D].呼和浩特:内蒙古大学,2019.

[18] Baozhu Pan, et al. A review of ecological restoration techniques in fluvial rivers[J]. International Journal of Sediment Research, 2016, 31(2): 110-119.

[19] 郝继祥,邹荣松,张华新,等.竹类植物在黄河三角洲盐碱地生态修复中的应用进展[J].林业科学,2021,57(3):1-12.

[20] 左其亭.黄河流域生态保护和高质量发展研究框架[J].水资源保护,2019,35(5):1-9.

数字孪生水利建设的探索与实践

王　丽　张莹滢

河南立信工程管理有限公司

河南黄河河务局经济发展管理局

摘　要：随着科技的飞速发展，数字孪生技术在水利建设领域的应用日益广泛。探讨了数字孪生技术在水利建设中的应用现状、技术架构、实施策略以及面临的挑战与解决方案，为水利行业的数字化转型和智能化管理提供参考。通过详细分析智能测绘在水利数字孪生中的应用案例，结合水利部《2024年水利网信工作要点》的重点安排，进一步阐述了数字孪生水利建设的必要性和可行性，并提出了相应的实施路径和未来展望。

关键词：数字孪生；水利建设；智能测绘；数据资源

水利建设作为国家基础设施建设的重要组成部分，直接关系到国民经济的可持续发展和人民群众的生命财产安全。然而，传统水利管理模式在数据采集、处理、分析及决策支持等方面存在诸多不足，难以满足现代水利管理的需求。数字孪生技术的出现，为水利建设提供了全新的思路和方法，通过构建虚拟与现实相融合的孪生体，实现了对水利工程的全面感知、精准模拟、智能分析和优化决策，推动了水利行业的创新发展。

1　数字孪生技术概述

1.1　数字孪生定义

数字孪生（Digital Twin）是指利用先进的数字化技术，在虚拟空间中创建物理实体的精确模型，并通过实时数据交互，实现对物理实体的全面感知、动态模拟、预测预警和优化决策的过程。数字孪生技术融合了物联网、大数据、云计算、人工智能等多种先进技术，为复杂系统的管理和优化提供了强大的技术支持。

1.2　数字孪生技术架构

数字孪生技术架构主要包括物理层、数据层、模型层和应用层4个层次。物理层是真实世界的物理实体,包括水利工程中的各种设施和设备;数据层负责采集和处理物理层产生的各种数据,包括实时监测数据、历史数据等;模型层是数字孪生的核心,通过构建高精度的数学模型和仿真系统,实现对物理实体的精确模拟和预测;应用层则是面向用户的服务层,提供可视化展示、决策支持等功能。依据数字孪生总体技术框架,基于水利感知网、水利信息网、水利云等信息基础设施建设成果,调用数字孪生平台能力,在数字孪生引擎的驱动下,构建数字化场景,实现工程安全"四预"、防洪调度"四预"等业务功能,为工程安全稳定运行、水库防洪兴利智能调度提供技术支撑,提升水利工程精细化管理水平[1]。

2 智能测绘在水利数字孪生中的应用

2.1 智能测绘技术介绍

智能测绘是借助全球定位系统(GPS)、激光扫描仪、无人机等现代化设备和技术,实现对地理信息的实时采集、处理和分析的测绘方式。这些设备的广泛应用,大大提高了测绘工作的精度和效率,为后续的数据处理和模型构建提供了有力保障。

2.2 智能测绘在水利数字孪生中的应用案例

2.2.1 河道治理

在河道治理方面,智能测绘通过高精度地图和遥感技术,提供河流水位、水质、流速等实时监测数据,为防洪排涝决策提供可靠依据。利用无人机进行巡查,能够及时发现并解决河道污染问题,保障河流生态健康。同时,智能测绘还可以为河道治理方案的制定和优化提供翔实的数据支持,提高治理效果。

2.2.2 水库监测

智能测绘技术在水库监测中发挥着重要作用。通过全球定位系统和激光扫描仪,可以精准地监测水库的水位变化、大坝沉降和渗流等情况,及时预警可能出现的险情,确保水库安全运行。此外,智能测绘还可以为水库调度和洪水预警提供科学依据,提高水库管理的智能化水平。

2.2.3 城市水系统建设

在城市水系统建设方面,智能测绘能够为城市排水、供水等系统的规划、设计和建设提供详细的地形数据和动态监测信息。这些数据可为城市水资源的合理配置和利用提供有力支持,有助于解决城市水资源短缺和水环境污染等问题。同时,智能测绘还可以为城市水系统的运行管理和维护提供技术支持,提高系统的运行效率和可靠性。

3 水利数字孪生建设的重点安排

3.1 水利部《2024年水利网信工作要点》概述

水利部制定印发的《2024年水利网信工作要点》对全年数字孪生水利建设重点进行了全面安排。主要包括以下几个方面。

（1）全力构建数字孪生流域

完成年度水利对象基础数据更新入库与成果上图；开展年度卫星遥感数据生产并更新数据底板；完成全国陆域高分辨率数字正射影像图生产等。

（2）推进水利云和算力中心建设

持续扩充水利部一级水利云资源；推进水利部数字孪生水利算力中心建设；建成水利大模型平台并开展示范应用。

（3）实施一体化监测感知行动

开展下垫面参数提取示范应用和流域防洪遥感应急监测等；推进测雨雷达、视频等新型水利监测网建设。

（4）完善模型库与知识库

定制扩展水文、水动力、水资源等专业模型和业务规则库；完善水轮发电机组BIM模型等[2]。

3.2 水利数字孪生建设的具体策略

3.2.1 数据资源整合与共享

水利数字孪生建设的基础是全面、准确、实时的数据支撑。因此，必须加强水利数据资源的整合与共享，打破信息孤岛，实现跨部门、跨地区的数据互联互通。通过建设统一的数据管理平台，制定数据标准规范，推动水利数据的标准化、规范化管理，为数字孪生水利的建设提供坚实的数据基础。

3.2.2 关键技术研发与应用

针对水利行业的特殊需求，应加大关键技术研发力度，推动物联网、大数据、云计算、人工智能等先进技术在水利领域的应用。特别是在模型构建、算法优化、实时分析等方面，要形成具有自主知识产权的核心技术，提高数字孪生水利的智能化水平。比如，人工智能技术的发展为水利行业带来了新的机遇，通过深度学习算法，可以从海量数据中学习并提取特定水环境的特征，实现准确识别。图像识别、语音识别等技术也可以被应用在监测设备的数据分析中，提高溯源的准确性和效率[3]。同时，要加强与高校、科研机构的合作，共同攻克技术难题，推动水利科技的创新发展。

3.2.3 人才培养与团队建设

水利数字孪生建设需要一支高素质、专业化的技术团队作为支撑。因此，应加强人才培养和团队建设，通过引进优秀人才、开展专业培训、建立激励机制等方式，提高技术人员的专业素质和创新能力。同时，要注重团队建设和协作精神的培养，形成一支团结协作、勇于创新的优秀团队，为水利数字孪生建设提供有力的人才保障。

3.2.4 示范项目与推广应用

在水利数字孪生建设过程中，应注重示范项目的建设和推广应用。通过选取具有代表性的水利工程作为示范项目，开展数字孪生技术的试点应用，验证技术方案的可行性和有效性。同时，及时总结经验教训，优化技术方案和管理模式，为后续的推广应用提供借鉴和参考。通过示范项目的成功实施，逐步扩大数字孪生技术在水利领域的应用范围，推动水利行业的数字化转型和智能化升级。

4 面临的挑战与解决方案

4.1 数据安全与隐私保护

在水利数字孪生建设过程中，数据安全与隐私保护是一个重要的问题。由于水利数据涉及国家安全和公共利益，必须采取有效措施确保数据的安全性和隐私性。可以通过加强数据加密、访问控制、审计追踪等安全措施，提高数据的安全防护能力。同时，建立健全数据管理和使用制度，明确数据使用权限和责任主体，确保数据的合法合规使用。

4.2 技术标准与规范不统一

目前，水利数字孪生技术尚处于发展初期，相关技术标准和规范尚未统一。这可能导致不同系统之间的数据无法有效共享和互操作，影响数字孪生水利的建设效果。因此，应加快制定和完善相关技术标准和规范，推动水利数字孪生技术的标准化和规范化发展。同时，加强与国际组织的合作与交流，借鉴国际先进经验和技术成果，提升我国水利数字孪生技术的国际竞争力。

4.3 资金投入与可持续发展

水利数字孪生建设需要大量的资金投入和技术支持。然而，由于资金有限和技术发展不平衡等原因，部分地区可能难以承担高昂的建设成本和技术要求。因此，应积极探索多元化的融资渠道和合作模式，吸引社会资本参与水利数字孪生建设。同时，注重项目的经济效益和社会效益评估，确保项目的可持续发展和长期效益。

5 未来展望

5.1 智能化决策支持系统的深化

随着数字孪生水利建设的不断推进，智能化决策支持系统将成为未来发展的重要方向。通过集成更先进的算法和模型，系统能够实时分析海量数据，预测水情变化趋势，为防洪调度、水资源配置、生态修复等提供精准、科学的决策支持。同时，结合人工智能的自主学习和优化能力，系统能够不断优化决策方案，提高决策效率和准确性，实现水利管理的智能化和精细化。

5.2 跨领域融合与协同创新

水利数字孪生建设不仅仅是水利行业内部的变革，更是与气象、地质、环境等多个领域紧密相关的系统工程。未来，将进一步加强跨领域融合与协同创新，推动水利数字孪生与气象预报、地质灾害预警、生态环境保护等领域的深度融合。通过共享数据资源、联合研发关键技术、协同开展应急演练等方式，提升整个生态系统的监测预警能力和应急响应速度，为构建安全、绿色、智慧的水利生态体系提供有力支撑。

5.3 公众参与与社会共治

水利事业关系到人民群众的切身利益，数字孪生水利建设应充分考虑公众参与和社会共治的需求。通过构建开放共享的数据平台，让公众能够实时了解水情信息、参与水利管理决策过程，提高水利管理的透明度和公信力。同时，鼓励社会组织和志愿者参与水利数字孪生建设，共同推动水利事业的可持续发展。通过公众参与和社会共治，形成政府主导、市场运作、社会参与的多元共治格局，推动水利数字孪生建设向更高水平迈进。

5.4 标准化与国际化进程加速

标准化是推动水利数字孪生建设的重要保障。未来，将加快制定和完善水利数字孪生相关标准规范，推动技术标准的统一和互认。同时，积极参与国际标准化组织和国际合作项目，推动中国水利数字孪生技术的国际化进程。通过与国际先进技术的交流和合作，引进和消化国际先进经验和技术成果，提升我国水利数字孪生技术的国际竞争力和影响力。

5.5 可持续发展与绿色水利

在推动水利数字孪生建设的过程中，必须始终坚持可持续发展的理念。通过优化水资源配置、提高水资源利用效率、加强水生态保护等措施，实现水利事业的绿色发展。数字孪生技术将为绿色水利提供有力支持，通过实时监测和预警系统，及时发现和解决水资源浪费和污染问题；通过智能调度和优化配置系统，实现水资源的合理开发和高效利用；通过生态修复和保护系统，促进水生态系统的健康和稳定。

6 实践应用

6.1 强化数据驱动的水利治理体系

（1）数据采集与集成

在水利数字孪生建设中，数据采集是基础中的基础。除了传统的水文、气象、地质等数据外，还应加强对非传统数据源（如社交媒体、公众报告等）的采集与整合。通过物联网（IoT）设备、无人机、卫星遥感等先进技术，实现数据的实时、高频次采集，确保数据的全面性和时效性。同时，建立统一的数据集成平台，实现多源异构数据的融合与共享，打破数据孤岛，为数字孪生模型的构建提供丰富、准确的数据支撑。

（2）数据处理与分析

面对海量、复杂的水利数据，高效的数据处理与分析能力是必不可少的。应引入先进的大数据处理技术和人工智能算法，对原始数据进行清洗、转换、存储和挖掘，提取有价值的信息和规律。通过构建数据分析模型，实现对水情、水质、水量等关键指标的实时监测和预警，为水利管理提供科学依据。此外，还应加强数据可视化技术的应用，将复杂的数据转化为直观的图表和图像，提高决策者的认知效率和决策能力。

6.2 完善数字孪生模型与仿真技术

（1）高精度模型构建

数字孪生模型是水利数字孪生建设的核心。为了提高模型的精度和可靠性，应采用先进的建模技术和算法，如计算流体动力学（CFD）、有限元分析（FEA）等，对水利工程进行精细化建模。同时，结合实测数据和历史经验，对模型进行验证和优化，确保模型能够准确反映水利工程的实际运行状态和变化规律。此外，还应考虑模型的可扩展性和可维护性，以便在后续应用中不断升级和完善。

（2）实时仿真与预测

基于高精度的数字孪生模型，可以实现水利工程的实时仿真和预测。通过集成实时监测数据和历史数据，模拟水利工程在不同工况下的运行状态和响应特性，预测未来的发展趋势和潜在风险。实时仿真技术可以帮助决策者快速了解水利工程的整体状况，为制定科学的调度方案和应急措施提供有力支持。同时，预测技术还可以提前发现潜在问题，为预防和控制风险提供宝贵时间。

6.3 推动智能化决策支持系统的发展

（1）智能决策算法

智能化决策支持系统是水利数字孪生建设的重要应用之一。为了提高决策的智能化水平，应引入先进的智能决策算法，如机器学习、深度学习、强化学习等。这些算法能够自动学习和优化决策规则，从海量数据中提取有价值的信息和规律，为决策者提供精准、科学的决策建议。同时，还应考虑算法的透明性和可解释性，确保决策过程的可追溯性和可验证性。

（2）决策支持系统的集成与应用

智能化决策支持系统应集成多种功能模块和工具，包括数据分析、模型仿真、预警预报、方案优化等。通过集成这些功能模块和工具，可以实现对水利工程的全面监测、精准分析和科学决策。同时，还应加强决策支持系统与现有水利管理系统的集成与融合，实现数据的无缝对接和信息的共享共用。在应用方面，智能化决策支持系统可以广泛应用于防洪减灾、水资源管理、水生态保护等多个领域，为水利事业的可持续发展提供有力支持。

6.4 加强水利数字孪生技术的标准化与规范化

（1）制定技术标准和规范

为了推动水利数字孪生技术的标准化与规范化发展，应加快制定和完善相关技术标准和规范。这些标准和规范应涵盖数据采集、处理、分析、建模、仿真、决策支持等各个环节，确保不同系统之间的互操作性和数据共享性。同时，还应加强与国际标准化组织的合作与交流，推动中国水利数字孪生技术的国际化进程。

（2）推动技术标准的实施与监督

制定技术标准和规范只是第一步，更重要的是推动这些标准和规范的实施与监督。应建立健全的技术标准实施机制和监督体系，加强对技术标准的宣传和培训力度，提高技术人员的标准化意识和能力。同时，还应加强对技术标准的监督和检查力度，确保技术标准的贯彻执行和有效实施。

6.5 促进水利数字孪生技术的创新与应用

（1）加强科研投入与人才培养

水利数字孪生技术的创新与应用离不开科研投入和人才培养的支持。应加大对水利数字孪生技术的科研投入力度，鼓励科研机构和企业开展关键技术的研究和攻关。同时，还应加强人才培养和引进工作，培养一批具有创新意识和实践能力的高素质人才。

（2）鼓励产学研用深度融合

为了加速水利数字孪生技术的创新与应用，必须促进产学研用的深度融合。通过建立产学研用合作平台，加强高校、科研机构、企业和政府部门之间的合作与交流，形成协同创新、共同发展的良好生态。通过合作项目、联合研发、技术转移等多种形式，推动科技成果的转化和应用，提高水利数字孪生技术的实用性和市场竞争力。

（3）示范引领与经验推广

在水利数字孪生技术的创新与应用过程中，应注重示范引领和经验推广。选择具有代表性的水利工程项目作为示范点，率先开展数字孪生技术的应用实践，探索适合我国国情的水利数字孪生建设模式和技术路线。通过总结成功经验、提炼典型模式，形成可复制、可推广的示范案例，为其他地区和行业提供借鉴和参考。

6.6　强化安全保障与隐私保护

（1）加强网络安全防护

水利数字孪生系统涉及大量敏感数据和关键信息，必须加强网络安全防护工作。建立完善的安全防护体系，包括网络安全监测、预警、应急响应等机制，确保系统的安全稳定运行。同时，加强对外部攻击的防范和应对能力，保障数据的机密性、完整性和可用性。

（2）强化隐私保护

在水利数字孪生建设中，应充分尊重和保护个人隐私权。建立健全的隐私保护政策和措施，明确数据收集、使用、共享等环节的隐私保护要求。加强对个人数据的加密存储和传输，防止数据泄露和滥用。同时，加强对公众隐私保护意识的宣传和教育，提高公众的隐私保护意识和能力。

7　结论

数字孪生水利建设是水利行业数字化转型和智能化升级的重要方向。通过构建虚拟与现实相融合的孪生体，实现对水利工程的全面感知、精准模拟、智能分析和优化决策，将极大地提升水利管理的智能化水平和决策能力。然而，数字孪生水利建设也面临着诸多挑战和困难，需要政府、企业、科研机构和社会各界共同努力，加强合作与交流，推动技术创新和应用落地。相信在不久的将来，数字孪生水利将成为推动水利事业可持续发展的重要力量，为构建安全、绿色、智慧的水利生态体系贡献更多智慧和力量。

参考文献

[1] 蔡勇.数字孪生峡江水利枢纽工程建设探索实践[J].水利发展研究,2024,24(9):38-43.

[2] 水利部办公厅.水利部办公厅关于印发2024年水利网信工作要点的通知(办信息〔2024〕65号)[EB/OL].[2024-02-27].https://slt.nx.gov.cn/xxgk_281/fdzdgknr/wjk/slb-wj/202403/t20240304_4474900.html

[3] 刘瑞瑞.大数据在水生态治理保护中的应用研究[C]//2024(第十二届)中国水利信息化技术论坛论文集.黄河口水文水资源勘测局,2024.

数字经济背景下的数字孪生水利建设实践探究
——以黄河流域为例

陈姿先　赵晓娜

河南黄河河务局信息中心

摘　要：数字经济是新时代的新型经济形态，也是实现产业转型升级和高质量发展的必由之路，对我国社会经济生活产生了深远影响。随着我国进入"互联网+"战略实施阶段，以数据为基础支撑的新一代信息技术成为推动经济社会变革创新的重要引擎，数字经济在国民经济中的地位日益凸显，已经并将继续发挥重大作用。数字孪生水利建设，作为数字水利与智慧城市建设相结合而形成的一种全新的水治理模式，具有广阔前景和巨大发展潜力。基于此，重点探讨了数字经济背景下的数字孪生水利建设实践，并以黄河流域为例，探讨了完整的数字孪生水利建设系统框架的构建。

关键词：数字经济；数字孪生水利建设；黄河流域

随着全球气候变化和人类活动的加剧，水资源管理和保护面临前所未有的挑战，作为我国重要的生态屏障和经济带，黄河流域的水资源管理尤为关键。传统的水利工程和管理手段在面对复杂的流域环境和多变的气候条件时，表现出"力不从心"的问题。数字经济的发展为水利工程提供了新的思路和方法，数字孪生技术作为其中的代表，展现出了巨大的潜力。数字孪生技术通过构建虚拟模型，能实时反映物理实体的状态和行为，从而实现对水利工程的精准管理和优化控制。本文聚焦黄河流域，探讨数字孪生技术在该区域水利建设中的应用实践。

1　理论概述

1.1　数字经济

数字经济是指在信息技术和互联网的基础上，利用数字化、网络化和智能化等新技术手段进行经济活动的一种新型经济形态，随着信息技术快速发展，数字经济在全球范围内得到了迅猛发展，成为推动经济增长和社会进步的重要力量。

数字经济的概念包括多个方面，数字经济以信息技术为基础，强调利用大数据、人工智能、云计算等技术，实现信息的数字化和智能化处理，通过数字化的信息传输和处理，可提高信息的获取、传播和利用效率，推动产业结构升级和创新发展。数字经济强调网络化和互联互通，互联网技术的普及和发展使得各个领域的经济活动可以实现跨地域、跨领域的无缝连接，促进资源的高效配置和交易的便捷性。数字经济的发展也催生了新兴的互联网经济模式，如共享经济、电商平台等，为传统产业注入了新活力。

另外，数字经济还强调智能化和自动化。人工智能、机器学习等技术的应用，使得生产、服务、管理等方面实现更高程度的自动化，提升效率和品质，智能制造、智慧城市等概念不断涌现，推动城市和产业的可持续发展。数字经济作为信息时代经济发展的必然产物，不仅改变了传统产业的生产方式和商业模式，也为经济增长和社会进步提供了全新的动力和机遇。

1.2 数字孪生水利建设

数字孪生水利建设是运用数字孪生技术在水利工程中的创新应用，数字孪生技术是基于物联网、大数据、人工智能等技术手段，将物理世界中的实体及其相关系统、过程以数字化形式映射到虚拟世界中，以实现实时监控、模拟仿真和智能决策的技术。在水利建设领域，数字孪生技术可以大大提高水利工程的规划、建设、管理和维护水平，其具体应用包括以下几个方面：其一，数字孪生技术应用于水利工程的全生命周期管理，在工程的规划设计阶段，通过建立虚拟模型，对各种设计方案进行仿真和优化，评估不同方案的可行性和经济性，减少设计错误和资源浪费；在建设阶段，通过实时监控施工进度、质量和安全情况，及时发现和解决问题，提高施工效率和工程质量；在运营维护阶段，可对水利设施的运行状态进行实时监控，预测潜在故障并进行预防性维护，延长设施使用寿命，降低维护成本；其二，数字孪生技术可用于水资源的精细化管理，通过建立区域水资源的数字孪生模型，对降水、河流流量、水库蓄水量、地下水位等进行实时监测和动态模拟，实现水资源的优化配置和科学调度。特别是在防洪抗旱方面，数字孪生技术可预测洪水和干旱的发生和发展，提供科学的决策支持，减少灾害损失；数字孪生技术还有助于促进水利工程的智能化和信息化发展，通过与大数据、云计算、人工智能等技术的融合，实现水利工程的智能监测、智能分析和智能控制，例如，在大坝、管道等设施上安装传感器，实时采集和分析数据，可对设施的运行状态进行智能评估和故障诊断，及时采取措施，确保设施的安全和稳定运行[1]。

2 数字经济在数字孪生水利建设中的应用意义

2.1 提升水利工程管理效率

数字经济在数字孪生水利建设中的应用有助于提升水利工程管理效率，数字孪生技术通过虚拟模型实时模拟和监控物理水利工程的运行状态，使得管理者能全方位对水利工程准确地监控和管理。例如，通过数字孪生技术，管理者能实时监测水库的水位变化、河流流量及大坝的结构健康状况，及时发现潜在问题并采取措施。同时，数字经济的发展推动了大数据、物联网和人工智能等技术的应用，拓宽了监测数据的采集与整合范围，提升了采集与整合速度，为管理决策提供科学依据。此外，数字经济还促进了水利工程信息化系统的建设，统一的数字平台对各类水利工程进行集成管理，有助于实现信息的互联互通和资源的共享，极大程度提高管理效率和应急响应能力，例如，在汛期，通过数字孪生技术和信息化系统可及时获取各地的水情信息，便于管理人员迅速制定调度方案，确保防洪安全。

2.2 优化水资源配置

通过数字孪生技术，能实现对水资源的精准管理和科学调度，有效提高水资源的利用效率。数字孪生模型可模拟不同用水场景下的水资源需求和供给情况，进而制定最优的水资源配置方案，确保在农业、工业和生活用水等方面的合理分配，避免水资源浪费和短缺问题。例如，在农业灌溉中，通过数字孪生技术可实时监测土壤湿度、天气状况等数据，精准控制灌溉水量，既保证作物的生长需要，又节约水资源。在城市供水系统中，通过数字孪生技术可以对供水网络进行实时监测和优化调度，减少漏损，提高供水效率。

2.3 促进水利工程可持续发展

数字孪生技术通过对水利工程全生命周期的监控和管理，可有效延长工程的使用寿命，减少维护成本，提升工程的经济和环境效益。在建设阶段，数字孪生技术会模拟不同设计方案的效果，优化设计，提高建设质量；在运营阶段，通过实时监测和预测，提前预警和处理潜在问题，减少突发事件带来的损失；在维护阶段，通过对历史数据的分析，制定科学的维护计划，避免过度维护和资源浪费。同时，数字经济的发展还推动了绿色技术在水利工程中的应用，如智能调度系统、节能泵站和太阳能供电系统等[2]。先进技术的应用提高了水利工程的运行效率，减少了能源消耗和环境污染，实现了环境效益和经济效益的双赢。

3 数字经济背景下的数字孪生水利建设实践探究——以黄河流域为例

3.1 水利数据资源化的实现路径

水利数据资源化指的是通过系统化的方法将水利领域中庞大的数据进行整合、管理与应用，最终实现数据的高效利用和价值最大化。该过程不仅仅是对数据的简单处理，更是一种全方位的数字化转型，涵盖了数据的采集、处理、存储、共享、开放、分析与挖掘等多个环节。数据资源化为科学决策、水利工程设计、监测预警和水资源管理提供坚实的支持与依据。

数据采集是水利数据资源化的起点，在黄河流域，数据采集需要注重其全面性与准确性，确保涵盖流域内水质、水量、气象、水文和地质等多方面信息。数据采集不仅依赖于传统的观测站点，还依赖于遥感技术、物联网设备等现代技术手段获取实时数据，多源数据采集方式为后续数据处理和分析奠定了基础。

数据整理与存储是实现数据资源化的关键步骤，在数据整理过程中，需要进行分类、清洗与标准化处理，以消除冗余数据和错误信息，提升数据质量。存储方面，云计算和大数据技术的应用能实现数据的高效存储与快速检索，为数据的共享与深度分析提供了技术保障。通过构建统一的数据共享平台，打破不同部门和地区之间的数据壁垒，实现数据的互联互通与共享共用。此外，数据的开放性能吸引更多的研究机构、企业和公众参与到水利数据的应用中，促进水利领域的创新发展。

在水利数据资源化过程中，数据分析与挖掘是核心环节，利用大数据分析技术，可从庞大的数据集中提取出有价值的信息与规律，为科学决策和管理提供依据。例如，对黄河流域的水文与气象数据进行分析，预测未来的洪水风险，为防洪减灾提供科学依据；通过水质数据分析，评估水环境健康状况，为水资源保护与治理提供参考。此外，水利数据资源化为数字孪生技术在水利领域的应用提供了基础支撑。数字孪生技术通过构建物理世界的数字化模型，对水利系统进行全面监测、模拟与优化。数字孪生技术还能整合实时数据和历史数据，提升工程管理的智能化水平与应急响应能力[3]。

3.2 数字孪生水利体系

在数字经济的推动下，应全面运用云计算、大数据、人工智能和虚拟现实等新兴信息技术，建立数字孪生流域、数字孪生水网及数字孪生水利工程等新型基础设施，致力于实现流域防洪和水资源管理与调配等"2+N"业务应用中的"四预"功能，全面提升水利治理和管理的数字化、网络化和智能化水平，为新时代水利事业的高质量发展提供有力支撑和强劲驱动。

数字孪生水利体系主要由数字孪生流域、数字孪生水网、数字孪生水利工程、业务应用"四预"，以及网络安全和保障体系构成，共同协作实现水利系统的高效运作和科学管理。数字孪生流域通过高度精确的数字化模拟，实时监测和预测水文和气象数据，为流域管理提供科学依据，并且建立数字孪生流域，有助于实现流域内水资源的全面和精细监测与分析，提高流域治理的精准性和科学性。

在物理水网基础上，通过数字化手段进行全面建模和仿真，实现对水网运行状态的实时监测与控制，数字孪生水网可优化水资源调度，确保水资源的高效利用和可持续发展。数字孪生水利工程利用虚拟现实和人工智能技术进行数字化建模和仿真，对水利工程运行状态进行实时监测、故障预测和维护优化，从而提高水利工程的运行效率和安全性。业务应用"四预"包括预报、预警、预演和预案4个方面。通过大数据和人工智能技术，精准预报流域内的水文气象情况，及时发出预警信号，进行防洪预演，并制定详细应急预案。该功能大大增强了流域防洪抗灾能力，保障了人民群众的生命财产安全。而网络安全和保障体系则通过完善的网络安全防护措施，确保数字孪生系统的稳定运行和数据安全，从而保障整个水利体系的安全性和可靠性。例如，在黄河流域治理中，数字孪生水利体系的应用已经取得显著成效，在黄河上游，利用数字孪生技术构建了水资源调度系统。该系统通过实时监测流域内的降水量、河流流量和水库水位等数据，精准调度水资源，保障了上游水资源的合理分配和利用。在黄河中游，建立了数字孪生防洪预警系统。该系统利用虚拟现实技术和大数据分析，对流域内的雨情、水情和工情进行实时模拟和预演，提前发布防洪预警信息。2021年汛期，该系统成功预警了多次洪峰，有效降低了洪灾风险，保障了沿岸居民的生命财产安全。在黄河下游，通过数字孪生技术实施了多个生态保护项目。数字孪生技术帮助科学监测黄河三角洲湿地的水文变化和生态环境状况，提供数据支持，优化了湿地保护和恢复措施。近年来，这些项目显著改善了下游湿地的生态环境，促进了生物多样性的发展。在整个黄河流域，建设智慧水利调度中心。该中心整合了黄河流域的各类水利数据，利用人工智能算法进行数据分析和决策支持，实现了对全流域的统一调度和科学管理，智慧水利调度中心的建立，使得黄河流域的水资源管理更加高效、科学，提升了整体水利治理水平[4]。

3.3 流域数字孪生模型构建关键技术

（1）BIM技术的应用

在水利工程领域，BIM（建筑信息模型）技术在设计阶段发挥着重要作用，工程师们通常使用CAD（计算机辅助设计）或BIM模型查看比较不同的设计布局方案，数字化技术手段能有效评估模型干涉问题，优化设计方案的可行性。例如，在黄河河道整治工程中，BIM技术提供精细的三维模型，使设计团队全面了解不同方案的布局和相互关系，通过全面的视图，工程师们能发现潜在的设计问题，提高设计方案的准确性和科学性。BIM技术不仅在设计阶段应用广泛，在施工阶段也同样重要，施工团队通过BIM模型进行施工进度的模拟和管理，优化施工过程，降低施工风险，确保工程顺利进行。此外，BIM技术还用于施工后的维护和管理，通过模型的动态更新，实时掌握工程运行状态，提供科学的维护和管理依据。

（2）机理数学模型

机理数学模型在水利工程中的应用主要满足防汛减灾、水资源管理与调度、水资源保护、水土保持和流域规划等方面的需求，通过建立不同的数学模型，模拟和预测各种水文现象，为相关部门和决策层提供科学依据。黄河流域复杂的气象、水文条件和频发的洪水、干旱等自然灾害，使得机理数学模型的应用尤为重要，目前已开发出大量基于不同理论背景和空间层次的数学模型，包括气象预报模型、流域产流产沙模型、洪水预报模型、河冰预报模型、水库调度模型和河道演进模型等。数学模型在防汛减灾中起到了关键作用，例如，气象预报模型预测未来降雨情况，为防汛工作提供预警信息；洪水预报模型模拟洪水演进过程，预测洪水淹没范围和水位变化，制定科学的防洪方案；水库调度模型优化水库调度方案，合理利用水资源，降低洪水风险。此外，机理数学模型在水资源管理与调度中也有重要应用，水资源管理模型预测流域内水资源供需情况，优化水资源分配和利用，提高水资源利用效率[5]。

（3）河流数字孪生模型构建

河流数字孪生模型是基于一系列水文预报、水库调度、洪水演进及灾情评估模型，综合分析气象、水文、水动力、人口经济等因素的数学模型，通过系统分析原理和方法，科学模拟和预测河流的各种水文现象，为水利工程设计、管理和调度提供科学依据。水文预报模型准确预测降雨量和流量变化，为防汛减灾提供预警信息；水库调度模型优化水库调度方案，合理利用水资源，降低洪水风险；河流数字孪生模型被应用于灾情评估，模拟不同灾害情况下的水文现象，预测灾害影响范围和程度，为应急管理和救灾工作提供科学依据。黄河流域的河流数字孪生模型应用，显著提高了水利工程管理效率和科学性，通过实时数据采集和反馈，动态更新数字孪生模型，实现了河流的数字化管理和智能化控制，提高了防汛减灾效率，也为水资源管理和调度提供科学依据，促进黄河流域的可持续发展。

4 结束语

综上所述,在数字经济的推动下,黄河流域的数字孪生水利建设取得了进一步发展,整合先进的数字技术和水利管理经验,不仅提升了水利工程的效率和精确度,还有效保障了流域内的生态环境。未来,进一步深化数字孪生技术在水利领域的应用,将为我国水资源的可持续发展和管理提供更加坚实的技术支撑和保障。

参考文献

[1] 张勇,宋倍,强君,等.数字孪生奴尔水利枢纽工程建设构想[J].水利信息化,2024(3):8-12,17.

[2] 黄周弘.浅谈智慧水利建设与数字孪生系统[J].福建水力发电,2024(1):7-9,21.

[3] 吴鼎,刘浩杰,梁建波.数字孪生兴隆水利枢纽建设方案探索[J].水利技术监督,2024(6):35-38,57.

[4] 薛雨,薛亚杰.河北省石津灌区数字孪生灌区建设探析[J].河北水利,2024(4):25-27.

[5] 刘浩杰,冯庆,褚敏.数字孪生水利工程建设思考研究[J].城市建设理论研究(电子版),2024(11):211-213.

水利基础设施建设的创新之路

——建管模式与筹融资方式的探讨

贾麟涛

黄河勘测规划设计研究院有限公司

摘 要：水利基础设施项目具有投资大、周期长、回报慢等特点，使得社会资本参与的积极性不高，融资渠道相对单一。在这样的背景下，创新建管模式与筹融资方式显得尤为重要。采用文献综述、案例分析、比较研究等方法，对创新建管模式与筹融资方式的理论和实践进行全面系统的探讨。通过深入分析当前水利筹融资面临的挑战和机遇，结合国内外先进经验，提出适合我国国情的水利基础设施建管模式和筹融资方式创新路径。

关键词：水利工程；监管模式；筹融资

1 水利筹融资现状分析

1.1 水利筹融资的历史演变

改革开放以来，水利筹融资的历史演变，可以大致分为4个阶段。

第一阶段，1978—1991年，从1978年12月党的十一届三中全会召开开始，改革开放全面展开。我国逐步实行中央、地方两级财政体制。对于水利行业而言，过去以中央为主的水利投资体制逐渐改变，过去由中央承担的大部分水利建设项目逐渐划归地方承担。其中包含农田水利建设、大部分防汛岁修费、水利基本建设项目等。包含中央、地方、集体、个人多个层次的水利投融体制开始逐步形成，各层次之间互相呼应。过去由国家包干的水利投资来源逐渐变得多样化，例如，除拨款以外，还有社会集资、银行贷款、专项资金、以工代赈、利用外资等各种渠道。

第二阶段，1992—1998年，随着改革开放的深入，过去筹集水利建设资金的方式基本是以各级政府为主，在实行项目法人责任制和资本金制度以后，逐步形成了以项目法人为主筹集水利建设资金的模式。这种模式可以充分调动所有参与水利建设投资主体的积极性。但与此同时，对于公益性极强的水利建设项目，则相当难筹措到建设资金。1990—2000年，水利基本建设被进一步确定为国民经济的基础设施和基础产业。国家为了鼓励多方参与水利建设的投资，国务院于1997年颁布了《水利产业政策》（国发〔1997〕35号）。同年，还出台了《水利建设基金筹集和使用管理暂行办法》（国发〔1997〕7号）。

第三阶段，1998—2011年。这一阶段，水利投资结构得到优化，投资规模显著增长，政府开始注重引导社会资本进入水利建设领域。2000年，国务院出台了《关于加强公益性水利工程建设管理的若干意见》（国发〔2000〕20号）。文件对于水利工程建设项目法人责任制进行了明确规定，并要求加强水利工程项目的前期工作，对于水利工程项目实行严格管理。同时，要求对于水利工程建设项目必须进行周密的计划，实行对建设资金的严格管理。2004年，国务院又出台了《关于投资体制改革的决定》（国发〔2004〕20号），进一步规范了政府投资水利行业的行为。

第四阶段，从2012年至今。这一阶段通过深化水利筹融资改革，逐步建立多元化、多渠道筹融资机制，政府、社会资本、金融机构等共同参与水利建设。

目前我国主要采用了以政府筹融资为主导，多种筹融资主体共同参与的筹融资模式。

1.2 当前水利筹融资的主要方式

当前，水利筹融资的方式已经形成了多元化的格局。政府财政拨款仍是水利工程建设的重要资金来源，同时政府也积极引入社会资本和金融机构参与水利建设。具体来说，主要有以下几种方式。

（1）政府财政拨款

政府通过年度预算、专项资金等方式，对水利建设项目进行直接投资。这种方式的优点是资金来源稳定，但缺点是财政压力较大，难以满足大规模水利建设的资金需求。

（2）社会资本参与

政府通过PPP(政府和社会资本合作)模式、BOT(建设–经营–转让)模式等方式，引导社会资本进入水利建设领域。社会资本的参与可以有效缓解政府财政压力，提高水利建设的效率和质量。

（3）金融机构贷款

金融机构通过向水利建设项目提供贷款支持，参与水利筹融资。这种方式的优点是资金来源广泛，但缺点是贷款成本较高，需要政府提供一定的担保和优惠政策。

1.3 存在的问题及原因分析

尽管当前水利筹融资已经形成了多元化的格局，但仍存在一些问题，主要表现在以下几个方面。

（1）政府与市场事权界定不清

政府对盈利性领域的企业仍在实行亏损补贴或价格补贴政策，导致政府与市场之间的事权界定存在模糊不清的问题。这不仅影响了水利筹融资机制的健康发展，也增加了政府的财政负担。

（2）地方配套资金不到位

现行水利投资政策规定，中央财政投资的项目需要地方财政配套一定比例的资金。然而由于地方财政紧张等原因，地方配套资金很难足额到位，导致水利建设项目难以落实。

（3）融资渠道单一

尽管当前水利筹融资已经形成了多元化的格局，但融资渠道仍然相对单一。政府财政拨款仍占较大比重，社会资本和金融机构的参与程度有待提高。这主要是因为水利建设项目的投资大、周期长、回报慢等特点，使得社会资本和金融机构的参与意愿不高。

综上所述，当前水利筹融资已经形成了多元化的格局，但仍存在一些问题。为了推动水利建设的持续健康发展，需要进一步完善水利筹融资机制，明确政府与市场的事权划分，加大社会资本和金融机构的参与力度，拓宽融资渠道，提高水利建设效率和质量。

2 创新建管模式的理论与实践

2.1 创新建管模式的理论基础

为了深入推进水利改革，全面推行现代工程管理，提高水利建设管理水平，国务院办公厅于2017年印发了《关于促进建筑业持续健康发展的意见》（国办发〔2017〕19号），水利部于2019年发布了《2019年水利工程建设管理工作要点》，进一步规范了水利工程建设管理行为，并要求持续创新项目管理模式。在当前"补短板、强监管"的水利发展改革总基调下，传统建设管理模式已不能适应发展需求[1]。因此，各地都在积极探索新的水利工程建设管理模式，以加强对工程建设质量、安全、工期、投资等的管控。创新建管模式的理论基础主要来源于项目管理理论、系统工程理论以及可持续发展理论。项目管理理论强调通过科学的规划、组织、指挥、协调、控制和监督，实现项目目标的最优化。系统工程理论则注重从整体出发，对系统的结构、功能、环境等进行综合分析和优化。可持续发展理论则要求在建设管理过程中，既要满足当代人的需求，又不对后代人满足其需求的能力构成危害。

在创新建管模式的理论框架下，需要关注以下几个方面：一是强化项目管理的科学性和系统性，通过引入先进的项目管理理念和方法，提高项目管理效率和质量；二是注重项目建设的可持续性，确保项目建设符合环境保护和资源节约的要求；三是推动项目管理的信息化和智能化，利用现代信息技术和智能技术，提升项目管理的智能化水平。

2.2 国际上成功的建管模式案例

在国际上，有许多成功的建管模式案例值得借鉴。例如，新加坡的"公共-私营部门合作"（PPP）模式[2]，通过政府与私营部门之间的合作，共同承担水利项目的建设和管理。这种模式可以有效减轻政府财政压力，同时引入私营部门的资金、技术和管理经验，提高项目建设的效率和质量。此外，荷兰的"水资源综合管理"（IWRM）模式也值得学习。该模式注重从水资源系统的整体出发，对水资源进行统筹规划和管理，以实现水资源的可持续利用[3]。

2.3 我国水利项目建管模式的创新探索

在我国，水利项目建管模式的创新探索已经取得了初步成效。一方面，政府加大了对水利项目的投入力度，同时积极引入社会资本参与水利建设。例如，通过PPP模式、BOT模式等方式，吸引社会资本进入水利建设领域。另一方面，政府也加强了对水利项目的管理和监管力度，推行了一系列创新管理措施。例如，建立水利项目法人责任制、推行水利工程建设质量终身责任制等制度，确保水利项目的建设质量和安全。

在创新建管模式的实践过程中，还需要关注以下几个方面：一是加强项目前期论证和规划工作，确保项目的可行性和科学性；二是注重项目建设的标准化和规范化管理，提高项目建设的效率和质量；三是加强项目建设的监督和检查力度，确保项目建设的顺利进行；四是注重项目后期的运营和维护工作，确保项目的长期稳定运行。

2.4 新模式下项目管理、运营与维护的创新策略

在新模式下，项目管理、运营与维护的创新策略主要包括以下几个方面。

（1）项目管理创新

采用先进的项目管理理念和方法，如敏捷项目管理、精益项目管理等，提高项目管理的灵活性和效率。同时，加强项目团队的建设和管理，提高项目团队的协作能力和创新能力。

（2）运营创新

通过引入市场化机制，推动水利项目的运营创新。例如，建立合理的收费机制，确保水利项目的运营收益；同时，加强水利项目的运营管理，提高运营效率和服务质量。

（3）维护创新

采用先进的维护技术和设备，提高水利项目的维护水平。同时，加强维护人员的培训和管理，提高维护人员的技能水平和服务意识。此外，还可以建立水利项目的维护数据库，对水利项目的运行情况进行实时监测和分析，及时发现和解决潜在问题。

总之，创新建管模式是水利项目建设的必然趋势。通过借鉴国际成功经验、结合我国实际情况进行创新探索、采取有效的项目管理、运营与维护创新策略等措施，可以推动水利项目的可持续发展并提升项目的整体效益。

3　以水利工程筹融资为例

随着水利基础设施建设的不断推进，资金需求量日益增大，传统的筹融资方式已难以满足日益增长的资金需求。因此，筹融资方式的创新显得尤为重要。本文将从多元化筹融资方式的必要性、政府债券与特别国债等财政性资金的作用、社会资本参与水利筹融资的激励机制以及创新型金融工具在水利筹融资中的应用等方面，对筹融资方式的创新进行研究。

3.1　多元化筹融资方式的必要性

水利基础设施建设具有投资大、周期长、回报慢等特点，传统的筹融资方式如政府财政拨款、银行贷款等已难以满足资金需求。因此，多元化筹融资方式的必要性日益凸显。多元化筹融资方式不仅可以拓宽资金来源，降低筹资成本，还可以分散风险，提高资金使用效率。具体而言，通过引入社会资本、发行债券、利用金融工具等多种方式筹集资金，可以形成多元化的筹融资体系，为水利基础设施建设提供充足的资金支持。

3.2　政府债券与特别国债等财政性资金的作用

政府债券与特别国债等财政性资金在水利筹融资中发挥着重要作用。首先，政府债券与特别国债具有较高的信用等级和较低的融资成本，可以为水利基础设施建设提供稳定的资金来源。其次，政府债券与特别国债的发行可以引导社会资本进入水利领域，促进水利筹融资市场的健康发展。此外，政府还可以通过调整债券发行规模和利率等手段，对水利筹融资市场进行调控，实现水利建设的可持续发展。

然而，财政性资金也存在一定的局限性。一方面，政府财政资金的规模有限，难以满足所有水利项目的资金需求；另一方面，财政性资金的投入往往受到政策、法规等因素的制约，存在一定的不确定性。因此，在利用财政性资金的同时，还需要积极引入社会资本和创新型金融工具等多元化筹融资方式。

3.3 社会资本参与水利筹融资的激励机制

社会资本是水利筹融资中的重要力量。为了吸引社会资本参与水利筹融资，需要建立有效的激励机制。具体而言，可以从以下几个方面入手。

（1）优化投资环境

政府应加大对水利基础设施建设的投入力度，提高水利项目的投资回报率，为社会资本提供良好的投资环境。

（2）给予政策扶持

政府可以通过税收优惠、财政补贴等方式，对社会资本参与水利筹融资给予政策扶持，降低社会资本的投资风险。

（3）建立合作机制

政府可以与社会资本建立合作机制，共同出资建设水利项目，实现资源共享、风险共担。

（4）加强监管与评估

政府应加强对社会资本参与水利筹融资的监管与评估，确保社会资本的合法性和合规性，防止社会资本过度追求利润而忽视水利项目的社会效益。

3.4 创新型金融工具在水利筹融资中的应用

创新型金融工具如REITs（房地产投资信托基金）、WOD（水务发展债券）等在水利筹融资中具有广阔的应用前景。这些金融工具具有以下优势：拓宽资金来源、降低融资成本、分散风险、提高资金使用效率。

为了充分发挥创新型金融工具在水利筹融资中的作用，需要政府、金融机构和社会资本等多方共同努力。政府应加大对创新型金融工具的支持力度，鼓励金融机构和社会资本积极参与水利筹融资市场；金融机构应加强对创新型金融工具的研发和推广，提高金融产品的创新能力和市场竞争力；社会资本应积极参与水利筹融资市场，发挥其在资金、技术和管理等方面的优势。

筹融资方式的创新是水利基础设施建设的重要保障。通过多元化筹融资方式、政府债券与特别国债等财政性资金的作用、社会资本参与水利筹融资的激励机制以及创新型金融工具在水利筹融资中的应用等多种方式，可以形成多元化的筹融资体系，为水利基础设施建设提供充足的资金支持。同时，还需要政府、金融机构和社会资本等多方共同努力,加强合作与协调,推动水利筹融资市场的健康发展。

4 国家和地方政策背景下的水利筹融资创新实践

随着国家对水利基础设施建设的重视程度不断提升,相关政策和措施也在不断出台和完善。在国家和地方政策的引导下,水利筹融资领域正经历着前所未有的变革和创新。近年来,国家和地方政府针对水利筹融资领域出台了一系列政策措施[4],旨在推动水利基础设施建设的高质量发展。

其中,最具代表性的政策包括:加大财政投入力度,国家和地方政府通过增加水利建设专项资金、发行水利建设债券等方式,为水利基础设施建设提供稳定的资金来源。推广多元化筹融资方式,政策鼓励采用政府和社会资本合作(PPP)、产业投资基金、REITs等多元化筹融资方式,吸引更多社会资本参与水利建设。创新建管模式,政策鼓励采用建设–运营–移交(BOT)、设计–建设–融资–运营–移交(DBFOT)等创新建管模式,提高水利项目的建设效率和管理水平。例如:为破解当前制约南水北调东中线配套工程建设资金"瓶颈"问题,张元教[4]等研究建立了政府出资、银行贷款、市场融资三位一体的多渠道、多元化投融资体系,保障配套工程与主体工程同步建成。

国家和地方政策的出台,对水利筹融资领域的创新建管模式与筹融资方式产生了深远的影响。具体表现在以下几个方面。

(1)推动建管模式创新

政策鼓励采用BOT、DBFOT等创新建管模式,使得水利项目的建设、运营和管理更加市场化、专业化。这些模式不仅能够提高水利项目的建设效率,还能够确保项目在运营过程中的稳定性和可持续性。

(2)拓宽筹融资渠道

政策推广多元化筹融资方式,使得水利项目的资金来源更加多元化、灵活化。通过引入社会资本、发行债券等方式,可以降低水利项目的融资成本,提高资金的使用效率。

(3)激发市场活力

政策的出台激发了市场活力,使得更多企业和资本愿意参与到水利筹融资领域中来。这有助于推动水利基础设施建设的高质量发展,提升水利项目的整体效益。

在国家和地方政策的推动下,水利筹融资领域涌现出许多成功案例。这些案例不仅为水利筹融资领域的创新实践提供了有力支撑,也为其他领域提供了可借鉴的经验。

5 对策建议

5.1 加强政策引导和支持

为了推动水利筹融资领域的创新实践，政府应进一步加强政策引导和支持。通过制定更具针对性的政策，明确水利筹融资的目标和方向，引导社会资本积极参与水利建设，形成多元化的筹融资格局。

5.2 完善法律法规体系

完善法律法规体系是保障水利筹融资健康发展的重要保障。政府应加快制定和完善相关法律法规，明确水利筹融资的法律法规边界，保护投资者合法权益，降低投资风险，为水利筹融资提供良好的法治环境。

5.3 建立健全风险防控机制

水利筹融资领域存在一定的风险，建立健全风险防控机制至关重要。政府应加强对水利项目的风险评估和监管，完善风险预警和应对机制，提高水利项目的风险管理水平。同时，引导投资者树立风险意识，合理规避风险。

5.4 提升项目管理和运营效率

提升项目管理和运营效率是水利筹融资创新实践的关键。政府应加强对水利项目的管理和监管，推动项目管理和运营的专业化、市场化。通过引入先进的管理理念和技术手段，提高水利项目的建设质量和运营效率。

5.5 吸引更多社会资本参与

吸引更多社会资本参与是水利筹融资创新实践的重要途径。政府应优化投资环境，降低投资门槛，提供税收、土地等优惠政策，吸引更多社会资本参与水利建设。同时，加强与社会资本的沟通和合作，共同推动水利筹融资领域的创新实践。

6 结论与展望

6.1 主要结论

经过对水利筹融资领域的深入研究与分析，本文得出以下主要结论。

政策引导与支持对于水利筹融资改革至关重要。通过加强政策制定和宣传，能够有效地引导社会资本参与水利建设，推动水利筹融资的多元化发展。

完善法律法规体系是保障水利筹融资健康发展的基础。健全的法律法规能够为水利筹融资提供明确的法律依据和保障，降低投资风险，保护投资者权益。建立健全风险防控机制是水利筹融资改革的必要条件。通过加强风险评估和监管，完善风险预警和应对机制，能够有效地控制水利项目的风险，确保水利筹融资的稳定性和可持续性。

提升项目管理和运营效率是水利筹融资改革的关键。通过引入先进的管理理念和技术手段，提高水利项目的建设质量和运营效率，能够增强水利项目的竞争力和吸引力，吸引更多社会资本参与。

6.2 对未来水利筹融资改革的展望

展望未来，水利筹融资改革将面临更多机遇和挑战。以下是对未来水利筹融资改革的展望。

多元化筹融资格局将进一步完善。随着政策的进一步引导和市场的逐步成熟，水利筹融资将形成更加多元化的筹融资格局，包括政府投资、社会资本投资、国际合作等多种方式。

科技创新将推动水利筹融资领域的进步。随着科技的不断发展，新技术、新材料、新工艺将不断应用于水利建设领域，推动水利筹融资领域的创新和发展。

国际化合作将成为重要趋势。在全球化的背景下，国际合作将成为水利筹融资领域的重要趋势。通过加强与国际先进技术的交流和学习，能够引进更多的先进经验和技术，推动水利筹融资领域的国际化发展。

参考文献

[1] 付战武，高尚，杨殿相.水利工程建设项目代建制模式分析[J].河南水利与南水北调，2007（9）：2.

[2] 牟建霖."一带一路"背景下东盟五国PPP法律制度比较及启示[D].南宁：广西大学，2024.

[3] 包晓斌.荷兰水资源管理途径与启示[J].河南水利与南水北调，2011（5）：3.

[4] 国家发展和改革委员会，国务院.《"十四五"水安全保障规划》[EB/OL].[2023-10-28].https：//www.ndrc.gov.cn/xxgk/zcfb/ghwb/202201/P020220111696050417781.

河套灌区农业水价合理负担机制建立分析

王爱滨　吕　望　王艳华　贾　倩

黄河水利委员会黄河水利科学研究院

河南省农村水环境治理工程技术研究中心

河南省黄河流域生态环境保护与修复重点实验室

摘　要：河套灌区作为我国重要的农业灌溉区域之一，其水资源管理和合理定价对于农业可持续发展和农民负担平衡具有重要意义。针对河套灌区当前农业水价的合理负担机制建设问题及策略展开探究。首先，分析了河套灌区做好农业水价合理负担机制建立的必要性，回顾了河套灌区的水价综合管理改革进程。结合实际，分析了该地区水价综合改革中存在的问题，针对性提出了建立科学改革意识、健全水价形成机制、完善测量设施、构建奖补机制等改革优化建议，希望能为河套灌区的农业水价改革提供参考。

关键词：河套灌区；农业水价；合理负担机制

水利是农业的命脉，灌区建设是国家粮食安全的基础保障，目前，我国在占全国耕地55%的灌溉面积上生产了全国77%以上的粮食和90%以上的经济作物。河套灌区作为我国重要的粮食主产区和生态防护屏障，在保障国家粮食安全和农民收入方面发挥着关键作用。但是，受该地区特殊自然条件及农业生产规模化发展的影响，水资源的有限性与农业灌溉需求的矛盾日渐凸显，合理的水费和水价机制建设越来越重要。当前，河套灌区的水费水价管理面临着用户负担重、资源设施不完善、管理难度高等问题。因此，探索一套科学合理的农业水价负担机制不仅对提高水资源利用效率、促进农业可持续发展具有重要意义，也对减轻农民负担、提高农民收入有着积极影响。

1　河套灌区做好农业水价合理负担机制建立的必要性

1.1　农业水价合理负担机制

农业水价合理负担机制是指在保障农业用水的公平、有效和可持续利用的基础上，合理分配用水成本，使农民、供水管理部门和政府等相关方共同承担水资源利用的费用和责任。该机制的建设和应用，应综合考虑经济、社会和环境等多方面因素，通过科学设定水价、精准的水费收取制度和合理的补贴政策，让农业生产者用水成本与其经济承受能力相匹配，同时鼓励节水和提高用水效率，最终实现农业用水的可持续发展。负担机制的核心在于平衡各方利益，既要减轻农民负担，又要保证水资源管理和供给的可持续性。

1.2 必要性

河套灌区处于黄河内蒙古段北岸的"几"字弯上，总土地面积1784万亩，现引黄灌溉面积1154万亩，是全国三个特大型灌区之一，也是亚洲最大一首制自流引水灌区，是国家重要的优质商品粮油生产加工输出基地，同时也是我国"两屏三带"生态安全战略中"北方防沙带"的重要组成部分，具有不可替代的战略地位。区域干旱少雨，多年平均降水量144mm，多年平均水面蒸发量2377mm，蒸发能力为降水量的15倍以上，是世界上最干旱的地区之一。河套灌区90%以上的用水均引自黄河，是黄河流域的农业用水大户，水资源短缺是河套灌区的基本水情，已成为制约区域经济社会发展的主要瓶颈。为解决灌区水资源"卡脖子"问题，提高灌区水资源利用效率是根本途径，既可保障灌区农业可持续发展，同时灌溉用水量的减少又可减轻农民负担，提高农民生产积极性，保障粮食等农产品供给。

一是合理的水价机制是提高水资源利用效率的必要手段。经过多年建设，河套灌区农业水利工程基础建设已有长足发展，但是在实际管理中依然存在着水资源分配不均匀和使用率不高的情况。农业灌溉用水计量设施不足、计量不到位、计量系统信息化、智能化程度不高，计量结果不准确，水费收缴"吃大锅饭"甚至偷水现象仍比较普遍，是造成农业水价机制无法合理制定的根本原因。建立科学的水价机制，可有效地引导农户合理用水，减少浪费，提升整体水资源的利用效率。通过合理水价经济杠杆作用，可增强农民节水积极性，推动现代化节水灌溉技术的普及和应用。

二是健全的农业水价机制是农业生产可持续发展的重要保障。河套灌区作为重要的粮食生产基地，其稳定的农业产出对于国家粮食安全具有重要意义。但灌区存在着水资源管理粗放、水价机制待完善，单方水农业产量较低等问题。通过改革和优化水价机制，可以确保灌溉用水的供给，提高农业生产的可靠性和稳定性。且合理水价机制在促进农业结构调整，推动高效农业的发展，确保农业生产的可持续性和经济效益的最大化方面都有着积极作用。

三是适应发展的农业水价形成机制是维护农业生产者基础利益的根本保障。对农民及农业企业来说，灌溉用水成本在其经营成本中占有较大的比重。而不合理的水价机制会导致农民面临较高的用水成本，加重了农民的经济压力，特别是对于小农户而言尤为突出。不合理的水价机制,会加剧农民的经济负担,甚至影响农民生产积极性。而合理的水价机制,可以平衡农民支付能力与用水需求,降低农民用水成本,提高农民收入水平,促进农村经济的健康发展[1]。

2 河套灌区农业水价综合改革的进程

新中国成立以来,河套灌区经历了一系列的发展变革,逐渐形成了灌排配套和节水型灌溉等农业生产灌溉模式。随着灌区农业的持续发展,以及水资源管理要求的进一步提高,需要从技术、管理等角度持续改革升级,以便更大程度上合理分配和高效利用有限的水资源。因此,建立一个合理的农业水价机制不仅对农民、灌区乃至整个社会的发展都将产生重大影响。

河套灌区的灌溉工程根据权属分为国管水利工程和群管水利工程,相应的水价也分为国管水价和群管水价。如图1所示,河套灌区农业水价整体展现了从福利水价到商品定价的趋势,其发展进程也与我国市场经济的发展高度契合[2]。自新中国成立以来,河套灌区农业水价综合改革历经多个重要阶段,不断实践探索和积累经验,逐步推进水价机制的科学化和合理化。

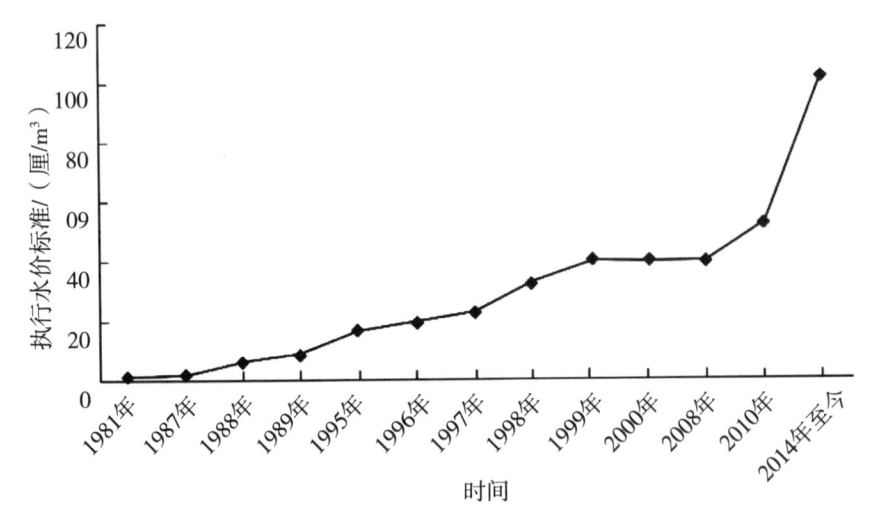

图1 河套灌区国管工程农业水价的演变历程

具体来讲,河套灌区农业水价的综合改革进程如下。

2.1 试点和示范阶段(2008—2015年)

河套灌区农业水价综合改革始于2008年,首先在临河区、五原县和乌拉特前旗的部分项目区进行试点和示范。这一阶段的改革主要目标是通过小范围试点,积累经验,逐步形成可推广的改革模式。在试点过程中,改革注重实践内容的综合性和多样性，不局限于水价的调整，还包括终端渠系的管理和农民用水行为的改善。通过这些尝试，逐渐摸索出了一套较为完善的水价综合管理体系，为后续的大规模推广打下了坚实的基础[3]。

2.2 开票到户政策试点阶段（2016年）

2016年，河套灌区在临河区开展开票到户政策试点工作，以进一步规范农业灌溉水费的分摊到户和预收水费票据管理。临河区人民政府印发了《临河区农业灌溉水费分摊到户及预收水费票据管理办法》（临政办发〔2016〕29号），明确了水费计收中的管理要求，重点杜绝乱加价、乱收费现象，极大程度减轻了农民不合理的用水负担。开票到户政策在临河区取得了突出的成效，得到了当地农户的大力支持，同时也证明了该管理模式的可行性和有效性，为在整个灌区推广水费管理新模式做好了充分的准备[4]。

2.3 全面推广阶段（2017年至今）

2017年，巴彦淖尔市水利局牵头，在广泛征询发改、财政、农牧业等相关部门意见的基础上，起草并印发了《巴彦淖尔市农业水价综合改革实施方案》（内河总发〔2017〕81号），明确了改革的年度实施计划、目标和任务。根据这一方案和国务院办公厅的指导文件（国办发〔2016〕2号），河套灌区各旗（县、区）全面开展末级渠系农业水价综合改革。各地在改革中不断结合自身实际，调整和优化水价形成机制，健全测量设施，完善水费收缴管理，构建奖补机制，逐步实现了科学化、规范化的水价管理模式。这一阶段的改革标志着河套灌区水价综合管理已进入全面深化和推广阶段，在推动区域水资源的可持续利用方面发挥了重要作用。

综上所述，河套灌区农业水价综合改革从试点阶段到全面推广，共经历了3个主要阶段，每个阶段都为后续的改革积累了宝贵的经验和实践依据。通过不断的探索和完善，河套灌区逐步形成了一套科学、合理、可操作的农业水价管理体系，为区域农业可持续发展和水资源高效利用提供了有力保障[5]。

3 河套灌区农业水价模式现存的问题

3..1 改革优化意识较薄弱

河套灌区改革优化意识较弱，思想认识不足，导致推动水价改革的动力不足。部分基层管理人员对水价改革的重要性和紧迫性认识不够，仍采用传统的管理模式，缺乏现代农业水价管理的理念和手段。在这种情况下，水价机制的创新和优化进展缓慢，难以适应当前水资源管理和农业发展的需求。同时，部分农户对水价改革抱有抵触情绪，担心水价上涨会增加农业生产成本，缺乏对改革政策和措施的充分理解和支持。认知方面的落后，导致水价改革难以在基层全面落实，影响了整体改革效果[6]。

3.2 水价形成机制不合理

目前，河套灌区现行的水价形成机制存在不合理之处，无法真实反映水资源的稀缺性和管理成本。当前的水价主要依据历史数据和经验进行设定，缺乏科学合理的定价依据，未能充分考虑水资源的供需关系、管理维护成本以及生态环境保护需求。尤其是水价阶梯机制过于单一，难以适应市场变化和水资源需求的波动。另外，水价结构单一，未能对不同用水水源、不同种植作物实行差别化定价，无法形成有效的激励和约束机制，影响了农民节约用水和提高灌溉效率的积极性。

3.3 用水计量不到位

目前河套灌区用水计量到直口渠，测量数据准确性较差，造成这一现象的原因是测量设施和技术水平相对落后，严重限制了水价管理的精准性和科学性。当前，灌区中的大多数测量设施设备老旧，精度低，无法准确有效地监测灌溉用水量，导致实际用水量与收费标准之间存在较大偏差。且部分灌区测量数据的记录方式过多依赖人工操作，存在数据错误和缺失的风险，无法满足现代化水资源管理要求。落后的测量技术使得水资源的利用效率低，缺乏科学的数据支持，也增加了水价管理的难度和不确定性。

3.4 缺乏奖补机制

当前河套灌区改革过程中缺乏有效的奖补机制，不能充分调动各方参与水价改革的积极性。在现有的管理模式下，水费收取和使用情况透明度不足，缺乏对节水行为的奖励措施和政策支持，导致农民和基层管理人员积极性不高。虽然部分地区采取了试点措施，但整体上缺乏系统性、常态化的激励机制，落实不到位，导致节水灌溉、科学管理等措施难以获得广泛推广和应用。

4 河套灌区农业水价合理负担机制建立策略

4.1 建立科学改革意识和加强政策宣传

河套灌区相关部门应着力建立科学改革意识，通过培训和宣传，提高管理人员和农户对水价改革的认知水平。政府部门和水利管理机构应组织各级管理人员和农户开展系列培训活动，讲解现代水价管理的重要性和相关政策，提高其改革的紧迫感和责任感。同时，利用电视、广播、报纸以及新媒体平台等多种渠道，积极宣传水价改革的意义和实施方案，及时解答农户关心的政策问题和实际困难。通过全面的宣传教育工作，使农民充分了解水价改革对其自身利益的保障，形成政策认同感和积极配合的态度，为改革的顺利推进奠定良好的社会基础。

4.2 健全水价形成机制，实行差别化定价

在农业水价模式改革过程中，健全水价形成机制是合理负担机制的重要基础。河套灌区应建立科学的水价形成机制，充分考虑水资源的供需状况、管理成本以及生态补偿需求。结合实际情况，引入基于市场供求的定价模型，确保水价可反映实际的供需情况和使用成本。同时，实行差别化定价，对不同的用水方式、种植作物和用水量实行不同的价格政策。对于高消耗低效益的用水方式，可适当提高水价，鼓励农户改进灌溉技术，降低用水量。而对于节水型、高效益的用水行为，则可给予价格优惠或补贴，鼓励农户采用先进节水灌溉技术。在制定动态化阶梯水价标准时，首先需要确定农业用水的基础水量，即在正常农业生产中保障作物生长所需的最低用水量。基础水量应根据不同作物、气候条件和土壤类型综合确定，确保基础用水价格较低，减轻农户的基本经济负担。超出基础水量的部分则按照用水量逐级递增设立多个阶梯，水量越大对应的水价标准越高，进而形成一个激励农户节水的价格梯度。与此同时，动态化阶梯水价应具备实时调整的灵活性，应对农业生产中的不确定性因素与水资源供需变化。如遇到干旱年份或其他特殊情况，政府可以根据实际水资源供应情况和农作物需水要求，灵活调整阶梯水价标准和各级水量区间，保障农户的灌溉需求和水资源管理的灵活性。在丰水年或节约用水行为规范性强的情况下，可适当下调阶梯水价标准，鼓励农户继续保持节水习惯，提高水资源利用效率。除此之外，还要建立动态调整机制，根据水资源状况和市场变化，适时调整水价，提高水价的灵活性和适应性。制定动态化阶梯水价必须依靠科学合理的定价依据，充分考虑水资源的稀缺性、管理维护成本、生态环境需求以及农户的支付能力[7]。定价模型应综合应用经济学、统计学等学科知识，具体包括水资源供需分析、成本核算与效益分析等环节，让每一级水价都能有效引导农户节约用水，同时为水利工程的维护和管理提供资金保障。

4.3 提升测量技术水平，完善水资源监测体系

针对农业水价的改革，提升测量技术水平是保障水价科学管理和精准施策的关键。河套灌区应加大测量设施的投资和技术升级，引进切合实际的测量设备，逐步淘汰老旧设备。建设完善的水资源监测网络，实时监控灌溉用水量，保证数据采集和分析的全面性和准确性。同时，推广智能测流和远程监控技术，减少人为操作的误差和数据缺失的问题，提高水资源测算的准确性和透明度。管理部门应定期维护

和校准测量设施，确保整个系统长期稳定运行，并建立信息共享平台，将监测数据透明公开，方便农户和管理者及时了解用水情况，进而提升用水决策和管理的合理性。

4.4 构建有效的奖补机制，激励节水行为

要构建有效的奖补机制，调动各方积极性，推动水价改革有效实施。为此，河套灌区可建立基于节水效果的奖励机制，对在用水和管理中表现优秀的农户给予财政补贴或物质奖励。奖励措施可以包括减免部分水费、发放节水灌溉补贴或者提供农业种植扶持等。同时，引入市场激励机制，通过水权交易等方式，允许农户在节约用水的情况下将剩余水权出售，获得经济收益。加强对节水技术推广应用的支持力度。例如，提供低息贷款或专项资金，帮助农户购买和安装节水设备，改造灌溉系统，从而降低用水成本，提高节水效益。政府相关部门还可设立专项资金，补贴因水价改革而增加的农业生产成本，减轻农民的经济负担。

5 结语

综上所述，河套灌区作为我国重要的农业灌溉区，其水资源管理和农业水价机制的优化对区域农业的可持续发展和农民的经济收益有至关重要的影响。本文回顾了河套灌区农业水价综合改革的进程，分析了现行水价机制中存在的主要问题。针对这些问题，提出了建立科学改革意识、健全水价形成机制、提升测量技术水平和构建有效奖补机制等策略。在未来的实践中，河套灌区可进一步加强政策宣传和教育，提高管理人员和农户的改革认知水平，形成良好的社会基础和政策供给体系。同时，通过科学定价机制和动态调整措施，确保水价合理，促进水资源的高效利用。准确完善的测流监测体系也将为水资源管理和精准施策提供强有力的数据支持。有效的奖补机制将激励节水行为，提升农户参与水价改革的积极性，真正实现减负增效，推动我国灌区农业水资源管理迈向科学化、现代化发展的新阶段。最终，实现水资源的可持续利用，为保障国家粮食安全和农民增收贡献力量。

参考文献

[1] 王宁.农业水价对不同种植规模农户的节水行为差异研究——基于对石津灌区的调查[D].江苏：南京农业大学，2021.

[2] 关文浩.浅谈丰东灌区张巷镇片区农业水价综合改革水费计收[J].水资源开发与管理，2020（2）：67–70.

[3] 位帅，张云.中山市农业供水成本核算及农民水费承受能力分析[J].广东水利水电，2021（8）：98–102.

［4］马江林，赵千子.黄河下游引黄供水管理存在的问题及对策［J］.山东水利，2024（5）：68-70.

［5］闫胜利.朝阳县农业水价综合改革效益评价［J］.黑龙江水利科技，2024，52（5）：150-154.

［6］王西琴，姜智强，张馨月.地下水灌区水价确定及其节水减排估算——以河北省南皮县为例［J］.中国生态农业学报（中英文），2023，31（5）：776-784.

［7］肖晨光，袁先江，张虎.淮北平原区农村水利问题与对策研究——以阜阳市颍泉区为例［J］.中国农村水利水电，2021（6）：98-101.

水利工程水费收缴存在的问题及对策探讨

——以三门峡水库为例

魏 瑜

三门峡黄河明珠（集团）有限公司

摘 要：长期以来，由于多种因素影响，水利工程水费收缴难度较大，尤其是农业水费收缴率偏低。加强水费收缴力度，提高水费回收率，任务长期而艰巨。结合三门峡水库水费收缴现状及存在的问题，对加强水利工程水费收缴提出几点看法，以期进一步规范水利工程水费收缴工作，切实发挥水价杠杆作用，促进水资源节约集约利用。

关键词：水利工程水费；收缴；水价

1 水利工程供水情况

三门峡水库位于黄河中游下段，距离三门峡市区14km。两岸连接河南、山西两省，控制流域面积68.8万km^2，占全河流域面积的91.5%；控制黄河来水量的89%，来沙量的98%，它是新中国大江大河治理与开发的探路工程。

三门峡水库投运以来，黄河下游引黄灌溉面积呈几何式增长，已经发展到近4000万亩，库区豫、晋两省利用水库蓄水发展农业灌溉，灌区面积已达100多万亩。三门峡水库每年利用凌汛和桃汛蓄水，为下游春灌保持了约14亿m^3/s的蓄水量，下游春旱时一般可使河道流量增加300m^3/s，大大提高了下游引水的保证率，是下游沿黄地区可靠水源。为保障国家粮食安全和初级农产品供给提供了强有力的水利支撑。

三门峡水库供水主要包括两个方面，一是向库区用水户直接供水，二是向下游河道调节供水。三门峡水库水费征收范围为潼关至三门峡大坝黄河干流河段。目前，已获得黄河干流取水许可证的库区取水口共9个，其中生活用水取水口1个，工业用水取水口2个，农业用水取水口6个。农业取水口全部集中在山西侧，主要为农业提灌站，采用泵站进行取水，泵站均建在黄河干流河道内，为河道内取水。

2 水价及水费收缴管理情况

2.1 现行水价

1999年8月,原国家计委下发《国家计委关于三门峡水库供水价格的批复》(计价格〔1999〕969号),核定了三门峡水库供水价格标准,其中工业用水0.03元/m³、生活用水0.02元/m³、农业用水0.005元/m³。该水价一直执行至今,20多年未作调整,由于物价上涨、工资水平提高、供水相关资产维护大修成本增加等多种因素,现行水价远低于供水成本。

2.2 水费收缴管理情况

在水费征收管理方面,要求取水单位按月书面报送取水量报表,年终提交取水报告。水费收缴人员对取水单位报送的水量报表与取用水直报管理系统中的水量数据进行核对,每季度到取水单位现场核对取水量相关信息,查看供水设备、取水计量设施运行等相关情况。在水费征收方面,非农业供水按季度结算水费;农业供水按年结算水费,年末一次性收缴。

3 水费收缴存在的问题

3.1 部分用水单位缴费意识淡薄

《中华人民共和国水法》规定:"直接从江河、湖泊或者地下取用水资源的单位和个人,应当按照国家取水许可制度和水资源有偿使用制度的规定,向水行政主管部门或者流域管理机构申请领取取水许可证,并缴纳水资源费,取得取水权。"部分用水单位缺乏水商品意识,缴费观念淡薄,且由于对法律法规和政策学习掌握不够,认为自身是在黄河自然河道取水,无需缴纳水费。

3.2 农业水费收缴率偏低

农业取水口管理单位为当地引黄服务中心(供水工程服务中心),属于地方水利局下属事业单位。各农业取水口管理单位均以自身经营困难、取水设备设施维护成本高、财政补贴不到位等为由,不能足额缴纳水费,个别取水口缴费比例过低。从近5年的水费收缴情况来看,非农业水费能够做到应收尽收,农业水费年平均收缴率仅20%。

3.3 水价长期偏低,制约水费收缴

三门峡水库建成运用后,在黄河流域水资源统一调度下,为山西省运城市平陆、

芮城两县的70余万亩农田提供了优质水资源。但三门峡水库供水价格20余年未作调整，农业水价长期偏低而且不能足额收取，供水单位也没有资金投至供水环节，用于改善供水设备及计量设施，提高供水效率，价格偏低问题也在一定程度上制约了水费收缴。

3.4 水费收缴缺乏强制手段

由于灌渠等取水、提水及计量设备设施均由取水单位自建自管，面对长期拖欠水费的情况，无法采取"关闸、停水"等强制手段，只能通过与各取水口及地方水行政主管部门反复沟通，要求并督促对方足额缴纳水费。近年来，对于个别长期拖欠水费且金额较大的取水单位，也采取了发送律师函等法律手段进行催收，但由于缺乏强制手段，且农业取水灌溉涉及粮食安全、乡村振兴等，受地方保护，催收效果不明显，足额收缴难度较大。

4 加强水费收缴的建议

三门峡水库水费收缴过程中存在的问题只是水利工程水费收缴存在问题中的一个小小缩影，基于此，笔者进行思考，对加强水利工程水费收缴提出几点看法。

4.1 加强政策宣贯，增强缴费意识

市场经济条件下，一切商品都应该按照等价交换的原则进入市场，无偿供水违背价值规律，也不利于发挥水价水权在促进节约用水方面的调节作用。要突出水的商品属性，让广大用水户认识到水是国家资源，并非取之不尽用之不竭，用水缴费天经地义，多途径多角度宣传，为水费征收奠定良好的思想基础。

加大《中华人民共和国水法》《中华人民共和国黄河保护法》《节约用水条例》等宣传力度，普及和宣传爱河、护河、节约用水、水土保持等知识，让取水单位认识到在黄河流域取用水应该依法取得取水许可，用水应当计量收费；宣传黄河流域生态保护和高质量发展战略，以更大力度推进深度节水控水；宣传最新实施的《水利工程供水价格管理办法》，提高用户的缴费意识，推进水资源节约集约利用。

4.2 加强内部管理，重视水费收缴工作

现实中，有些农业取水单位属于地方政府部门，供水经营者无水政执法权或监管权，在水费收缴方面往往处于弱势或者缺乏强有力的手段，面对水费拖欠的常态化现象和水费收缴不力的无力感，久而久之会打消供水经营单位收缴水费的积极性。

供水单位要提高认识，加强内部管理，严格水费收缴管理制度，确定水费缴纳周期、缴费方式、逾期处罚原则等。将责任压紧压实，水费收缴工作实行领导负责制，

并纳入年度目标任务进行考核，做到年初有任务，年中有检查，年末有考核，切实增强收费单位（部门）的责任和压力。指派专人负责加强与各取水口及地方水行政主管部门的沟通、协商，依托水行政部门有关管理权限，加大水费收缴力度。

4.3 提高服务水平，营造良好的收费环境

供水经营者要加强与用水单位的沟通联络，及时了解其用水需求，要把水费征收贯穿于水利建设与为民服务的全过程，取得用水单位的理解和支持。比如：加强供水设施日常维护，及时进行渠道清淤，提高渠道输水能力；采取措施保障用水户重要时段的用水需求，例如春灌等农作物生长的关键时期，农户用水需求比较紧迫，用水单位要做好水源保障，提高供水效率，提高用户用水体验感；完善供水计量设施并定期进行率定，主动向用户公开计量数据，做到信息公开透明。

4.4 深化水价改革，发挥价格杠杆作用

水利工程投资较大，有些由国家出资建设，有些由国家和供水单位共同出资建设，甚至完全由供水单位投资，由于水利工程后期维护、大修及更新改造成本较高，若没有财政补贴或财政补贴不足，会给供水单位造成较大经营压力。供水单位不仅要考虑投资成本的收回，也要考虑可持续发展，而水价偏低直接制约了供水单位的发展，也限制了其对水利工程后期的维养投入，不利于水利工程良性运行。

因此，深化水价改革，建立与水利投融资机制改革相适应的价格监管机制，才能充分发挥价格杠杆作用，促进水资源优化配置和节约集约利用，促进水利工程良性运行。制定农业水价时，充分考虑农户承受能力，按照合理补偿水利工程运行成本的原则，积极释放涨价预期，渐进式提高农业供水价格，逐步实行保本水价；制定非农业水价时，按照"准许成本加合理收益"的方法核定定价成本，强化成本约束的同时，合理确定投资回报，促进水利工程健康可持续发展。

4.5 积极争取财政支持，加大农业灌区工程投入力度

部分农业灌区工程由于日常运行管理跟不上，日常维修维护投入不足，造成取水管道、水泵等磨蚀严重，年久失修，存在跑冒滴漏现象，不利于节水控水；部分农业取水单位计量设施落后，取用水情况不能得到及时、准确的计量，严重影响供水效率，也不利于落实最严格的水资源管理制度。

加大农业灌区工程配套建设投入力度，是保障水费收缴的重要环节。要加大对灌区的投入，坚持国家、集体、社会各方投入相结合的原则，广泛吸纳各类资金，引入多元化投资体制，加快农业灌区和计量设施改造，完善工程配套，安装计量设施，加大对灌区设备设施更新改造、维修维护投入力度，提升供水基础设施运行工况水

平；配置安装用水远程在线监测系统，定期做好计量设施的改造升级，利用科技手段，进行取用水在线监测，通过技术手段落实强制性用水定额管理，提高水费收缴率。

4.6 规范支渠水费收管，提高农户缴费意识

随着农业水价综合改革的推进，财政对农业生产基础设施的补贴应尽量向灌区末级渠系配套设施的更新与提升倾斜，同时灌区与乡镇集体、农户积极筹资，共同加大灌区末级渠系更新改造力度，逐步建设和完善各灌区末级渠系必要的计量设施，实现灌溉用水按方计量、终端收费，从而促进农民群众节约用水，充分发挥水价杠杆作用，构建农田水利工程的良性运行机制。

4.7 强化收费管理措施，维护供水单位权益

供水和用水是两个平等法律主体之间的民事法律行为，为规范供水行为，双方应签订书面合同，明确权利义务关系、违约处罚措施等，增强供水关系的法律约束力。

《水利工程供水价格管理办法》规定："用户应当按照规定的计量标准和水价标准按期交纳水费；用户逾期不交纳水费的，应当按照约定支付违约金。"对长期逾期不缴纳水费情节严重的，供水单位应积极通过发送律师函、诉讼、仲裁等法律途径维护自身权益，有条件的供水单位可以采取"停水"等强制手段倒逼取水单位缴纳水费。

5 结语

价格是市场经济条件下资源配置效率的"牛鼻子"，抓住了它，就抓住了矛盾的主要方面。征收水利工程水费是为了合理利用水资源，促进节约用水，保证水利工程必需的运行管理、日常维护、大修和更新改造费用。规范水利工程水费收缴，利用价格杠杆促进绿色发展，发挥市场机制的调节作用，有助于促进取水单位节水改造提升，促进供水工程良性运行；也是落实"节水优先、空间均衡、系统治理、两手发力"治水思路的具体举措，对提升水资源配置效率、推进水资源节约集约利用，保障水利工程良性运行，促进水利事业健康发展等方面具有十分重要的意义。

遥感技术在数字孪生黄河建设中的应用与展望

陈 亮

黄河水利委员会信息中心

摘 要：算据是构建数字孪生流域的基础，遥感技术是获取算据的主要手段之一。通过40余年的黄河流域保护治理应用研究与生产实践，黄河水利委员会（以下简称"黄委"）建立了天空地一体化多平台技术协同、常规与专项监测相结合、常态与应急监测相结合、"查、认、改、销"闭环管理、"发生、发展、消亡"对象全周期监测的遥感监测体系，在流域防洪、水资源管理与调配、河湖管理、水土保持、水政执法、水利工程建设与运行管理、地理空间数据底板建设等方面进行了推广应用。未来在推进数字孪生黄河建设过程中，需在天空地一体化协同监测能力、遥感影像智能化处理解译与服务无缝集成、黄河流域业务场景化融合等方面进一步夯基提能，支撑"2+N"业务"四预"应用。

关键词：遥感；数字孪生流域；黄河保护治理；天空地

1 概述

数字孪生流域是数字孪生水利体系的重要组成，通过运用物联网、云计算、大数据、人工智能、虚拟现实等新一代信息技术，以物理流域为单元、时空数据为底座、数学模型为核心、水利知识为驱动，对物理流域全要素和水利治理管理活动全过程进行数字映射、智能模拟、前瞻预演，与物理流域同步仿真运行、虚实交互、迭代优化，实现流域防洪、水资源管理与调配等"2+N"业务应用预报、预警、预演、预案（"四预"）功能的综合体系，提升流域治理管理数字化、网络化、智能化水平，为新阶段水利高质量发展提供有力支撑和强力驱动[1]。

算据是物理流域及其影响区域的数字化表达，是构建数字孪生流域的基础，卫星遥感、航空遥感等遥感技术作为天空地一体化水利感知网的主要技术手段之一，可以及时掌握和高效动态更新流域DOM、DEM/DSM、倾斜摄影模型、激光点云等地理空间数据底板，提取地表水体、地表水质、水循环要素、下垫面、洪旱灾害、水利工程安全、灌区、水土保持、人类活动等信息，应用于水利模型模拟计算，支撑流域防洪、水资源管理与调配、水土保持、河湖管理、水行政执法、水利工程建设与运行管理等"2+N"业务应用[2-3]。

黄河流域保护治理遥感技术应用起步较早，20世纪80年代初黄委将遥感技术应用到治黄业务，开展了黄河口演变遥感监测与研究、流域遥感地物光谱测量等工作。20世纪90年代，开展了"黄河下游区域洪涝灾害监测与评估业务运行系统"实验区科研项目，建立了NOAA卫星地面接收站，推进了遥感技术在黄河防洪减灾工作中的应用；实施了黄土高原严重水土流失区生态农业动态系统监测技术引进项目、黄河流域水土保持遥感普查项目，推进了遥感技术在黄河流域水土保持工作中的应用。2000年以来，随着遥感技术的发展，尤其是国产卫星遥感数据资源的日益丰富和无人机技术的逐渐成熟，黄委不断推进空天地遥感监测体系建设，黄河流域遥感技术应用得到快速发展，开展了黄河防凌、洪水、下游河势、河口生态补水、土壤墒情、灌区耕地与种植结构、灌溉面积、河道水事违法行为与河湖"四乱"、水土流失、生产建设项目、工程管理事项等多要素监测，在黄河流域保护治理中发挥了重要支撑作用。

2 黄河流域保护治理遥感技术应用现状

2.1 天空地遥感监测技术

天空地一体化遥感监测技术，按传感器搭载的平台不同分为航天遥感、航空遥感和地面遥感。

航天遥感以卫星为搭载平台，可以从太空远距离对地面进行观测，能够周期性地获取地表的影像数据，具有快速高效、便捷客观、大范围、重复覆盖、不受地面影响等特点。随着国家陆地观测卫星事业快速发展，卫星数据资源不断丰富，中巴资源系列、环境减灾系列、资源系列、高分系列等卫星组网运行，影像空间分辨率覆盖亚米至百米，卫星载荷包括可见光-近红外、全色、热红外、高光谱、立体测绘、SAR等，多卫星协同影像重访时间可达每天一次。卫星遥感具备全天时全天候观测能力，能够实现对监测目标进行长期连续跟踪监测和再现历史变化过程。

航空遥感技术以飞机为搭载平台最为常见，具有成像分辨率高、调查周期短、不受地面条件限制、机动便捷、携带载荷灵活等特点。随着机载航空遥感技术的发展，飞机可携带多光谱、热红外、高光谱、雷达等多种载荷进行遥感影像采集，满足不同调查和监测需要。机载航空又可分为载人航空遥感和无人机遥感，两者因飞行高度不同，成像能力和特点略有差异。一般来说，载人航空遥感需要借助邻近机场进行起降采集数据，飞行高度高，续航能力强，可搭载载荷重，成像面积大，适用于区域高精度遥感监测；无人机起降便捷，飞行高度低，续航能力弱，可搭载载荷轻，成像面积较小，适用于局部区域精细化遥感监测。

地面视频监控、移动应用等信息采集技术具有手段丰富、数据多样、更接近现实等特点，可采集现场照片、视频、位置、轨迹等信息，是现场连续实时监视、信息调查与核查等重要手段。

2.2 黄河流域保护治理应用现状

通过多年的应用研究与生产实践，黄委利用卫星遥感、航空遥感、视频监控、移动应用等天空地一体化技术，逐步建立了多源多平台技术协同、常规与专项监测相结合、常态与应急监测相结合、"查、认、改、销"闭环管理、"发生、发展、消亡"对象全周期监测的流域保护治理遥感监测模式，为强化流域监测监督职能、对干支流监管"一张网"全覆盖提供了有力支撑。

在流域防洪方面，开展了河势、凌情、洪水、入海流路等遥感监测，成果为每年黄河防汛、防凌会商决策提供了重要依据。河势遥感监测已取代人工乘船查河的传统方式，每年汛前、调水调沙期、洪水期、汛后利用空间分辨率 10~30m 的光学卫星遥感影像监测下游河势，跟踪分析河势动态变化，研究河势变化规律，及时对不利河势进行监测预警。每年黄河凌汛期，利用空间分辨率 10~70m 的光学卫星遥感影像对宁蒙河段、北干流河段、下游河段等开展凌情遥感监测，每日跟踪封开河位置与长度，定期监测清沟、漫滩、堤防水情变化，结合米级高分辨率光学卫星和无人机等遥感技术开展冰塞冰坝、壅水险情和洪水灾情险情等凌情应急监测。洪水遥感监测以空间分辨率 2~30m 的光学卫星和 SAR 卫星遥感影像为主要数据源，成功监测了黄河下游"96.8"洪水、"03.8"洪水、2021 年中下游秋汛洪水等，为黄河防汛调度、抗洪抢险和滩区人民群众迁安救护提供了重要资料。黄河口入海流路摆动、改道频繁，每年利用空间分辨率 10~30m 的光学遥感影像，监测黄河口入海流路现状，分析动态演变过程，支撑河口保护治理。

在水资源管理与调配方面，开展了灌区土壤墒情、灌区种植结构、生态补水评估、母亲河复苏调查等遥感监测。灌区土壤墒情监测通过黄河水量调度管理系统等项目建设，以宁夏青铜峡灌区、下游河南引黄灌区作为试点，采用多源光学卫星影像建立了综合 PDI、VSWI、TVDI 等多种指数的灌区土壤墒情（旱情）遥感监测模型，实现了田间尺度土壤墒情遥感动态监测，为水资源管理部门提供了引黄灌区土壤墒情信息。灌区种植结构监测利用空间分辨率 2~30m 的光学卫星遥感影像，基于高时空分辨率融合等技术开展了灌区耕地和主要农作物种植结构调查，为开展农业灌溉面积监测、农业用水和节水评估等提供重要数据支撑。生态补水监测与评估，每年在黄河下游生态调度期，利用空间分辨率10~30m的光学卫星遥感影像，开展下游河道和河口生态补水区补水前、补水期、补水后水面面积和年度植被面积遥感监测，为生态调度决策和效果评估提供了重要参考依据。母亲河复苏调查利用遥感技术获取河道有水时长、有水河长、河岸带植被、地下水等指标，评估母亲河复苏成效。

在河湖管理方面，开展了河湖"四乱"、河道采砂、涉河建设项目等遥感监测。河湖"四乱"监测利用空间分辨率优于2m的光学卫星遥感影像，开展河湖"四乱"遥感动态监测，制作河湖"四乱"疑似问题清单和专题图，推送至河湖相关部门移动应用APP，现场核查人员利用APP和无人机等对疑似问题图斑进行现场逐一核查，支撑河湖问题"查、认、改、销"闭环管理，有力支撑2019年黄河干支流"清河行动"、黄河流域片河湖保护治理本底调查、黄委直管河道河湖"四乱"问题动态监管等。同时，利用历史多年卫星遥感影像可实现对河湖"四乱"和河道非法采砂历史追溯调查，在黄河中游韩城龙门段固体废物侵占河道问题核查整改、多次河道采砂整治专项行动中进行应用，提供了及时、翔实有力的侵占变化过程监测数据。涉河建设项目遥感监测，利用米级高分辨率卫星遥感影像结合涉河建设项目审批资料，进行涉河建设项目电子化处理和上图，跟踪监管在建涉河建设项目疑似问题，强化涉河建设项目事前、事中、事后监管。

在水土保持方面，开展了水土保持遥感普查、水土保持措施调查与效益评价、水土流失动态监测等。20世纪90年代，利用空间辨率为30m的Landsat TM影像开展了黄河流域水土保持遥感普查，获取了全流域侵蚀强度、坡度、植被覆盖度等大量的基础数据，初步掌握了黄河流域土壤侵蚀现状，基本摸清了黄河流域水土流失情况。利用空间辨率为30m的Landsat TM、亚米航空遥感影像开展了黄土高原严重水土流失区、黄河中游多沙粗沙区水土保持动态监测研究与分析，为黄河中游多沙粗沙区制定和优化水土流失防治方案、分析和评价治理效果提供了科学依据。近年来，利用米级高分辨率卫星遥感影像开展了黄河上中游水土保持措施调查与效益评价，开展了样区水土保持措施数量、质量调查；开展了黄河流域水土流失动态监测，监测黄河流域（片）土地利用、植被覆盖度、土壤侵蚀强度等要素，分析了黄河流域（片）国家级水土流失重点防治区土地利用、土壤侵蚀、水土保持措施、水土流失消长等变化情况。

在水政执法方面，通过多期黄委水政监察基础设施项目建设，自2009年开始利用卫星遥感、载人航空遥感、无人机、固定视频、移动应用等信息化技术，构建了黄委水政执法天空地一体化遥感监测体系，全面摸清了黄河干流直管河道水政执法关注的河道监测对象本底情况，建设了水政执法问题发现、执法巡查、立案督办和案件处置业务全过程支撑的信息化系统，实现水政执法"天上看、空中查、地上巡、网上办"的高效协同作业模式。建设成果成功应用于黄委总队、直属总队、支队、大队四级水政执法队伍,为水政执法日常巡查办案和多次流域水政执法专项行动提供了重要支撑,大大提高了各级水政监察队伍巡查、办案、清障和案件处置能力。

在水利工程建设与运行管理方面,利用米级空间分辨率卫星遥感影像,组织开展了黄委直管水库、堤防、河道整治工程等水利工程管理范围内建筑物、构筑物等工程管理事项疑似问题调查,提升疑似问题的主动发现能力。同时,利用无人机采集工程管理事项高精度照片、视频、全景影像等数据,与卫星遥感影像结合形成多尺度、多视角立体化监测资料,提升了工程管理事项问题调查取证能力,为强化工程运行管理提供了有力支撑。

地理空间数据底板建设方面,近年来每年根据需要采集空间分辨率优于2m的卫星遥感影像进行黄河干流和重要支流重点河段L1级地理空间数据底板建设与更新,采集空间分辨率优于1m的卫星遥感影像进行黄委直管河道和水库的重点区域L2级地理空间数据底板建设与更新。利用无人机采集重点水闸、控导、险工、水库的倾斜摄影和激光点云数据建设水利工程L3级地理空间数据底板。

3 数字孪生黄河建设遥感技术应用展望

遥感技术在数字孪生流域建设中至关重要,作为流域多尺度、强时空特征"算据"的重要来源,是数据底板建设的关键内容之一,有助于构建多维多尺度时空数字化场景,对水利模型构建、知识平台建设和保障高效的数据更新起到重要支撑作用。但是,与数字孪生流域建设要求相比,未来黄河流域保护治理遥感技术应用还需要在夯实感知基础、提升应用能力方面开展大量工作。

一是持续提升天空地一体化协同监测能力建设。完善黄河流域卫星遥感影像数据汇聚接入能力,通过汇聚水利部信息中心、中国资源卫星应用中心、商业卫星以及国外主流卫星等卫星遥感数据资源,增加卫星汇聚接入数量,缩短不同空间分辨率、不同载荷类型卫星遥感数据重复覆盖时间,提高监测频次,为流域大范围、高频次监测奠定影像基础。优化无人机配备,大力推进重要河段、重点区域、重要工程无人机自动基站布设,建设黄委无人机应用管理平台,实现无人机装备统一管理、应急任务统筹调度、数据高效汇聚、多业务场景化应用。

二是加快遥感影像智能化处理解译与服务无缝集成。运用云计算、大数据、人工智能等信息化技术,强化天空地一体化多源遥感影像校正、融合等处理,建设流域卫星、无人机多源遥感解译样本库,研发卫星、无人机遥感影像和视频智能识别和变化监测模型,提升冰川、水体、冰凌、旱情、灌区种植结构、农业灌溉面积、水土保持、河湖"四乱"、涉河建设项目、湿地、下垫面等信息自动化、智能化提取水平，为实现"四预"监测预警提供高效支撑。建设流域遥感时空信息服务平台，实现遥感监测成果跨业务、跨平台、多层级一站式应用，提升遥感监测成果的应用水平。

三是深化黄河流域业务场景化融合应用。一方面，丰富水利监管对象遥感监测要素，持续拓展业务应用范围。围绕落实黄河流域生态保护和高质量发展重大国家战略、强化流域治理管理等要求，充分发挥遥感技术优势，拓展遥感技术在蓄滞洪区、人造水景观、水源地保护、地下水、水利工程建设、工程安全运行等业务领域的监测应用，进一步提升流域全要素监测能力。另一方面，加强时空遥感监测成果多业务融合应用。充分利用40多年来积累的大量长时序遥感影像，深挖遥感数据中蕴含的流域时空特征与规律，加强遥感监测成果与其他监测数据的融合应用，深度耦合水利业务模型，支撑数字孪生模型平台构建、知识平台建设，为数字孪生"四预"场景化应用提供更强有力支撑。

参考文献

[1] 李国英.加快建设数字孪生流域 提升国家水安全保障能力[J].中国水利，2022（20）：1.
[2] 李纪人.遥感技术在水利数字孪生建设中的作用[J].水利发展研究，2025，25（4）：1-10.
[3] 蔡阳，崔倩.卫星遥感水利应用进展与展望[J].中国水利，2024（11）：9-16.

黄河智慧防凌系统构建技术及经济问题研究

杜 文　张梦初

黄河水利委员会信息中心

摘　要：黄河凌汛严重威胁沿河两岸居民生命财产和河道水利工程安全。对照水利部智慧水利、数字孪生及"四预"工作要求，目前黄河水利委员会信息化应用的智能化支撑能力不足。结合防凌管理工作需求和信息化应用现状，基于已有黄河防汛会商预演系统，提出了智慧防凌应用系统架构，讨论了应用工作原理和技术实现，提出了关键技术解决方案，探讨了系统建设过程中面临的经济问题及应对措施，展现了系统应用效果。系统建成后有效地支撑了黄委防凌会商工作。为保证系统持续产生工作效益，从技术及经济两个维度对后续工作进行展望。

关键词：四预；数字孪生；智慧水利；黄河；数据底板；经济问题；防凌；会商

1　黄河防凌概况

凌汛俗称冰排，是冰凌对水流产生阻力而引起的江河水位明显上涨的水文现象。冰凌有时可以聚集成冰塞或冰坝，造成水位大幅度的抬高，最终漫滩或决堤，称为凌洪[1]。黄河流域位于秦岭—淮河地理与气候分界线以北，处于我国北方河流冬季产生冰情的过渡地带。黄河流域东西跨越23个经度，南北相隔10个纬度[2]，因此冬季黄河上、中、下游都有部分河段结冰封河。由于上游宁蒙河段和下游山东河段水流是由低纬度流向高纬度，河段首尾温度有差异，导致封河与开河时间先后不同，封河自下而上，开河自上而下，这种独特情况容易形成冰塞或冰坝，从而造成凌汛，威胁沿河两岸居民生命财产和河道水利工程安全。受地理位置、河流走向和河道条件等因素的影响，黄河宁蒙河段和下游河段是凌情灾害重点防控河段[3]。人民治黄以来，已经基本建成了比较完善的黄河非工程保障措施。从2000年以来，针对防凌管理工作，黄河水利委员会（以下简称"黄委"）先后建设了黄河防洪防凌决策支持系统、国家防汛抗旱指挥系统工程黄河上游防洪防凌调度系统等，从信息化监管和调度管理角度有效地支撑了黄河防凌管理工作。

2019年7月,水利部正式印发《智慧水利总体方案》,明确了智慧水利建设的总体要求、总体架构、主要任务和组织实施方法。2021年以来,水利部在"三对标、一规划"专项行动总结大会上明确提出"以数字化、网络化、智能化为主线,构建数字孪生流域,开展智慧化模拟,支撑精准化决策,全面推进算据、算法、算力建设,加快构建具有预报、预警、预演、预案(以下简称"四预")功能的智慧水利体系"。《数字孪生流域建设技术大纲(试行)》《数字孪生水利工程建设技术导则(试行)》《水利业务"四预"功能基本技术要求(试行)》等相关规范,进一步明确了数字孪生流域建设内容[4],提出通过数字孪生及"四预"实现智慧水利目标的技术路线,细化并明确了数字孪生流域、数字孪生水网、数字孪生水利工程、"四预"等工作建什么、谁来建、怎么建以及如何共享等要求,为各级水利部门智慧水利建设提供了基本技术遵循。

对照水利部数字孪生和"四预"工作要求,现有各相关防凌信息化均存在一定差距。黄河防洪防凌决策支持系统建成于2005年,系统采用C/S架构,可为防洪防凌会商决策提供水、雨、工情等信息服务[5]。由于系统建成时间较早,系统架构及性能已不能满足目前黄委防凌管理工作的需求,不具备凌情预警、预演和预案等支撑能力。国家防汛抗旱指挥系统工程黄河上游防洪防凌调度系统服务于黄河防凌调度工作,管理范围覆盖黄河上游地区。从黄委防凌管理工作角度来讲,该系统覆盖范围不全,无法完全支撑防凌会商等工作,不具备预警和预演功能。黄河防洪防凌调度决策会商系统基于SOA全息管理架构,采用多源数据融合技术,搭建了流域三维地貌平台。结合会商业务流程,完全覆盖了日常防汛例会会商、防汛部署会商、洪水调度方案会商、重大险情抢护会商、应急事件会商和防凌会商等会商主题,实现了对黄河防汛会商流程的全过程、全阶段管理[6]。然而,系统仍无法支撑黄委防凌管理工作对凌情预警和预演功能的需求。

黄河防汛会商预演系统作为水利部信息化"四预"总体部署在黄委的典型应用,已于2022年6月上线运行。系统服务于黄河汛期防汛会商工作,针对黄河防汛会商工作重点环节,建成了具备"预警、预报、预演、预案"功能的综合性会商决策系统,有效提升了黄委水旱灾害防御现代化会商和管理工作能力[7]。针对黄委现有防凌信息化应用"四预"功能方面的短板,2022年10月,黄委党组提出了在现有黄河防汛会商预演系统的基础上补充完善智慧防凌功能的工作要求,基于黄河防汛会商预演系统汇聚整合已有防凌相关信息化资源,按照水利部智慧水利和"四预"技术要求对黄河防汛会商预演系统进行升级完善。

2 系统总体设计

2.1 总体框架

系统建设遵循智慧水利顶层设计总体框架，结合黄委防凌管理业务和信息化工作现状，按照有效支撑黄河智慧防凌工作的要求，基于已有黄河防汛会商预演系统进行建设，其总体框架如图 1 所示。

黄河智慧防凌系统建设框架由物理黄河、基础设施、数字孪生平台、智慧应用、网络安全体系、黄委云平台以及技术标准与保障体系共 7 部分组成。

网络安全体系为黄河智慧防凌应用提供安全管理、安全防护、安全监督等方面的支撑，为系统其他组成部分提供了可靠的网络安全保障。标准与保障体系为系统建设提供技术标准规范、体制机制、运维体系、规范化管理、人才队伍、宣传与交流等方面的支撑。黄河数据中心云平台可为系统提供可靠的"算力"支撑。物理管理对象是黄河智慧防凌应用建设管理的目标对象，是"数字化映射"的现实世界实体、防凌相关水利对象、活动事件以及凌情影响范围。基础设施是系统感知、获得和传输数据的保障。其中，黄河采集感知网是从物理世界中获取全面、真实、客观、动态水利数据和信息的渠道和手段。黄河信息网是黄委各类水利信息化数据传输的载体、网络通道和配套网络设施。基础支撑为其他建设内容提供了公用性的系统功能服务支撑。防凌主题数据底板为防凌管理工作提供了统一的数字化场景。模型平台聚焦业务建设目标，提供了具备"四预"能力的算法支撑。知识平台汇聚各类防凌相关知识，形成黄委统一的水利行业防凌知识库，可为"防凌"管理工作提供必要的历史经验及专家建议。数据底板提供了黄河防凌数字化场景的可视化展现能力，基础支撑、模型平台和知识平台则支撑了系统的智慧化模拟能力。基于"防凌"主题的数字孪生黄河流域则为黄河防汛会商预演系统等水旱灾害防御应用实现精准化防凌决策提供了算法和算据支撑。面向防凌主题的智慧应用建设以已建黄河防汛会商预演系统为基础，补充完善系统功能。融合已有防凌信息化应用建设成果，建设防凌监测、防凌告警、防凌监视和防凌方案等内容，实现对水温气温、流凌、冰厚、水雨情、槽蓄水量、水库蓄水等情况监测，以及对已有各类防凌调度、值守、抢险方案、防凌主题模型平台和知识库的在线调用和数据分析，实现对水雨情、气温水温、流凌、封河等情况的预测，对潜在凌情险情的预警提醒，对封河、流凌、水库防凌调度情景的仿真预演，以及对防凌工程调度、抢险救险预案的自动生成和推荐。

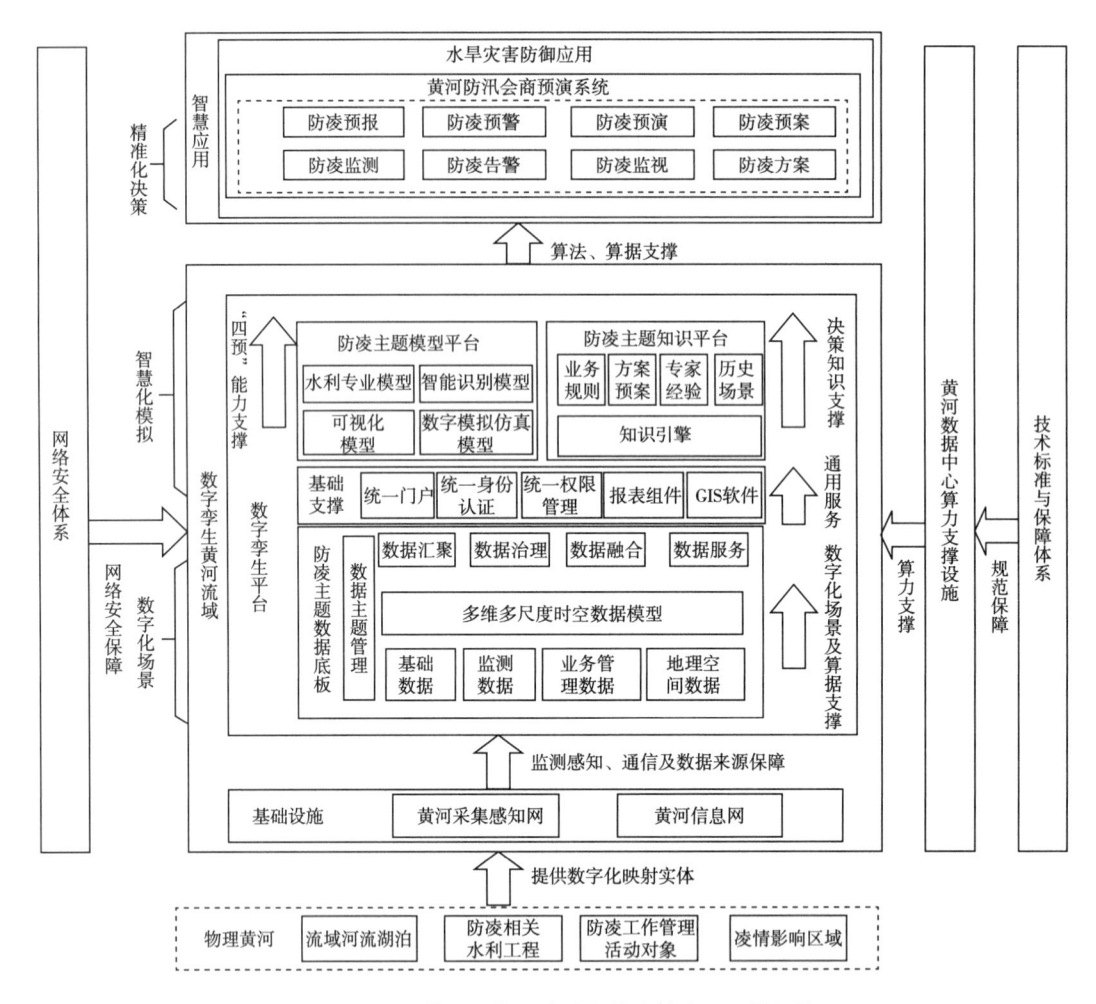

图 1 黄河智慧防凌信息化支撑应用系统架构

2.2 技术路线

黄河智慧防凌系统在构建过程中，主要涉及算力能力建设、算据能力建设、算法服务建设和智慧防凌应用构建 4 部分内容（图 2）。

算力能力建设主要包括监测感知、通信网络、黄河数据中心黄河云建设 3 部分内容。通过采集传感器感知获取水雨情、气温水温、凌情的监测数据。对流域防凌重点断面和工程通过视频进行监视监控。利用无人机及遥感卫星等新技术手段对流域封河、流凌等情况进行遥感监测。通过自建和租用的信息传输通道，以及黄委已有网络及安全设施为各类软硬件和数据资源提供网络通路及安全保障。基于黄河数据中心黄河云为黄河智慧防凌应用提供可靠的计算及存储服务。

通过数据底板构建，为黄河智慧防凌系统提供了算据支撑能力。包括数据汇集治理和数字化场景构建。数字孪生数据底板涉及的基础、地理空间、监测和业务数据资源，通过数据库、服务、文件抽取等方法进行抽取和汇总。通过数据映射建立和水利对象之间的关系。经过数据治理后，对数据进行清洗、去除等操作。数据治理成果通过云平台数据库对已有数据资源进行统一存储。多维多尺度时空数据模型构建包括水利对象模型构建、场景和对象间、各对象间、数据和对象间关系构建、二维场景搭建和三维场景搭建等技术。通过对象模型构建技术实现对现实物理世界中水利对象的实体建模。利用二维场景搭建技术，按照数字孪生技术要求实现 L1 至 L3 级二维地图场景的构建。利用三维场景搭建技术，按照数字孪生技术要求实现 L1 至 L3 级三维地图场景的构建。利用场景和对象间、各对象间、数据和对象间关系的构建技术，实现数据治理后各类基础、地理空间、监测、业务管理和跨行业管理数据与水利对象、二三维数字化场景之间的关联和融合。

算法服务建设包括：模型服务、知识服务、基础服务和功能封装服务建设，为黄河防汛会商预演系统防凌主题提供了算法能力支撑。其中模型服务包括机理分析预测、数据驱动预测、模式识别、模拟仿真和可视化等服务内容。知识服务在构建

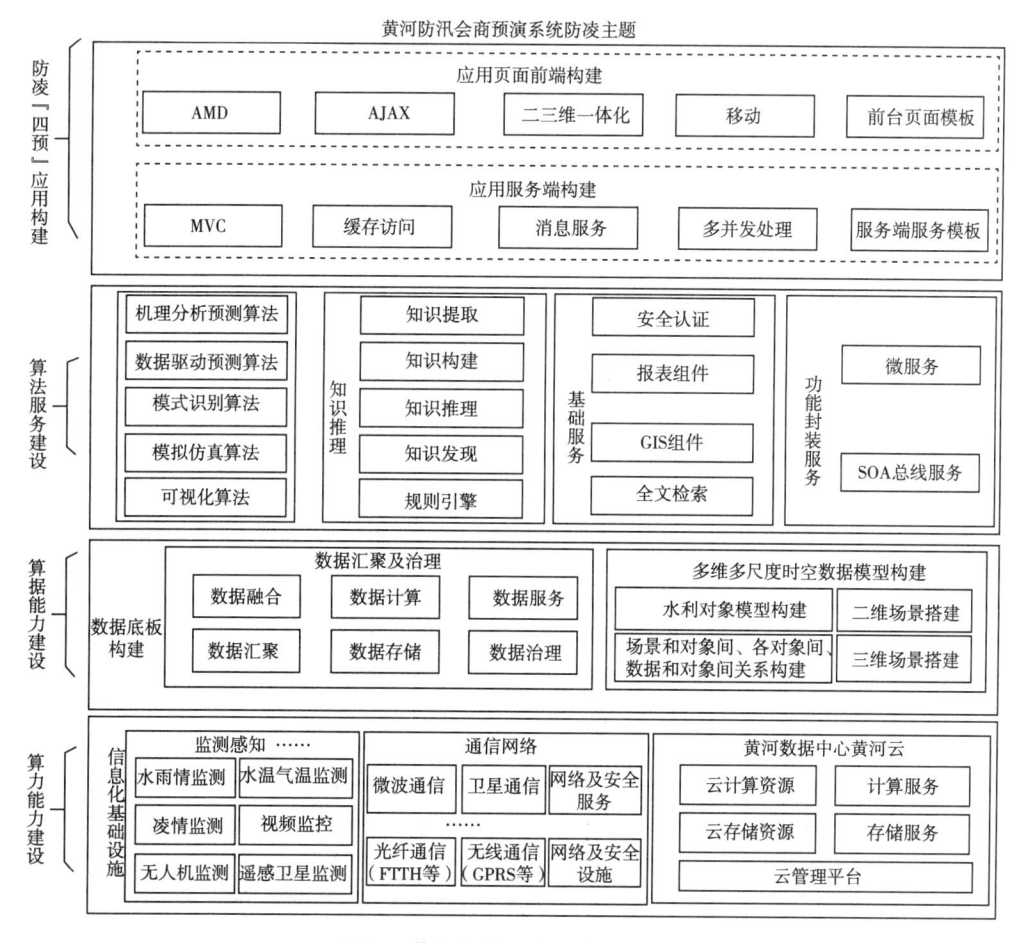

图 2 黄河智慧防凌系统技术实现原理

过程中主要包括知识提取、知识库构建、知识推理、知识发现和规则引擎等工作环节。基础服务包括安全认证、报表组件、GIS组件、全文检索等服务内容。数据服务为各类应用提供了统一的数据资源访问接口，包括SOA总线服务和微服务两种服务类型。对于需要协调时序处理及协同合作的数据采用SOA总线服务的方式进行封装，对于其他类型数据采用微服务方式进行封装。

智慧防凌系统在建设过程中，主要包括业务应用服务端构建和业务应用前端构建两方面工作。服务端构建涉及服务端MVC框架搭建，缓存访问、消息服务、多并发处理等内容。前端构建涉及页面前端模块化（AMD）框架搭建、AJAX后台服务调用、二三维一体化数字化场景展现、移动端展现和前台页面模板的建设。

3 技术实现方案

黄河智慧防凌系统在构建过程中的重点和难点问题是如何基于黄河防凌业务工作特点实现"四预"功能，为此提出以下解决方案，关键技术及实现原理如图3所示。

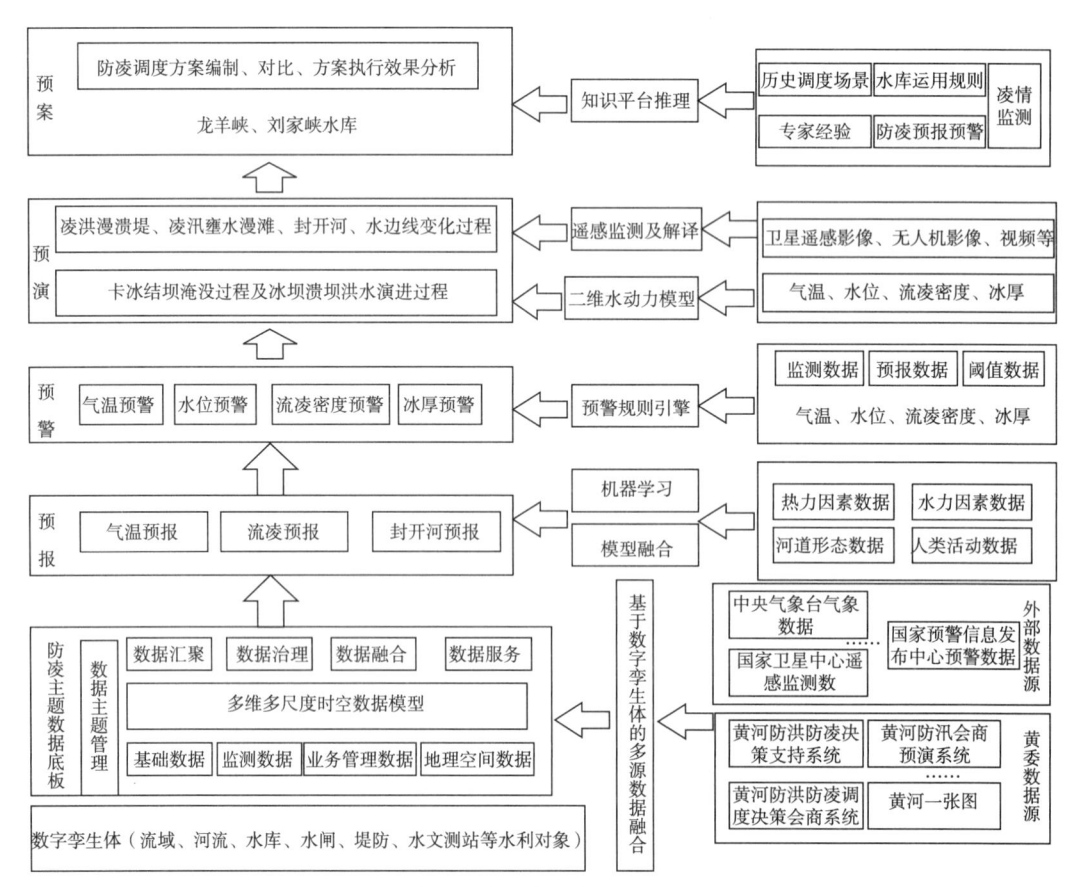

图3 黄河智慧防凌系统关键技术及实现原理

3.1 防凌主题数据底板构建

数据底板是系统实现"四预"功能的基础。利用多源数据融合技术汇聚整理相关基础、地理空间、监测、业务管理和跨行业共享数据，建设多维多尺度时空数据模型，将水利对象实体作为数据表达与分类组织的基本单元，从而以时空属性为纽带融合和重组各类数据，实现多级嵌套的时空数据底板构建[8]。多源数据融合技术可实现将不同单位、不同格式、不同结构和不同质量的大量异构数据进行融合及治理，实现将具有不同来源特点的信息数据融为一个有机整体[9]。相对于传统多源数据融合技术，在构建防凌主题数据底板时，将系统中流域、河流、水库、水闸、堤防等水利对象数字化为数字孪生体对象，这些水利数字孪生体对象通过 RDF 数据模型进行定义。模型定义中包括水利数字孪生体对象的基础属性信息、二维地理信息、三维及 BIM 信息、监测信息、业务信息和跨行业相关信息（注：各类信息以 Rest 服务的形式进行封装）。此外，水利数字孪生体模型之间通过空间（如上游及下游）、时间（如不同年份）、管理（如管理和被管理）、因果（如影响和被影响）等关系属性进行关联，并按照水利业务管理工作习惯对不同的水利数字孪生体模型进行主题分类管理。相较于传统的多源数据融合技术，基于水利数字孪生体的多源数据融合技术因为具备三元组的特征，因此具备高度的灵活性、可扩展性。此外，将 RDF 数据存储在图数据库 Neo4j 中，对比其他数据融合方案具备检索速度快的特点。

3.2 凌情预报构建

采用机器学习技术实现凌情预报，通过集成学习技术提升模型预报精度。机器学习是一门研究怎样用计算机来模拟或实现人类学习活动的学科，是知识发现、数据挖掘等领域的重要基础[10]。在水利行业，降水预报、径流预测等领域机器学习技术已进行了广泛的应用[11]。系统在构建过程中按照黄河防凌工作要求，从数据底板中抽取热力因素数据（如气温、水温）、水利因素数据（如水位、流量、槽蓄水增量等）、河道形态数据（纵比降、弯曲度等）和人类活动数据（如水库工程防凌调度方案等），利用支持向量机、神经网络、时间序列等模型算法，对黄河上中游重点防凌河段气温、流凌和封开河等发展趋势进行了中短期预报。集成学习旨在提高自动决策系统的准确性[12]，为了增强模型预报精度，采用集成学习技术中的 Bagging 算法对凌情预报数据集进行训练，训练后产生不同模型的预报结果，这些结果采用均值法（Averaging）进行平均，其平均值作为凌情预报的结果。

3.3 凌情预警构建

在传统的信息化系统中，预警信息可通过开发语言编制与预警阈值进行对比的程序控制脚本进行实现。规则引擎技术对比传统开发技术，具备预警规则易于维护、实时处理能力强的特点[7]。王仲梅等[13]基于黄河宁蒙河段凌汛灾害成因和凌情特征，提出了黄河宁蒙河段凌汛灾害预警指标体系。系统在构建时据此从防凌主题数据底板中提取出黄河上中游河段气温、水位、流凌密度和冰厚等相关监测、预报和阈值数据，采用 Drools 工具搭建了防凌预警规则引擎，利用规则引擎对气温、水位、流凌密度和冰厚的预警规则进行了标准化定义，相关河段监测和预报的气温、水位、流凌密度和冰厚数据信息通过定时任务队列写入规则引擎后可动态产生凌情预警信息。

3.4 防凌预演构建

在黄河凌汛期间，一般情况下每周采用遥感监测和解译的方式对黄河上中游重点河段封开河、水边线变化的过程进行在线监视，监视成果以二维矢量图层服务的方式叠加在防凌专题数字化场景中。通过时间轴对不同时间点解译成果的选择，可一目了然地观察出所关注河段封开河及水边线的变化发展情况。在凌情出险期间，每天通过遥感监测和解译的方式对凌洪漫溃堤、凌汛壅水漫滩等险情发生和发展的情况进行动态监视，监视成果以二维矢量图层服务的方式在防凌专题数字化场景中进行叠加，通过时间轴动态滚动播放，可清晰掌握凌情出险发生和发展的全过程，从而可以有效支撑凌情抢险救险工作。

黄河中游十四份子段作为凌汛期间易出险河段，历年来都是防凌工作的重中之重。为此，黄河智慧防凌系统在建设过程中选取该段为工作试点，围绕头道拐上下 60km 建立了二维冰水动力学模型，计算了河段不同位置（桥梁、弯道）、不同流量卡冰结坝淹没过程及冰坝溃坝洪水演进过程，基于防凌专题数字化场景预演了头道拐上下游流凌和冰厚变化的过程。

3.5 防凌预案构建

知识平台利用知识图谱和机器学习等技术实现对水利对象关联关系和水利规律等知识的抽取、管理和组合应用，为数字孪生流域提供智能内核，支撑正向智能推理和反向溯因分析[14]。系统在构建过程中，采用知识平台推理技术实现了水库防凌调度方案编制功能。知识平台包括知识库和知识引擎两部分内容。知识库在建设过程中通过数据底板汇聚整合了流域防凌历史调度场景、水库防凌运用规则及水库防凌调度专家经验。知识引擎对知识库数据进行组织，通过调用 KNN 等相似度分析算法和关联分析等算法，基于当前凌情监测、预报和预警数据，对历史监测、预报预警数据进行对比，从而推理出关联或相似程度最高的防凌调度方案进行推荐。此外，系统还实现了不同调度方案间的对比分析、调度方案和调度实际执行情况对比的功能，从而确保了调度方案的科学性，为黄委上级防凌调度单位监管下级单位防凌调度工作执行情况提供了可靠的信息化支撑工具。

4 构建过程中经济问题及解决措施

系统在构建时主要面临四类经济问题。

4.1 "算力"经济问题

"四预"功能建设中各类防凌相关模型对算力资源的配置要求高,项目一次性投资金额无法满足算力资源的使用需求。

4.2 "算据"经济问题

系统中防凌相关数据涉及不同省区的相关单位,在数据底板建设过程中开展数据汇聚工作面临头绪繁多,数据集成成本不好控制的问题。

4.3 "算法"经济问题

"四预"功能建设涉及的各类防凌相关模型由黄委不同业务单位建设及管理,算法开发语言、技术架构和服务标准都不统一,如何对各类"算法"资源进行整合和共享使用对系统建设成败至关重要。

4.4 "应用集成"经济问题

已建的黄河防洪防凌决策支持系统等涉及凌情监测等功能服务,花费了大量的人力物力和财力,本系统在构建时是否有必要对已有相关系统功能进行重复开发,这给施工建设人员带来了不小的决策难题。

4.5 解决措施

(1)"算力"经济问题措施

由黄委水旱灾害防御主管部门协调,对黄委驻郑州各单位"算力"资源进行统筹,充分利用黄委相关单位已建算力资源,以黄河数据中心黄河云为主,采用分布式部署,集中式管理的技术模式,为黄河智慧防凌系统提供可靠的计算、存储等"算力"支撑服务。

(2)"算据"经济问题措施

由黄委党组和水旱灾害防御主管部门牵头,明确黄河数据中心黄河云作为系统各类基础、地理空间、监测、业务和跨行业共享数据统一汇聚和存储的数据资源池,由数据生产单位负责将防凌相关数据向黄河数据中心黄河云进行推送。黄河云根据防凌工作要求,对数据进行统一治理后对应用提供统一的数据共享访问服务。

(3)"算法"经济问题措施

由黄委党组和水旱灾害防御主管部门牵头,遵循水利部数字孪生相关技术要求,统一编制水利模型服务接口规范，由各模型提供单位对各自模型按照规范要求进行适配性改造，改造后的模型服务纳入模型平台进行统一管理和服务调用。

（4）"应用集成"经济问题措施

由黄委水旱灾害防御主管统筹，制定单点登录技术标准。对于具备适配性改造的系统，由原建设单位协调承建单位对系统进行"单点登录"接入改造。对于不具备单点登录改造的系统，由分管单位梳理系统功能对应的数据资源，由数据生产单位负责将防凌相关数据向黄河数据中心黄河云进行动态同步。

5 应用效果

黄河智慧防凌系统基于黄河防汛会商预演系统建设，作为系统建设重要业务模块于2023年2月正式上线运行。系统汇聚了黄委各单位防凌相关信息化资源。系统按照水利部数字孪生技术要求，构建了防凌主题数据底板，实现了防凌相关基础、地理空间、监测和业务等类别数据资源的汇聚、治理、共享及服务。基于"黄河一张图"搭建了防凌数字化场景，完成了防凌相关气温、水温、水情、凌情、调度、预案、遥感等信息的有效整合。模型平台实现了二维冰水动力学模型、凌灾损失评估模型、凌汛期水库联合调度模型等模型计算结果数据的集成，知识平台实现了对历史防凌调度方案、预案、调度规则、法律法规等信息的集成。基于黄河防汛会商预演系统已有功能，实现了对气温及凌情的监测监视、预测预报，对龙羊峡、刘家峡等水库防凌调度方案的在线展示、调洪计算和编制确认，围绕头道拐上下60km建立二维冰水动力学模型，计算了不同位置（桥梁、弯道）、不同流量卡冰结坝淹没过程及冰坝溃坝洪水演进过程，预演了头道拐上下游流凌和冰厚变化的过程。图4至图8展示了系统建设成果。

图4 防凌监测监视功能

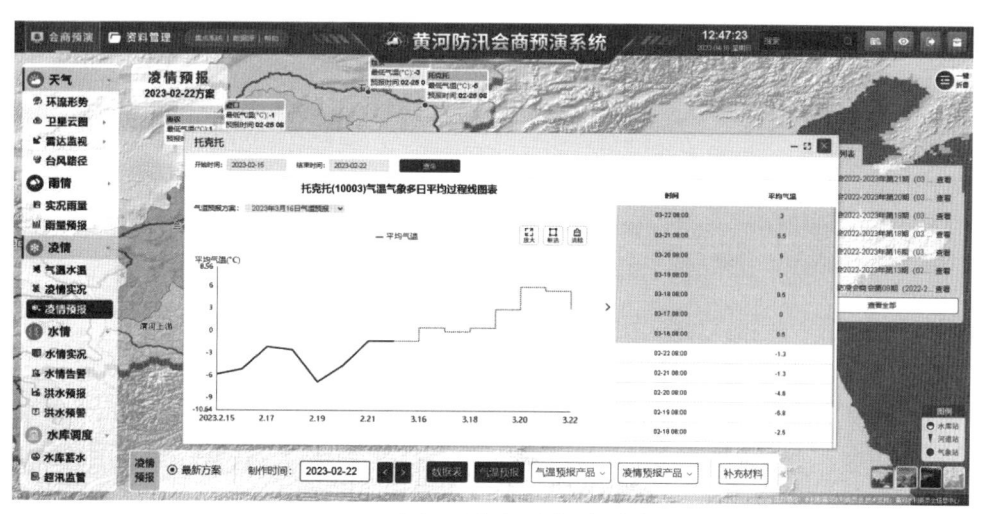

图5 防凌预测预报功能

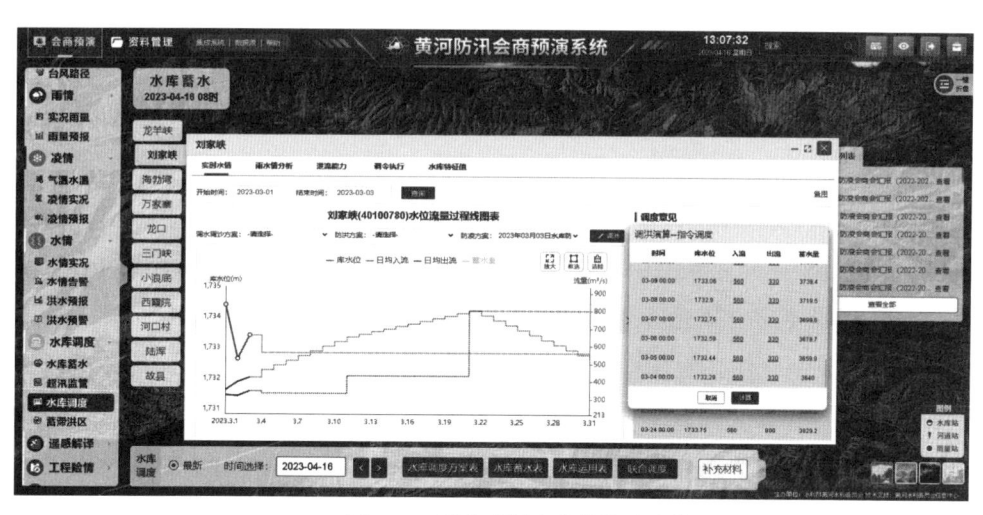

图6 工程防凌调度在线调洪功能

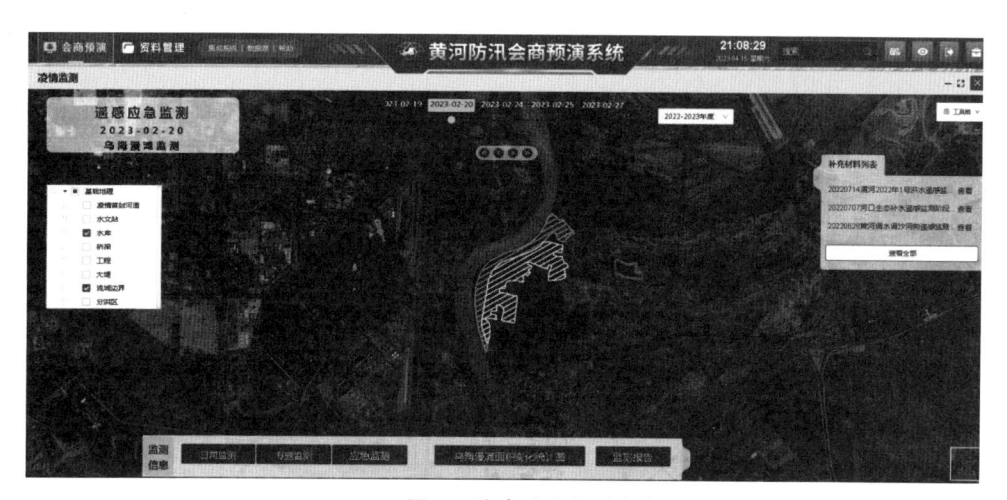

图7 防凌遥感监测功能

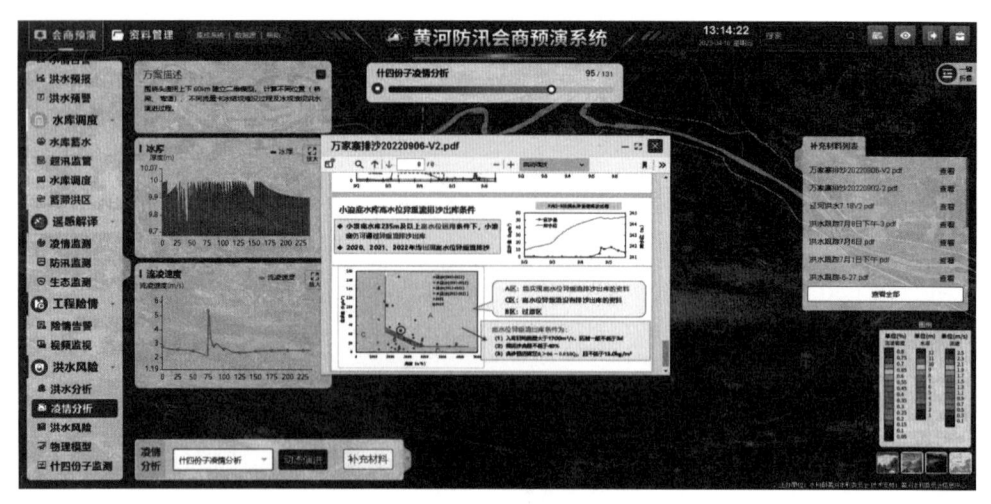

图 8　防凌预演功能

6　总结与展望

黄河智慧防凌系统建设按照智慧水利建设思路，以推动黄河水利高质量发展为工作目标，以数字化、网络化、智能化为主线，以数字化场景、智慧化模拟、精准化决策为路径[15]，充分运用物联网、卫星遥感、大数据和人工智能等新一代信息技术，遵循智慧水利、数字孪生和"四预"等水利信息化工作要求开展建设。系统建设过程中，设计并提出了黄委防凌智慧应用系统框架，据此初步建成了黄河流域防凌工作专业化的智慧水利典型应用。应用系统建成后有力地支撑了 2023 年黄河防凌会商工作，构建了防凌专题数据底板，通过系统实现对全河防凌工作的全面监管，增强了黄河防凌工作"四预"支撑能力，提升了防凌会商工作效率，减少了由于信息不畅而带来的经济成本和时间成本。

目前，黄委正在协调资源卫星应用中心等单位的信息化资源，发挥资源整合优势，对数字化场景进行升级，不断打磨流域 L2 级数据底板建设，进一步提升系统二三维一体化预演仿真能力。相关制度规范正在完善，相关制度及管理办法正在出台。应用投入使用以来面临着巨大的维护与升级成本压力。

下阶段将按照基础、地理空间、监测、监视、预报、预警、预案等数据来源，明确数据更新责任单位、更新频率、更新内容，确保黄河防汛会商预演系统数据更新及时准确，从而持续不断为黄河智慧防凌工作提供可靠的信息化工具。针对运维及系统升级面临的经济问题，计划由黄委水旱灾害防御主管部门牵头，在今后每年防汛抗旱信息化运维工作预算中对本系统运维预算统筹申报，系统资产交由黄委信息化建设主管单位统筹进行运维，今后黄委各单位防凌相关信息化资源统一在黄河数据中心黄河云进行汇聚、存储及共享使用。黄委信息化建设主管单位协同黄委水旱灾害防御主管部门定期对系统功能、数据更新、汇聚和共享情况进行检查，对发现问题及时通报和复查。

参考文献

[1] 凌汛知识知多少[J].吉林劳动保护，2022（3）：35.

[2] 刘道芳，李燕，李长松.黄河防汛遥感影像库系统分析与设计[C]//第十一届防汛抗旱信息化论坛.黄河水利委员会信息中心，2021.

[3] 翟家瑞.黄河防凌与调度[J].中国水利，2007（3）：34-37.

[4] 刘志雨.提升数字孪生流域建设"四预"能力[J].中国水利，2022（20）：3.

[5] 崔家骏.黄河防洪防凌决策支持系统研究与开发[M].郑州：黄河水利出版社，1998.

[6] 段勇，杜文.黄河防洪防凌调度决策会商系统建设[J].人民黄河，2020，42（12）：6.

[7] 杜文，张梦初，段丹丹.黄河防汛会商预演系统设计及"四预"功能构建研究[J].水利水电快报，2023，44（2）：127-133.

[8] 甘郝新，吴皓楠.数字孪生珠江流域建设初探[J].中国防汛抗旱，2022，32（2）：36-39.

[9] 唐顺娟，项志磊.浅谈多源数据融合技术及其在地质矿产勘查中的应用[J].世界有色金属，2020（1）：2.

[10] 章杭惠.浅论太湖在太湖流域防洪中的作用[J].浙江水利科技，2010（6）：5.

[11] 苏辉东，贾仰文，倪广恒，等.机器学习在径流预测中的应用研究[J].中国农村水利水电，2018（6）：5.

[12] 徐继伟，杨云.集成学习方法：研究综述[J].云南大学学报：自然科学版，2018，40（6）：11.

[13] 王仲梅，任艳粉，杨丹.黄河宁蒙河段凌汛灾害预警指标体系研究[J].人民黄河，2021，43（7）：6.

[14] 谢文君，李家欢，李鑫雨，等.《数字孪生流域建设技术大纲（试行）》解析[J].水利信息化，2022（4）：6-12.

[15] 寇怀忠.智慧黄河概念与内容研究[J].水利信息化，2021（5）：5.

黄河流域全覆盖水监控体系架构研究与探索

李亮亮　杨玉舟　刘　欣

黄河水利委员会信息中心

摘　要：《黄河流域生态保护和高质量发展规划纲要》提出要"强化水利部黄河水利委员会在全流域防洪、监测、调度、监督等方面的职能，实现对干支流监管一张网全覆盖"。为更好地履行流域机构管理职责，需要探索研究黄河流域全覆盖水监控体系架构研究，并力争通过试点区域建设，带动流域水治理新质生产力发展，逐步形成流域"天空地水工"一体化监测感知体系，促进流域水利高质量发展。提出建设流域全覆盖水监控体系架构的背景、现状、问题、需求、目标以及方案等内容，有较强的指导性。

关键词：全覆盖；水监控；一体化；监测感知体系；黄河流域

1　概述

黄河是中华民族的母亲河，黄河宁、天下平，黄河治理历来是安民兴邦的大事。党的十八大以来，以习近平同志为核心的党中央高度重视黄河流域生态保护和高质量发展。2021年10月，中共中央、国务院印发《黄河流域生态保护和高质量发展规划纲要》，明确了黄河流域生态保护和高质量发展的总体要求和主要任务。2021年10月22日，习近平总书记在济南主持召开深入推动黄河流域生态保护和高质量发展座谈会，从新的战略高度阐述了推动黄河流域生态保护和高质量发展的一系列重大问题，发出了为黄河永远造福中华民族而不懈奋斗的号召。

《黄河流域生态保护和高质量发展规划纲要》提出要"强化水利部黄河水利委员会在全流域防洪、监测、调度、监督等方面职能，实现对干支流监管一张网全覆盖"。《中华人民共和国黄河保护法》提出要"在已经建立的台站和监测项目基础上，健全黄河流域生态环境、自然资源、水文、泥沙、荒漠化和沙化、水土保持、自然灾害、气象等监测网络体系"。

为履行好黄河流域治理保护职能，当好黄河"代言人"，更好地发挥流域管理机构在流域治理管理中的主力军作用，亟须研究探索构建黄河水利委员会（以下简称"黄委")事权范围内监测对象全覆盖、流域空间范围全覆盖、业务要素全覆盖、监测手段全融合的监测感知体系,形成"天空地水工"监测一张网,提升黄河流域水旱灾害防御、水资源节约集约利用、水生态空间监测对象在线监测、预警预报、线索发现、分析研判、跟踪处置、总结评价全闭合协同监管应用能力,同时也为数字孪生流域建设提供可靠、准确的数据保障。应用方面强化黄河流域面临的水资源短缺、水生态脆弱、水环境污染、洪水威胁等社会问题监测和管控,保障流域用水安全、防洪安全和生态环境安全,为黄河流域生态保护和高质量发展提供有力支撑和强力驱动。

2 现状

自 2001 年提出"三条黄河"建设理念以来,黄委开展以"数字黄河"工程为主体的信息化建设,初步形成了治黄信息化采集、传输、存储、处理、资源整合共享、业务应用体系。"十三五"期间,黄委深入贯彻落实中央"网络强国"战略部署,重点围绕委党组提出的"六个一"信息化任务,着力推进治黄信息资源整合与共享,初步构建"数字黄河"应用框架。

流域采集体系已初具规模。水旱灾害防御方面,水文站共 145 处,水位站 93 处,雨量站 900 处,泥沙监测站 118 处。东平湖蓄滞洪区老湖区、新湖区、干流水位站 22 处。北金堤渠村分洪闸和张庄退水闸人工水尺 12 处。下游涵闸视频监视 86 个,小浪底、陆浑、故县、三门峡等重要水库视频监视点 29 个,重要取水口视频监视点 354 个,险工、控导、跨河浮桥等工程视频监视点 449 个。形成了常规化和应急专题性相结合的防洪防凌和灾害应急遥感监测工作模式。黄河宁蒙河段凌情监测点 56 处,水文站 7 处、水位站 19 处(宁夏 2 处,内蒙古 17 处)、30 处固定冰厚测量断面。水资源管理与调配方面,黄河流域黄委颁证的规模以上地表水取水许可证 302 个,通过人工、在线监测等多种方式,全部都实现了监测,其中干流有 137 个取水口实现了在线监测。地下水取水许可证 66 个(7 个混合取水),目前均未实现在线监测。水土保持方面,黄河流域水土保持监测站点共有 187 个。其中,水土保持行业监测站点 127 个(综合观测站 14 个、坡面径流场 66 个、小流域控制站 37 个、风力侵蚀监测站点 8 个、冻融侵蚀监测站点 2 个),共享水文站 55 个,共享有关单位站点 5 个。

业务系统的建设和应用有效提升了黄河治理开发保护管理工作的现代化水平。水旱灾害防御方面,建成了水情与工情信息采集、洪水预报、防洪调度、黄河防汛决策综合会商支持等系统,初步实现了信息采集、处理和存储自动化,以及防汛洪水预报和调度互联和耦合。防汛信息化系统和工程措施共同构成了流域水旱灾害防御体系。水资源管理方面，整合黄河水量调度管理系统和国家水资源监控项目建设内容，初步实现了流域内重点取退水口监测、远程监视、部分站点远程控制、水雨情监测、取水许可管理、用水计划管理、省区调度计划上报统计、干支流用水统计与监管、调度方案管理、调度执行情况及总结、生态流量监管、运行维护考核等业务功能，初步形成了流域水资源监测体系。

3 问题

现有水监控体系在水旱灾害防御、水资源调配、河湖管理、水土保持、工程建设与管理、水行政执法、监督管理等涉水事务管理中发挥了重要作用，但面对黄河流域生态保护和高质量发展要求，黄河流域水监控能力仍然存在诸多薄弱环节。

一是监测感知能力明显不足，制约了涉水问题动态管控。二是涉水信息共享尚不充分，制约了流域综合治理管理。三是信息基础设施存在差距，与水利应用智能化新要求不匹配。四是监管应用系统缺乏，难以支撑流域水利监管全流程。

4 需求

黄河流域横跨青藏高原、内蒙古高原、黄土高原和华北平原，是我国重要的生态安全屏障，也是人口活动和经济发展的重要区域，在国家发展大局和社会主义现代化建设全局中具有举足轻重的战略地位。受人类活动和全球气候变化影响，黄河流域新老水问题交织，水旱灾害形势严峻，水资源短缺、水生态损害、水环境污染问题突出，而现有流域水监控体系不健全、覆盖面不全、管控手段不足，信息网络不完善，不能满足黄河流域保护治理的需要。《黄河流域综合规划》《黄河流域生态保护和高质量发展规划纲要》《黄河流域生态保护和高质量发展水安全保障规划》均对强化黄委在全流域防洪、监测、调度、监督等方面提出了明确要求，构建黄委事权范围内监测对象全覆盖、流域空间范围全覆盖、业务要素全覆盖、监测手段全融合的监测感知一张网，提升黄河流域水旱灾害防御、水资源节约集约利用、水生态空间监测对象在线监测、隐患发现、分析研判、预报预警、跟踪处置、总结评价全闭合协同监管能力，保障流域用水安全、防洪安全和生态环境安全，是十分必要的。

4.1 监测感知需求

（1）站网监测方面

为建设完善黄河流域水旱灾害防御监测体系，及时掌握流域雨情、水情、旱情状况，提升防洪预警及时性，扩大监测覆盖范围，填补干支流监测空白优化调整站网布局，配置升级各类先进监测设备，兼顾对部分水文测站的监测要素相关设备进行提档升级改造；需要补充升级蓄滞洪区的在线监测能力，做好有关断面水位、流量的监测预报工作，确保水库在汛限水位以下运行，密切跟踪雨情，加密水情监测；需要对部分监测站点的遥测终端机或通信模块等采集传输设备进行升级改造，提升信息采集的时效性，延长预见期，确保测报精准及时，提升报汛能力。加强各测区应急监测能力，为应对突发性自然灾害和水污染事件提供基础保障。通过新建、改建和接入等方式，扩展完善黄河流域水资源监测体系。围绕水资源开发利用，效率红线控制目标要求，明确地表水（省界、地市界断面）、地下水、取用水监控站网布设原则，合理布设监测站网，采用先进的监测仪器和监测手段，提高为水资源服务的站网监测能力，实现对严控用水总量工作的全面监管，稳步推进黄河水资源节约集约利用。

（2）遥感监测

充分利用遥感监测宏观性强、获取信息快、不受现场条件限制等特点，建立水旱灾害防御常态化遥感监测和应急遥感监测的手段和机制，实现河势、凌情、河口流路、调水调沙、洪水应急、旱情等监测，为水旱灾害防御"四预"提供有力支撑，为黄河防洪安全提供决策依据。需要利用遥感技术手段，宏观掌握流域水资源量、灌区农田需水量、重要生态补水区生态补水量等，为掌握灌区农田墒情监测评估需水量、重要生态补水区的生态环境等提供支撑。

（3）无人机监测

利用无人机搭载的摄影、摄像、红外、激光雷达等载荷模块，可实现在空中对河道和库区进行全方位、多角度、立体式的巡堤查险，及时获取水旱灾害防御工作所需的河道现场工程运行、淹没范围、滩区上水、出险部位和封开河位置等影像信息，并及时传递现场影像。同时，无人机还可以搭载流速流量计等专业载荷，飞到河道中进行测验，可以快速获取河段的水文监测数据。通过为各级防汛部门配置无人机装备并搭载不同任务专业载荷可以实现对河道现场的连续监测，提高现场应急指挥和防汛防凌应急反应能力。

（4）视频监视

利用视频监视系统，对堤防、控导工程根石走失，护岸边坡变形、坍塌险情、浮桥、涵闸、人工水尺进行实时监视，实现早期的识别和预警。从而加强黄河防洪工程安全监测，提升防洪工程运行状态监测能力，对工程运行状态进行安全评判和预报。利用视频监视系统，对出险河道险情、滩区漫滩、流凌封河等突发情况能够第一时间发现并预警，切实保障黄河防洪、防凌安全，提高滩区安全保障水平。

4.2 管控应用需求[1]

水旱灾害防御方面，围绕水雨工情预警、水工程安全运行等水旱灾害防御业务工作，利用传感、卫星定位、视频监控、遥感等技术，基本构建感知体系，动态感知各个业务的特征、要素及工程运行状况、水利事件信息，为黄河治理提供基本完备、准确的基础数据和信息。充分发挥遥感大范围、大尺度、高分辨率的特点，扩展数据源、加强以高精度遥感为主体的天空地一体化立体监测，提升遥感监测能力、完善卫星遥感监测体系，形成适用于流域水旱灾害防御的遥感监测模式。升级黄河流域水旱灾害防御信息化应用在线监视、防洪预报和预警能力，构建稳定、可靠、对过去情况可追溯，对实时情况可动态获取，对未来趋势可预测感知的流域防汛防凌监测监控体系。

水资源管理与调配方面，构建具有"预报、预警、预演、预案"功能的水资源管理与调配体系孪生系统，为黄河流域生态保护和高质量发展提供有力支撑和强力驱动。包括完善监管信息服务、取水许可监管、地下水监管、完善生态流量监管。实现对具体行业用水定额的自动提取、统计、分析等功能。建立黄河流域省级行业用水定额评估数据库，实现对流域省区典型行业用水定额执行情况的在线查询和分析。建立重点监控用水单位在线监控系统，采集分析各类用水单位的水量等信息。对用水单位取水许可、计划用水相关文件以及取用水计量和监控设置安装和运行情况等相关资料实现在线监管。搭建黄河流域节水型社会信息化平台，具有自评管理、复检提示、节水评估管理、其他公共机构用水情况等功能。水资源保护方面，获取国家水资源监控系统（黄河流域平台）涉及水源地的有关功能，基本信息和水质水量动态数据，实现对省区重要饮用水水源地的日常动态监管与查询统计，结合水源地现场查勘发现的问题开发现场检查移动终端系统。农村水利和农村饮水安全监管方面，建设黄河流域片农村水利监管和农村饮水安全监管系统，完善黄河流域灌溉试验站网，对各省区、重点灌区农业灌溉用水利用效率、效益进行评价分析。

其他业务应用方面，对水资源节约与保护、水土保持、河湖管理、水行政执法等业务涉及的监管对象的监测（监视），并针对不同业务和不同监测手段建立评估告预警计算模型，以实现全覆盖水监控信息的分析评估、分级告预警提醒和后续跟踪处置等功能。综合决策支持，围绕全覆盖水监控系统的监管对象，实现其基础信息、监测体系、监测信息、告预警信息及其他相关信息的多维度信息展现、查询和统计分析等功能，为辅助监督执法提供远程协同指挥、综合会商和决策分析与过程推演等功能，为流域管理提供决策支持。

5 目标

总体目标为通过整合与新建相结合的方式增强黄河流域水监控和水管控技术手段，提升黄河流域洪水威胁、水资源短缺、水生态脆弱等问题的监测和管控能力，建设流域空间范围全覆盖、监测对象全覆盖、业务要素全覆盖、监测手段全融合的监测感知一张网，构建水监控系统数据底板、模型平台、知识平台等支撑组件，完善计算存储等算力基础设施，提高在线监测、隐患发现、分析研判、预报预警、跟踪处置、总结评价全闭合监管能力，实现流域水系统监测、监控、监管的智能化应用。

构建黄河保护治理的一体化监测体系。搭建由站网监测、视频监视、遥感监测（卫星和无人机）等手段组成的天空地一体化监测体系，提升监测覆盖率、在线率和时效性，实现黄河流域涉水对象的监测和汇集全覆盖，形成流域空间范围全覆盖、监测对象全覆盖、业务要素全覆盖、监测手段全融合的监测感知一张网。

建设流域全闭合协同监督管控应用体系。结合监测感知体系建设成果，实现流域内重要涉水监控信息的汇集和共享，围绕水旱灾害防御、水资源管理等业务，以"2+N"业务为主线，从监管职能出发，汇集各类业务监管数据，整合开发监管流程，显著提高水监控在线监测和动态预警能力，提升监测、评估、告警、处置、总结全闭合协同监管应用能力，初步实现流域水监测、监控、监管的智能化应用。

6 方案

6.1 系统架构

基础设施层包括监测感知、黄河信息网和运行环境（图1）。监测感知层实现对治黄要素的感知采集。监测感知动态监测和实时采集河湖、水利工程设施、水利管理活动等三大类水利感知对象的业务特征和事件信息，形成物联传感、监测观测、视频解析等数据，数据处理后通过黄河信息网、运行环境汇入数字孪生平台。黄河信息网包括业务网、控制网以及通信传输网。业务网覆盖黄委机关、委属单位，与全国水利业务网相连，覆盖治黄业务；控制网覆盖黄委机关，山东河务局、河南河务局及下游沿黄闸站，承载闸控信息等业务，与互联网物理隔离。通信传输网根据不同环境条件，采用公共网络、专用网络等多种方式，为业务网、控制网的互联以及感知信息的上传提供可靠的传输通道。运行环境为数据服务、应用支撑和智能应用提供高效存储与计算服务。

数据资源体系包括基础数据、监测数据、业务数据等各类数据的汇集、治理和服务，构成数据底板，以及知识平台和模型平台。利用水文站网监测、水质站网监测、水土保持站网监测、取用水监控、水工程监测、视频监视、遥感监测等数据，实现统一汇集，针对气象、地灾、社会经济等外部涉水有关信息要素，制定标准接口规范，并根据不同部门的具体数据情况实现接入集成，进一步完善流域基础数据、监测数据，按照数字孪生黄河建设与评价标准，对黄河下游西霞院至陶城埠防洪重点河段、东平湖蓄滞洪区和中游4个水土保持小流域精细化建模，完善水监控对象的数字映射，为监管数据的展示、统计和分析提供直观形象的数字化场景。

管控应用系统[3]实现水旱灾害防御、水资源、河湖、水行政、水土保持、水工程以及监管智能协同和综合决策。围绕黄河流域内水旱灾害防御、水资源管理、河湖管理、水土保持、水行政执法、工程建设、工程安全运行等业务，为流域监管体系和监管能力现代化提供有力支撑，有效助力行业精细监管、协同调度，强化"算据"获取能力，为业务应用"四预"提供支撑（图1）。

6.2 数据流程

流域涉水相关数据经过监测感知系统如站网、视频、卫星遥感等手段采集后，通过信息传输网络，汇聚至数据中心，经过数据治理形成各业务专题库，经过共享应用服务后提供给业务系统，数据流程如图2所示。

6.3 监测体系建设

（1）站网监测能力建设

实现对水文、水资源、水土保持、河湖岸线、水利工程等要素的采集感知，结合地面监测站网、视频监视、遥感监测、无人机监测、应急手段、在线填报及集成接入等技术形成天空地一体化监测，服务流域各项治理管理业务。

水文站网监测。接入黄委已有直属145处水文站、3028处流域报汛站监测数据，同时接入"十四五"期间建设的国家基本水文测站提档升级项目新建水质监测（自动水质站）2处，大江大河及其主要支流水文站网项目新建水文站16处，中小河流重点洪水易发区水文站网项目新建雨量站15处，省界及重要控制断面水文站网项目新建水文站15处。

水资源监测。升级优化综合接入平台，通过接入361个取水户在线监测信息，实现黄河流域范围内黄委颁证的规模以上取水口在线计量的全覆盖。对流域接入平台升级优化，通过数据交换，接入国家水资源监控系统重要饮用水水源地监测信息90处，接入水利部地下水自动监测站2363处，接入黄委水文局水质监测信息705处，接入流域省区23188处年取水1万 m^3 以上的取水户监测信息，接入灌区信息1254处，接入农村集中供水工程128575处。

水土保持监测。建设45处直管淤地坝视频监视设施，接入重点水土保持监测点

图 1 全覆盖水监控体系架构

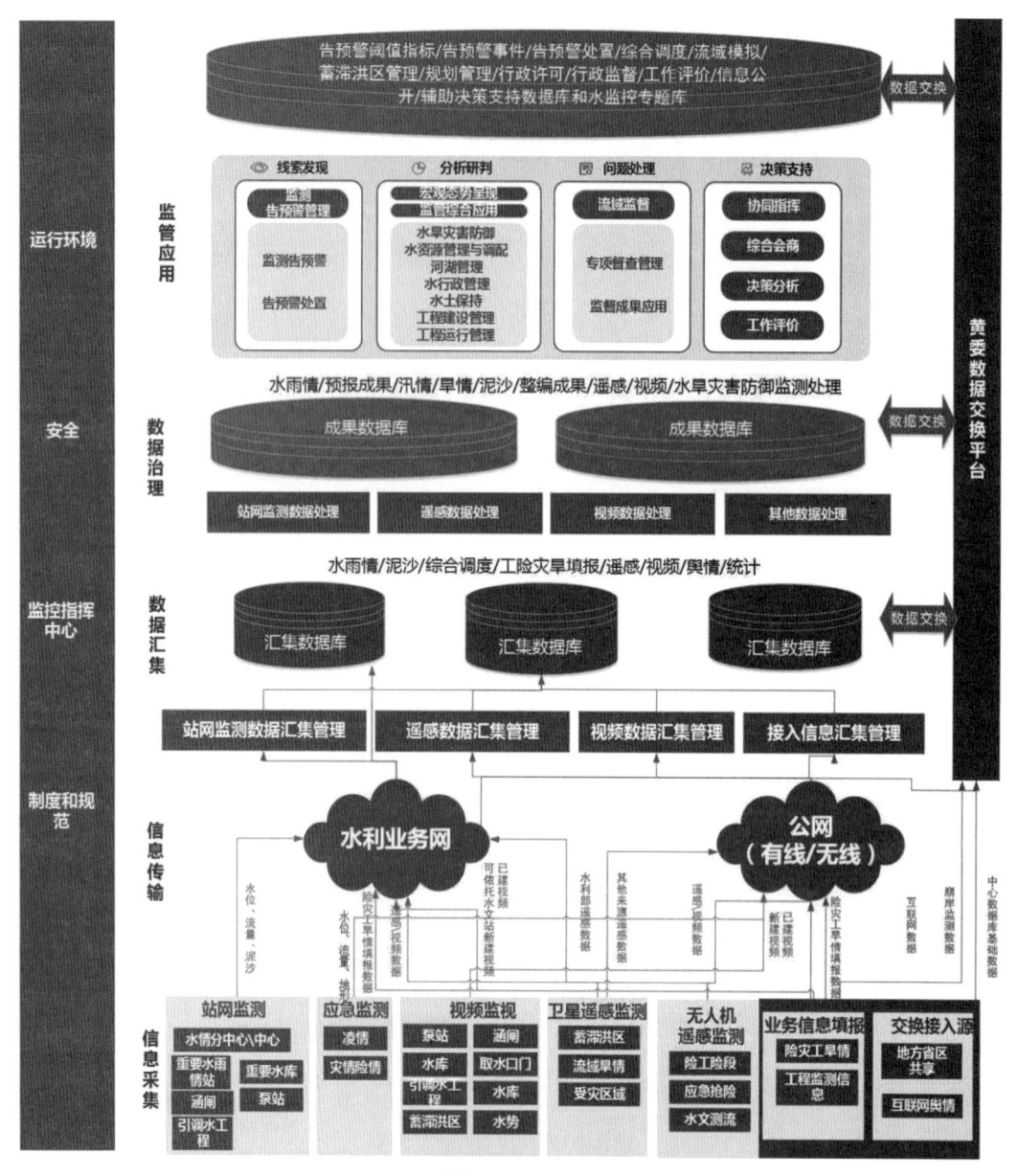

图 2 全覆盖水监控体系数据流程

信息。直接利用现有监测站点 80 处、国家监测站点 28 处，接入国家监测站点项目拟共享 16 处、拟新建 5 处，整合拦沙工程拟新建 7 处，共享水文站 55 处，接入约 1500 处农村小水电的流量、水位、水面宽等生态流量信息。

水利工程监测。对黄河下游常年靠河部分堤段进行渗流监测，共布设 138 个监测断面；对河道整治工程中常年靠河的 41 处重点工程进行变形监测，共选取监测坝垛 226 个；水闸工程主要监测项目为闸室变形、水闸与大堤接合部渗流，接入安全监测系统的水闸共 136 座，其中本项目进行改造 89 座。对中游地区靠河、易出险的

108 个重要防洪工程坝岸（陕西 46 个、山西 62 个），进行险情监测。接入水库监测数据 2840 座、蓄滞洪区监测 2 处、应急分洪区监测 6 个、在建重大水利工程监测 4 处及省区在建水利工程监测 34 处。

（2）视频监视

根据水旱灾害防御、水资源管理与调度、水资源节约与保护、河湖管理、水行政管理、水土保持、水工程建设管理、水工程运行管理、水利监督等业务的需求，在黄河堤防、河道整治工程、河湖水库等位置新建 5433 个视频监视点，接入 1495 个已建视频点。

（3）遥感监测[2]

在统筹获取水利部、中国资源卫星应用中心、欧空局等卫星遥感数据资源的基础上，对各种卫星遥感数据资源进行高效汇聚，实现黄委卫星遥感数据的统一采集、统一存储、共享应用。建设卫星遥感数据汇集系统 1 套；配置巡查无人机 59 套，监测无人机 2 套和无人机自动基站 54 套，建设无人机管理平台 1 套；建设遥感影像综合处理分析系统 1 套，购置遥感影像处理支撑软件 1 套、遥感影像智能解译支撑软件 1 套、无人机数据后处理软件 1 套、无人机数据信息共享软件 1 套和遥感影像服务支撑软件 1 套，遥感影像彩色输出设备 1 套，遥感影像宽幅专业输出设备 1 套。

6.4 管控应用体系建设

（1）数据资源体系建设

满足全覆盖水监控信息的汇集和处理，按照流域监管的要求，对汇集接入的各类数据进行清洗、治理，提供多维度的数据服务，为监管应用系统提供算据支撑，建设内容包括：数据汇聚、数据治理、数据库体系、数据服务、模型平台等。

（2）监管应用系统建设

围绕黄河流域内水旱灾害防御、水资源管理、河湖管理[3]、水土保持、水行政执法、工程建设、工程安全运行等业务，在现有水利信息化资源的基础上，利用新一代信息技术发现线索，进行分析研判，提升水利行业监管能力和工作效率，提供问题处理的手段，实现关键环节留痕、问题结果入库，满足流域业务监管互联互通、信息共享、业务协同的需求，为决策支持提供综合会商的能力，为水利监管体系和监管能力现代化提供有力支撑，有效助力行业精细监管、协同调度。

7 成效

《黄河流域生态保护和高质量发展规划纲要》明确提出"强化水利部黄河水利委员会在全流域防洪、监测、调度、监督等方面的职能，实现对干支流监管"一张网"

全覆盖。"流域全覆盖水监控体系的构建将有助于加快构建保障民生、服务民生、改善民生、惠及民生的新阶段水利高质量发展格局，加快解决民众最关心最直接最现实的防洪减灾、水资源、水土流失等问题，不断增强人民群众的获得感、幸福感、安全感。

形成黄河流域水监控全覆盖，可显著提升流域水监控信息在线监测能力、"四预"能力和"监测、评估、告警、处置、总结"全闭合协同监管应用能力，将推动黄河治理体系和治理能力现代化，进一步挖掘黄河水利信息资源，实现治黄信息采集、传输、存储、管理和服务的智能化，提升流域智慧化监控与管理水平，推动治黄现代化进程，为扎实履行流域监管职责、不断健全完善长效机制提供有力支撑，支撑黄河流域生态保护和高质量发展。

8 展望

全覆盖水监控体系架构从顶层谋划黄河流域监测感知能力建设，通过整合与新建相结合的建设方式，采用站网、遥感、无人机、视频等监测手段，结合数据交换，汇集流域"水文、水生态、水土保持、采砂、水工程"等方面的水监控信息，提供"监测、评估、告警、处置、总结"全闭合管控信息化支撑服务，并基于大量、准确的监测和分析数据开展流域决策分析，实现流域全覆盖水监控，能够进一步提升黄河流域治理能力，为充分履行流域综合管理职责服务，全面提升流域水监控信息在线监测能力，提升全闭合协同监管应用能力，为黄河流域生态保护和高质量发展提供有力支撑和强力驱动。

参考文献

[1] 吕娟.天地一体化水系统全要素监测与模拟平台建设初探[J].中国防汛抗旱，2022，32（10）：28-32.

[2] 左一鸣.太湖流域水资源保护天地一体化监测体系构想[J].水利信息化，2013（1）：4.

[3] 黄诗峰.空天地一体化监测技术在河湖监管中的应用与展望[J].中国水利，2021（23）：38-41.